全国中医药行业高等教育"十三五"规划教材

全国高等中医药院校规划教材（第十版）

分析化学（下）

（新世纪第四版）

（供中药学、药学、制药工程等专业用）

主　编

王淑美（广东药科大学）

副主编（按姓氏笔画排序）

万　丽（成都中医药大学）　　冯素香（河南中医药大学）
贡济宇（长春中医药大学）　　吴　萍（湖南中医药大学）
黄建梅（北京中医药大学）　　谢一辉（江西中医药大学）

编　委（按姓氏笔画排序）

王　瑞（山西中医学院）　　王　巍（辽宁中医药大学）
王文静（云南中医学院）　　尤丽莎（上海中医药大学）
尹　华（浙江中医药大学）　　吕青涛（山东中医药大学）
张　祎（天津中医药大学）　　张　玲（安徽中医药大学）
陈　丽（福建中医药大学）　　范卓文（黑龙江中医药大学）
周江煜（广西中医药大学）　　贺少堂（陕西中医药大学）
徐文芬（贵阳中医学院）　　黄荣增（湖北中医药大学）
曹雨诞（南京中医药大学）　　崔力剑（河北中医学院）
崔红花（广东药科大学）　　彭晓霞（甘肃中医药大学）

中国中医药出版社

·北　京·

图书在版编目（CIP）数据

分析化学．下/王淑美主编．—4 版．—北京：中国中医药出版社，2017.1（2019.12重印）

全国中医药行业高等教育“十三五”规划教材

ISBN 978-7-5132-3464-1

Ⅰ.①分…　Ⅱ.①王…　Ⅲ.①分析化学-中医药院校-教材　Ⅳ.①065

中国版本图书馆 CIP 数据核字（2016）第 130198 号

中国中医药出版社出版

北京经济技术开发区科创十三街31号院二区8号楼

邮政编码　100176

传真　010 64405750

保定市西城胶印有限公司印刷

各地新华书店经销

开本 850×1168　1/16　印张 21　字数 523 千字

2017 年 1 月第 4 版　2019 年 12 月第 5 次印刷

书　号　ISBN 978-7-5132-3464-1

定价　65.00 元

网址　www.cptcm.com

如有印装质量问题请与本社出版部调换（010 64405510）

社长热线　010 64405720

购书热线　010 64065415　010 64065413

微信服务号　zgzyycbs

书店网址　csln.net/qksd/

官方微博　http://e.weibo.com/cptcm

淘宝天猫网址　http://zgzyycbs.tmall.com

全国中医药行业高等教育“十三五”规划教材

全国高等中医药院校规划教材（第十版）

专家指导委员会

全国中医药行业高等教育“十三五”规划教材

编审专家组

前 言

为落实《国家中长期教育改革和发展规划纲要（2010–2020年）》《关于医教协同深化临床医学人才培养改革的意见》，适应新形势下我国中医药行业高等教育教学改革和中医药人才培养的需要，国家中医药管理局教材建设工作委员会办公室（以下简称“教材办”）、中国中医药出版社在国家中医药管理局领导下，在全国中医药行业高等教育规划教材专家指导委员会指导下，总结全国中医药行业历版教材特别是新世纪以来全国高等中医药院校规划教材建设的经验，制定了“‘十三五’中医药教材改革工作方案”和“‘十三五’中医药行业本科规划教材建设工作总体方案”，全面组织和规划了全国中医药行业高等教育“十三五”规划教材。鉴于由全国中医药行业主管部门主持编写的全国高等中医药院校规划教材目前已出版九版，为体现其系统性和传承性，本套教材在中国中医药教育史上称为第十版。

本套教材规划过程中，教材办认真听取了教育部中医学、中药学等专业教学指导委员会相关专家的意见，结合中医药教育教学一线教师的反馈意见，加强顶层设计和组织管理，在新世纪以来三版优秀教材的基础上，进一步明确了“正本清源，突出中医药特色，弘扬中医药优势，优化知识结构，做好基础课程和专业核心课程衔接”的建设目标，旨在适应新时期中医药教育事业发展和教学手段变革的需要，彰显现代中医药教育理念，在继承中创新，在发展中提高，打造符合中医药教育教学规律的经典教材。

本套教材建设过程中，教材办还聘请中医学、中药学、针灸推拿学三个专业德高望重的专家组成编审专家组，请他们参与主编确定，列席编写会议和定稿会议，对编写过程中遇到的问题提出指导性意见，参加教材间内容统筹、审读稿件等。

本套教材具有以下特点：

1. 加强顶层设计，强化中医经典地位

针对中医药人才成长的规律，正本清源，突出中医思维方式，体现中医药学科的人文特色和“读经典，做临床”的实践特点，突出中医理论在中医药教育教学和实践工作中的核心地位，与执业中医（药）师资格考试、中医住院医师规范化培训等工作对接，更具有针对性和实践性。

2. 精选编写队伍，汇集权威专家智慧

主编遴选严格按照程序进行，经过院校推荐、国家中医药管理局教材建设专家指导委员会专家评审、编审专家组认可后确定，确保公开、公平、公正。编委优先吸纳教学名师、学科带头人和一线优秀教师，集中了全国范围内各高等中医药院校的权威专家，确保了编写队伍的水平，体现了中医药行业规划教材的整体优势。

3. 突出精品意识，完善学科知识体系

结合教学实践环节的反馈意见，精心组织编写队伍进行编写大纲和样稿的讨论，要求每门教材立足专业需求，在保持内容稳定性、先进性、适用性的基础上，根据其在整个中医知识体系中的地位、学生知识结构和课程开设时间，突出本学科的教学重点，努力处理好继承与创新、理论与实践、基础与临床的关系。

4. 尝试形式创新，注重实践技能培养

为提升对学生实践技能的培养，配合高等中医药院校数字化教学的发展，更好地服务于中医药教学改革，本套教材在传承历版教材基本知识、基本理论、基本技能主体框架的基础上，将数字化作为重点建设目标，在中医药行业教育云平台的总体构架下，借助网络信息技术，为广大师生提供了丰富的教学资源和广阔的互动空间。

本套教材的建设，得到国家中医药管理局领导的指导与大力支持，凝聚了全国中医药行业高等教育工作者的集体智慧，体现了全国中医药行业齐心协力、求真务实的工作作风，代表了全国中医药行业为“十三五”期间中医药事业发展和人才培养所做的共同努力，谨向有关单位和个人致以衷心的感谢！希望本套教材的出版，能够对全国中医药行业高等教育教学的发展和中医药人才的培养产生积极的推动作用。

需要说明的是，尽管所有组织者与编写者竭尽心智，精益求精，本套教材仍有一定的提升空间，敬请各高等中医药院校广大师生提出宝贵意见和建议，以便今后修订和提高。

国家中医药管理局教材建设工作委员会办公室
中国中医药出版社
2016 年 6 月

编写说明

分析化学是中药学、药学专业的一门主干专业基础课程。药品质量需要依据药品标准进行全面监督管理，而药品标准所用方法就是以药物为分析对象的分析技术，分析化学为药物分析提供了理论、方法和手段。因而，分析化学的理论知识和实验技能是中药学、药学、中药制药各专业必不可少的基础。中药学、药学、中药制药各专业的分析化学课程教学不仅要求学生系统掌握分析化学的基础理论和基本概念，使本科各专业的学生能系统掌握分析化学中各种分析方法的原理和方法，以理论与实际应用的结合为基础，使学生初步具有应用所学的分析方法解决实际问题的能力。还要求重点掌握药品检验及其质量控制常用的分析方法、实验仪器及其相关技术，了解中药、药学分析技术的发展热点，能较全面地提高学习能力和综合素质。

《分析化学》教材是在全国中医药行业高等教育“十二五”规划教材、全国高等中医药院校规划教材（第九版）《化学分析》《仪器分析》基础上修订而成。为了便于教学，本次修订将化学分析、仪器分析两门课程合并，更名为《分析化学》（上）和《分析化学》（下）。《分析化学》（上）为化学分析部分，《分析化学》（下）为仪器分析部分。《分析化学》（下）主要包括光谱分析法概论、紫外-可见分光光度法、荧光分析法、红外分光光度法、原子光谱法、核磁共振波谱法、质谱法、波谱综合解析、色谱法概论、经典液相色谱法、气相色谱法、高效液相色谱法等内容。在教材内容编写中，以介绍各类分析方法的基本原理、仪器基本结构、分析方法的建立、分析方法在药物中的应用实例为主线，使学生能较全面的掌握仪器分析的基础知识和基本内容。在编写方法上，注重图文并茂、深入浅出地介绍基本原理，尽量回避繁琐的数学推导，强调实际应用，并触及学科前沿知识。

在教材编写过程中坚持三基（基本理论、基本知识和基本技能）、五性（思想性、科学性、启发性、先进性和适应性）的原则，增加仪器分析方法中前沿性、实用性的内容，同时要处理好分析化学课程内容的相对完整与其他课程间的融合与衔接。在教材的编写内容上，力求既结合实际，又面向未来，突出介绍的分析方法“实用、简便和先进”。

本教材在国家中医药管理局中医药教育教学改革研究项目的支持及中国中医药出版社资助下，首次增加了数字化内容，为广大教师、学生及读者提供了更为丰富的拓展内容。该项目（编号 GJYJS16076）由王淑美负责，编委会全体成员共同参与。

本教材在编写过程中得到了各参编单位的大力支持，在此深表谢意。鉴于分析化学学科进展迅速，本教材在编写过程中，难免存在缺点和不当之处，敬请同行专家、使用本教材的师生和广大读者提出宝贵意见和建议，以便再版时修订提高。

《分析化学》（下）编委会

2016 年 10 月

目 录

第一章　绪　论

分析化学是研究获取物质的化学组成、含量、结构和形态等信息的方法及有关理论的一门科学，是建立在化学、物理学、数学、电子学、计算机科学技术等基础之上的一门边缘交叉学科。它具有悠久的历史，同时它的发展也十分迅速。尤其是近几十年，在分析方法和应用上都有较大的发展。分析化学的不断发展导致了其学科内涵和定义的发展变化，欧洲化学协会联合会定义分析化学为：分析化学是一个发展和应用各种方法、仪器和策略，以获得物质在特定时间和空间方面有关组成和性质信息的科学分支。一般把分析化学方法分为两大类，即化学分析法和仪器分析法。化学分析法是以物质的化学反应及其计量关系为基础的分析方法；分为重量分析法和滴定分析法，是分析化学的基础，又称为经典分析法；化学分析法主要用于常量组分（即被测组分的含量＞1%）的分析。仪器分析法是指通过测量物质的某些物理或物理化学性质、参数及其变化来确定物质的组成、成分含量及化学结构的分析方法。从化学分析到仪器分析是一个逐步发展的过程。

第一节　仪器分析法的产生、发展及特点

一、仪器分析法的产生和发展

仪器分析法的产生和发展是分析化学的第二次变革，是分析化学与物理学、电子学等结合的产物。仪器分析法的产生与生产实践、科学技术发展和核心原理的发现及相关技术的产生等密切相关，仪器分析法所基于的很多现象在很早之前已为人知，但是，由于缺乏可靠的仪器，它们的应用被延迟。20世纪早期，由于工农业和科学技术等的迅速发展，对分析化学提出了新的更高的要求，推动了分析化学突破经典分析为主的局面，化学工作者开始探索经典方法以外的其他方法来解决分析问题，即分析物质的物理性质，如电位、光吸收与发射、荧光等，用于各类物质的定量分析，开创了仪器分析的新阶段，开始出现了仪器分析方法及较大型的分析仪器。

20世纪40～60年代，物理学、电子学、半导体及原子能工业的发展促进了仪器分析方法的发展，例如各种光源、棱镜和光栅、光电池和光电管、光谱技术、质谱技术等的出现，先后建立了光谱法、质谱法等仪器分析方法。同时丰富了这些分析方法的理论体系。分析化学从以化学分析为主发展成以仪器分析为主的现代分析化学。

20世纪70年代以来，以计算机应用为主要标志的信息时代来临，给仪器分析带来了新的发展机遇。分析化学正处在第三次大变革中，随着分析仪器的研究、制造和发展，提高了分析

NOTE

化学获取信息的能力，扩大了获取信息的范围。其研究内容除物质的元素或化合物成分、结构信息外，还包括价态、形态、空间结构测定等；此外，还涉及表面分析，微区分析等。除实验室取样分析外，还发展到现场实时分析、过程在线、活体内原位分析等。纵观仪器分析法的历史和现状，可以预测，它今后的应用会更广泛，发展会更迅速。仪器分析法的发展趋势有以下几个方面：①各种新材料和新技术将在分析仪器中得到更广泛应用，使分析仪器灵敏度、选择性和分析速度进一步提高，遥感、远程在线分析将进入仪器分析法领域，新型动态分析检测和无损伤探测技术将有新的发展。②分析仪器进一步向智能化、微型化发展。③联用仪器技术的发展将大大提高仪器分析获得并快速、高效处理化学、环境等复杂混合体系物质组成、结构、状态信息的能力，成为解决复杂体系分析，推动蛋白组学、基因组学、代谢组学等新兴学科发展的重要技术手段。

二、仪器分析法的特点

仪器分析法与化学分析法相比较，具有如下的特点：

（1）检测灵敏度高，最低检出限低，试样用量少。适用于微量、半微量，甚至超微量组分的分析。由化学分析的毫升（mL）、毫克（mg）级降到微升（μL）、微克（μg）级，甚至到纳克（ng）级。

（2）选择性好。仪器分析法的选择性比化学分析法好，所以它适用于复杂组分的试样分析，也可进行多组分的同时测定。

（3）分析速度快。由于分析仪器智能化，分析操作自动化，能对试验结果自动记录，数据自动处理，使分析更为迅速。试样上机测定后，很短的时间即可得到分析结果。

（4）应用范围广。仪器分析方法多，方法功能各不相同，使仪器分析不但可以用于定性和定量分析，也可用于结构、空间分布、微观分布等有关特征分析。还可进行微区分析、遥测分析，甚至在不损害试样的情况下进行分析等。

（5）相对误差较大。化学分析一般相对误差小于0.3%，适用于常量和高含量组分分析。仪器分析的相对误差较高，为3%～5%。但对微量组分的测定，绝对误差小，适用于测定微量组分。

（6）仪器复杂，价格贵。仪器分析使用精密仪器，结构复杂，价格贵，所以分析成本较高。

第二节　仪器分析方法的类型

到目前为止，仪器分析方法已经很多。其方法原理、仪器结构、操作、适用范围等各不相同，多数形成了相对独立的分支学科。但它们都是分析化学的测量和表征方法，表1-1列出了使用在仪器分析中的特征性质，基于这些特征性质的仪器分析一般分为如下几类。

一、光学分析法

光学分析法是根据物质发射的电磁辐射或物质与电磁辐射相互作用而建立起来的一类分析方法。可分为光谱法和非光谱法。光谱法是基于物质与辐射能作用时，测量由物质内部发生能

级之间的跃迁而产生的发射、吸收或散射辐射的光谱波长和强度进行分析的方法。非光谱法是基于物质与辐射相互作用时，测量辐射的某些性质，如散射、折射、干涉、衍射和偏振等变化的分析方法，它不涉及物质内部能级的跃迁，电磁辐射只改变传播方向、速度或某些物理性质。

二、电分析化学法

电分析化学法或电化学分析法是最早的仪器分析技术之一。它是根据物质在溶液中的电化学性质及其变化规律进行分析的方法。是通过测量电位、电流、电量及研究它们与其他化学参数间的相互作用关系得以实现分析的。

三、色谱法

色谱法是一种物理或物理化学分离分析方法。它利用被分离组分在固定相和流动相之间分配系数的不同，组分在两相间反复的分配，最终实现分离的分析方法，是分析复杂混合物的有力手段。主要有气相色谱法、液相色谱法（包括柱色谱法、薄层色谱法和高效液相色谱法等）、超临界流体色谱法和毛细管电泳法。

四、其他仪器分析方法

其他仪器分析方法主要包括质谱法、放射化学分析法、热分析法。质谱法是物质在离子源中被电离形成带电离子，在质量分析器中按离子质荷比（m/z）进行测定。放射化学分析法是利用放射性同位素及核辐射测量对元素进行微量和痕量分析的方法，常用的方法有两类：一类是放射性同位素作示踪剂的方法；另一类是活化分析法，是用适当能量的中子或其他带电粒子轰击样品，测量样品中产生的特征辐射的性质和强度的方法。热分析法是通过指定控温程序控制样品的加热过程，并检测加热过程中产生的各种物理、化学变化的方法，常见的有热重分析（TGA）、差热分析（DTA）、差示扫描量热分析（DSC）等。

表 1-1 仪器分析方法分类

方法分类	主要分析方法	特征性质
光谱法	原子发射光谱法，原子荧光光谱法，分子荧光光谱法，分子磷光光谱法，化学发光法	辐射的发射
	紫外-可见吸收光谱法，原子吸收光谱法，红外光谱法，核磁共振波谱法	辐射的吸收
	比浊法，拉曼光谱法	辐射的散射
非光谱法	折射法，干涉法	辐射的折射
	X 射线衍射法，电子衍射法	辐射的衍射
	偏振法	辐射的旋转
电分析化学法	电位法	电极电位
	极谱法，伏安法	电流
	库仑法	电量
色谱法	气相色谱法，液相色谱法，薄层色谱法，超临界流体色谱法，毛细管电泳法	两相间的分配
其他方法	热重分析，差热分析	热性质
	质谱法	质荷比
	放射化学分析法	放射性

NOTE

第三节　仪器分析在医药领域中的应用

仪器分析在药物生产、质量控制、新药研究等方面都有广泛的应用。在新药研究中，涉及制备工艺、质量标准、药物稳定性研究等工作，都要以仪器分析为手段，对其进行分析和检测。在药物提取工艺研究中，要用仪器分析对其进行优选，确定最佳工艺条件；在质量标准研究中，药物的鉴别、检查、含量测定等项目都要采用仪器分析的方法来进行研究，制定质量控制标准；在进行药物的稳定性和药代动力学实验中，也离不开仪器分析的方法。

近年来，国际上对中药日益重视，但中药化学成分复杂，与西药相比，中药材及其制剂的质量控制更为复杂。近年来，药学工作者采用高效液相色谱、液相色谱 - 质谱联用、气相色谱 - 质谱联用等仪器分析的方法进行质量控制的研究，取得了可喜的成绩。

医学检验是医学的一个重要分支。为了便于疾病的诊断、治疗，需要获得相关的信息，仪器分析中的自动分析技术，由于分析速度快，能在短时间内为临床诊断提供大量的信息，已成为临床检验的重要部分，例如采用专用性分析仪器超声诊断仪、动态心电图仪、人体核磁共振成像仪、酶联免疫分析仪等用于医学检验，为疾病的诊断和治疗提供了方便。

仪器分析在食品分析方面也有着广泛的应用。在食品安全、食品生产、贮藏等过程中的质量控制和污染问题，食品添加剂的检测等方面都离不开仪器分析。目前出现了滥用添加剂事件，滥用添加剂已成为食品安全的隐患，危害十分严重。仪器分析快速、准确的检测方法为我们检测这些有毒、有害物质提供了强有力的技术支持。

第四节　学习仪器分析的方法

仪器分析是中药类各专业非常重要的专业基础课之一，在医药领域中应用广泛。因此，学好仪器分析就为中药类各专业的中药化学、中药鉴定学、中药炮制学、中药药剂学、中药分析等专业课程的学习打好了基础。

本教材学习的仪器分析涉及定性、定量和结构分析的内容，学习时要掌握各类分析方法的基本原理，学会光谱与色谱分析中的定性、定量分析方法，掌握有机化合物结构与其质谱、光谱之间的关系，学会结构分析的基本方法。仪器分析还是一门实践性很强的学科，因此，实验教学是仪器分析教学的重要环节，学生必须十分重视实验课的学习，做到实验课前预习；在实验中，严格执行实验操作规程，仔细观察实验现象，认真作好实验记录；实验后，要认真撰写实验报告，分析实验中存在的问题。培养严谨的科学态度，踏实细致的工作作风，实事求是的科学道德和初步从事科学研究的技能。

仪器分析发展快，要学好仪器分析，在课后要多看参考文献，如丛书、手册、教材、期刊、论文等。应从多种途径查阅有关的文献资料，关注仪器分析的发展趋势，了解仪器分析的新方法、新技术在药学领域中的应用，对仪器分析产生浓厚的兴趣，只有这样才能学好仪器分析课程。

第二章　光谱分析法概论

光学分析法（optical analysis）是基于电磁辐射与物质相互作用后，电磁辐射发生某些变化或被作用物质的某些特性发生改变而释放出各种信息，借助这些信息来测量物质的性质、含量和结构的一类分析方法。它是仪器分析的重要分支，应用范围很广。光学分析法的原理包括两个方面，一是能量作用于待测物质后产生光辐射，该能量形式可以是声、电、磁或热等能量形式；二是光辐射作用于待测物质后发生某种变化，这种变化可以是物理化学特性的变化，也可以是光辐射光学特性的变化。在此基础上建立的分析方法均称为光学分析法。光学分析法均包含三个过程：①能源提供能量；②能源与被测物质相互作用；③产生被检测的信号。

光学分析法分为光谱法和非光谱法两大类。光谱分析法是能量作用于待测物质后产生光辐射，以及光辐射作用于待测物质后发生的某种变化与待测物质的物理化学性质有关，并且为波长或波数的函数，如光的吸收及光的发射；非光谱法是光辐射作用于待测物质后，发生散射、折射、反射、干涉、衍射、偏振等现象，这些现象的发生只与待测物质的物理性质有关。光谱分析法不仅可以提供物质的量的信息，还可以提供物质的结构信息，特别是在化学、物理、生物等领域发挥着重要作用。

第一节　电磁辐射的性质

电磁辐射是一种以极大的速度（在真空中 $c=2.9979\times10^{10}\,cm\cdot s^{-1}$）通过空间传播能量的电磁波，电磁波包括无线电波、微波、红外光、紫外-可见光以及X射线和γ射线等，它具有波动性和微粒性。

一、波动性和微粒性

根据经典物理学的观点，电磁波是在空间传播着的交变电场和磁场，它具有一定的频率、强度和速度。当电磁波穿过物质时，它可以和带有电荷和磁矩的质点作用，结果在电磁波和物质之间产生能量交换，光谱分析法就是基于这种能量交换。电磁波的传播以及反射、衍射、干涉、折射和散射等现象表现出它具有波的性质，可以用频率、波长、速度等参数来描述。

不同的电磁波具有不同的波长 λ 或频率 ν。在真空中波长和频率的关系为：

$$\lambda=c/\nu \tag{2-1}$$

实验证明，电磁波在空气和真空中的传播速度相差不大，所以可用（2-1）式来表示空气中波

NOTE

长和频率的关系。

在光谱分析中，波长的单位常用纳米（nm）或微米（μm）表示（$1\text{m}=10^6\mu\text{m}=10^9\text{nm}=10^{10}$Å）；频率用赫兹（$\text{Hz}\cdot\text{s}^{-1}$）表示；波长的倒数 $\bar{\nu}$ 作为波数，常用单位 cm^{-1}，它表示在真空中单位长度内所具有的波的数目，即 $\bar{\nu}=1/\lambda$。当波长的单位用微米时，波长与波数的关系式为：

$$\bar{\nu}=10^4/\lambda \tag{2-2}$$

电磁波的波动性不能解释辐射的发射和吸收现象，对于光电效应及黑体辐射的光谱能量分布等现象，需要把辐射视为微粒（光子）才能满意地解释。光的粒子性表现为光的能量不是均匀连续分布在它传播的空间内，而是集中在光子的微粒上。光子的能量 E 与光波的频率 ν 之间的关系式为：

$$E=h\nu=hc/\lambda \tag{2-3}$$

式中，h 为普朗克（planch）常数，等于 $6.626\times10^{-34}\text{J}\cdot\text{s}$；$E$ 的常用单位是 J；c 为光速。表 2-1 列出了能量单位之间的换算关系，eV 是可与国际单位制单位并用的其他单位，cal 及 erg 为非法定计量单位。

表 2-1　能量单位的换算

能量单位	J	cal	erg	eV
1J （焦）	1	0.2390	10^7	6.241×10^{18}
1cal（卡）	4.184	1	4.184×10^7	2.612×10^{19}
1erg（尔格）	10^{-7}	2.390×10^{-8}	1	6.241×10^{11}
1eV（电子伏）	1.60×10^{-19}	3.829×10^{-20}	1.602×10^{-12}	1

二、电磁波谱

若将电磁波按其波长（或频率，或能量）次序排列成谱，称为电磁波谱（electromagnetic spectrum），表 2-2 列出了在分析中重要的波谱频率和波长范围，并给出了相应光谱方法的名称。电磁波的波长愈短，其能量愈大。γ 射线的波长最短，能量最大；其次是 X 射线区；再者是紫外 - 可见和红外光区；无线电波区波长最长，其能量最小。电磁波的波长或能量与跃迁的类型有关。若要使分子或原子的价电子激发所需要的能量为 1～20eV，该能量范围相应的电磁波的波长为 1240～60nm。

$$\lambda=\frac{hc}{E}=\frac{6.626\times10^{-34}\times3.0\times10^{10}}{1\times1.602\times10^{-19}}\times10^7\text{nm}=1240\text{nm}$$

$$\lambda=\frac{6.626\times10^{-34}\times3.0\times10^{10}}{20\times1.602\times10^{-19}}\times10^7\text{nm}=62\text{nm}$$

波长 200～400nm 的电磁波属于紫外光区，400～800nm 属于可见光区。因此分子吸收紫外 - 可见光区的光子获得的能量足以使价电子跃迁。据（2-3）式可以算出各种类型跃迁需要的能量所对应的波长。

NOTE

表 2-2　电磁波谱

电磁波	波长范围	频率/Hz	光子能量/eV	量子跃迁类型
γ射线	<0.005nm	>6.0×10^{19}	>2.5×10^{5}	核能级
X射线	0.005～10nm	6.0×10^{19}～3.0×10^{16}	2.5×10^{5}～1.2×10^{2}	内层电子
真空紫外区	10～200nm	3.0×10^{16}～1.5×10^{15}	1.2×10^{2}～6.2	价电子
近紫外光区	200～400nm	1.5×10^{15}～7.5×10^{14}	6.2～3.1	价电子
可见光区	400～800nm	7.5×10^{14}～3.8×10^{14}	3.1～1.6	价电子
近红外光区	0.8～2.5μm	3.8×10^{14}～1.2×10^{14}	1.6～0.50	分子振动能级
中红外光区	2.5～50μm	1.2×10^{14}～6.0×10^{12}	0.50～2.5×10^{-2}	分子振动能级
远红外光区	50～1000μm	6.0×10^{12}～3.0×10^{11}	2.5×10^{-2}～1.2×10^{-3}	分子转动能级
微波区	1～300mm	3.0×10^{11}～1.0×10^{9}	1.2×10^{-3}～4.1×10^{-6}	分子转动能级
无线电波区	>300mm	<1.0×10^{9}	<4.1×10^{-6}	电子和核的自旋

三、电磁辐射与物质的作用

1. 吸收　当电磁波作用于物体时，若电磁波的能量正好等于物质某两个能级之间的能量差时，电磁波就可能被物质所吸收，此时电磁辐射能被转移到组成物质的原子或分子上，原子或分子从较低能级吸收电磁辐射而被激发到较高能级或激发态（图 2-1）。

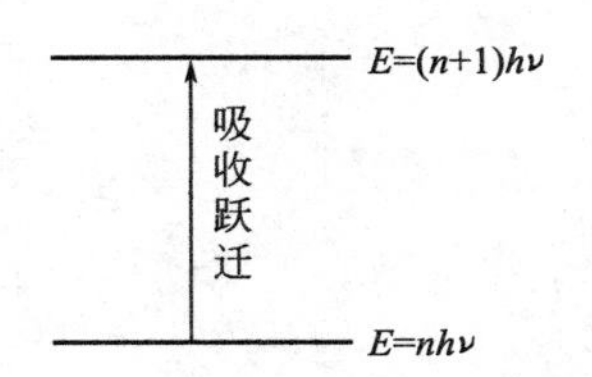

图 2-1　辐射吸收引起能级跃迁示意图

（1）原子吸收：当电磁辐射作用于气体自由原子时，电磁辐射将被原子吸收，如图 2-2。由于原子外层电子的能级，其任意两级间的能量差对应的频率基本上处于紫外 - 可见区，所以，主要吸收紫外 - 可见光。又因为原子外层的电子能级数有限，因而产生的原子吸收的特征频率也有限，由于气体自由原子的外层电子通常处于基态，当吸收能量时，它就跃迁到有限的高能级上，表现为某特征频率被吸收，即产生原子吸收光谱。

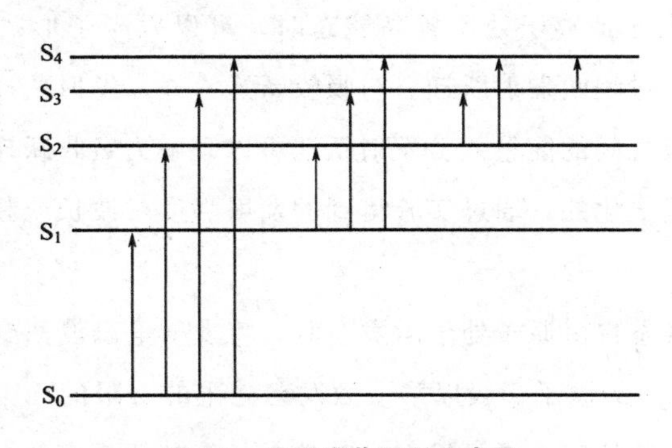

图 2-2　原子吸收跃迁示意图

（2）分子吸收：当电磁辐射作用于分子时，同样被分子所吸收。分子除外层电子能级外，每个电子能级还存在若干个振动能级，每个振动能级还存在若干个转动能级，因此分子吸收光谱要比原子吸收光谱复杂的多，如图 2-3、图 2-4。分子的任意两能级间的能量差所对应的频率处于紫外 - 可见光区和红外光区，当吸收这些光波后，所产生的吸收光谱就是紫外 - 可见吸收光谱和红外吸收光谱。

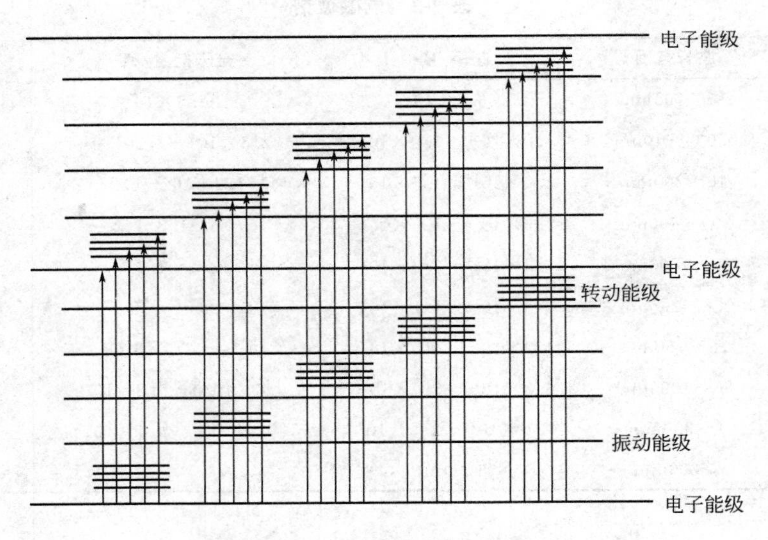

图 2-3　电子能级的吸收跃迁示意图

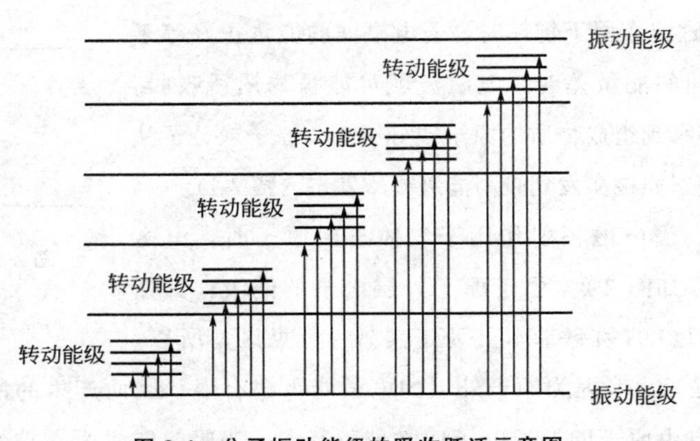

图 2-4　分子振动能级的吸收跃迁示意图

2. 发射　当原子、分子或离子处于较高能态时，可以以光子形式释放能量而回到较低能级，产生电磁辐射，这一过程叫发射跃迁。与吸收跃迁一样，发射跃迁所发射的电磁辐射能量等于较高和较低两个能级之间的能量差。发射跃迁可以理解为吸收跃迁的相反过程，与吸收跃迁类似，发射跃迁也是量子化的。通过实验得到的发射强度对波长或频率的函数图，即为发射光谱图。

（1）原子发射：当气态自由原子处于激发态时，将发射电磁波回到基态，所发射的电磁波处于紫外 - 可见区。高能态的原子一般以第一激发态为主的有限的几个激发态，致使原子发射具有限的特征频率辐射，即特定原子只发射少数几个具有特征频率的电磁波。

（2）分子发射：如前所述，由于分子外层的电子能级、振动能级和转动能级的缘故，分子发射较为复杂。分子发射的电磁辐射大多处于紫外 - 可见光区和红外光区。据此建立的分析方法有荧光光谱法、磷光光谱法和化学发光法。

与分子光谱一样，由于相邻两个转动能级之间的能量差很小，因此有相邻两个转动能级跃迁回到同一低能级的两个跃迁的能量差也很小，两个发射过程所发射的两个频率或波长的辐射很接近，通常的检测系统很难分辨出来。而分子能量相近的振动能级又很多，因此，表观上分

NOTE

子发射表现为对特定波长段的电磁辐射的发射，光谱上表现为连续光谱。图 2-5 为分子发射跃迁示意图。

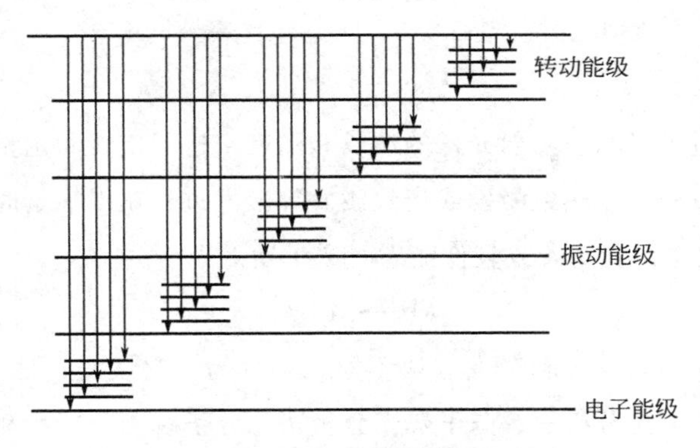

图 2-5　分子发射示意图

3. 散射　散射是一种物理现象，光的散射分为丁铎尔（Tyndall）散射和分子散射两类。Tyndall 散射是指当被照射粒子的直径等于或大于入射光的波长时所发生的散射。分子散射是指当被照射粒子的直径小于入射光的波长时所发生的散射。当分子与光子发生弹性碰撞的相互作用时，相互间没有能量交换，此称瑞利散射；当分子与光子发生非弹性碰撞时，相互间有能量交换，使光子的能量增加或减少，这时将产生与入射光波长不同的散射光，这种现象称为 Raman 散射。Raman 光谱可用于物质的定性、定量分析。

此外，电磁辐射与物质的作用形式还有折射、反射、干涉和衍射等，在物理学里已经讲过，在这里不再赘述。

第二节　光学分析法及其分类

一、光谱法

光谱法是基于物质与辐射能作用时，测量由物质内部发生量子化的能级之间的跃迁而产生的发射、吸收或散射辐射的波长和强度进行分析的方法。光谱法有多种分类形式，可分为原子光谱和分子光谱；原子光谱是由原子外层或内层电子能级的变化产生的，它的表现形式为线光谱。属于这类分析方法的有原子发射光谱法（AES）、原子吸收光谱法（AAS）、原子荧光分析法（AFS）及 X 射线荧光分析法（XFS）等。分子光谱是由分子中电子能级、振动能级和转动能级的变化产生的，分子光谱常以谱带为其特征。常见的分子光谱有紫外-可见分光光度法（UV-Vis）、红外分光光度法（IR）、分子荧光光谱法（MFS）和分子磷光光谱法（MPS）等。也有按照跃迁能级分类的，如基于原子、分子外层电子能级跃迁的光谱法，包括原子吸收光谱法、原子发射光谱法、原子荧光光谱法、紫外-可见吸收光谱法、分子荧光光谱法、分子磷光光谱法、化学发光分析法，吸收或发射光谱的波段范围在紫外-可见光区，即 200～800nm 之间。基于分子转动、振动能级跃迁的光谱法即红外吸收光谱法，波段范围在近红外光区和微波光区之间，即 0.75～100μm 之间。基于原子内层电

子跃迁的光谱法为X射线光谱法，包括X射线荧光法、X射线吸收法和X射线衍射法。基于原子核能级跃迁的光谱法为核磁共振波谱法。还可按照辐射形式分为发射光谱、吸收光谱和散射光谱。

（一）发射光谱法

发射光谱法是通过测量物质发射光谱的波长和强度来进行定性和定量分析的方法。当物质的原子或分子通过电致激发、热致激发或光致激发等激发过程获得能量时，就变为激发态的原子或分子 M^*，由激发态回到基态或较低能态时产生发射光谱。

$$M^* \rightarrow M + h\nu$$

根据发射光谱所在的光谱区和激发方法不同，可分为γ射线光谱法、X射线荧光分析法、原子发射光谱法、原子荧光分析法、分子荧光分析法、分子磷光分析法和化学发光分析法等。

（二）吸收光谱法

吸收光谱是物质吸收相应的辐射能而产生的光谱。根据吸收光谱进行定性、定量及结构分析的方法，称吸收光谱法。吸收光谱产生的必要条件是所提供的辐射能量恰好能满足该吸收物质两能级间跃迁所需的能量，即 $\Delta E = h\nu$，物质吸收能量后就变为激发态。

$$M + h\nu \rightarrow M^*$$

具有较大能量的γ射线可被原子核吸收，X射线可被原子内层电子吸收，紫外和可见光可被原子或分子外层电子吸收，红外光可产生分子的振动光谱，微波和射频可产生转动光谱。所以，根据物质对不同波长的辐射能的吸收，可建立各种吸收光谱法，如紫外-可见分光光度法、红外吸收光谱法、原子吸收光谱法、核磁共振波谱法、电子自旋共振波谱法等。

（三）散射光谱法

散射光谱法主要是以拉曼散射为基础的拉曼散射光谱法。频率为 ν_0 的单色光照射到透明物质上，该单色光会发生散射现象。如果这种散射是光子与物质分子发生能量交换的，即不仅光子的运动方向发生变化，光的能量也发生变化，则称为拉曼散射。这种散射光的频率与入射光的频率不同，称为拉曼位移。拉曼位移的大小与分子的转动和振动的能级有关，可利用此性质研究物质的结构。

（四）光谱的形状

光谱分析中，一般是将检测信号对相应的波长或频率作图，所得图谱即为光谱图。检测信号可以是吸光度（透光率），也可以是发光强度等。通常而言，原子光谱是线光谱，分子光谱是带光谱。

1. 线光谱 对于特定的原子而言，由于其外层电子能级数、跃迁选律、跃迁概率以及检测器灵敏度等的限制，通常只能检测到少数几个跃迁，每个跃迁的检测信号被记录下来，与相应的波长（频率）作图，即为这个原子的光谱图，在光谱图上表现为特定的几个点，在二维关系谱上就是线光谱，如图2-6所示。

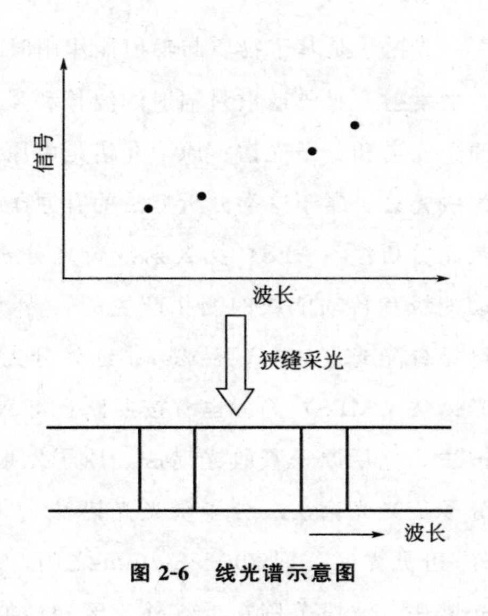

图2-6 线光谱示意图

NOTE

2. 带光谱　与原子外层能级不同，分子外层除电子能级外，还有振动能级和转动能级，这些能级差非常小，因而存在一系列能级非常接近的跃迁，如果检测器的分辨率足够高，则在光谱图上表现为一系列能级差非常小的光谱点，每一个光谱点对应一个跃迁，由于每个光谱点非常接近，在采用波长扫描方式测定时，可以得到一系列光谱点，并将光谱点相连，所得到的二维光谱（纵坐标为检测信号，横坐标为波长）就是带状光谱，带光谱是分子光谱的特征，如图 2-7 所示。

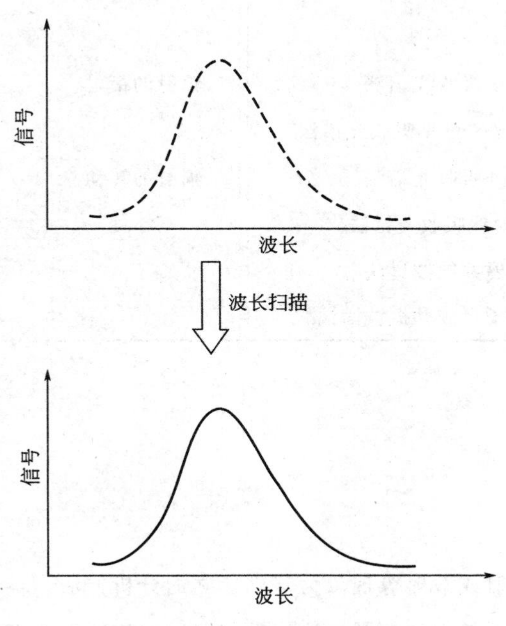

图 2-7　带光谱示意图

3. 连续光谱　在原子光谱法中，还有连续光谱的概念。固体在炽热状况下会产生黑体辐射，黑体辐射是通过热能激发凝聚体中无数原子和分子振荡产生的辐射跃迁，辐射波长范围随温度升高向短波方向扩展。由于无数原子和分子振荡所产生辐射跃迁的能量非常接近，因而表现为连续光谱，这种连续光谱实际上是无数光谱点紧密排列在一起所形成的。一般来说，在原子光谱分析中，由于黑体辐射所产生的连续光谱是一种干扰因素，对原子光谱的应用是一种限制。但是，黑体辐射所产生的连续光谱可以作为连续光源，如红外光谱仪中的硅碳棒，紫外 - 可见光谱仪中的碘 - 钨灯，前者可产生连续的红外光，后者可产生连续的可见光。

二、非光谱法

非光谱法是基于测量辐射线照射物质时产生的辐射在传播方向上或物理性质上变化的分析方法。非光谱法不涉及物质内部能级的跃迁，电磁辐射只改变传播方向、速度或某些物理性质，如利用其折射、偏振、衍射与散射等现象建立起来的折射法、偏振法、衍射法和散射浊度法等。

常见的光学分析法见表 2-3。

NOTE

表 2-3　常见的光学分析法

测量参数	相应的分析方法	测量参数	相应的分析方法
辐射的发射	1. 原子发射光谱法	辐射的散射	1. 比浊法
	2. 原子荧光光谱法		2. 拉曼光谱法
	3. 分子荧光光谱法		3. 散射浊度法
	4. 分子磷光光谱法	辐射的折射	1. 折射法
	5. 化学发光法		2. 干涉法
辐射的吸收	1. 原子吸收光谱法	辐射的衍射	1. X 射线衍射法
	2. 紫外 - 可见吸收光谱法		2. 电子衍射法
	3. 红外吸收光谱法	辐射的转动	1. 偏振法
	4. X 射线吸收光谱法		2. 旋光色散法
	5. 核磁共振波谱法		3. 圆二向色性法
	6. 电子自旋共振波谱法		

第三节　光谱法仪器

光谱法是以吸收、发射或散射等现象为基础建立的分析方法。虽然测定它们的仪器在构造上略有不同，但其基本部件却大致相同。这一类仪器一般包括五个基本单元：辐射源、色散元件、样品容器、检测器和读出装置。如图 2-8 所示：

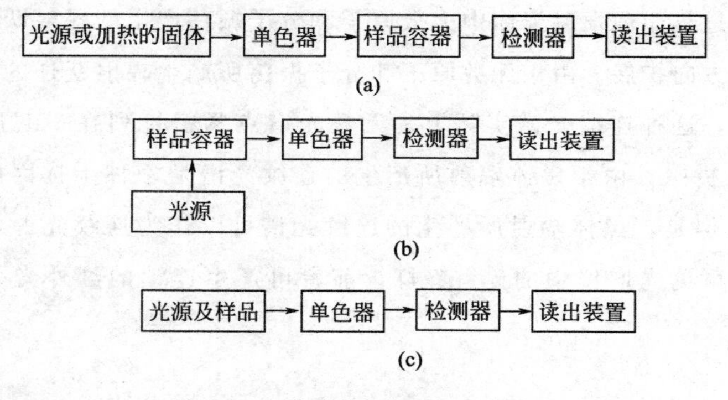

图 2-8　光谱法中各类型仪器的组成

(a) 吸收光谱仪；(b) 荧光和散射光谱仪；(c) 发射光谱仪

一、辐射源

光谱分析中，光源必须具有足够的输出功率和稳定性。由于光源辐射功率的波动与电源功率的变化成指数关系，因此往往需用稳压电源以保证稳定，或者用参比光束的方法来减少光源输出的波动对测定产生的影响。光源一般分为连续光源和线光源两类。连续光源发射的辐射强度随波长的变化十分缓慢，线光源发射数目有限的辐射线或辐射带，它们包含的波长范围有限。一般连续光源主要用于分子吸收光谱法，线光源主要用于荧光、原子吸收和散射光谱法，

NOTE

发射光谱采用电弧、火花、等离子体光谱。常见的连续光源有金属蒸气灯和空心阴极灯等。

二、分光系统

分光系统是将复合光分解成单色光或有一定宽度的谱带。分光系统包括狭缝、准直镜、色散元件及聚焦透镜。图 2-9 是以棱镜或光栅等色散元件所构成的分光系统。

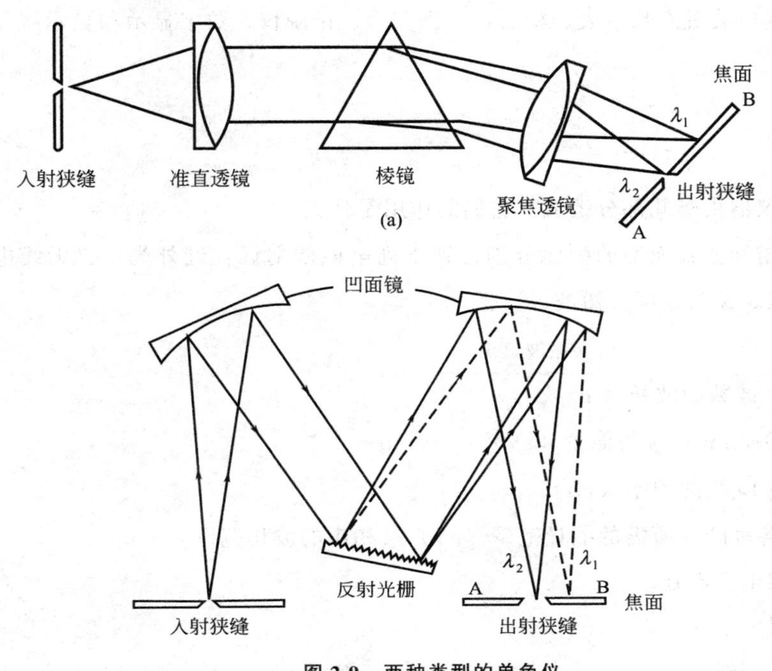

图 2-9　两种类型的单色仪

（a）棱镜单色仪；（b）光栅单色仪

三、试样容器

除发射光谱外，所有的光谱法仪器都需要试样容器。盛放试样的容器（吸收池）由光透明的材料制成。在紫外光区工作时常用石英材料；可见光区则用硅酸盐玻璃；红外光区则可根据不同的波长范围选用不同材料的晶体，制成吸收池的窗口。吸收池窗口应完全垂直于入射光束，以减少反射损失。

四、检测器

在光谱仪器中，检测器通常分为两类：一类是量子化检测器，即对光子产生响应的光子检测器。它包括单道光子检测器和多道光子检测器。单道光子检测器如光电池、光电管、光电倍增管等；多道光子检测器，如光二极管阵列（photodiode arrays detector，PDAD），电荷耦合器件（charge-coupled device，CCD）和电荷注入器件（charge-injection devices，CID），又因后两种器件是将电荷从收集区转移到检测区后完成测定，故又称电荷转移器件。另一类是热检测器，因为红外光区的能量不足以产生光电子发射，通常的光子换能器不能用于红外光区的检测。所以在这个光区要使用辐射热效应为基础的热检测器，如热电耦、辐射热测量计和热电检测器。

五、信号处理器和读出装置

通常信号处理器是一种电子器件，它可以放大检测的输出信号。此外，它也可以把信号从直流变为交流（或相反），改变信号的相位，滤掉不需要的成分。同时，信号处理器也可以用来执行某些信号的数学运算，如微分、积分，或转换成对数。

现代仪器的读出装置有数字表、检流计、微安表、记录仪、数字显示和显示屏显示测量结果等形式。

习 题

1. 光谱法的仪器由哪几部分组成？它们的作用是什么？

2. 按能量递增和波长递增的顺序分别排列下列电磁辐射区：红外光区、无线电波区、可见光区、紫外光区、X 射线区、微波区。

3. 计算

（1）$2500cm^{-1}$ 波数的波长（nm）。（4000）

（2）Na 588.995nm 相应的能量（eV）。（2.11）

（3）670.7nm Li 线的频率（Hz）。（4.47×10^{-14}）

4. 计算下列各种跃迁所需的能量范围（eV）及相应的波长范围

（1）原子内层电子跃迁；

（2）原子外层电子跃迁；

（3）分子的电子跃迁；

（4）分子振动能级跃迁；

（5）分子转动能级跃迁。

5. 阐述为什么原子光谱为线光谱，分子光谱为带光谱。如果说原子光谱谱线强度分布也是峰状的，对吗？为什么？

NOTE

第三章　紫外-可见分光光度法

紫外-可见分光光度法（ultraviolet-visible spectrophotometry，UV-vis），又称紫外-可见吸收光谱法。它是通过测定物质分子在200～800nm波长范围的某特定波长处吸光度或一定波长范围内的吸收光谱，对该物质进行定性定量分析的方法。

紫外-可见分光光度法灵敏度较高，一般可达10^{-4}～10^{-7}g/mL；测定的准确度主要取决于仪器测定吸光度的准确度，相对误差一般在0.5%；通过测定分子对紫外-可见光的吸收强度和吸收光谱，可以对大量的无机和有机化合物进行定性定量分析或结构鉴定；紫外-可见分光光度法使用的仪器设备简单，操作方便，是药学领域最常用的方法之一。

第一节　基本原理

一、紫外-可见吸收光谱

（一）紫外-可见吸收光谱的产生

分子中的电子总是处在某一种运动状态之中，每一种状态都具有一定的能量，属于一定的能级。当这些电子受外来能量（如光、热、电等）的激发时，从低能级（如基态）跃迁到较高的能级（如激发态），当分子吸收了辐射能之后，其能量变化（ΔE）与振动能、转动能和价电子跃迁能有关，是分子这三种能量变化总和，即

$$\Delta E=\Delta E_{振}+\Delta E_{转}+\Delta E_{电子} \qquad (3\text{-}1)$$

式（3-1）中$\Delta E_{电子}$最大，一般为1～20eV，相应的波长范围为62nm～1240nm。因此，由分子的外层价电子跃迁而产生的光谱位于紫外-可见光区，属电子光谱；且由于电子能级跃迁同时还伴随着振动、转动能级的跃迁，所以紫外-可见吸收光谱是带状光谱。

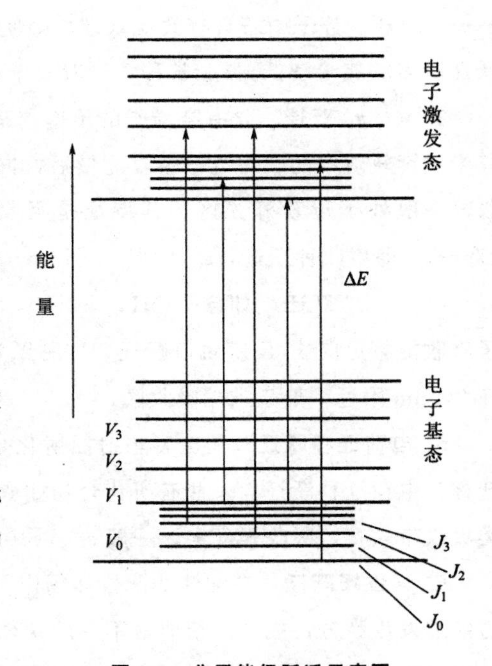

图3-1　分子能级跃迁示意图

J. 转动能级　V. 振动能级

（二）电子跃迁的主要类型

在紫外和可见光区范围内，有机化合物吸收光谱主要由$\sigma\rightarrow\sigma^*$、$\pi\rightarrow\pi^*$、$n\rightarrow\sigma^*$、$n\rightarrow\pi^*$跃迁及电荷迁

NOTE

移跃迁所产生。其中，σ、π 表示成键分子轨道，n 表示未成键分子轨道（亦称非键轨道），σ^*、π^* 表示反键分子轨道。分子中不同轨道的价电子具有不同的能量，处于低能级的价电子吸收一定能量就跃迁到相应的较高能级。根据分子轨道理论，这四种电子跃迁所需能量大小依序为：

$$\sigma\rightarrow\sigma^* > n\rightarrow\sigma^* \geqslant \pi\rightarrow\pi^* > n\rightarrow\pi^*$$

图 3-2 定性地表示了不同类型的电子跃迁所需的能量高低及吸收光谱所处的波段。

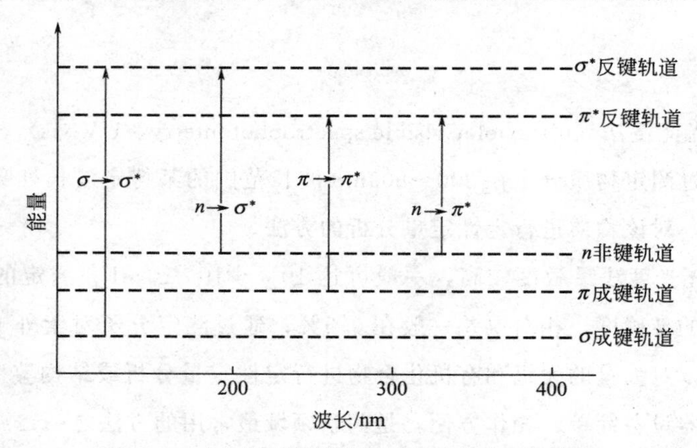

图 3-2　电子跃迁所需能量及吸收光谱所处波段

1. $\sigma\rightarrow\sigma^*$ 跃迁　处于成键轨道上的 σ 电子吸收光能后跃迁到 σ^* 反键轨道。该跃迁需要的能量最大，因而所吸收的辐射波长最短，吸收峰在真空紫外光区。饱和烃类分子中只含有 σ 键，因此只能产生 $\sigma\rightarrow\sigma^*$ 跃迁，吸收峰的波长一般小于 150nm，在一般仪器测定范围之外。

2. $\pi\rightarrow\pi^*$ 跃迁　处于成键轨道上的 π 电子跃迁到 π^* 反键轨道上，所需的能量小于 $\sigma\rightarrow\sigma^*$ 跃迁所需要的能量。孤立的 $\pi\rightarrow\pi^*$ 跃迁，吸收峰的波长在 200nm 附近，其特征是吸收强度大（$\varepsilon>10^4$）。不饱和的有机化合物，如具有 C═C 或 C≡C、C═N 等基团的有机化合物都会产生 $\pi\rightarrow\pi^*$ 跃迁。分子中若具有共轭双键，则使 $\pi\rightarrow\pi^*$ 跃迁所需的能量降低，共轭链越长，$\pi\rightarrow\pi^*$ 跃迁所需的能量越低，λ_{max} 长移，一般大于 210nm。

3. $n\rightarrow\pi^*$ 跃迁　含有杂原子的不饱和基团，如含 C═O、C═S、N═N 等基团的化合物，其未成键轨道中的孤对电子吸收能量后，向 π^* 反键轨道跃迁，这种跃迁所需的能量最小，吸收峰一般处于近紫外光区，其特征是吸收强度弱（ε 在 10～100 之间）。例如丙酮的 λ_{max} = 279nm，即属此种跃迁，ε 为 10～30。

4. $n\rightarrow\sigma^*$ 跃迁　如含—OH、—NH_2、—X、—S 等基团的化合物，其杂原子中的孤对电子吸收能量后向 σ^* 反键轨道跃迁，这种跃迁所需的能量较 $\sigma\rightarrow\sigma^*$ 跃迁低，吸收峰的波长一般在 200nm 附近，处于末端吸收区。

5. 电荷迁移跃迁　用电磁辐射照射化合物时，电子从给予体向接受体相联系的轨道上跃迁称为电荷迁移跃迁。一些有机化合物如取代芳烃可产生这种分子内电荷迁移跃迁吸收带。此类吸收带较宽，吸收强度大，一般 $\varepsilon_{max}>10^4$。

6. 配位场跃迁　在配体的配位体场作用下，过渡金属离子的 d 轨道和镧系、锕系的 f 轨道能够发生裂分，成为几组能量不等的 d 轨道和 f 轨道。在可见光区（有时在近紫外或近红外光区）能发生 d-d 和 f-f 跃迁。配位场跃迁吸收强度较弱，一般 ε_{max} 小于 10^2。

（三）常用名词术语

NOTE

1. 发色团（chromophore）　在紫外 - 可见光波长范围内产生吸收的原子团。如有机化合物

分子结构中含有 $\pi\rightarrow\pi^*$ 或 $n\rightarrow\pi^*$ 跃迁的基团 >C═O 、>C═C 、—N ═N—、—NO_2、—C ═S等。

2. 助色团（auxochrome） 本身不能吸收波长大于 200nm 的辐射，但与发色团相连时，可使发色团所产生的吸收峰向长波长方向移动并使吸收强度增加的原子或原子团。如—OH、—NH_2、—OR、—SH、—X 等。例如：苯的 λ_{max} 在 254nm 处，而苯酚的 λ_{max} 移至 270nm 处，同一分子结构连接的助色团不同，吸收峰的波长也不相同。

3. 蓝移（blue shift）和红移（red shift） 由于化合物的结构改变或溶剂效应等引起的吸收峰向短波方向移动的现象称蓝移（或紫移）；向长波方向移动的现象称红移，亦称长移。

4. 浓色效应（hyperchromic effect）和淡色效应（hypochromic effect） 由于化合物结构改变或其他原因，使吸收强度增加的效应称为浓色效应，又称增色效应；吸收强度减弱的效应称为淡色效应，又称减色效应。

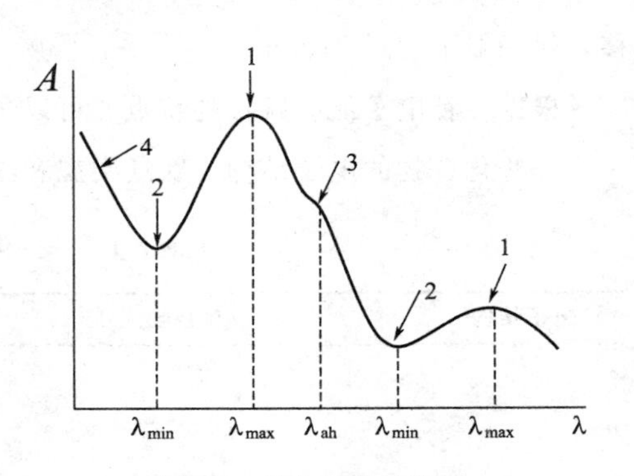

图 3-3　吸收光谱示意图

5. 吸收光谱（absorption spectrum） 吸收光谱又称吸收曲线，是以波长 λ（nm）为横坐标，以吸光度 A 为纵坐标所绘制的物质吸光强度随波长变化的曲线，如图 3-3 所示。吸收光谱的特征可用以下光谱术语加以描述。

（1）吸收峰：吸收曲线上的峰称为吸收峰，所对应的波长称最大吸收波长（λ_{max}）。

（2）吸收谷：吸收曲线上的谷称为吸收谷，所对应的波长称最小吸收波长（λ_{min}）。

（3）肩峰：吸收峰上的曲折处称为肩峰（shoulder peak），所对应的波长常用 λ_{sh} 表示。

（4）末端吸收：在吸收曲线的最短波长处只呈现强吸收而不呈峰形的部分称为末端吸收（end absorption）。

物质的吸收光谱的波形、波峰强度、位置及数目等参数可为研究物质分子结构提供重要的信息。

6. 吸收带 根据电子跃迁类型，紫外-可见光区有机化合物的吸收带（absorption band）主要有四类：

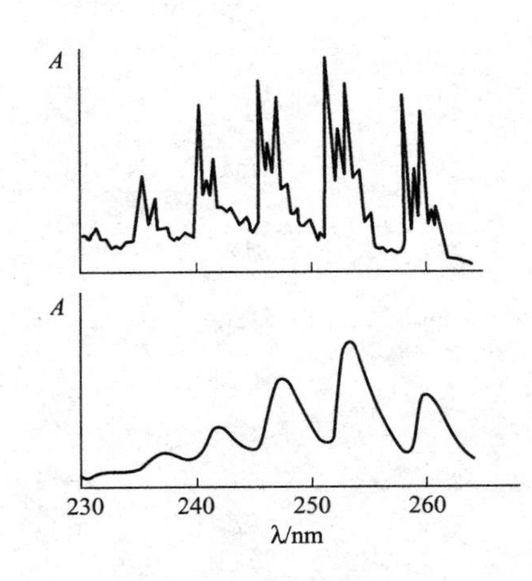

图 3-4　苯的 B 带吸收光谱

（上）苯蒸气；（下）苯的己烷溶液

（1）R 带：由 $n\rightarrow\pi^*$ 跃迁产生的吸收带，吸收峰波长范围一般在 250～500nm，吸收强度为弱吸收（ε＜100）。当有强吸收峰在其附近时可能被掩盖。

（2）K 带：由共轭双键 $\pi\rightarrow\pi^*$ 跃迁产生的吸收带，吸收峰在 200nm 以上，吸收强度大（ε＞10^4）。随着共轭双键的增加，吸收峰红移，吸收强度有所增加。

（3）B 带：是芳香族（包括杂芳香族）化合物的特征吸收带。是由苯等芳香族化合物的 $\pi\rightarrow\pi^*$ 跃迁所引起的吸收带之一。苯蒸气在 230～270nm 处出现精细结构的吸收光谱，反映了在蒸气状态下电子跃迁同时伴随的分子振动、转动能级跃迁的表现，如图 3-4（上）所示；在苯的己烷溶液中，因分子间相互作用增强，转动能级跃迁特征消失，仅出现部分振动能级跃迁特征，所以谱带变宽，如图 3-4（下）所示。在极性溶剂中，溶质与溶剂间的相互作用更大，使得苯吸收峰精细结构消失而成一宽峰，λ_{max} 在 254nm 附近（ε～220）。

（4）E 带：也是芳香族化合物的特征吸收带。由苯环结构中三个乙烯的环状共轭系统的 $\pi\rightarrow\pi^*$ 跃迁所引起。分为 E_1 及 E_2 两个吸收带。E_1 带的吸收峰约在 180nm，ε 为 4.7×10^4；E_2 带的吸收峰在 200nm 以上，ε 约为 7×10^3，均属于强吸收。当苯环上有发色团取代时，E_2 带便与 K 带合并，吸收带红移，同时也使 B 带发生红移。当苯环上有助色团取代时，E_2 带也红移，但一般不超过 210nm。

根据各种电子能级跃迁的特点，可以预测一个化合物紫外吸收带和可能出现的波长范围。

一些化合物的电子结构、跃迁类型和吸收带的关系如表 3-1 所示。

表 3-1　一些化合物的电子结构和跃迁

电子结构	化合物	跃迁	λ_{max}（nm）	ε_{max}	吸收带
σ	乙烷	$\sigma\rightarrow\sigma^*$	135	10000	
n	1-己硫醇	$n\rightarrow\sigma^*$	224	120	
	碘丁烷	$n\rightarrow\sigma^*$	257	486	
π	乙烯	$\pi\rightarrow\pi^*$	165	10000	
	乙炔	$\pi\rightarrow\pi^*$	173	6000	
π 和 n	丙酮	$\pi\rightarrow\pi^*$	约 160		
		$n\rightarrow\sigma^*$	194	9000	
		$n\rightarrow\pi^*$	279	15	R
$\pi-\pi$	$CH_2=CH-CH=CH_2$	$\pi\rightarrow\pi^*$	217	21000	K
	$CH_2=CH-CH=CH-CH=CH_2$	$\pi\rightarrow\pi^*$	258	35000	K
$\pi-\pi$ 和 n	$=CH_2$	$\pi\rightarrow\pi^*$	210	11500	K
	$CH_2=CH-CHO$	$n\rightarrow\pi^*$	315	14	R
芳香族 π	苯	芳香族 $\pi\rightarrow\pi^*$	约 180	60000	E_1
		同上	约 200	8000	E_2
		同上	254	215	B
芳香族 $\pi-\pi$	$C_6H_5-CH=CH_2$	芳香族 $\pi\rightarrow\pi^*$	244	12000	K
		同上	282	450	B
芳香族 $\pi-\sigma$	$C_6H_5-CH_3$	芳香族 $\pi\rightarrow\pi^*$	208	2460	E_2
		同上	262	174	B
芳香族 $\pi-\pi$，n	$C_6H_5-C(=O)-CH_3$	芳香族 $\pi\rightarrow\pi^*$	240	13000	K
		同上	278	1110	B
		$n\rightarrow\pi^*$	319	50	R
芳香族 $\pi-n$	C_6H_5-OH	芳香族 $\pi\rightarrow\pi^*$	210	6200	E_2
		同上	270	1450	B

NOTE

二、Lambert-Beer 定律

Lambert-Beer 定律是物质对光吸收的定量定律，其数学表达式为：

$$A=-\lg T=ElC \tag{3-2}$$

式（3-2）中，A 称为吸光度，T 是透光率，E 是吸光系数，C 是吸光物质的浓度，l 是吸光物质的厚度（又称光程）。Lambert-Beer 定律的物理意义是：当一束平行的单色光通过均匀的吸光物质时，吸光度与吸光物质的浓度和厚度成正比关系。其中，Lambert 定律说明了物质对光的吸光度与吸光物质的厚度成正比，Beer 定律说明了物质对光的吸光度与吸光物质的浓度成正比。二者合起来称为 Lambert-Beer 定律，简称为吸收定律。

Lambert-Beer 定律推导如下：设一光强为 I_x 的平行光束垂直通过一均匀截面为 s 的吸光物体（气体、液体或固体）（图 3-5），其中含有 n 个吸光质点（原子、离子或分子），光通过物体后，部分光子被吸收，光强从 I_x 降低至 I，现取物体中极薄的薄层 dx 来讨论。设此薄层中吸光质点数为 dn 这些质点将占据截面 s 上一部分面积 ds，有：

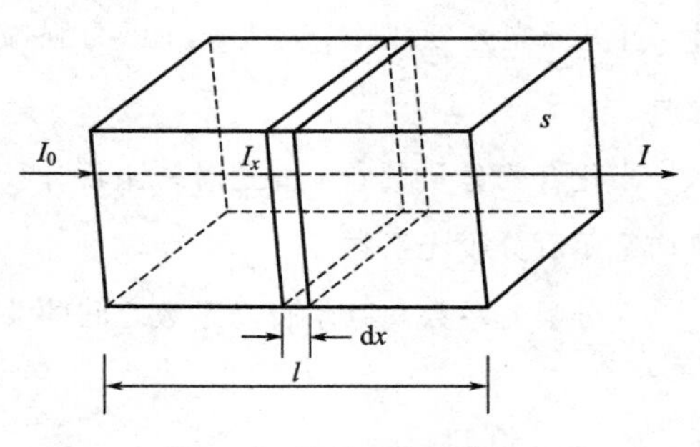

图 3-5　辐射吸收示意图

$$ds=k\,dn \tag{3-3}$$

从而使通过此薄层的光强 I_x 减弱 dI_x，所以，有：

$$-\frac{dI_x}{I_x}=\frac{k\,dn}{s} \tag{3-4}$$

由此可知，光通过厚度为 l 的物体时，应有　$-\int_{I_0}^{I}\frac{dI_x}{I_x}=\int_0^n\frac{k\,dn}{s}$

$$-\lg\frac{I}{I_0}=\lg e\cdot k\cdot\frac{n}{s}=E\cdot\frac{n}{s} \tag{3-5}$$

又因截面积 s 与体积 V，质点总数 n 与浓度 C 等存在以下关系：

$$s=\frac{V}{l}，n=V\cdot C，\frac{n}{s}=l\cdot C \tag{3-6}$$

故

$$-\lg\frac{I}{I_0}=ElC \tag{3-7}$$

式(3-7) 即为 Lambert-Beer 定律的数学表达式。其中，I/I_0 称为透光率（transmittance，T），常用百分数表示；将 $-\lg T$ 称为吸光度（absorbance，A），它与透光率 T 的关系为

$$A=-\lg T=-\lg\frac{I}{I_0} \tag{3-8}$$

或

$$T=10^{-A}=10^{-ElC} \tag{3-9}$$

式（3-9）说明单色光通过吸光物质后，透光率 T 与浓度 C 或厚度 l 之间的关系是指数函数的关系。浓度增大一倍，透光率将从 T 降至 T^2；吸光度 A 与浓度或厚度之间是简单的正比关系。吸光系数 E 是比例常数，是吸光物质在单位浓度及单位厚度时的吸光度；在单色光、溶剂和温度等实验条件确定时，吸光系数是物质的特性常数，表明物质对某一特定波长光的吸

NOTE

收能力。吸光系数愈大，表明该物质的吸光能力愈强，测量的灵敏度愈高。吸光系数值随浓度所取单位不同而不同，常用的有摩尔吸光系数和百分吸光系数，分别用 ε 和 $E_{1cm}^{1\%}$ 表示。

如果浓度 C 以摩尔浓度（mol/L）表示，则（3-2）式可以写成

$$A=\varepsilon \cdot l \cdot C \tag{3-10}$$

式中，ε 称为摩尔吸光系数，单位为 $L \cdot mol^{-1} \cdot cm^{-1}$。

如果浓度 C 以质量百分浓度（g/100mL）表示，则（3-2）式可以写成

$$A=E_{1cm}^{1\%} \cdot l \cdot C \tag{3-11}$$

式中，$E_{1cm}^{1\%}$ 称为百分吸光系数，单位为 $100mL \cdot g^{-1} \cdot cm^{-1}$。

摩尔吸光系数除了参与 Beer 定律计算外，还用于表示物质在特定波长的吸光能力；在紫外-可见分光光度法中，ε 大于 10^4 为强吸收，小于 10^2 为弱吸收，介于两者中间的为中强吸收。

当化合物分子量尚不清楚时常用百分吸光系数，在药物定量分析中应用广泛；我国现行药典均采用百分吸光系数。

百分吸光系数和摩尔吸光系数之间的关系是

$$\varepsilon=\frac{M}{10} \cdot E_{1cm}^{1\%} \tag{3-12}$$

式中，M 是吸光物质的摩尔质量。

例 3-1　已知维生素 C 的分子量为 176.1，精密称取其对照品 9.86mg，置 50mL 量瓶中，加 0.005mol/L 硫酸溶液使溶解，并定容至刻度，摇匀。再准确量取此溶液 2.00mL 稀释至 50mL，取此溶液置 1cm 吸收池中，在波长 245nm 处，测其 A 值为 0.442，计算维生素 C 的百分吸光系数和摩尔吸光系数分别是多少？

解： $$E_{1cm}^{1\%}=\frac{A}{l \cdot C}=\frac{0.442}{1\times\frac{9.86\times10^{-3}}{50.0}\times\frac{2.00}{50.0}\times100}=560$$

$$\varepsilon=\frac{M}{10} \cdot E_{1cm}^{1\%}=\frac{176.1}{10}\times560=9.86\times10^{3}$$

如果测量体系中同时存在两种或两种以上吸光物质时，只要共存物质彼此之间不发生相互作用，则测得的吸光度将是各物质吸光度的加和。

设一溶液中同时存在有 a、b、c…等吸光物质，分别有 n_a、n_b、n_c…个质点，根据不同物质的吸光能力不同，式（3-3）可改写为：

$$ds=k_a dn_a+k_b dn_b+k_c dn_c+\cdots$$

同理可得

$$-\frac{dI_x}{I_x}=\frac{1}{s}(k_a dn_a+k_b dn_b+k_c dn_c+\cdots)$$

$$A=-\lg\frac{I}{I_0}=l(E_a \cdot C_a+E_b \cdot C_b+E_c \cdot C_c+\cdots)=A_a+A_b+A_c+\cdots \tag{3-13}$$

式（3-13）说明，当多个吸光物质共存时，总吸光度是各组分吸光度加和，而各组分的吸光度由它们各自的浓度与吸光系数所决定。吸光度的这种加和性质是分光光度法测定混合组分的定量依据。

NOTE

第二节　光度法的误差

一、偏离 Beer 定律的因素

根据 Beer 定律，当波长和实验条件一定时，吸光度 A 与吸光物质的浓度 C 成正比。即 A-C 曲线应为一条通过原点的直线。但实际工作中，特别是在溶液浓度较高时，常常会出现偏离直线的情况（图 3-6），即偏离 Beer 定律的现象。若所测试的溶液浓度在标准曲线的弯曲部分，则按 Beer 定律计算的浓度必会产生较大的误差。导致偏离 Beer 定律的因素主要有化学因素与光学因素。

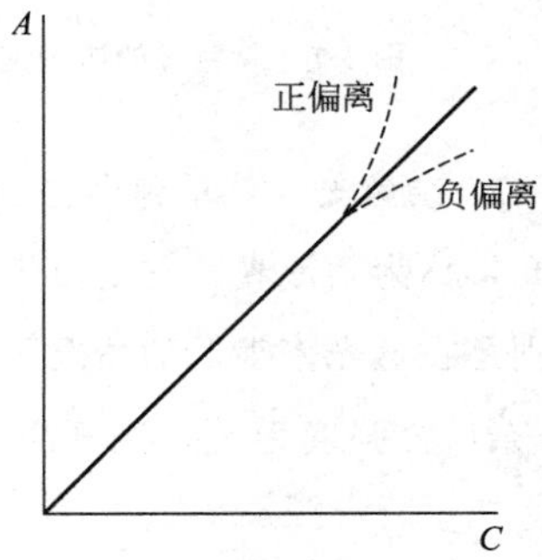

图 3-6　偏离 Beer 定律示意图

（一）化学因素

通常只有稀溶液时，Beer 定律才能成立。随着溶液浓度的改变，溶液中的吸光物质可因浓度的改变而发生离解、缔合、溶剂化以及配合物生成等变化，使吸光物质的存在形式发生变化，影响物质对光的吸收的选择性，因而偏离 Beer 定律。

如重铬酸钾的水溶液有以下平衡：

$$Cr_2O_7^{2-} + H_2O \rightleftharpoons 2H^+ + 2CrO_4^{2-}$$

若溶液稀释 2 倍，受稀释平衡向右移动的影响，$Cr_2O_7^{2-}$ 离子浓度的减少多于 2 倍，结果偏离 Beer 定律而产生误差。不过若在强酸性溶液中测定 $Cr_2O_7^{2-}$ 或在强碱性溶液中测定 CrO_4^{2-} 则可避免偏离现象。可见由化学因素引起的偏离，有时可控制实验条件使其避免。

（二）光学因素

1. 非单色光　Beer 定律只适用于单色光，但事实上真正的单色光是难以得到的。例如，当光源为连续光谱时，常采用单色器把所需要的波长从连续光谱中分离出来，其单色光的纯度取决于单色器中的狭缝宽度和棱镜或光栅的分辨率。由于制作技术的限制，同时为了保证单色光的强度，狭缝就必须有一定的宽度，这就使分离出来的光同时包含了所需波长及邻近波长，常用半峰宽（$\Delta\lambda$，$\Delta\lambda=\lambda_2-\lambda_1$）来表示单色光的谱带宽度，即最大透光强度一半处曲线的宽度（图 3-7）。$\Delta\lambda$ 越大，单色光纯度越低；由于吸光物质对不同波长光的吸收能力不同，就导致了对 Beer 定律的偏离。例如，按图 3-8 所示的吸收光谱，用谱带 a 所对应的波长进行测定，A 随波长的变化不大，造成的偏离就比较小。用谱带 b 对应的波长进行测定，A 随波长的变化较明显，就会造成较大的偏离。所以通常选择吸光物质的最大吸收波长作为测定波长，尽量避免在 A 随波长变化率大处进行吸光度测量；这样不仅能保证测定有较高的灵敏度，而且由于曲线较为平坦，吸光系数变化不大，对 Beer 定律的偏离较小。

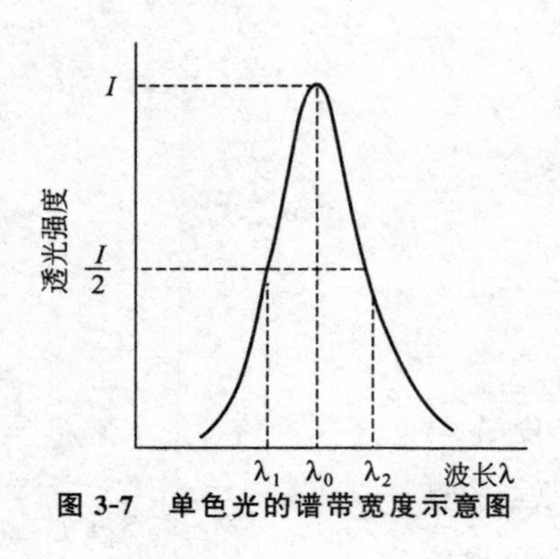

图 3-7　单色光的谱带宽度示意图

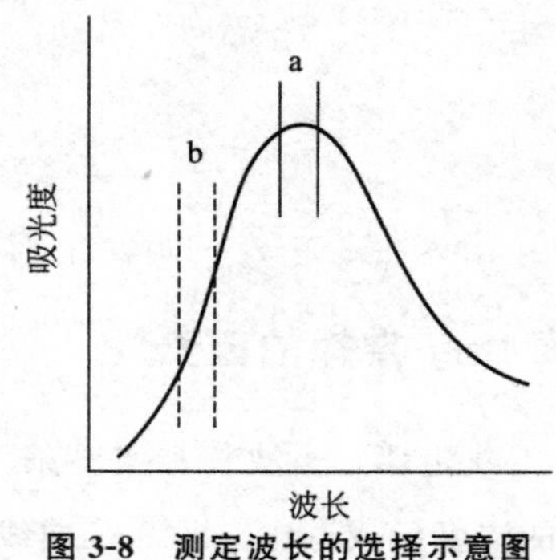

图 3-8　测定波长的选择示意图

2. 杂散光　从单色器得到的单色光中，还有一些不在谱带范围内的与所需波长相隔甚远的光，称为杂散光。它是由于仪器光学系统的缺陷或光学元件受灰尘、霉蚀的影响而引起的。特别是在透光率很弱的情况下，会产生明显的作用。设入射光的强度为 I_0、透过光的强度为 I，杂散光强度为 I_s，则观测到的吸光度为：

$$A=\lg\frac{I_0+I_s}{I+I_s}$$

若样品不吸收杂散光，则 $\frac{I_0+I_s}{I+I_s}<\frac{I_0}{I}$，使 A 变小，产生负偏差。这种情况是分析中经常遇到的。随着仪器制造工艺的提高，绝大部分波长内杂散光的影响可忽略不计，但在接近紫外末端处，杂散光的比例相对较大，因而干扰测定，有时还会出现假峰。

3. 散射光和反射光　吸光质点对入射光有散射作用，吸收池内外界面之间入射光通过时又有反射现象。散射光和反射光均由入射光谱带宽度内的光产生，对透射光强度有直接影响。散射和反射作用致使透射光强度减弱。真溶液散射作用较弱，可用空白进行补偿。混浊溶液散射作用较强，一般不易制备相同的空白溶液，常使测得的吸光度偏离直线。

4. 非平行光　通过吸收池的光，一般都不是真正意义的平行光，倾斜光通过吸收池的实际光程将比垂直照射的平行光的光程长，使吸光度增加。这也是同一物质用不同仪器测定吸光系数时，产生差异的主要原因之一。

二、测量误差及测量条件的选择

（一）透光率测量误差

透光率测量误差（ΔT）来自仪器的噪声。测定结果的相对误差与透光率测量误差间的关系可由 Lambert-Beer 定律导出：

$$C=\frac{A}{\varepsilon\cdot l}=-\frac{\lg T}{\varepsilon\cdot l}$$

微分后并除以上式，可得浓度测量的相对误差 $\Delta C/C$ 为：

$$\frac{\Delta C}{C}=\frac{0.434\Delta T}{T\cdot\lg T} \tag{3-14}$$

式（3-14）表明，浓度测量的相对误差，取决于透光率 T 和透光率测量误差 ΔT 的大小。ΔT 是由分光光度计透光率读数精度所确定的常数，约为±1%，以此代入（3-14）式后，用浓度相对误差对 T 作图可得到如图 3-9 所示的函数曲线。从图中可见，溶液的透光率很大或

NOTE

很小时所产生的相对误差都很大。只有中间一段即 T 值在 20%～65%或 A 值在 0.2～0.7 之间，浓度测量的相对误差较小，是测量的适宜范围。将式（3-14）求极值可得到相对误差最小时的透光率或吸光度，即 $A=0.434$，$T=36.8\%$。在实际工作中没有必要去寻求这一最小误差点，只要求测量的吸光度 A 在 0.2～0.7 适宜范围内即可。值得指出的是，上述讨论未考虑 ΔT 的大小变化，而实际上 ΔT 的大小与测量最适宜范围也有直接关系。

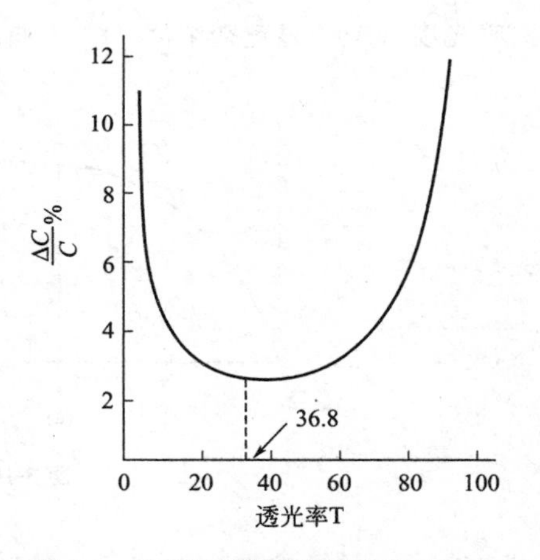

图 3-9　浓度相对误差与透光率的关系

（二）测量条件的选择

综上所述，在选择测量条件时，应尽量减小光度法的测量误差，纠正导致偏离 Beer 定律的因素，提高测定的准确性。

1. 测定波长的选择　在定量测定中，选择波长的原则是“吸收最大，干扰最小”。测定波长一般选择在被测组分最大吸收波长处，因为吸光度越大，测定的灵敏度越高，准确度也提高。如果被测组分有几个最大吸收波长时，可选择不易出现干扰吸收、吸光度较大而且峰顶比较平坦的最大吸收波长。

2. 溶液吸光度的范围　应控制 A 在 0.2～0.7，可通过调节溶液的浓度和吸收池的厚度来获得适宜的 A。

第三节　显色反应及显色条件的选择

一、显色反应

紫外-可见分光光度法一般用来测定能吸收紫外和可见光的物质。对于不能产生吸收的物质，可通过选用适当的试剂与被测物质定量反应，利用产物对光的吸收间接测定参与反应的被测物。若在可见光区测量，需要产物生成有颜色的物质，这种将被测物转变为有色化合物的反应称为显色反应，所用的试剂称为显色剂。通过显色反应进行物质测量的方法称为比色法。显色反应必须符合以下要求：

1. 被测物质和所生成的有色物质之间必须有确定的计量关系。
2. 反应产物必须有较高的吸光能力（$\epsilon=10^3$～10^5）和足够的稳定性。
3. 反应产物的颜色与显色剂的颜色必须有明显的差别。
4. 显色反应必须有较好的选择性。

二、显色条件的选择

（一）显色剂用量

为了使显色反应进行完全，常需要加入过量的显色剂。显色剂用量一般是通过实验来确定。其方法是将被测组分浓度及其他条件固定，然后加入不同量的显色剂，测定其吸光度，绘

制吸光度（A）- 显色剂浓度（C_R）曲线。常见的曲线形式如图 3-10 所示。

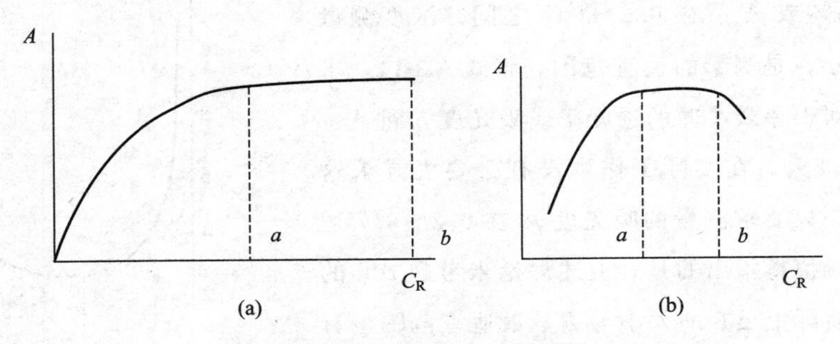

图 3-10 吸光度与显色剂浓度曲线

图 3-10（a）表明，在 $a \sim b$ 范围内，曲线平坦，吸光度不随显色剂用量而变，可在这段范围内确定显色剂的用量。图 3-10（b）表明，必须严格控制 C_R 的浓度在 $a \sim b$ 这一较窄的范围内时，才能进行被测组分的测定。

（二）溶液酸度

很多显色剂是有机弱酸或弱碱，溶液的酸度会直接影响显色剂存在的形式和有色化合物的浓度变化，以致改变溶液的颜色。其他如氧化还原反应、缩合反应等，溶液的酸碱性也有重要的影响，常常需要用缓冲溶液保持溶液在一定 pH 值下进行显色反应。合适的 pH 可以通过绘制吸光度-溶液 pH 曲线来确定。

（三）显色时间

由于各种显色反应的速度不同，所以完成反应所需要的时间会有较大差异；有的加入试剂后立即显色，有的需经过一定时间才能显色。显色产物也会在放置过程中发生变化。有的反应产物颜色能保持长时间不变，有的颜色会逐渐减退或加深，因此，必须在一定条件下通过实验，做出吸光度-时间关系曲线，才能确定适宜的显色时间和测定时间。

（四）温度

一般显色反应可以在室温下进行，也有的显色反应与温度有很大关系。如原花青素与盐酸亚铁铵在硫酸/丙酮溶剂中的显色反应在室温和煮沸状态下就有很大不同。在室温时显色产物吸光度极低，但在煮沸状态下显色产物颜色明显。

（五）溶剂

溶液的性质可直接影响被测物对光的吸收，相同的物质溶解于不同的溶剂中，有时会出现不同的颜色。例如，苦味酸在水溶液中呈黄色，而在三氯甲烷中呈无色。显色反应产物的稳定性也与溶剂有关。例如，硫氰酸铁红色配合物在丁醇中比在水溶液中稳定。在萃取比色中，应选用分配比较高的溶剂作为萃取溶剂。

三、干扰的消除

在显色反应中，干扰物质的影响主要有以下几种情况：干扰物质本身有颜色或无色但与显色剂形成有色化合物，在测定条件下也有吸收；在显色条件下，干扰物质水解，析出沉淀使溶液混浊，致使吸光度的测定无法进行；干扰物质与待测离子或显色剂形成更稳定的化合物，使显色反应不能进行完全。在实际中可以采用以下几种方法来消除这些干扰作用。

NOTE

（一）控制酸度

根据配合物的稳定性，可以利用控制酸度的方法提高反应的选择性。例如，双硫腙能与 Hg^{2+}、Pb^{2+}、Cu^{2+}、Ni^{2+}、Cd^{2+} 等十多种金属离子形成有色配合物，其中与 Hg^{2+} 形成的配合物最稳定，在 0.5mol/mL H_2SO_4 介质中仍能定量进行，而上述其他离子在此条件下不发生反应。

（二）选择适当的掩蔽剂

使用掩蔽剂消除干扰是常用的有效方法。选取的条件是掩蔽剂不与待测离子作用，掩蔽剂以及它与干扰物质形成的配合物的颜色应不干扰待测离子的测定。

（三）选择适当的测量波长

例如在 $K_2Cr_2O_7$ 存在下测量 $KMnO_4$ 时，不是选 λ_{max}=525nm，而是选 λ=545nm。这样可以避开 $K_2Cr_2O_7$ 的吸收干扰。

（四）选择适宜的空白溶液

空白溶液又称参比溶液，用于校正仪器透光率100%或吸光度0。在比色法中，常见的空白溶液有：

（1）溶剂空白：在测定波长下，溶液中只有被测组分对光有吸收，而显色剂或其他组分对光无吸收，或虽有少许吸收，但引起的测定误差在允许范围内，在此情况下可用溶剂作为空白溶液。

（2）试剂空白：与测定试样相同条件下只是不加试样溶液，依次加入各种试剂和溶剂所得到的溶液称为试剂空白溶液。适用于在测定条件下，显色剂或其他试剂、溶剂等对待测组分的测定有干扰的情况。

（3）试样空白：与显色反应同样的条件取同量试样溶液，不加显色剂所制备的溶液称为试样空白溶液。适用于试样基体有色并在测定条件下有吸收，而显色剂溶液无干扰吸收，也不与试样基体显色的情况。

（五）分离

若上述方法不宜采用时，也可以采用预先分离的方法，如沉淀、萃取、离子交换、蒸发和蒸馏以及色谱分离法等，将测量物与干扰物分离。

此外，还可以利用计算分光光度法，将测量物与干扰物的响应信号分离，实现单组分测定或多组分同时测定。

第四节　紫外-可见分光光度计

紫外-可见分光光度计是实施紫外-可见分光光度法的仪器。商品仪器种类繁多，但其基本原理相似。一般由五个主要部件构成，其基本结构用方框图表示如下：

光源 → 单色器 → 吸收池 → 检测器 → 信号显示系统

NOTE

一、主要部件

（一）光源

分光光度计对光源的基本要求是在仪器操作所需的光谱区能发射强度足够而且稳定的连续光源。

（1）钨灯和卤钨灯：钨灯是固体炽热发光的光源，又称白炽灯。发射光谱的波长覆盖较宽，但紫外区很弱。通常取其波长大于 350nm 的光为可见区光源。卤钨灯的发光强度比钨灯高。灯泡内含碘和溴的低压蒸气，可延长钨丝的寿命。白炽灯的发光强度与供电电压的3～4次方成正比，所以供电电压要稳定。

（2）氢灯和氘灯：氢灯是一种气体放电发光的光源，发射自 150nm 至约 400nm 的连续光谱。氘灯比氢灯昂贵，但发光强度和灯的使用寿命比氢灯增加 2～3 倍。现在仪器多用氘灯。气体放电发光需先激发，同时应控制稳定的电流，所以都配有专用的电源装置。

（二）单色器

单色器的作用是将来自光源的连续光谱按波长顺序色散，并提供测量所需要的单色光。通常由进光狭缝、准直镜、色散元件、出光狭缝组成，如图 3-11 所示。进光狭缝用于限制杂散光进入单色器，准直镜将入射光束变为平行光束进入色散元件。后者将复色光分解为单色光。在经与准直镜相同的聚光镜将色散后的平行光聚焦于出光狭缝上，形成按波长依序排列的光谱。转动色散元件或准直镜方位即可任意选择所需波长的光从出光狭缝分出。

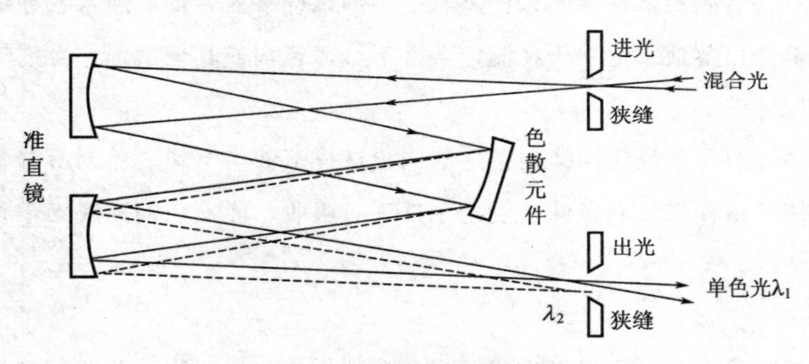

图 3-11　单色器光路示意图

1. 色散元件　色散元件有棱镜和光栅，早期生产的仪器多用棱镜。

（1）棱镜：棱镜的色散作用是由于棱镜材料对不同的光有不同的折射率，因此可将复色光从长波到短波色散成为一个连续光谱。折射率差别愈大，色散作用（色散率）愈大。棱镜分光得到的光谱按波长排列是疏密不均的，长波长区密，短波长区疏，棱镜材料有玻璃和石英，因玻璃吸收紫外光，故紫外光波段用石英材料的棱镜。

（2）光栅：光栅是利用光的衍射与干涉作用制成的，在整个波长区具有良好的、几乎均匀一致的分辨能力；具有色散波长范围宽、分辨率高、成本低等优点。缺点是各级光谱会重叠而产生干扰。实用的光栅是一种称为闪耀光栅（blazed grating）的反射光栅（图 3-12），其刻痕是有一定角度（闪耀角 β）的斜面，刻痕的间距 d 称为光栅常数，d 愈小色散率愈大，但 d 不能小于辐射的波长。这种闪耀光栅可使特定波长的有效光强度集中于一级的衍射光谱上。用于紫外区的光栅以铝作反射面，在平滑玻璃表面上，每毫米刻槽一般为 600～1200 条。

NOTE

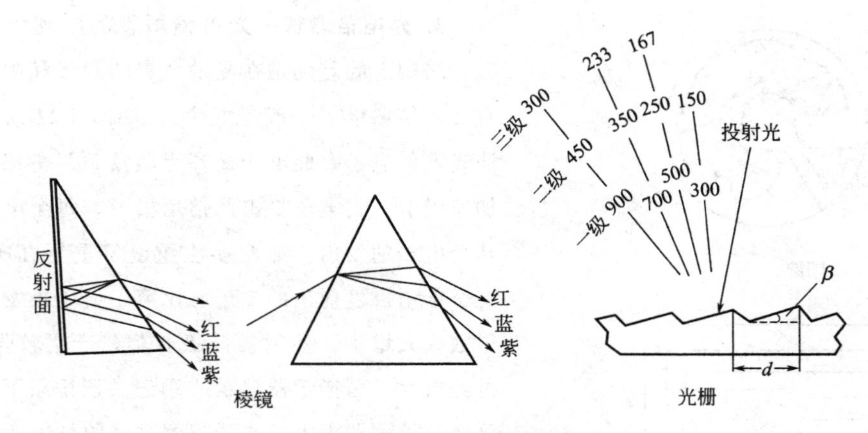

图 3-12　棱镜色散与光栅色散

2. 准直镜　准直镜是以狭缝为焦点的聚光镜。可将进入单色器的发散光变成平行光，又用作聚光镜，将色散后的平行单色光聚集于出光狭缝。

3. 狭缝　狭缝宽度直接影响单色光的纯度，狭缝过宽，单色光不纯。狭缝太窄，光通量过小，灵敏度降低。所以狭缝宽度要恰当，通常用于定量分析时，主要考虑光通量，宜采用较大的狭缝宽度，但以误差小为前提；用于定性分析时，更多地考虑光的单色性，宜采用较小的狭缝宽度。

（三）吸收池

盛放溶液的容器，特定的厚度提供了一个定值的光程。可见光区使用光学玻璃吸收池；因其在紫外光区有吸收，所以在紫外光区测量使用石英吸收池。在分析测定中，用于盛放供试液和参比液的吸收池，除应选用相同厚度外，两只吸收池的透光率之差应小于 0.5%，否则应进行校正。

（四）检测器

分光光度计的检测器是光电转换元件，将光信号转变成电信号；产生的电信号与照射光强度成正比。

简易分光光度计上使用光电池或光电管作为检测器。目前常见的检测器是光电倍增管，也有用光二极管阵列作为检测器的。

1. 光电池　光电池有硒光电池和硅光电池。硒光电池只能用于可见光区，硅光电池能同时适用于紫外光区和可见光区。用强光长时间照射时，光电池易产生“疲劳”现象，灵敏度下降，目前已较少使用。

2. 光电管　光电管的结构是以一弯成半圆柱形的金属片为阴极，阴极的内表面镀有碱金属或碱金属氧化物等光敏层；在圆柱形的中心置一金属丝为阳极，接受阴极释放出的电子。两电极密封于玻璃管或石英管内并抽成真空。阴极上光敏材料不同，可分为红敏和蓝敏两种光电管，前者用于 625～1000nm 波长，后者用于 200～625nm 波长。光电管检测器示意图见图 3-13。

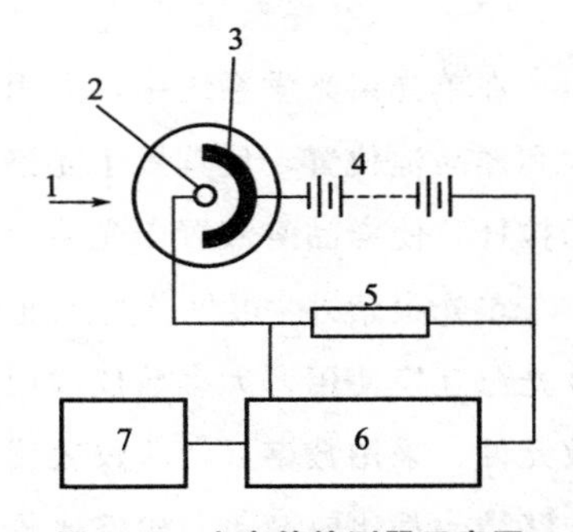

图 3-13　光电管检测器示意图

1. 照射光；2. 阳极；3. 光敏阴极；4. 90V 直流电源；5. 高电阻；6. 直流放大器；7. 指示器

NOTE

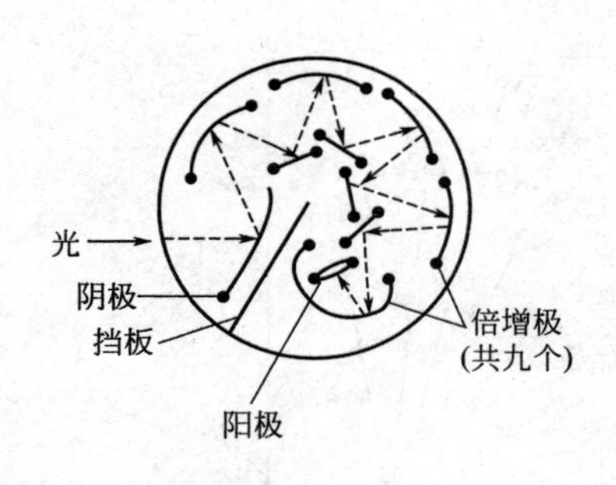

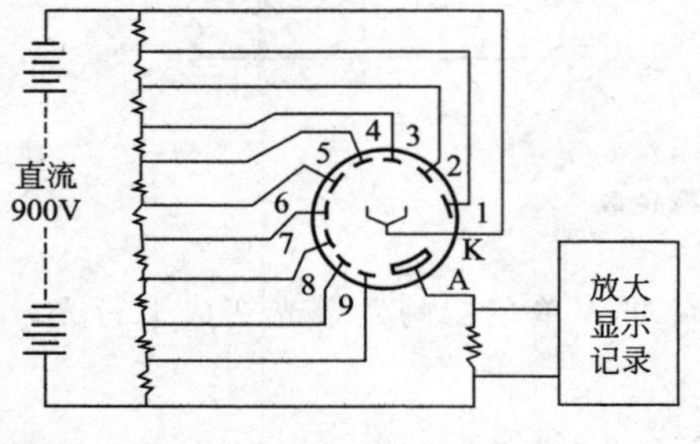

图 3-14　光电倍增管示意图

3. 光电倍增管　光电倍增管的原理和光电管相似，结构上的差别是在光敏金属的阴极和阳极之间还有几个倍增极（一般是九个），如图 3-14 所示。阴极遇光发射电子，此电子被高于阴极 90V 的第一倍增极加速吸引，当电子打击此倍增极时，每个电子将引起几个电子的发射。如此多次重复（重复九次），从第九个倍增极发射出的电子已比第一倍增极发射出的电子数大大增加，然后被阳极收集，产生较强的电流，再经放大，由指示器显示或用记录器记录下来。光电倍增管检测器大大提高了仪器测量的灵敏度。

4. 光二极管阵列检测器（photo-diode array detector，PDA）　光二极管阵列检测器属光学多道检测器，可在极短时间获得吸收光谱。光二极管阵列是在晶体硅上紧密排列一系列光二极管检测管。例如：HP8453 型光二极管阵列，由 1024 个二极管组成。当光透过晶体硅时，二极管输出的电讯号强度与光强度成正比。每一个二极管相当于一个单色仪的出光狭缝，两个二极管中心距离的波长单位称为采样间隔，因此光二极管阵列分光光度计中，二极管数目愈多，分辨率愈高。HP8453 型紫外分光光度计可在 1/10 秒内获得 190～820nm 范围内的全光光谱。

（五）信号处理和显示系统

光电管输出的电信号很弱，需经过放大才能以某种方式将测量结果显示出来，信号处理过程也会包含一些数学运算，如对数函数、浓度因素等运算乃至微分积分等处理。近代的分光光度计多具有荧屏显示、结果打印及吸收曲线扫描等功能。显示方式一般都有透光率与吸光度可供选择，有的还可转换成浓度、吸光系数等。

二、分光光度计的类型

按照紫外 - 可见分光光度计的光路系统，目前一般可分为单光束、双光束和光二极管阵列分光光度计等。

（一）单光束分光光度计

在单光束光学系统中，采用一个单色器，获得可以任意调节的一束单色光，通过改变参比池和样品池位置，使其置于光路，在参比溶液进入光路时，将吸光度调零，然后移动吸收池架的拉杆，使样品溶液置于光路，即可在信号显示系统上读出样品溶液的吸光度。

单光束紫外 - 可见分光光度计的波段范围为 190（210）～850nm（1000nm），钨灯和氢灯两种光源互换使用，大多数仪器用光电倍增管检测器，也有用光电管检测器，用棱镜或光栅作色散元件，采用数字显示或仪表读出。这类仪器的优点是具有较高的信噪比，光学、机械及电子线路结构都比较简单，价格比较便宜，适合于在给定波长处测量吸光度或透光率，但不能作全波段的光谱扫描（与计算机联用的仪器除外），欲绘制一个全波段的吸收光谱，需要在一系列波长处分别测量吸光度，费时较长。这种仪器通常由于光源强度的波动和检测系统的不稳定性而引起测量误差。因此，为了使仪器工作稳定，必须备配一个很好的稳压电源。

我国生产的 751 型、752 型紫外分光光度计等属于这类仪器。72 系列可见分光光度计也属单光束类型。722 型及 751 型分光光度计光路图见图 3-15、图 3-16。

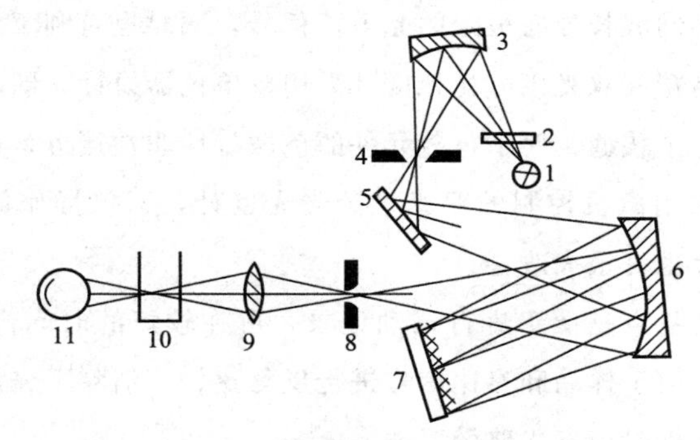

图 3-15 722 型光栅分光光度计光路示意图

1. 钨卤灯；2. 滤光片；3. 聚光镜；4. 进光狭缝；5. 反射镜；6. 准直镜；
7. 光栅；8. 出光狭缝；9. 聚光镜；10. 吸收池；11. 光电管

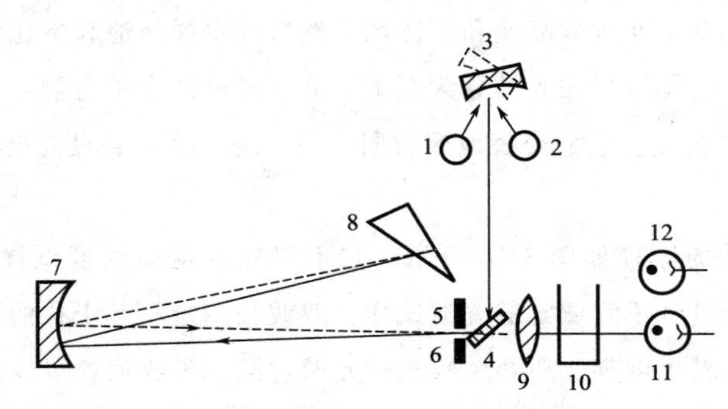

图 3-16 751 型紫外-可见分光光度计光路示意图

1. 氢弧灯；2. 钨灯；3、4. 反射镜；5、6. 进、出光狭缝；7. 准直镜；
8. 石英棱镜；9. 聚光镜；10. 吸收池；11. 紫敏光电管；12. 红敏光电管

（二）双光束分光光度计

双光束分光光度计是将单色器色散后的单色光分成两束，一束通过参比池，一束通过样品池，一次测量即可得到样品溶液的吸光度（或透光率）。如国产 730 型是采用泽尼特（Czerny-Turne）式色散系统和对称式双光束光路，其光学系统如图 3-17。

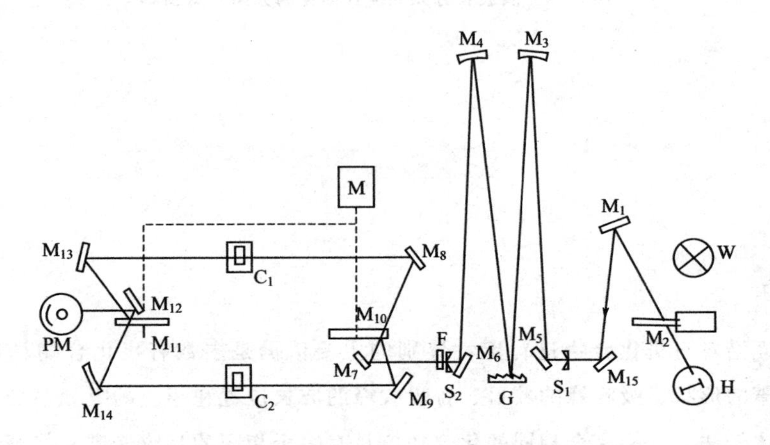

图 3-17 730 型双光束紫外-可见分光光度计光路示意图

W 为钨灯；H 为氢灯；M_1、M_3、M_4、M_8、M_9、M_{13}、M_{14}为球面反射镜；M_5、M_6、M_7、M_{12}、M_{15}为平面反射镜；M_{10}、M_{11}为旋转镜；M_2 为光源切换镜；C_1、C_2 为样品池、参比池；S_1 为进光狭缝；S_2 为出光狭缝；F 为截止滤光片；PM 为光电倍增管

双光束分光光度计多采用狭缝宽度固定，使光电倍增管接受器的电压随波长扫描而改变，这样不仅使参比光束在不同波长处有恒定的光电流信号，同时也有利于差示光度和差示光谱的测定。近年来，大多数高精度双光束分光光度计采用双单色器设计，即用两个光栅或一个棱镜加一个光栅，中间串联一个狭缝，两个色散元件的色散特性非常接近，这种装置能有效地提高分辨率并降低杂散光。采用微机控制的双光束分光光度计，不仅操作简便，具有数据处理功能，而且仪器的性能指标也有很大改善。

双光束分光光度计的特点是便于进行自动记录，可在较短的时间内（0.5～2 分钟）获得全波段的扫描吸收光谱。由于样品和参比信号进行反复比较，消除了光源不稳定、放大器增益变化以及光学和电子学元件对两条光路的影响。

（三）双波长分光光度计

单光束和双光束分光光度计，就测量波长而言，都是单波长的。它们由一个单色器分光后，让相同波长的光束分别通过样品池和参比池，然后测得样品池和参比池吸光度之差。双波长分光光度计是由同一光源发出的光被分为两束，分别经过两个单色器，从而可以同时得到两个波长（λ_1 和 λ_2）的单色光。它们交替地照射同一吸收池，然后经过光电倍增管和电子控制系统获得检测信号。

双波长分光光度计的原理如图 3-18 所示。它不仅能测定高浓度试样、多组分混合试样，而且能测定一般分光光度计不宜测定的浑浊试样。双波长测定相互干扰的混合试样时，不仅操作比单波长简单，而且精确度高。用两个波长的光通过同一吸收池，可以消除因吸收池的参数不同、位置不同、污垢及制备参比溶液等带来的误差，使测定的准确度显著提高。另外，双波长分光光度计是用同一光源得到的两束单色光，故可以减小因光源电压变化产生的影响，得到高灵敏度和低噪音的信号。

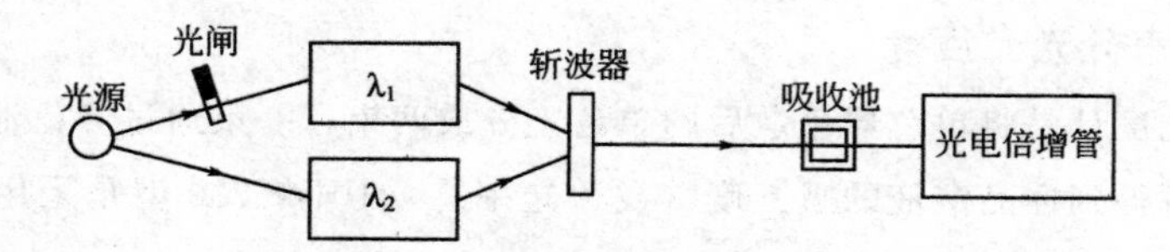

图 3-18　双波长分光光度计简化的光路示意图

第五节　定性与定量分析方法

一、定性方法

利用紫外光谱对有机化合物进行定性鉴别的主要依据是多数有机化合物具有特征吸收光谱，如吸收光谱的形状、吸收峰的数目、各吸收峰的波长位置和相应的吸光系数等。定性分析的方法常采用比较法，结构完全相同的化合物应具有完全相同的吸收光谱和特征数据。需要注意的是，吸收光谱完全相同并不一定为相同的化合物，因为紫外吸收光谱仅与分子结构中发色团、助色团等可产生吸收的官能团有关，不能表征分子的整体结构。

NOTE

（一）比较吸收光谱

若两个样品是同一物质，其吸收光谱应完全一致。利用这一特性，将试样与标准品用同一溶剂配制成相同浓度的溶液，分别测定其吸收光谱，然后比较光谱图是否完全一致。

例 3-2　醋酸可的松、醋酸氢化可的松与醋酸泼尼松的 λ_{max}（240nm）、ε 值（1.57×10^4）与 $E_{1cm}^{1\%}$ 值（390），几乎完全相同，但从它们的吸收曲线（图 3-19）上可以看出其中的一些差别，据此可以得到鉴别。

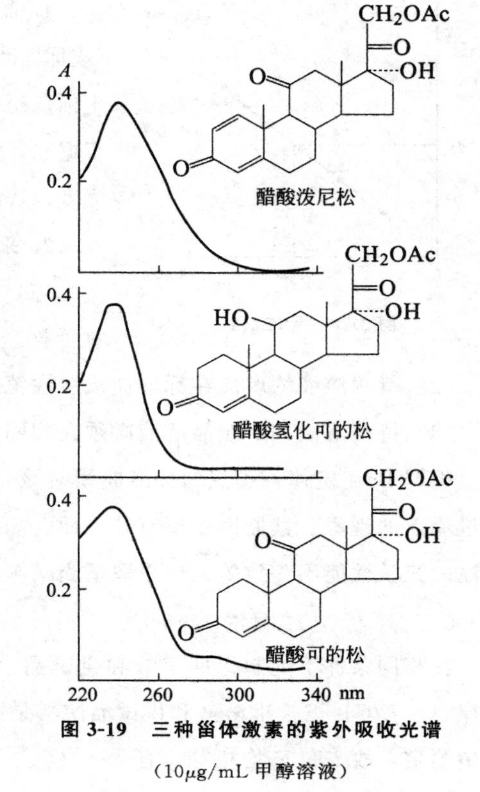

图 3-19　三种甾体激素的紫外吸收光谱
（10μg/mL 甲醇溶液）

（二）比较吸收光谱的特征数据

最常用于鉴别的光谱特征数据是吸收峰所在的波长 λ_{max} 和 E_{max}。若一个化合物中有几个吸收峰，并存在谷或肩峰，应同时作为鉴定依据。

例 3-3　安宫黄体酮和炔诺酮，分子中都存在 α、β 不饱和羰基的特征吸收结构，最大吸收波长相同，但吸收系数存在差别。

安宫黄体酮（M=386.53）
λ_{max}240±1nm，$E_{1cm}^{1\%}$=408

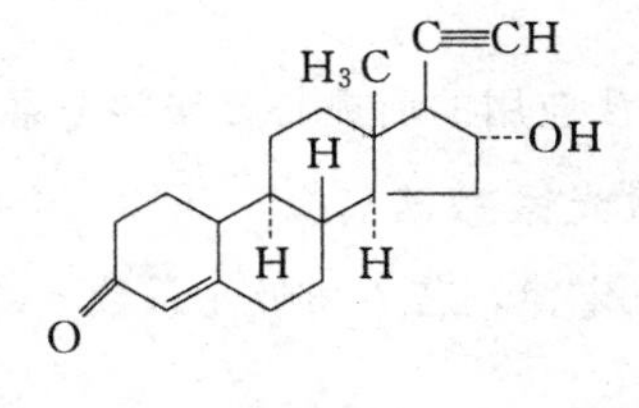

炔诺酮（M=298.43）
λ_{max}240±1nm，$E_{1cm}^{1\%}$=571

（三）比较吸光度比值

有些化合物存在多个吸收峰，可用在不同吸收峰（或峰与谷）处测得吸光度的比值 A_1/A_2 或 $\varepsilon_1/\varepsilon_2$ 作为鉴别的依据。

例 3-4　《中国药典》（2010 年版二部）对维生素 B_{12} 注射液采用下述方法鉴别：将本品按规定方法配成 25μg/mL 的溶液，在 361nm 和 550nm 处有最大吸收；361nm 波长处的吸光度与 550nm 波长处的吸光度比值应为 3.15～3.45。

二、单组分的定量方法

常用的定量分析方法有标准曲线法、标准对照法、吸光系数法及差示分光法等。以下重点介绍前三种方法。

（一）标准曲线法

标准曲线法又称工作曲线法或校正曲线法。本法在仪器分析中广泛使用，简便易行，而且对仪器精度的要求不高；但不适合组成复杂的样品分析。

NOTE

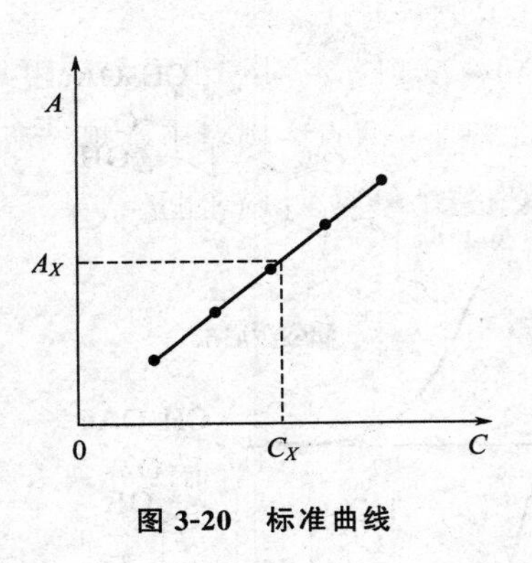

图 3-20　标准曲线

1. 测定方法　首先配制一系列不同浓度的对照品溶液（或称标准溶液），在相同条件下分别测定吸光度。以浓度为横坐标，相应的吸光度为纵坐标，绘制标准曲线（如图 3-20），或根据二者的数值建立回归方程。在相同的条件下测定试液的吸光度，从标准曲线或回归方程中求出被测组分的浓度。

2. 采用标准曲线法应注意的问题

（1）制备一条标准曲线至少需要 5～7 个点，并不得随意延长。

（2）待测溶液浓度应在标准曲线线性范围内。

（3）待测溶液和对照品溶液必须在相同条件下进行测定。

根据 Beer 定律，理想的标准曲线应该是一条通过原点的直线。实际上，常有标准曲线不通过原点的现象。其原因主要有几方面，如空白溶液的选择不当，显色反应的灵敏度不够，吸收池的光学性能不一致等，应采取适当措施加以改善。

（二）标准对照法

在相同条件下配制标准溶液和供试品溶液，在选定波长处，分别测其吸光度，根据 Beer 定律 $A=ElC$，因标准溶液和供试品溶液是同种物质、同台仪器及同一波长于厚度相同的吸收池中测定，故 l 和 E 均相等，有

$$C_{样}=\frac{A_{样}C_{标}}{A_{标}} \tag{3-15}$$

标准对照法应用的前提是方法学考察时制备的标准曲线应过原点。

（三）吸光系数法

根据 Beer 定律，若 l 和吸光系数 ε 或 $E_{1cm}^{1\%}$ 已知，即可根据供试品溶液测得的 A 值求出被测组分的浓度。

$$C=\frac{A}{El} \tag{3-16}$$

例 3-5　维生素 B_{12} 的水溶液在 361nm 处的 $E_{1cm}^{1\%}$ 值是 207，盛于 1cm 吸收池中，测得溶液的吸光度为 0.456，则溶液浓度为：

$$C=0.456/(207\times1)=0.00220\text{g}/100\text{mL}$$

应注意，计算结果是 100mL 中所含质量（g），这是百分吸光系数的定义所决定的。

通常 ε 和 $E_{1cm}^{1\%}$ 可以从手册或有关文献中查到；也可将供试品溶液的吸光度换算成样品的百分吸光系数 $E_{1cm}^{1\%}$ 或摩尔吸光系数 ε_x，然后与纯品（对照品）的吸光系数相比较，求算样品中被测组分含量。

例 3-6　维生素 B_{12} 样品 25.0mg 用水溶解成 1000mL 后，盛于 1cm 吸收池中，在 361nm 处测得吸光度 A 为 0.511，则：

$$(E_{1cm}^{1\%})_{样}=\frac{0.511}{2.50\times10^{-3}\times1}=204.4$$

$$样品\ B_{12}=\frac{(E_{1cm}^{1\%})_{样}}{(E_{1cm}^{1\%})_{标}}\times100\%=\frac{204.4}{207}\times100\%=98.7\%$$

以上三种定量方法中，吸收系数法最简单省时，但是这种方法的使用要求仪器和测量体系

都符合 Beer 定律，否则有较大的测量误差。标准曲线法操作相对麻烦，但对于不适合使用吸收系数法的测量，可以获得较为准确的测量结果。如果标准曲线通过原点，则对于常规检测，不必每次都作标准曲线，可使用标准对照法，只通过一个标准溶液的对照来获得测量结果，以此提高分析工作的效率。

三、多组分样品的定量方法简介

若样品中有两种或两种以上的吸光组分共存时，可根据吸收光谱相互重叠的情况分别采用不同的测定方法。最简单的情况是各组分的吸收峰互不重叠，如图 3-21（1）所示。此种情况下可按单组分的测定方法，分别在 λ_1 处测 a 的浓度而在 λ_2 处测 b 的浓度。

第二种情况是 a、b 两组分的吸收光谱有部分重叠，如图 3-21（2）所示。此种情况下可先在 λ_1 处按单组分测定法测出混合物中 a 的浓度 C_a，再在 λ_2 处测得混合物的吸光度 A_2^{a+b}，然后根据吸光度的加和性，计算出 b 的浓度 C_b。

因为 $$A_2^{a+b}=A_2^a+A_2^b=E_2^aC_al+E_2^bC_bl$$

所以 $$C_b=\frac{1}{E_2^bl}(A_2^{a+b}-E_2^a\cdot C_al) \tag{3-17}$$

在混合物的测定中最常见的情况是各组分的吸收光谱相互重叠，如图 3-21（3）所示。原则上只要各组分的吸收光谱有一定的差异，都可以根据吸光度具有加和性原理设法测定。特别是近年来计算分光光度法的推广运用及计算机技术的普及，各种测定新技术不断出现，给药物分析提供了有效的测试手段和方法。下面介绍几种常见的定量方法。

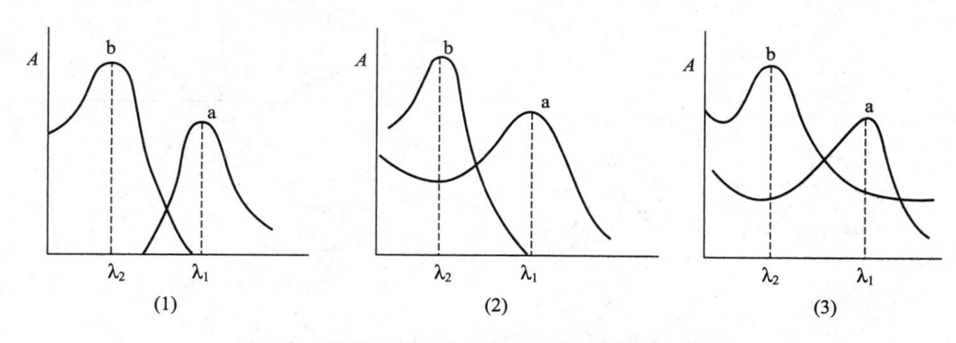

图 3-21　混合组分吸收光谱的三种相关情况示意图

（一）解线性方程组法

如图 3-21（3）两组分吸收光谱相互重叠，可先测出 λ_1 与 λ_2 处两组分各自的吸光系数 E 或 ε，再在两波长处分别测得混合溶液吸光度 A_1^{a+b} 与 A_2^{a+b}，当 l 为 1cm 时，即可通过解线性方程组法计算出两组分的浓度。

λ_1 处有： $$A_1^{a+b}=A_1^a+A_1^b=E_1^aC_a+E_1^bC_b \tag{3-18}$$

λ_2 处有： $$A_2^{a+b}=A_2^a+A_2^b=E_2^aC_a+E_2^bC_b \tag{3-19}$$

解得 $$C_a=\frac{A_1^{a+b}\cdot E_2^b-A_2^{a+b}\cdot E_1^b}{E_1^a\cdot E_2^b-E_2^a\cdot E_1^b} \tag{3-20}$$

$$C_b=\frac{A_2^{a+b}\cdot E_1^a-A_1^{a+b}\cdot E_2^a}{E_1^a\cdot E_2^b-E_2^a\cdot E_1^b} \tag{3-21}$$

用这种方法测定时，要求两个组分浓度相差不大，否则误差较大。

NOTE

（二）双波长分光光度法

1. 等吸收点法 图 3-22 所示吸收光谱重叠的 a、b 两组分混合物测定中，若要消除 b 的干扰以测定 a，可从 b 的吸收光谱上选择两个吸光度相等的波长（测量波长和参比波长）λ_2 和 λ_1，测定混合物的吸光度差值，然后根据 ΔA 值来计算 a 的含量。

$$\because \quad A_2=A_2^a+A_2^b \quad A_1=A_1^a+A_1^b \quad A_2^b=A_1^b$$

$$\therefore \quad \Delta A=A_2-A_1=A_2^a-A_1^a=(E_2^a-E_1^a)C_a\cdot l \tag{3-22}$$

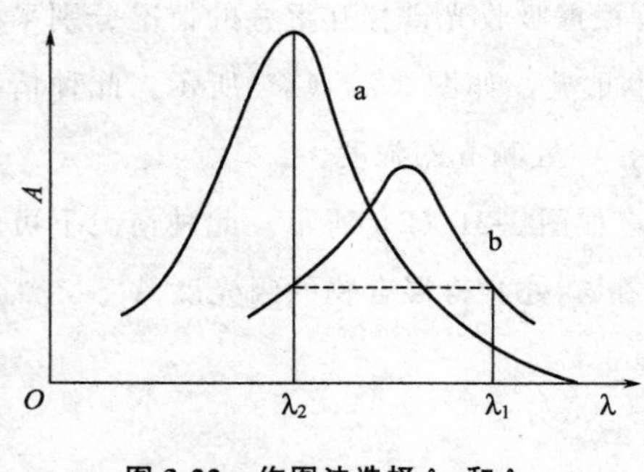

图 3-22 作图法选择 λ_1 和 λ_2

等吸收点法的关键步骤是测量波长和参比波长的选择，其原则是必须符合两个基本条件：①干扰组分 b 在这两个波长应具有相同的吸光度，即 $\Delta A^b=A_1^b-A_2^b=0$；②被测组分在这两个波长处的吸光度差值 ΔA^a 应足够大。

被测组分 a 在两波长处的 ΔA 值愈大愈有利于测定。同样方法可消去组分 a 的干扰，测定 b 组分的含量。

2. 系数倍率法 等吸收点法的前提是干扰组分在所选定的两个波长处的吸光度相等，即干扰组分的吸收光谱中至少有一个吸收峰或谷。从图 3-23 中可以看出图①、②、③、④可以用等吸收点法，而图⑤、⑥、⑦、⑧、⑨、⑩中干扰组分的吸收光谱呈陡坡形，没有吸收峰，找不出等吸收波长，等吸收点法就不能应用，而系数倍率法就可以解决此类问题。

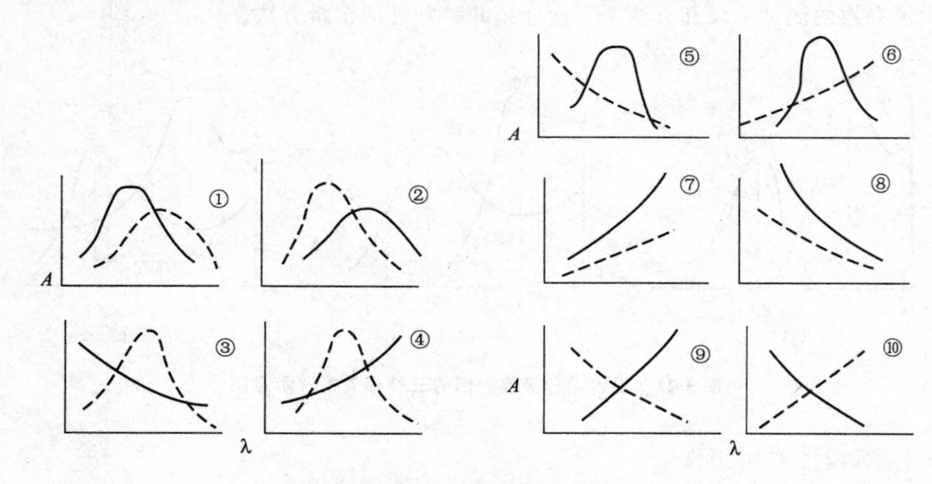

图 3-23 几种组分吸收光谱的组合

（实线代表待测组分，虚线代表干扰组分）

假定某一组分在两个选定波长 λ_1 和 λ_2 处测得吸光度的比值为 K，即 $A_1/A_2=K$（定义 $K>1$），则 $\Delta A=KA_2-A_1=0$ 或 $\Delta A=A_2-KA_1=0$，K 为倍率系数。

例如图 3-24 中，a 为待测组分，b 为干扰组分，选定 λ_1 和 λ_2 测定，因 b 在 λ_2 处的吸光度值小于在 λ_1 处的吸光度值，令 $KA_2^b=A_1^b$，则根据吸光度加和性有：

$$A_1=A_1^a+A_1^b \tag{3-23}$$

$$A_2=A_2^a+A_2^b \tag{3-24}$$

将式（3-24）乘以 K，可得：

$$\Delta A=KA_2-A_1=(KA_2^a-A_1^a)+(KA_2^b-A_1^b)=(KE_2^a-E_1^a)C_a\cdot l \tag{3-25}$$

ΔA 与待测组分 C_x 成正比。

将式(3-25) 和式(3-22) 比较会发现，等吸收点法其实是系数倍率法的一个特例（$K=1$）。系数倍率消除了干扰组分的响应信号，使待测组分在 λ_2 处吸光度放大了 K 倍，ΔA 值加大，灵敏度提高。但当 K 值过大，会使信噪比 S/N 值减小而带来不利，所以 K 值一般应在 5～7 倍为限。

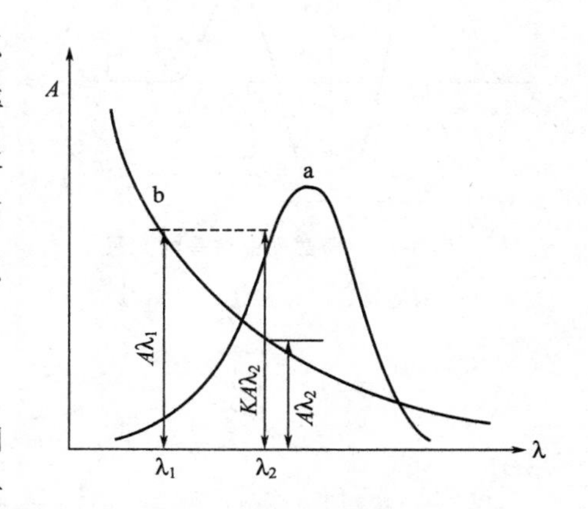

图 3-24　系数倍率法示意图

（三）导数光谱法

对吸收光谱曲线进行一阶或高阶求导，即可得到各种导数光谱曲线，利用导数光谱进行物质分析的方法称为导数光谱法。它的主要特点在于减小光谱干扰，提高灵敏度，对多组分混合物谱带重叠有较高的分辨率；主要用于定量分析。

1. 定量依据　根据 Lambert-Beer 定律 $A=ECl$，对波长 λ 进行 n 次求导，因为 A_λ 和 E_λ 是波长 λ 的函数，于是可得：

$$\frac{d^nA_\lambda}{d\lambda^n}=\frac{d^nE_\lambda}{d\lambda^n}lC \tag{3-26}$$

从式（3-26）可知，经 n 次求导后，吸光度的导数值仍与试样中被测组分的浓度成正比。这是导数光谱应用于定量的理论依据。

2. 干扰吸收的消除　导数光谱法可有效地消除共存组分的干扰吸收，因为任何一个幂函数通过求导均可变成一个线性函数或常数，从而可以消除相应的干扰。

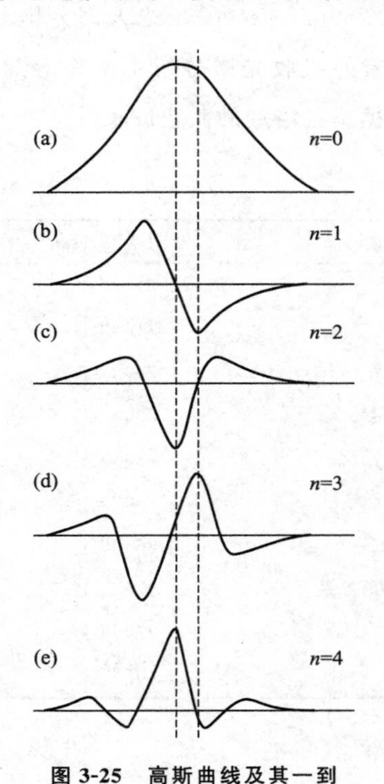

图 3-25　高斯曲线及其一到四阶导数曲线

3. 导数光谱的波形特征　用高斯曲线模拟一个吸收峰，其一至四阶导数光谱如图 3-25 所示。其波形具有以下特征：

（1）零阶导数曲线的极大值，其相应的奇阶导数（$n=1$，3，5……）曲线通过零点；零阶曲线的两拐点，奇阶曲线各为极大和极小，这有助于对零阶曲线峰值的确定和判断是否有“肩峰”存在。

（2）偶阶导数（$n=2$，4，6……）曲线具有零阶曲线的类似形状，零阶曲线的峰值对应于偶阶曲线的极值，极小和极大随导数阶数交替出现。零阶曲线的拐点在偶阶导数曲线中通过零点处。

（3）随着导数阶数的增加，谱带变窄，峰形变锐，这有助于谱带的分辨。

4. 定量方法　导数信号与待测物浓度成正比，但是信号强度与浓度之间的比值不能像吸光系数那样成为一个能通用的常数，用导数光谱法定量需要有标准品对照，可用标准曲线法或标准对照法对被测组分进行定量分析。导数信号的测定方法有几何法、代数法和其他方法。应用广泛的是几何法，

NOTE

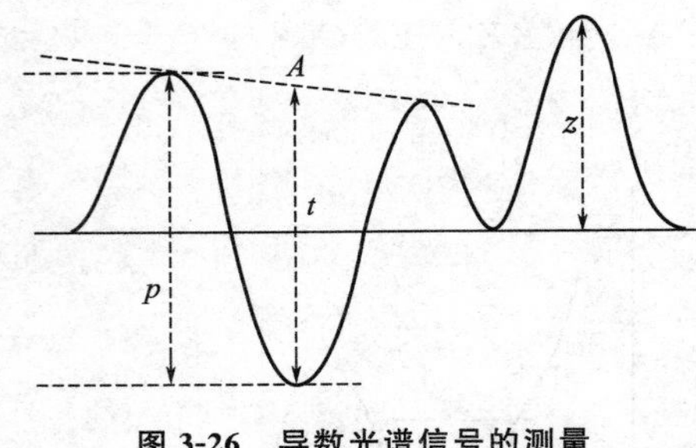

图 3-26　导数光谱信号的测量

p. 峰谷法；t. 基线法；z. 峰零法

它是以导数光谱上适宜的振幅作为定量测量值（如图 3-26）。如基线法测量 t 值，峰谷法测量 p 值，峰零法测量 z 值。

导数光谱法中的重要条件参数有导数阶数（n）、波长间隔（$\Delta\lambda$）等。n 的选择主要根据干扰组分吸收曲线形状而定，通常 n 越大，分辨率越高，但信噪比会降低；$\Delta\lambda$ 越大，灵敏度越高，但分辨率降低，一般为 1～5nm。

第六节　紫外-可见吸收光谱与分子结构的关系

一、有机化合物的紫外吸收光谱

有机化合物在紫外光区的吸收特性，基于分子可能发生的电子跃迁类型及分子结构对这种跃迁的影响。因此可根据电子跃迁来分析有机化合物结构与紫外吸收光谱之间的关系。

（一）饱和化合物

饱和碳氢化合物只有 σ 电子，因此只能产生 $\sigma \rightarrow \sigma^*$ 跃迁。因 $\sigma \rightarrow \sigma^*$ 跃迁所需能量很大，其吸收峰在真空紫外区。含有 O、N、S、X 等杂原子的饱和化合物，除 σ 电子外，还有未成键的 n 电子。$n \rightarrow \sigma^*$ 跃迁所需能量比 $\sigma \rightarrow \sigma^*$ 小，但这些化合物的 λ_{max}＞200nm 也不多，通常为末端吸收。仅少数化合物（如烷基碘）的 λ_{max} 较大。CHI_3 的 λ_{max} 为 259nm（ε400）。绝大部分饱和化合物在 200～400nm 的近紫外区没有吸收（透明），因此在紫外吸收光谱分析中常作溶剂。表 3-2 列出了常用溶剂的透明范围，表中透明范围（nm）的数据是各溶剂的截止波长。

表 3-2　常用溶剂的透明范围

溶　剂	透明范围（nm）	溶　剂	透明范围（nm）
95%乙醇	210 以上	乙腈	210 以上
水	210 以上	乙醚	210 以上
正乙烷	200 以上	异辛烷	210 以上
环己烷	200 以上	二氯甲烷	235 以上
二氧杂环己烷	230 以上	1,2-二氯乙烷	235 以上
三氯甲烷	245 以上	甲酸甲酯*	260 以上
苯*	280 以上	四氯化碳	265 以上
正丁醇	210 以上	*N*,*N*-二甲基甲酰胺*	270 以上
异丙醇	210 以上	丙酮*	330 以上
甲醇	215 以上	吡啶*	305 以上

注：* 为不饱和溶剂。

（二）不饱和化合物

1. 不饱和烯烃　不饱和烃分子中除了含有 σ 键外，还含有 π 键，它们可以产生 $\sigma \rightarrow \sigma^*$ 和

$\pi \to \pi^*$两种跃迁；$\pi \to \pi^*$跃迁所需能量小于$\sigma \to \sigma^*$跃迁。若分子结构中只含有一个孤立双键或叁键，λ_{max}一般小于200nm。例如乙烯分子，最大吸收波长λ_{max}为170nm附近。

在同一分子中，若有两个双键共轭构成大π键，则电子从基态跃迁到激发态所需能量减小而易于激发，吸收峰红移至200nm以上，共轭体系越长，跃迁时所需能量越小，吸收峰红移越显著。表3-3列出了常见的共轭烯烃类紫外吸收特征。

表3-3 常见共轭烯类的吸收特征

型	化合物	λ_{max}/nm	ε_{max}
链状二烯	CH_3 $CH_2=C-CH=CH_3$	217	21000
半环状二烯	$CH_2=$	231	9100
环状二烯		238	3400
		256	8000
多环状二烯麦角甾醇	CH_3 HO	280	13500
7-脱氢胆甾醇	HO	280	11400

Woodward总结了大量实验数据，归纳出共轭烯烃结构和关系的经验法则，后经Fiesel等人的补充，称为Woodward-Fiesel规则，适用于共轭二烯至共轭四烯，其计算规则如表3-4所示。

表3-4 共轭烯烃K带λ_{max}值的推算

		链状双烯	环状双烯	异环双烯	同环双烯
	母体结构				
	母体基数（λ_{max}/nm）	217		214	253
增量	增加一个共轭双键	30		30	
	环外双键（共轭系中的C═C有一个在五元环上或在六元环上）	5		5	
	取代基（共轭系中C原子上的取代基）：烷基和环残基	5		5	
	Cl和Br	17		5	
	OH或OR			6	
	OCOR			0	
	SR			30	
	NR_2			60	

NOTE

2. α、β-不饱和羰基化合物

Woodward-Fiesel 归纳出以甲醇或乙醇为溶剂时 α、β-不饱和羰基化合物 K 带 λ_{max} 值推算的经验规则。若使用其他溶剂，计算时需加溶剂校正值，如表 3-5 所示。

表 3-5　α，β-不饱和羰基化合物 K 带 λ_{max} 值的推算

	酮		醛		酸　或　酯	
母体结构	O	R O O	H O		OH O	OR O
母体基数 (λ_{max}/nm)	202	215	207		193	
结构增量 (λ_{max}/nm)	增加一个共轭双键				30	
	共轭系中有二个双键在同一环内				39	
	环外双键（C═C）				5	
	共轭系中双键在五元环或七元环中（环戊烯酮例外）				5	
取代基增量 (λ_{max}/nm)	取　代　基		取　代　位			
			α 取代	β 取代	γ 取代	δ 取代
	烷基和环残基		10	12	18	18
	—OH		35	30	—	50
	CH_3COO—		6	6	6	6
	—OR（烷氧基）		35	30	17	31
	—Cl		15	12	—	—
	—Br		25	30	—	—
	—SR		—	85	—	—
	$—NR_2$		—	93	—	—
溶剂校正值 (λ_{max}/nm)	己烷或环己烷		乙醚	二氧六环	三氯甲烷	水
	−11		−7	−5	−1	−8

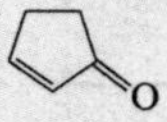

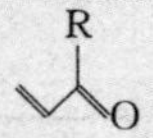

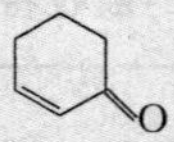

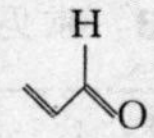

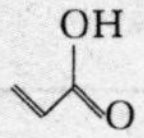

3. 芳香族化合物　苯是最简单的芳香族化合物，它具有环状共轭体系，在紫外光区有 E_1 带、E_2 带和 B 带三个吸收带，它们都是由 $\pi\rightarrow\pi^*$ 跃迁产生的。B 带是芳香族化合物的紫外吸收光谱特征，对鉴定芳香族化合物很有价值，芳香族羰基衍生物 R—C_6H_4CO—R′的 λ_{max} 值也可用经验规则推算。

二、影响紫外吸收光谱的主要因素

（一）位阻影响

化合物中若有二个发色团产生共轭效应，可使吸收带长移。但若二个发色团由于立体阻碍妨碍它们处于同一平面上，就会影响共轭效应，这种影响在光谱图上能反映出来。如：

	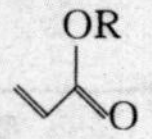	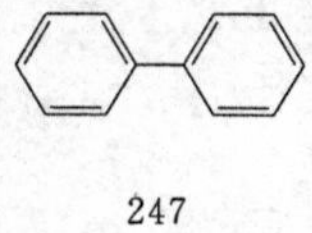	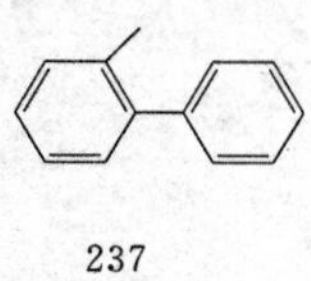
λ_{max}（nm）	247	237	231
ε	17000	10250	5600

又如二苯乙烯，反式结构的 K 带 λ_{max} 比顺式明显长移，且吸光系数也增加（图 3-27）。表 3-6 列出了一些有机物的顺反异构体的吸收特征。

NOTE

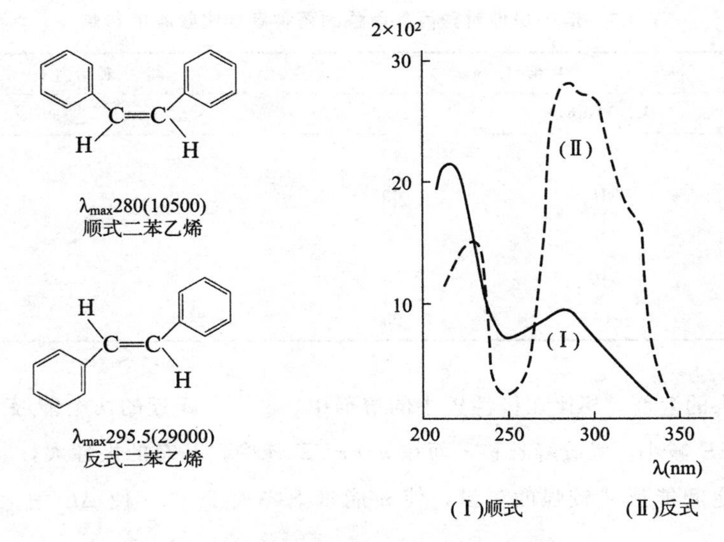

图 3-27 二苯乙烯顺反式异构体的紫外吸收光谱

表 3-6 一些有机物的顺反异构体的吸收特征

化合物	顺式异构体		反式异构体	
	λ_{max}（nm）	ε	λ_{max}（nm）	ε
1,2-二苯乙烯	280	10500	295.5	29000
1-苯基丁二烯	265	14000	280	28300
甲基-1,2-二苯乙基	260	11900	270	20100
肉桂酸	280	13500	295	27000
β-胡萝卜素	449	92500	452	152000
丁烯二酸	198	26000	214	34000
phHC═CHCOOH	264	9500	273	20000

（二） 跨环效应

分子中两个非共轭发色团处于一定的空间位置，尤其是环状体系中，有利于发色团电子轨道间的相互作用，这种作用称跨环效应。跨环效应产生的光谱，既非两个发色团吸收的加和，亦不同于两者共轭的光谱。

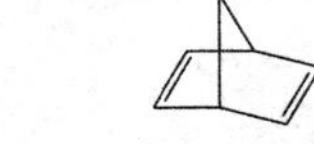

λ_{max}(nm)：205 214 220 230(肩峰)
ε_{max}：2100 214 870 200

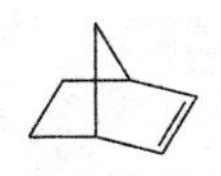

λ_{max}(nm)：197
ε_{max}：7 600

如二环庚二烯分子中有两个非共轭双键，在乙醇溶液中，在 200～230nm 范围有一个弱的并具有精细结构的吸收带。与含有孤立双键的二环庚烯的紫外吸收有很大不同。

（三） 溶剂效应

溶剂除影响吸收峰位置外，还影响吸收强度和光谱形状。化合物在溶液中的紫外吸收光谱受溶剂影响较大，所以一般应注明所用溶剂。溶剂极性增加，一般使 $\pi\rightarrow\pi^*$ 跃迁吸收峰向长波方向移动，而使 $n\rightarrow\pi^*$ 跃迁吸收峰向短波方向移动，后者的移动一般比前者移动大。异丙叉丙酮（ $CH_3—\underset{\underset{O}{\|}}{C}—CH═C(CH_3)_2$ ）的溶剂效应见表 3-7。

NOTE

表 3-7　溶剂极性对异丙叉丙酮的两种跃迁吸收峰的影响

溶　剂	R 带（$n\rightarrow\pi^*$）		K 带（$\pi\rightarrow\pi^*$）	
	λ_{max}（nm）	ε_{max}	λ_{max}（nm）	ε_{max}
正己烷	327	40	229.5	12600
三氯甲烷	316	60	238	12500
乙醇	316	90	238	12600
甲醇	310	55	238	10700
水	305	95	244.5	10000

采用极性较大的溶剂，相比在极性较小的溶剂中，$\pi\rightarrow\pi^*$ 跃迁的两个能级水平中 π^* 能量下降大于 π，使 ΔE 减小，吸收峰长移，而在 $n\rightarrow\pi^*$ 跃迁中，基态的极性大，非键电子（n 电子）与极性溶剂之间能形成较强的氢键，使 n 能量下降大于 π^*，使 ΔE 增大，吸收峰短移（如图 3-28）。

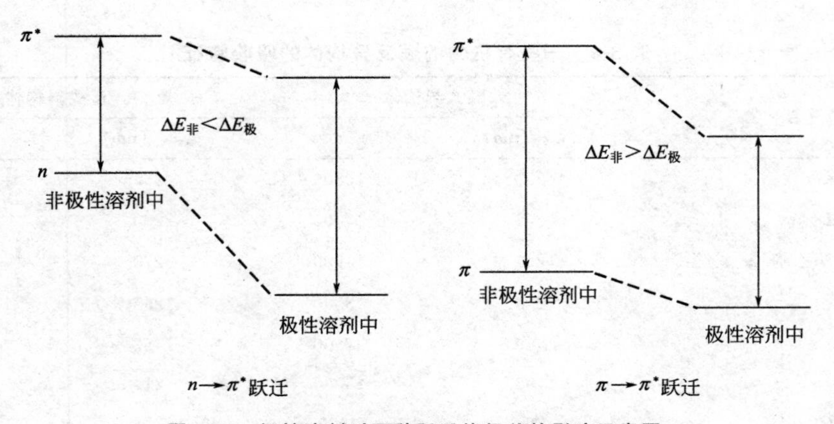

图 3-28　极性溶剂对两种跃迁能级差的影响示意图

（四）体系 pH 值的影响

在测定酸碱性有机化合物时，体系酸碱度对吸收光谱的影响普遍存在。如酚类和胺类化合物由于体系的 pH 值不同，其解离情况不同，形成酸式体、碱式体等不同的吸光质点，因而产生不同的吸收光谱。

$$C_6H_5OH \underset{H^+}{\overset{OH^-}{\rightleftharpoons}} C_6H_5O^-$$

λ_{max}　210.5nm，270nm　　236nm，287nm

ε_{max}　6200　1450　　9400　2600

$$C_6H_5NH_2 \underset{OH^-}{\overset{H^+}{\rightleftharpoons}} C_6H_5NH_3^+$$

λ_{max}　230nm，280nm　　203nm，254nm

ε_{max}　8600　1470　　7500　160

三、结构分析

NOTE

有机化合物的紫外吸收光谱主要取决于分子中的发色团、助色团及它们的共轭情况，并不能表现整个分子的特性。所以单独用紫外光谱不能完全确定化合物的分子结构，必须与红外光谱法、核磁共振波谱法和质谱法等配合才能发挥较大的作用。但从紫外吸收光谱中可以初步推断官能团、判断分子顺反异构体和可能的互变异构体等。一般有以下规律：

1. 化合物在 220～700nm 内无吸收，说明该化合物是脂肪烃、脂环烃或它们的简单衍生物（氯化物、醇、醚、羧酸类等），也可能是非共轭烯烃。

2. 220～250nm 范围有强吸收带（lgε4），说明分子中存在两个共轭的不饱和键（共轭二烯或 α、β-不饱和羰基化合物）。

3. 250～290nm 范围的中等强度吸收带（lgε2～3）或显示不同程度的精细结构，说明分子中有苯基存在。

4. 250～350nm 范围有弱吸收带（lgε＜2），说明分子中含有羰基。

5. 300nm 以上的强吸收带，说明化合物具有较大的共轭体系。

在紫外光谱法，一般来说，顺式异构体（Cisoid）的最大吸收波长比反式异构体（Transoid）短且 ε 小，这是由于空间位阻对共轭效果影响的结果。当某些有机物在溶液中可能有两个或两个以上容易互变的异构体处于动态平衡之中，这种异构体的互变常导致紫外吸收光谱特征参数的变化。例如，乙酰乙酸乙酯有酮式和烯醇式间的互变异构：

$$CH_3-\underset{\underset{O}{\parallel}}{C}-CH_2-\underset{\underset{O}{\parallel}}{C}-OC_2H_5 \rightleftharpoons CH_3-\underset{\underset{OH}{|}}{C}=CH-\underset{\underset{O}{\parallel}}{C}-OC_2H_5$$

酮式　　　　烯醇式

酮式没有共轭双键，它仅在 204nm 处有弱吸收；而烯醇式由于有共轭双键，因此在 245nm 处有强的 K 吸收带。

习　题

1. 名词解释

透光率，吸光系数（摩尔吸光系数、百分吸光系数），发色团和助色团，吸收曲线，标准曲线，末端吸收，试剂空白。

2. 物质对光的吸收程度可用哪几种符号表示，各代表什么含义？

3. 什么是 Lambert-Beer 定律？其物理意义是什么？

4. 简述导致偏离 Lambert-Beer 定律的原因。

5. 什么是吸收曲线？制作吸收曲线的目的是什么？

6. 在分光光度法中，为什么要控制溶液的透光率读数范围在 20%～65%之间？若 T 超出上述范围，应采取何种措施？

7. 简述紫外-可见分光光度计的主要部件及基本功能。

8. 某化合物在环己烷中的 λ_{max} 为 305nm，在乙醇中 λ_{max} 为 307nm，试问该吸收带为 R 带还是 K 带？

9. 电子跃迁的类型有哪几种？通常各产生哪些吸收带？何种结构的有机化合物能够产生紫外吸收光谱？

10. 下列化合物含有哪些电子跃迁类型？推测可能产生的吸收带。

（1）$CH_2=CHOCH_3$

(2) $CH_2=CHCH_2CH_2OCH_3$

(3) $CH_2=CH-CH=CH_2-CH_3$

(4) $CH_2=CH-CO-CH_3$

11. 指出下列化合物在紫外光谱图上可能出现的吸收带，并解释产生的原因。

(1) 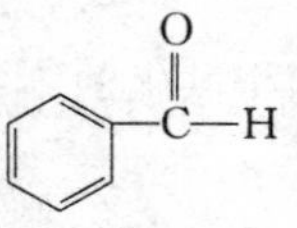　(2) 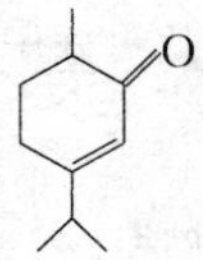　(3) 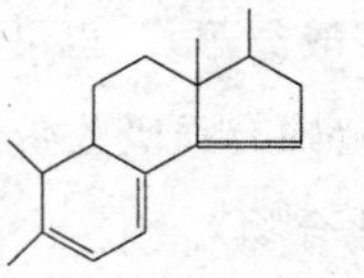　(4)

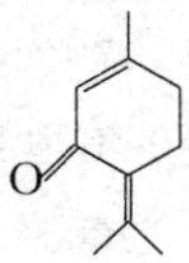

12. 计算下列化合物的 λ_{max}。

(1) 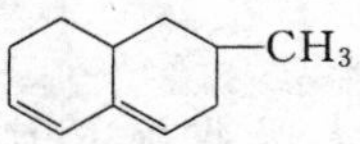　(2) 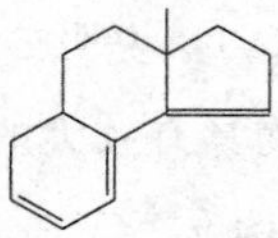　(3)

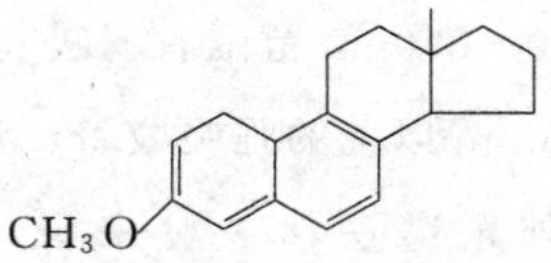

(4) 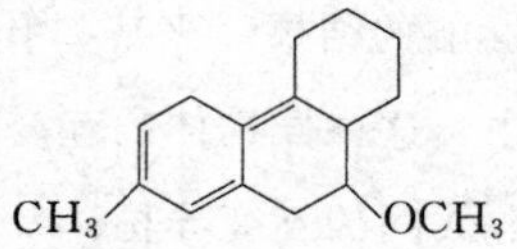　(5) 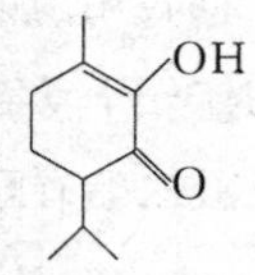　(6)

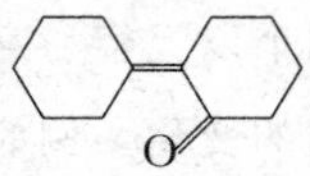

[(1) 234nm；(2) 313nm；(3) 349nm；(4) 328nm；(5) 274nm；(6) 259nm]

13. 将下列各百分透光率（$T\%$）换算成吸光度（A）。

(1) 32.0%；(2) 5.40%；(3) 72.0%；(4) 52.0%；(5) 0.01%。

[(1) 0.495；(2) 1.268；(3) 0.143；(4) 0.284；(5) 4]

14. 每 100mL 中含有 0.701mg 溶质的溶液，在 1cm 吸收池中测得的透光率为 40.0%，试计算：

(1) 此溶液的吸光度。

(2) 如果此溶液的浓度为 0.420mg/100mL，其吸光度和百分透光率各是多少？

[(1) 0.398，(2) A 0.238，T 57.8%]

15. 取 1.000g 钢样溶解于 HNO_3 中，其中的 Mn 用 KIO_3 氧化成 $KMnO_4$ 并稀释至 100mL，用 1cm 吸收池在波长 545nm 测得此溶液的吸光度为 0.700。用 1.52×10^{-4} mol/L $KMnO_4$ 作为标准，在同样条件下测得的吸光度为 0.350，计算钢样中 Mn 的百分含量。($M_{Mn}=54.94$)

(0.167%)

16. 用分光光度法测定某溶液的浓度，结果的相对误差为±0.5%，吸光度 $A=0.600$，计算所用分光光度计刻度上透光率的读数误差是多少？(假设误差来源仅考虑读数误差)

(±0.002)

17. 有一含铁药物，在将其中各价态铁转变成 Fe^{3+} 后，用 KSCN 与 Fe^{3+} 显色生成红色配合物测定其中 Fe^{3+}，已知吸收池厚度为 1cm，测定波长 420nm，如该药物含铁约 0.5%，现欲配制 50mL 溶液，为使测定误差最小，应该称取该药多少克？

(已知红色配合物的摩尔吸光系数为 1.80×10^4 L/mol·cm，$M_{Fe}=55.85$g/mol)

(0.014g)

NOTE

18. 某化合物的摩尔吸光系数为 1.30×10^4 L/mol · cm，该化合物的水溶液在 1cm 吸收池中的吸光度为 0.410，试计算此溶液的浓度。

（3.15×10^{-5} mol/L）

19. 准确称取某试样 7.11mg 于 100mL 容量瓶中，加水稀释至刻度，摇匀，精密吸取此溶液 5.00mL 于另一 50mL 容量瓶中，加浓盐酸 2.0mL，并加蒸馏水稀释至刻线，摇匀。取此稀释液置 0.5cm 石英池中，于 323nm 波长处测得吸光度为 0.320，由文献查得该化合物 $E_{1cm}^{1\%}$（323nm）＝907.2，计算试样中该化合物的百分含量。

（99.2%）

20. 将 2.48mg 的某碱（BOH）的苦味酸（HA）盐溶液溶于 100mL 的乙醇中，在 380nm 处，用 1cm 吸收池测得吸光度为 0.598。已知苦味酸的摩尔质量为 229，求该碱的分子量（其盐的摩尔吸光系数为 2.00×10^4）。　（829）

NOTE

第四章　荧光分析法

当特定波长的激发光照射到某些物质的时候，这些物质除了能对光选择性吸收产生吸收光谱外，还会发射出比原吸收波长更长的光，当激发光停止照射，所发射的光线也很快随之消失，这种光称为荧光（fluorescence）。根据激发光波长范围的不同，可分为：X-射线荧光、紫外-可见荧光、红外荧光等。又由被测物质的不同分为分子荧光和原子荧光。本章主要介绍以紫外-可见光为激发光源的分子荧光分析法。基于对物质荧光的测定而建立起来的定性和定量分析方法称为荧光分析法（fluorometry）或荧光分光光度法。

荧光分析具有以下优点：

1. 灵敏度高。与吸收光度法相比较，荧光分析法的灵敏度比后者一般要高出2～3个数量级。如：紫外-可见分光光度法的灵敏度约为10^{-7} g/mL。荧光分析法的灵敏度可达到10^{-10}～10^{-12} g/mL。由于在荧光分析中，是通过测量荧光强度来确定试样溶液中荧光物质含量，而荧光强度的测量值不仅与被测溶液中荧光物质的本性及其浓度有关，而且与激发光波长、强度和荧光检测器的灵敏度有关。加大激发光强度，可以增大荧光强度，从而可以提高分析的灵敏度。

2. 选择性高。由于吸光物质内在本质的差别，物质对光产生选择性吸收后，并非所有吸光物质都有发光现象，即便有发光现象，在激发光波长和发射波长方面也会不尽相同，这样就有可能通过选择适当的激发光波长和发射光波长来实现选择性测量的目的。由此可体现出荧光分析法的高选择性。

3. 试样用量小，操作简便。

4. 工作曲线的线性范围宽。如荧光分析法线性范围为3～5个数量级，而吸收光度法线性范围为1～2个数量级。

由于荧光分析法的诸多优点，使其在药学、生物化学和临床分析中具有特殊的重要性。当然，并不是所有吸光性物质都能产生荧光，这就使得荧光分析法的应用在一定程度上受到限制，但可通过选择具有灵敏、选择性好、无污染的荧光衍生剂与被测物生成具有荧光的物质（称衍生物荧光法），就能进一步扩大荧光分析法的应用范围。

第一节　基本原理

一、分子荧光的产生

（一）分子的激发过程

大多数有机化合物分子中含有偶数个电子，电子成对地排布在能量较低的轨道上。在基态

时，根据Pauli不相容原理，在给定轨道中的两个电子，必定有相反的自旋方向（称为自旋成对），即自旋量子数分别为1/2和−1/2；其总自旋量子数 $s=1/2+(-1/2)=0$，即基态时电子无净自旋。

分子中的电子具有多重性，用 $M=2s+1$ 表示，s 为电子的总自旋量子数，其值可为0或1。对于分子轨道中的两个电子自旋方向相反的状态而言，其 $s=0$，多重性 $M=1$，这种状态称为单线态（singlet state，记作S）。基态单线态和各种激发单线态，分别记作 S_0、S_1^*、S_2^*…

两个电子自旋方向相同多重性 $M=3$，当受某些因素影响时，电子在跃迁过程中还会发生自旋方向的改变，即称为三线态（triplet state，或激发三线态记作T）。这是由于电子自旋方向的改变使能级稍低。如图4-1和图4-2所示。

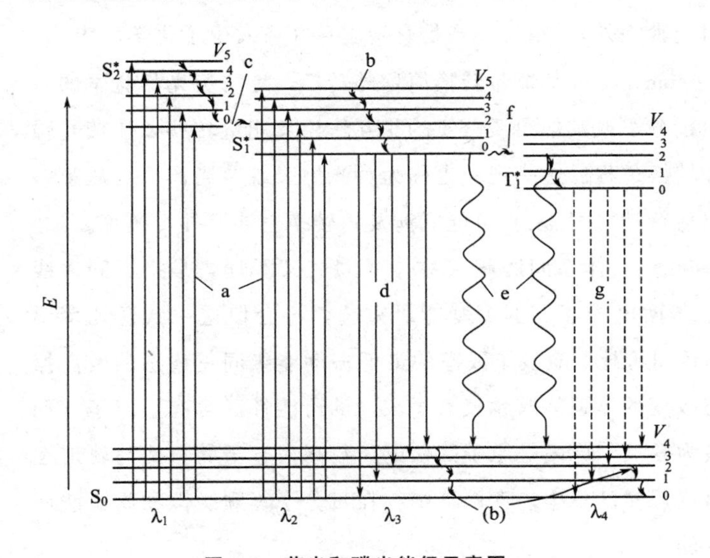

图4-1　荧光和磷光能级示意图

a. 吸收；b. 振动弛豫；c. 内转换；d. 荧光；e. 外转换；f. 体系间跨越；g. 磷光

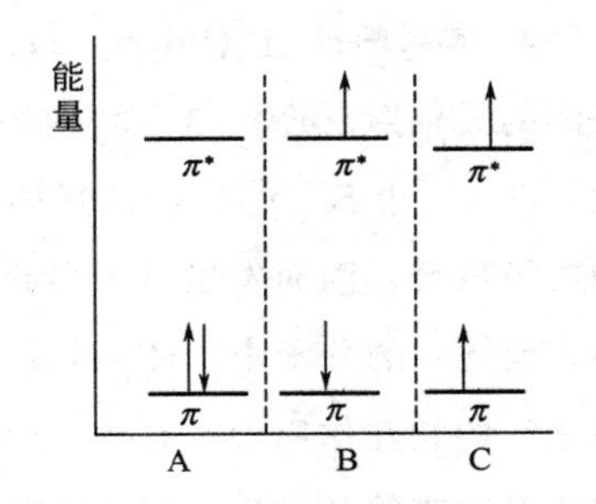

图4-2　单线态及三线态激发示意图

A. 单线基态（π^*）；B. 激发单线态（$\pi\pi^*$）；C. 激发三线态（$\pi\pi^*$）

因为基态单线态至三线态是一种禁阻跃迁，所以几率很小。

（二）荧光的产生

激发态分子经振动弛豫到达第一电子激发单线态的最低振动能级，以辐射的形式发射光量子，回到基态，发射的光量子即为荧光。由于振动弛豫损失掉部分能量所发射的荧光波长总比它吸收的波长更长（见图4-1）。发射荧光的过程为 $10^{-9}\sim10^{-7}$ 秒。由于电子跃回到基态时可以停留在任一振动能级上。因此得到的荧光光谱有时出现几个靠近的小峰，通过进一步的振动弛豫回到最低振动能级。

处于激发态的电子，通常以无辐射跃迁方式或辐射跃迁方式回到基态。无辐射跃迁是指以热能形式释放其多余的能量，它既可为荧光或磷光的产生创造条件，又能与其相竞争使之减弱或熄灭。无辐射跃迁方式包括：振动弛豫、内部能量转换、体系间跨越及外部能量转换等，其发生的可能性及程度与荧光物质本身的结构及激发时的物理和化学环境有关，现分述如下。

1. 振动弛豫（vibrational relaxation）　激发态分子在很短的时间内（$10^{-13}\sim10^{-11}$ 秒）由于分子间的碰撞或者分子与晶格间的相互作用，以热的形式损失掉部分振动能量，从同一电子能态的各较高振动能级逐步返回到较低振动能级的过程称为振动弛豫。

2. 内部能量转换（internal conversion） 简称内转换，是与荧光相竞争的过程之一。当两个电子能级非常靠近以致其振动能级有重叠时，电子由高能级以非辐射跃迁方式转移至低能级，该过程称为内部能量转换。内部能量转换过程决定于能级之间相对能量差。激发单线态与基态之间的能量差较大，内转换过程的效率很低，而在两个单线激发态之间发生内部转换的可能性要大得多。第一电子激发单线态（S_1^*）与能量较高的第二电子激发单线态（S_2^*）之间的能级差较小，S_1^* 中高振动能级常常同 S_2^* 中低振动能级相重叠（即 UV 光谱长波长峰和相邻峰部分重叠），所以内转换过程很容易发生，而且速度很快，这种内转换过程如图 4-2 中所示。分子最初无论在哪一个激发单线态都能通过内转换到达第一激发单线态，然后通过振动弛豫到达最低振动能级，为荧光的产生创造条件，使得荧光光谱上常只出现一个荧光带。因此在某样品溶液中观察到几个荧光带时（散射光带除外），则可怀疑是有杂质存在或发生了化学反应。

3. 外部能量转换（external conversion） 外部能量转换简称外转换，是与荧光相竞争的主要过程。外转换是指激发态分子与溶剂分子或其他溶质分子的相互作用及能量转移，使荧光强度减弱甚至消失，这些过程统称为外转换过程。这一现象也称为荧光熄灭或荧光猝灭。从第一激发单线态或三线态回到基态的无辐射跃迁（图 4-2）可能既涉及内转换也涉及外转换等。

4. 体系间跨越（intersystem crossing） 体系间跨越又称体系间交叉跃迁，是指不同多线态间的无辐射跃迁。与内转换一样，若两电子能态的振动能级重叠，将会使这一跃迁几率增大。图 4-2 中 $S_1^* \rightarrow T_1^*$ 的跃迁即为体系间跨越。激发单线态的最低振动能级同三线态的较高振动能级重叠，因而发生电子自旋状态改变的体系间跨越就有了较大的可能性。含有重原子（如碘、溴等）的分子中，体系间跨越最为常见，原因是原子的核电荷数高，电子的自旋与轨道运动之间的相互作用大，有利于电子自旋反转的发生。在溶液中存在氧分子等顺磁性物质也能增加体系间跨越的发生，因此使荧光减弱。

二、激发光谱与荧光光谱

由于荧光属于被激发后的发射光谱，因此它具有两个特征光谱，即激发光谱（excitation spectrum）和荧光光谱（fluorescence spectrum）或称发射光谱（emission spectrum）。

激发光谱表示不同激发波长的辐射引起物质发射某一波长荧光的相对效率。绘制激发光谱曲线时，是固定荧光波长（λ_{em}），不断改变激发光波长（λ_{ex}），并记录相应的荧光强度，所得到的荧光强度对激发波长的谱图称为荧光物质的激发光谱。若固定激发光的波长和强度不变，不断改变荧光的测定波长，并记录相应的荧光强度，所得到的荧光强度对发射波长的谱图，称为荧光物质的发射光谱。激发光谱反映了某波长下荧光强度与激发波长之间的关系；发射光谱反映了在某激发光下荧光强度与荧光波长的之间的关系。图 4-3 是硫酸奎宁的激发光谱和荧光光谱。

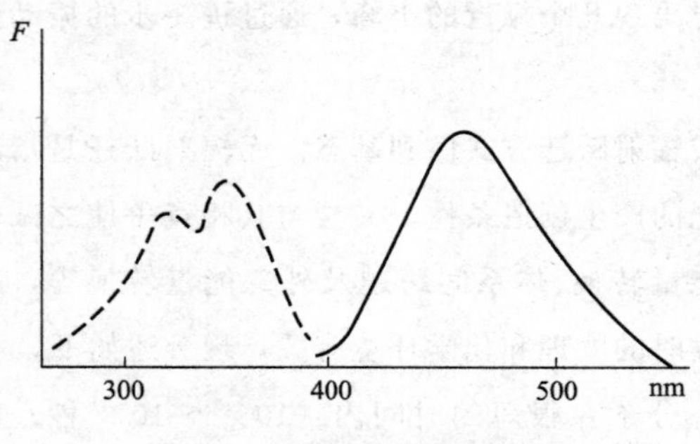

图 4-3　硫酸奎宁的激发光谱（虚线）和荧光光谱（实线）

从实验测得荧光物质的激发光谱与紫外吸收光谱相似，这是因为荧光物质吸收了某种波长的紫外光，才能发射荧光。吸收越强，发射荧光强度也越强。但紫外吸收光谱是测定物质

NOTE

对紫外光的吸收度，而荧光激发光谱是测定物质吸收紫外光后所发射的荧光强度，因此，两种光谱仅是相似，而不可能完全重叠。

激发光谱和荧光光谱可提供荧光物质的主要信息参数；并可作为进行荧光定量分析时，选择合适激发波长和荧光波长的重要依据。

化合物的荧光光谱一般具有下列特征。

（一）斯托克斯位移（Stokes shift）

在溶液的荧光光谱中，荧光的发射波长总是大于激发波长，斯托克斯于1852年首次观察到这种现象，因此称为斯托克斯位移。斯托克斯位移说明物质在激发与发射之间存在着一定的能量损失。

荧光物质分子由基态经激发到达激发态，产生激发光谱。激发态分子经过振动弛豫和内部能量转换等过程，到达 S_1V_0 能级，这是产生斯托克斯位移的主要原因。其次，辐射跃迁使激发态分子返回到基态的任一振动能级 S_0V_n，然后进一步损失能量到达 S_0V_0，这也产生斯托克斯位移。此外，溶剂效应和激发态分子所发生的反应，也会进一步加大斯托克斯位移。

（二）荧光光谱的形状与激发波长无关

虽然分子的吸收光谱可能含有几个吸收带，但荧光光谱却只有一个发射带。因为即使电子被激发到较高的电子能级，也会通过振动弛豫和内部能量转换回到 S_1V_0 能级，然后发射荧光。所以，荧光光谱的形状与激发波长无关。

由图4-3看到，硫酸奎宁的激发光谱（或吸收光谱）有两个峰，而荧光光谱仅一个峰。这是由于内转换和振动弛豫的结果。所以，荧光光谱的形状与 λ_{ex} 无关，但其荧光强度与 λ_{ex} 有关。

（三）荧光光谱与激发光谱呈镜像关系

图4-4表示的蒽的激发光谱和荧光光谱，这可用能级图4-1进行解释。由图可见，蒽的激发光谱有两个峰，a峰是电子由 $S_0 \rightarrow S_2^*$ 跃迁形成的。高分辨荧光图谱上可观察到b峰是由一系列小峰 b_0、b_1、b_2、b_3、b_4 组成的，它是电子由基态向 S_1^* 不同振动能级跃迁产生的吸收，各小峰的高度与跃迁几率有关。蒽的荧光光谱同样也由一系列小峰组成，它们分别表示由 S_1V_0 能级向基态各不同振动能级跃迁产生的辐射，各小峰的高度同样与跃迁几率有关。由于激发态振动能级分布于基态相似，所以激发光谱与荧光光谱各峰均以 b_0 为中心基本对称。

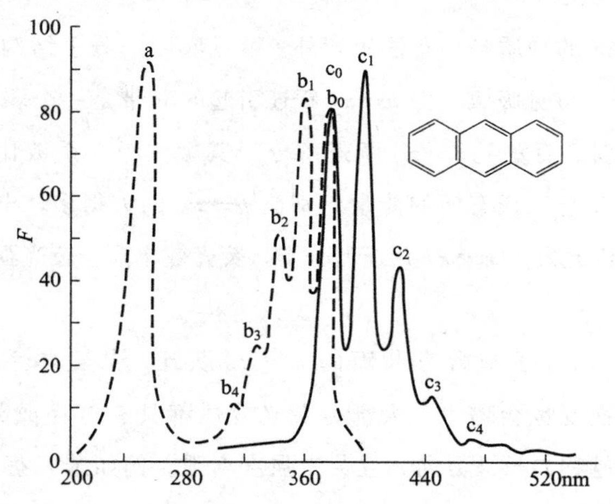

图4-4　蒽的激发光谱（虚线）和荧光光谱（实线）

NOTE

第二节 荧光与分子结构的关系

一、荧光效率和荧光寿命

发射荧光的物质必须具备两个条件，一是物质分子必须有强的紫外-可见吸收，二是必须具备较高的荧光效率（fluorescence efficiency）。物质发射荧光的量子数与所吸收的激发光量子数的比值称为荧光效率，或称荧光量子产率（fluorescence quantum yield），用 ϕ_f 表示。

$$\phi_f = \frac{发射荧光的光子数}{吸收激发光的光子数} \tag{4-1}$$

式中 $0 \leqslant \phi_f \leqslant 1$。$\phi_f = 1$，即每吸收一个光量子就发射一个光量子。但大部分荧光物质的 $\phi_f < 1$。例如荧光素钠在水中 $\phi_f = 0.92$；在乙醇中蒽 $\phi_f = 0.30$、菲 $\phi_f = 0.10$ 等。若 $\phi_f \to 0$ 说明该化合物有强的紫外吸收，但所吸收的能量以无辐射跃迁的形式释放而返回基态，所以没有荧光发射。

荧光寿命（fluorescence life time）是当激发光除去后，分子的荧光强度降至最大荧光强度的 1/e 所需的时间（t），常用 τ_f 表示。则激发时 $t=0$ 和除去激发光后时间 t 时的荧光强度 F_0 和 F_t 与 t 和 τ_f 的关系为：

$$\ln\frac{F_0}{F_t} = \frac{t}{\tau_f} \tag{4-2}$$

若以 $\ln(F_0/F_t)$ 对 t 作图，由直线斜率 $1/\tau_f$ 可计算荧光寿命。利用分子荧光寿命的差别，可进行荧光物质混合物的分析，如时间分辨荧光法。

二、荧光强度与分子结构的关系

一个化合物能否产生荧光，荧光强度的大小，$\lambda_{ex(max)}$ 和 $\lambda_{em(max)}$ 的波长位置均与其分子结构有关，即有强的紫外-可见吸收和一定的荧光效率。下面简述影响分子荧光强弱的一些结构规律。

（一）跃迁类型

如前所述，发射荧光的物质必须有强的紫外-可见吸收，分子结构中有 $\pi \to \pi^*$ 跃迁或 $n \to \pi^*$ 跃迁的物质都有紫外-可见吸收。但 $n \to \pi^*$ 跃迁引起的R带是一个弱吸收带，电子跃迁几率小，由此产生的荧光极弱。而发生 $\pi \to \pi^*$ 跃迁的分子其摩尔吸光系数比 $n \to \pi^*$ 跃迁的大 100～1000 倍，它的激发单线态与三线态间的能量差别比 $n \to \pi^*$ 的大得多，电子不易形成自旋反转，体系间跨越几率很小，因此发生 $\pi \to \pi^*$ 跃迁的分子，荧光效率高，荧光强度大。

（二）共轭效应

发射荧光的物质，其分子都含有共轭的 $\pi \to \pi^*$ 跃迁，共轭体系越长，λ_{max} 或 $\lambda_{ex(max)}$ 和 $\lambda_{em(max)}$ 都将长移，荧光强度也会增大。大部分荧光物质都具有芳环或芳杂环，环共轭体系越大，其 $\lambda_{ex(max)}$ 和 $\lambda_{em(max)}$ 越移向长波方向，且荧光强度增强。例如苯、萘、蒽三个化合物的结构与荧光的关系如下：

NOTE

	苯	萘	蒽
$\lambda_{ex(max)}$	$=205nm$	286nm	356nm
$\lambda_{em(max)}$	$=278nm$	321nm	404nm
ϕ_f	$=0.11$	0.29	0.36

同一共轭环数的芳族化合物，线性环结构者的荧光波长比非线性者要长。例如蒽与菲，其共轭环数相同，蒽为线性环结构，$\lambda_{em(max)}$ 为 404nm，菲为“角”形结构，$\lambda_{em(max)}$ 只有 350nm。除芳香烃外，含有长链共轭双键的脂肪烃也可能有荧光，例如维生素 A（5 个共轭双键），其 $\lambda_{ex(max)}$ 327nm，$\lambda_{em(max)}$ 510nm，但这一类化合物不多。

CH_2OCOCH_3

菲　　　　维生素 A

（三）刚性结构和共平面效应

一般说来，荧光物质的刚性和共平面性增加，荧光效率增大，并且荧光波长产生长移。例如芴与联二苯在相同的测定条件下荧光效率 ϕ_f 分别为 1.0 和 0.2。这主要是由于接入了亚甲基使芴的刚性和共平面性增大的原因。

芴　　　　联二苯

某些有机化合物本身无荧光或发射弱荧光，当与金属离子形成配合物后，如果分子的刚性和共平面性增强，就可以产生荧光或荧光增强。例如 8-羟基喹啉是弱荧光物质，与 Mg^{2+}、Al^{3+} 形成配合物后，荧光就增强了。

OH　N　　O　1/2Mg²⁺　N

8-羟基喹啉　　　　8-羟基喹啉镁

（四）取代基效应

芳香族化合物具有不同的取代基时，其荧光强度和荧光光谱都有很大的不同，取代基可分为三类。

1. 取代基能增加分子的 π 电子共轭程度的，常使荧光增强。如某些给电子基团：$-OH$、$-OCH_3$、$-OC_2H_5$、$-NH_2$、$-NHR$、$-NR_2$、$-CN$。

2. 取代基使分子的 π 电子共轭程度减弱的，常使荧光减弱或熄灭。如吸电子基团：$-COOH$、$-C{=}O$、$-NO_2$、$-NO$、$-SH$、$-F$、$-Br$、$-I$。

3. 取代基对分子的 π 电子共轭体系影响较小的，对荧光的影响也不明显。如$-R$、$-SO_3H$、$-NH_3^+$。

所以，苯胺和苯酚的荧光较苯强 50 倍，硝基苯、苯甲酸和溴苯则是非荧光物质。取代基的空间位阻对荧光也有影响。例如 2-二甲胺基萘-8-磺酸盐的荧光效率 $\phi_f=0.75$，而 1-二甲胺基萘-8-磺酸盐的荧光效率 $\phi_f=0.03$，这是因为$-N(CH_3)_2$ 与$-SO_3Na$ 之间的位阻效应，使分

NOTE

子发生了扭转，两个环不能共平面，导致荧光大大减弱。

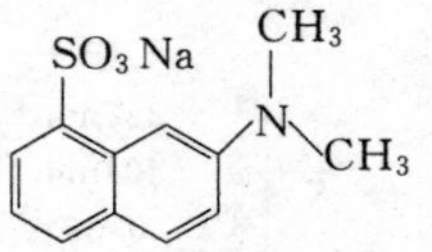

2-二甲胺基萘-8-磺酸钠 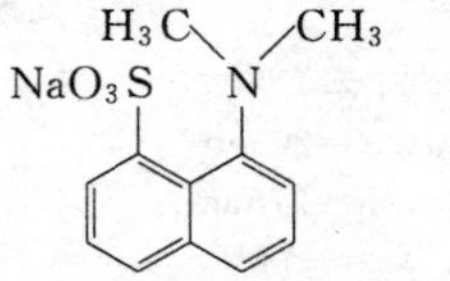　　1-二甲胺基萘-8-磺酸钠

立体异构现象对荧光强度有显著的影响，例如1,2-二苯乙烯的反式异构体是强荧光物质，而其顺式异构体由于两个基团在同一侧，位阻效应使分子不能共平面而不产生荧光。

三、影响荧光强度的外界因素

分子所处的外界环境，如溶剂、温度、pH值、重原子、荧光熄灭剂等都会影响荧光效率，甚至影响分子结构及立体构象，从而影响荧光光谱和荧光强度。

（一）溶剂的影响

在不同的溶剂中，同一种荧光物质的荧光光谱位置和荧光强度都可能会有显著差别。$\pi\rightarrow\pi^*$跃迁为强吸收带是分子产生荧光的主要方面（$n\rightarrow\pi^*$跃迁吸收带为弱吸收带，常可忽略）。增大溶剂极性，可使$\pi\rightarrow\pi^*$跃迁吸收带长移，吸收强度增加，故λ_{em}长移和荧光强度增强。溶剂黏度增大时，可以减少溶质分子间碰撞机会，使无辐射跃迁减少而荧光增强，甚至产生磷光。

（二）温度的影响

当温度升高时，分子间碰撞几率增加，使无辐射跃迁增加，从而降低了荧光强度。

（三）pH值的影响

如果荧光物质是弱酸或弱碱，溶液pH值的改变将对该物质的荧光产生很大的影响。因为弱酸（或弱碱）与其共轭碱（或共轭酸）的电子结构不同其紫外光谱不同，故各具有自己特殊的荧光光谱和荧光效率。当溶液pH值改变时，弱酸（或弱碱）主要存在形式不同，因而具有不同的荧光。例如，苯胺的解离平衡和溶液的pH值与荧光的关系如下：

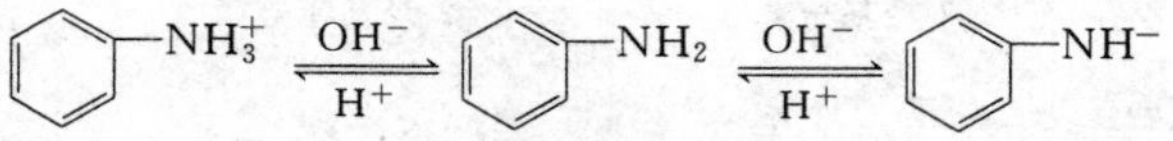

$$C_6H_5NH_3^+ \underset{H^+}{\overset{OH^-}{\rightleftharpoons}} C_6H_5NH_2 \underset{H^+}{\overset{OH^-}{\rightleftharpoons}} C_6H_5NH^-$$

pH＜2　　pH＝7～12　　pH＞13

阳离子型：无荧光　分子型：蓝色荧光　阴离子型：无荧光

大多数含有酸性或碱性基团的化合物的荧光光谱，对溶液的pH值是非常敏感的，实验时控制溶液的pH值，方能达到最好的灵敏度和准确度。

（四）氢键的影响

荧光物质和溶剂或其他溶质之间发生的氢键作用，对于荧光物质的荧光光谱和荧光强度有着显著的影响。溶剂与荧光物质之间的氢键作用可因荧光物质分子结构不同、溶剂种类（氢键供体溶剂、氢键受体溶剂）不同而以多种形式影响荧光。

（五）散射光的影响

当一束平行光照射样品溶液时，大部分光透过溶液，小部分光线的光子和物质分子相撞，使光子的运动方向发生改变而向不同方位散射，这种光称为散射光（scattering light）。

NOTE

散射光主要为瑞利光（Rayleigh scattering light）和拉曼光（Raman scattering light）两种。它们常常会对荧光测定产生干扰。

物质分子（主要溶剂分子）的电子与激发光光子相互作用时，分子受到瞬时变形，上升到非量子化能量区，在极短时间内（10^{-15}～10^{-12}秒），该分子向各个方向发射出与激发光波长相同的光而回到原来的振动能级，这种发射光称为瑞利光。若返回到比原来较高或较低的振动能级（即光子把部分振动能转移给物质分子或从其获得部分振动能），发射出比激发光波长较长或较短的光，称为拉曼光，其中长波长光称为 Stokes 线（斯托克斯线），短波长光称为反 Stokes 线，而 Stokes 线比反 Stokes 线的强度大得多，但是一般对荧光谱有影响的只是 Stokes 线，这就是常见的拉曼光。瑞利光和拉曼光的强度都与激发波长 λ_{ex} 有关，一般与 λ^4 成反比，λ_{ex} 越短则散射光越强，但是拉曼光的强度比瑞利光弱得多（如图 4-5b）。根据散射光波长与 λ_{ex} 有关，而荧光波长与 λ_{ex} 无关的性质，通过选择适当的 λ_{ex}，可排除或降低瑞利光或拉曼光的干扰。例如硫酸奎宁的测定，无论选择 320nm 或 350nm 为激发光，荧光峰总是在 448nm（见图 4-5）。将空白溶剂（0.05mol/L H_2SO_4）分别在 320nm 及 350nm 激发光照射下测定荧光光谱，从图 4-5 可见，当 λ_{ex}＝320nm 时，瑞利光波长为 320nm，拉曼光波长为 360nm，对荧光测定无干扰。当 λ_{ex}＝350nm 时，瑞利光波长为 350nm，拉曼光波长为 400nm。波长 400nm 的拉曼光对荧光（448nm）有干扰，因而影响测量结果。

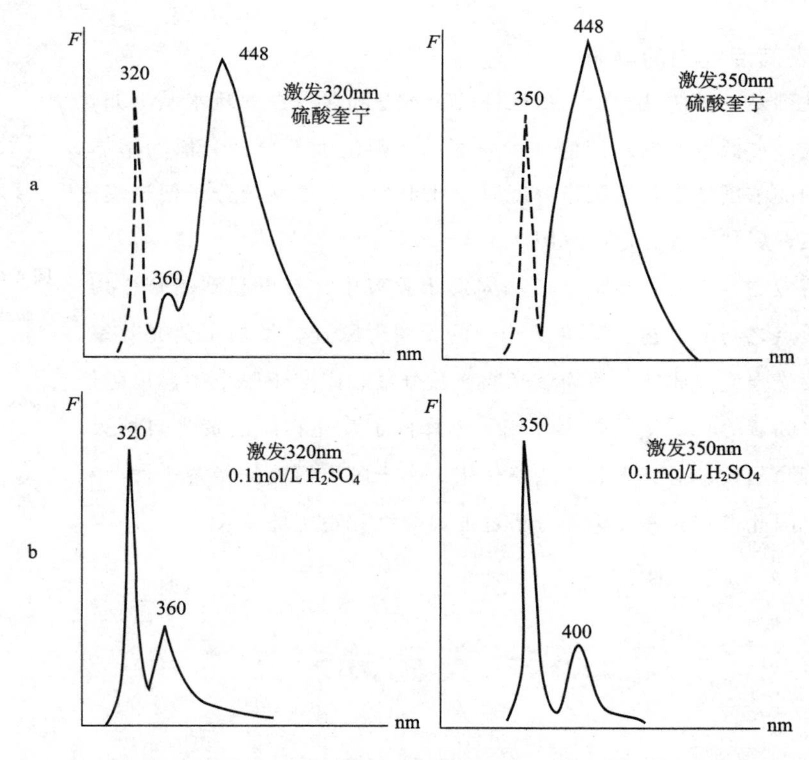

图 4-5　硫酸奎宁与溶剂在不同激发波长下的荧光（a）与拉曼光谱（b）

（六）荧光熄灭剂(quenching medium)的影响

荧光熄灭（或荧光猝灭）是指荧光物质分子与溶剂分子或溶质分子的相互作用引起荧光强度降低或荧光强度与浓度不呈线性关系的现象。引起荧光强度下降的物质，称为荧光熄灭剂（或荧光猝灭剂）。

常见的荧光熄灭剂有卤素离子、重金属离子、氧分子、硝基化合物、重氮化合物以及羰基化合物等。卤素离子对于奎宁的荧光有显著的熄灭作用，但对某些物质的荧光并不发生熄灭作用，这表明熄灭剂分子和荧光物质分子间的相互作用是有选择性的。引起溶液中荧光熄灭的原因很多，机理也很复杂。例如：①处于单线激发态的荧光分子 M^* 与熄灭剂分子 Q 发生碰撞后，使激发态分子以无辐射跃迁方式返回基态，因而产生熄灭作用。②有些荧光物质溶液在加入熄灭剂之后，一部分荧光分子与熄灭剂分子生成了基态配合物，这种配合物本身不发光，故使荧光强度减弱。③当 M^* 与 Q 相互碰撞时发生电荷转移，形成激发态电荷转移配合物，从而导致荧光强度的降低。④当 M^* 与 Q 相互作用后，发生能量转移，使 Q 得到激发。⑤由于重原子具有高核电荷，因此它的电磁场对分子中电子自旋的影响比轻原子的影响大得多。受其影响，使激发单线态和三线态电子在能量上更为接近，体系间跨越以及磷光产生的几率增大，而使荧光效率下降。这种随着加入重原子而出现的磷光增强和荧光减弱现象称为重原子效应。如果重原子是荧光化合物分子中的一个取代基，则称为内部重原子效应。如果荧光物质溶解在含有重原子的溶剂中，则产生外部重原子效应。⑥当荧光物质的浓度超过 1g/L 时，常发生自熄灭现象，也称浓度熄灭。

荧光熄灭剂会使荧光法产生误差，但是，若一种荧光物质在加入熄灭剂后，荧光强度的减弱与熄灭剂的浓度呈线性关系，则可利用该性质测定荧光熄灭剂的浓度，即荧光熄灭法。

（七）表面活性剂的影响

表面活性剂是一种两性分子，由极性的亲水基和非极性的疏水基（如长链烷基）组成。在低浓度的水溶液中，表面活性剂绝大部分被分散为单体，当表面活性剂的浓度达到临界胶束浓度时，几十个表面活性剂分子便聚集成团，称为胶束，形状大致为球状（图 4-6）。

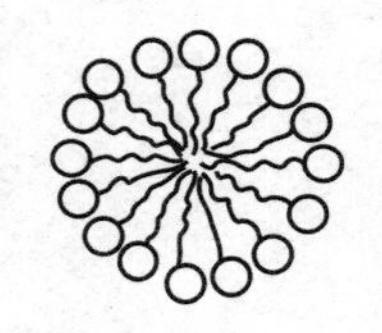

图 4-6　水溶液中胶束的截面图

○ 表示极性基团，〰 表示非极性脂链

在胶束溶液中，荧光物质被分散和固定于胶束中，胶束起到遮蔽作用，减弱了荧光质点之间的碰撞，减少了分子的无辐射跃迁，增加了荧光效率，从而增加了荧光强度。此外，因为荧光物质被分散和固定于胶束中，可降低荧光熄灭剂（如氧等）产生的熄灭作用，也降低了荧光物质的荧光自熄灭，从而使荧光寿命延长，对荧光起到增稳作用。由于胶束溶液的增溶、增稳和增敏的作用，因此可大大提高荧光分析法的灵敏度和稳定性。

第三节　荧光分光光度计

一、主要部件

荧光分光光度计的种类很多，但均包括如下几个主要部分：激发光源、单色器、样品池、检测器及读出装置，如图 4-7 所示。

NOTE

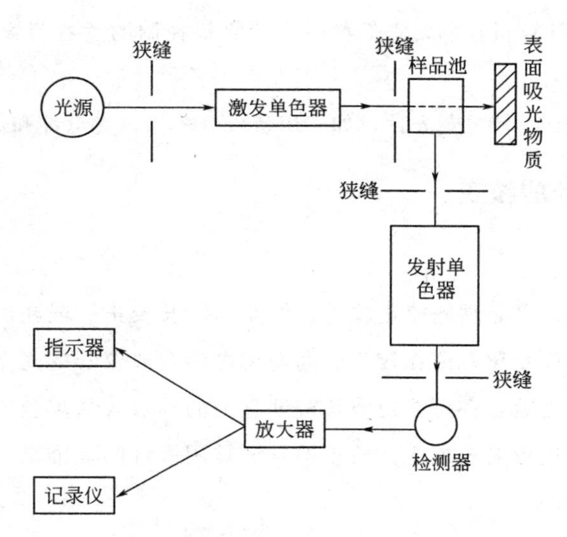

图 4-7 荧光分光光度计结构示意图

（一）激发光源

荧光分光光度计所用的激发光源一般要比紫外-可见分光光度计所用的光源强度大，常用的有氢灯、汞灯、氙灯及卤钨灯等。汞灯产生强烈的线光谱，高压汞灯能发射 365、398、405、436、546、579、690 及 734nm 谱线，它主要供给近紫外光作为激发光源。低压汞灯发射的是线光谱，主要集中在紫外光区，其中最强的是 253.7nm。汞灯大都作滤光片荧光计的光源。

氙灯能发射出强度大，且在 250～700nm 范围内的连续光谱，在 300～400nm 波段内的谱线强度几乎相等。目前，荧光分光光度计都以其作光源。

（二）单色器

荧光分光光度计具有两个单色器。置于光源和样品池之间的单色器称为激发单色器，其作用是分离得到所需特定波长的激发光。置于样品池后和检测器之间的单色器叫发射单色器。在滤光片荧光计中，通常使用滤光片作单色器。在荧光分光光度计中，激发单色器可以是滤光片，也可是光栅，而发射单色器均为光栅。在定量分析时，选择滤光片或光谱条件的原则是以获得最强的荧光和最低的背景为准。

（三）样品池

测定荧光用的样品池须用低荧光的玻璃或石英材料制成。样品池常为四面透光且散射光较少的方形池，适用于作 90°测量，以消除透射光的背景干扰。但为了一些特殊的测量需要，如浓溶液、固体样品等，可改用正面检测、30°或 45°检测，后两种检测应用管形样品池。

（四）检测器

荧光分光光度计上多采用光电倍增管检测。目前也有些仪器采用光电二极管阵列检测器（PDA），它具有检测效率高、线性响应好、寿命长、扫描速度快等优点，这有利于光敏性荧光体和复杂样品的分析。

（五）读出装置

荧光分光光度计的读出装置有数字电压表、记录仪等。数字电压表用于常规定量分析，既准确、方便又便宜。在带有波长扫描的荧光分光光度计中，则常使用记录仪来记录光谱。现在

大多仪器都由专用微型计算机控制，它们都带有计算机控制的读数装置，如荧光屏显示终端、XY 绘图仪及打印装置等。

荧光分光光度计主要有目视荧光计，如三用紫外分析仪，光电计和荧光光度计等类型。

二、荧光分光光度计的校正

（一）波长校正

欲得到准确的测量结果必须先校正波长。仪器的波长校正一般在出厂前已经完成，由于运输过程中的震动或温度变化，或在较长时间使用之后，或仪器的光学系统和检测器有所变动，或在重要部件更换之后，都可能使波长刻度盘上的读数与从单色器出射狭缝射出的真实波长发生偏差，因此要进行波长校正。校正的方法是用汞灯的标准谱线对单色器的波长进行校正。

（二）灵敏度的校正

荧光分光光度计的灵敏度与下列三个方面有关。第一，与仪器的光源强度、稳定度、单色器的性能、光电倍增管的特性有关；第二，与选用的波长及狭缝宽度有关；第三，与空白溶剂的拉曼光、所选择的激发光及杂质荧光等有关。

由于影响仪器灵敏度的因素较多，对于单光束荧光计来说，同一台仪器在不同时间测同一样品溶液，所测得的结果也不尽相同。因此在每次测定前都必须进行校正。方法是在实验条件下，先用一稳定的荧光物质，配成浓度一致的标准溶液，以它为标准将仪器调节到相同的数值（如 50%或 100%），然后测定样品。最常用的标准溶液是 1μg/mL 的硫酸奎宁溶液（0.05mol/L H_2SO_4 为溶剂），将此溶液进行稀释后用于校准仪器。若被测物质所产生的荧光很稳定，则可用自身作为标准溶液。

（三）激发光谱和荧光光谱的校正

用无自动校正光谱功能的荧光分光光度计所测得的激发光谱和荧光光谱，往往是不真实的，所以称为表观光谱。其原因有激发光源发光强度随波长而变，单色器对各波长光透过率不同，检测器对各波长光灵敏度不同，散射光的影响，狭缝宽度较大等，这些因素可予以消除或校正。在定量分析中光谱是否校正并不重要，但在某些情况下，如用荧光法鉴别化合物，荧光量子的产率计算等，则要求采用校正光谱。激光光谱多采用光量子计法，即把不同波长的激发光量子转化为成正比例的荧光信号，然后用 PMT 检测。发射光谱采用散射光法校正，速度快且较为可靠。

第四节　定性与定量

一、定性分析

荧光物质的特征光谱包括激发光谱和荧光光谱两种，因此对鉴定物质有更强的可靠性。通常用纯品作为对照测定或光谱数据［$\lambda_{ex(max)}$ 和 $\lambda_{em(max)}$］进行定性。目前，有人已经编制出对荧光化合物进行定性分析的计算机程序，它可将被分析物质的荧光与 1000 个荧光化合物的光谱

进行比较。但应注意，在用荧光法定性鉴别时，应用物质的校正光谱。

二、定量分析

（一）荧光强度与浓度的关系

荧光是物质吸收光能之后发射出的波长更长的辐射，因此，溶液的荧光强度与该溶液的吸光程度及溶液中荧光物质的荧光效率有关。当溶液中的荧光物质被入射光（I_0）激发后，可以在溶液的各个方向观察到荧光强度（F），但由于激发光一部分被透过，故在透射光的方向观察荧光是不适宜的。一般是在与透射光（I_t）垂直的方向观测，如图4-8所示。溶液中荧光物质的浓度为C，液层厚度为l。荧光强度读数值F正比于被荧光物质吸收的光的强度，即：

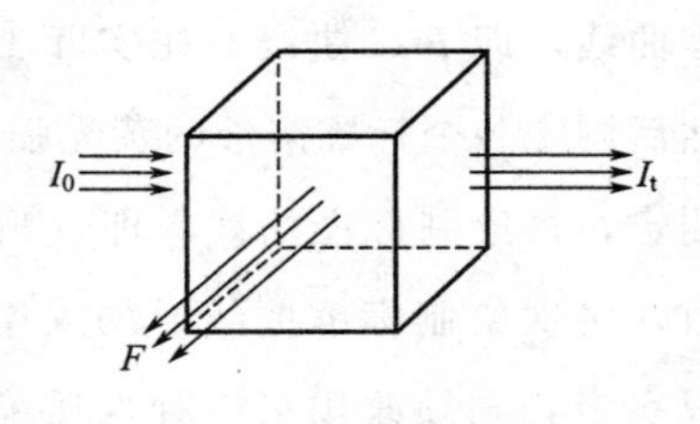

图4-8　溶液的荧光

$$F=K'\phi_f(I_0-I_t)=K'\phi_f I_0(1-T) \tag{4-3}$$

K'为仪器常数，取决于检测系统的灵敏度等。根据Beer定律，将透光率代入式（4-3）得：

$$F=K'\phi_f I_0(1-e^{-2.3ECl}) \tag{4-4}$$

将式（4-4）展开，得：

$$F=K'\phi_f I_0\left\{1-\left[1+\frac{(-2.3ECl)^1}{1!}+\frac{(-2.3ECl)^2}{2!}+\frac{(-2.3ECl)^3}{3!}+\cdots\cdots\right]\right\}$$

$$=K'\phi_f I_0\left[\frac{2.3ECl}{1!}-\frac{(-2.3ECl)^2}{2!}+\frac{(-2.3ECl)^3}{3!}+\cdots\cdots\right] \tag{4-5}$$

若浓度C很小，ECl值也很小，当$ECl\leqslant 0.05$时，式中第二项以后的各项可以忽略，则：

$$F=2.3K'\phi_f I_0 ECl=KC \tag{4-6}$$

所以，在浓度低时，溶液的荧光强度与荧光物质的浓度呈线性关系，此系荧光法定量分析的依据。

当$ECl=0.05$时，按式（4-6）计算F的相对误差$\Delta F/F(\%)=(1-e^{-2.3ECl}-2.3ECl)/(1-e^{-2.3ECl})\times 100\%\approx -6\%$，可见随着$C$的增加，$F$-$C$曲线向下弯曲。

由式（4-6）可以看出，提高测定的荧光强度信号（灵敏度）可从四方面考虑：内因有E和ϕ_f，外因有K'和I_0，即：①提高荧光计检测系统的灵敏度（即改进光电倍增管和放大系统）或增加单色器的狭缝宽度（K'大）；②增强激发光的强度（I_0大），例如使用激光光源可使灵敏度提高好几个数量级；③选择吸收光强、荧光效率高的分子结构和外界环境（E和ϕ_f大）；④选择$\lambda_{ex(max)}$和$\lambda_{em(max)}$作为测定波长（E和ϕ_f均最大）。①和②两条是提高荧光法灵敏度的主要措施，而对于紫外-可见光光度法则无效，这正是荧光法灵敏度高的原因之所在，③则体现了发生荧光的物质应具备的两个条件。

在紫外-可见光光度法中，测量的是透光率（$T=I_t/I_0$）或吸光度（$A=-\lg T$），即透过光与入射光强度的比值（I_t/I_0）。当浓度很低时，增强入射光的强度，透过光强度随之增大；放大入射光强信号，透过光强信号也随之增大，因此都使I_t/I_0不变，对提高检测灵敏度均不起作用。所以紫外分光光度法的灵敏度比荧光法低得多。

NOTE

（二）定量分析方法

1. 标准曲线法　荧光分析一般采用标准曲线法（校正曲线法），在绘制标准曲线时，常采用标准溶液系列中某一溶液作为基准，先将空白溶液的荧光强度调至0，再将该标准溶液的荧光强度调至100%或50%，然后测定系列中其他各个标准溶液的荧光强度F，再绘制标准曲线，即F-C曲线。在实际工作中，当仪器调零之后，先测定空白溶液的荧光强度F_0，然后测定各个标准溶液的荧光强度F，得$F-F_0$，就是标准溶液本身的荧光强度。通过这样测定，再绘制标准曲线，即（$F-F_0$）-C曲线。为了使不同时间绘制的标准曲线能前后一致，每次绘制标准曲线时均采用同一标准溶液进行校正。如果试样溶液在紫外光照射下不很稳定，则须改用另一种性质稳定，而且所发生的荧光和试样溶液的荧光相近似的标准溶液作为基准。如测定维生素B_1时，采用硫酸奎宁的0.05mol/L H_2SO_4溶液作为基准（适用于蓝色荧光），若为黄绿色荧光可用荧光素钠的水溶液，红色荧光可用罗丹明B水溶液为基准。

2. 比例法　如果标准曲线通过零点，可用比例法进行测定。配制一标准溶液，使其浓度在线性范围内，测定荧光强度F_S，然后在同样条件下测定试样溶液的荧光强度F_X。由标准溶液的浓度C_S和两种溶液的荧光强度比，求得试样中荧光物质的浓度C_X或含量。在空白溶液的荧光强度为零或不为零（试样溶液空白和标准溶液空白相同时，$F_0=F_{S_0}=F_{X_0}>0$）时，按下式计算。

$$\frac{F_X}{F_S}=\frac{C_X}{C_S} \quad 和 \quad \frac{F_X-F_{X_0}}{F_S-F_{S_0}}=\frac{C_X}{C_S} \tag{4-7}$$

$$即 \quad C_X=\frac{F_X}{F_S}C_S \quad 和 \quad C_X=\frac{F_X-F_{X_0}}{F_S-F_{S_0}}C_S \tag{4-8}$$

例如，《中国药典》采用荧光法测定利血平片含量。利血平分子结构中的三甲氧基苯甲酰结构被氧化后产生的物质具有较高的荧光效率。测定时，分别精密量取对照品溶液与供试品溶液，置具塞试管中，加五氧化二钒试液，激烈振摇后，在30℃放置1小时使其氧化，取出，在激发光波长400nm、发射光波长500nm处测定荧光强度，按式（4-8）计算，即得。

第五节　应　用

一、无机化合物和有机化合物的荧光分析

无机化合物本身能产生荧光并用于测定的数量不多，但与有机试剂形成配合物后进行荧光分析的元素已达到六十余种，其中铍、铝、硼、镓、硒、镁及某些稀土元素常采用荧光法进行分析。

采用荧光熄灭法进行间接荧光法测定的元素有氟、硫、铁、钴、镍等。铜、铍、铁、钴、锇及过氧化氢，可采用催化荧光法进行测定。铬、铌、铀、碲等元素可在液氮温度（−196℃），用低温磷光法进行分析。

NOTE

脂肪族有机化合物分子结构较为简单，本身能产生荧光的很少，只有与其他有机试剂作用

后才可产生荧光。

芳香族化合物具有不饱和共轭体系，多能产生荧光。此外如胺类、甾体类、蛋白质、酶和辅酶、氨基酸、维生素类、抗生素等均可用荧光法进行分析。

二、荧光分析法在中药研究中的应用

荧光分析法最大的优点是灵敏度高、选择性好，这对于测定中药中某些微量成分来说极为有利。测定方法有直接测定法和间接测定法等。

（一）直接测定法

中草药中有许多成分本身具有荧光，可以用荧光法直接测定。如人血清样和尿样中芦荟大黄素的测定。中草药中所含成分复杂，大多都需经适当的提取和分离后，再进行荧光法测定。如白芷中茛菪亭、伞花内酯的含量测定。白芷中所含香豆素类（包括茛菪亭、伞花内酯等）的紫外吸收光谱及荧光颜色极为相似，故需先进行色谱分离后，再进行荧光测定。取白芷提取液，用三种展开剂经纸色谱分离后，荧光斑点用甲醇洗脱，洗脱液分别在甲醇、0.05mol/L硫酸溶液、碳酸盐-碳酸氢盐缓冲液（pH10）中测定其荧光强度，操作条件如下表。测得荧光强度用标准曲线法计算样品含量。

名　称	R_f			Ⅰ λ_{max}（nm）		Ⅱ λ_{max}（nm）		Ⅲ λ_{max}（nm）	
	A*	B*	C*	λ_{ex}	λ_{em}	λ_{ex}	λ_{em}	λ_{ex}	λ_{em}
茛菪亭	0.52	0.55	0.42	350	420	350	430	390	460
伞花内酯	0.62	0.66	0.54	330	440	325	470	370	450

*　展开剂：A. 水　B. 10%醋酸溶液　C. 10%正丁醇水溶液。

（二）间接测定法

对于有些物质，它们本身不发荧光，或者荧光量子产率很低无法直接测定，这时可采用间接测定法。间接测定法很多，现就几种测定方法简单介绍如下。

1. 荧光衍生物法　不具荧光或荧光很弱的物质，可选择合适的试剂，使其生成具有特异荧光的衍生物，这样可以扩大荧光分析的范围。例如包公藤甲素的荧光分析，从包公藤茎中提取的包公藤甲素（2β-羟基-6β-乙酰氧基去甲茛菪烷）是具有仲胺基结构的生物碱，可与5-二甲氨基-萘磺酰氯（Dansyl-Cl）进行反应，生成具有特异荧光的Dansyl-生物碱。其 $\lambda_{ex(max)}=350nm$，$\lambda_{em(max)}=500nm$，用标准曲线法进行定量。

2. 化学引导荧光法　利用化学方法使一些自身不能产生荧光的化合物转变为荧光化合物。常用的化学方法有氧化还原反应、水解反应、缩合反应、配合反应和光化学反应。例如番泻苷的含量测定。番泻苷不具荧光，但是在硼砂溶液中，可被连二亚硫酸钠还原为荧光配合物，其 $\lambda_{ex(max)}=410nm$，$\lambda_{em(max)}=510nm$，在pH6.6～9.6的溶液中荧光可稳定150分钟以上。

3. 荧光熄灭法　利用某些物质可使荧光物质的荧光熄灭的性质，间接地测出其含量。例如苦杏仁苷的测定。苦杏仁苷在苦杏仁酶或矿酸的作用下水解生成苯甲醛、葡萄糖和HCN。在pH6～10范围内，钙黄绿素能发射出很强的荧光，当遇到 Cu^{2+} 时，则因生成钙黄绿素-铜（Ⅱ）配合物而使荧光熄灭，但是溶液中的 CN^- 能从钙黄绿素-铜（Ⅱ）配合物中夺取 Cu^{2+}，

生成更稳定的$Cu(CN)_4^{2-}$（无荧光），使钙黄绿素游离出来，重新发射荧光，从而可间接地测出苦杏仁苷的含量。

4. 胶束增敏荧光分析法 利用表面活性剂（如十二烷基硫酸钠）的胶束溶液能使荧光物质增溶、增敏及增稳的特点，将弱荧光、荧光不稳定及溶解度小的物质溶解在表面活性剂的胶束溶液中，再进行荧光测定以提高灵敏性和稳定性。例如淫羊藿苷的测定。淫羊藿苷的荧光强度低，可选用阴离子表面活性剂十二烷基磺酸钠进行增敏作用，使淫羊藿苷溶液的相对荧光强度增加4.5倍，检测下限可达2×10^{-9} mol/L，线性范围为$2\times10^{-8}\sim8\times10^{-5}$ mol/L。

三、荧光分析新技术

随着仪器分析的不断发展，各种测试仪器的日臻完善，荧光分析法也由原来的经典分析逐步向各种新技术发展，使其分析的灵敏度和选择性得到进一步提高。这些新技术有同步荧光分析法、时间分辨荧光免疫分析法、激光荧光分析法、三维荧光分析法等。下面将对这些新技术做些简介。

1. 同步荧光分析法 同步荧光分析（synchronous fluorometry）按光谱扫描方式的不同可分为恒波长法、恒能量法、可变角法和恒基体荧光分析法等，恒波长同步荧光分析法最为常用。同步荧光分析具有谱图简化、灵敏度高、选择性高、光散射干扰减少等特点，是对多组分荧光物质同时测定的方法之一。

恒波长同步荧光分析是在荧光物质的激发光谱和荧光光谱中选择一适宜的波长差值$\Delta\lambda$[通常选用$\lambda_{ex(max)}$与$\lambda_{em(max)}$之差]，同时扫描荧光发射波长和激发波长，由测得的荧光强度信号与对应的激发波长（或发射波长）构成光谱图。

同步扫描中若$\Delta\lambda$的波数相当或大于斯托克斯位移，能获得尖而窄的同步荧光峰。荧光物质浓度C与同步荧光峰峰高呈线性关系，故可用于定量分析。同步荧光光谱的信号F_{sp}（λ_{em}，λ_{ex}）与激发光信号F_{ex}及荧光光谱信号F_{em}间的关系为：

$$F_{sp}(\lambda_{em},\lambda_{ex})=K\cdot C\cdot F_{ex}\cdot F_{em} \tag{4-9}$$

式中，K为常数。

由上式可知，当物质浓度C一定时，同步荧光信号与所用的激发波长信号及发射波长信号的乘积成正比，具有较高的灵敏度。

同步荧光法可应用于药物、临床、生化、化工分析及环境等学科的定性、定量分析。同步荧光法常用于药物分析和蛋白质及氨基酸测定。如用同步荧光法分析中药活性成分新乌头碱与牛血清白蛋白相互作用研究（图4-9），随着溶液中新乌头碱浓度的增加，牛血清白蛋白的同步荧光逐渐减弱。同步荧光法还可对血清过氧化脂质、脂质过氧化物、超氧化物歧化酶进行分析，以及食品中维生素B_1、B_2和B_6，维生素E含量测定等。环境监测中多环芳烃定性和定量分析也可选用该法。

NOTE

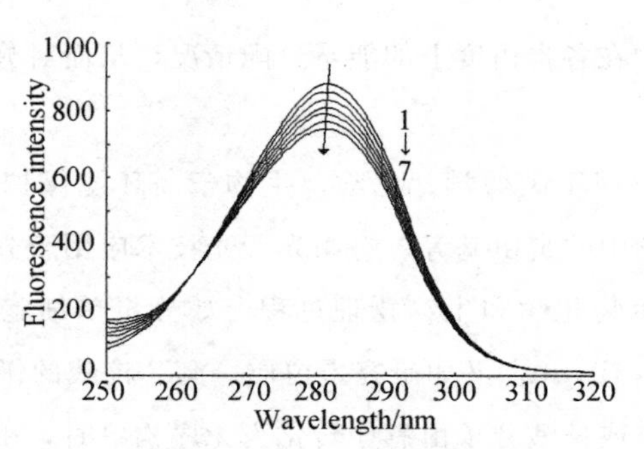

图 4-9　新乌头碱与牛血清白蛋白作用的同步荧光光谱（Δλ＝60nm）

2. 时间分辨荧光免疫分析法　时间分辨荧光免疫分析技术（TRFIA）是 20 世纪 80 年代以来新发展起来的一种新型分析技术，与其他免疫分析技术相比，有其独特的优点。它克服了放射免疫分析法（RIA）中放射性同位素带来的污染问题；克服了酶免疫分析法（EIA）中酶不稳定的缺点。

在通常的荧光测定中，测试样品中含有荧光成分种类多，背景荧光强度大、干扰强。而 TRFIA 利用了镧系离子螯合物的荧光衰变时间极长，是传统荧光的 10^3～10^6 倍；激发光与发射光的之间的 Stokes 位移大，可达 290nm。这样就几乎完全消除了背景荧光的干扰，继而通过时间延迟和波长分辨，和背景荧光分开，使干扰几乎为零，使其灵敏度比普通荧光法高出几个数量级。时间分辨荧光分析法包括有解离增强、固相荧光、直接荧光、协同荧光、均相荧光等测量方法。

时间分辨荧光免疫分析的原理就是使用长寿命的稀土离子（如 Eu^{3+}、Tb^{3+}、Sm^{3+}、Dy^{3+}）螯合物作为标记物，与抗原形成稀土离子-螯合剂-抗原螯合物，超短脉冲激发光激发样品。当标记抗原、抗体、蛋白质等，形成免疫复合物时，由于免疫复合物中抗原抗体结合部分就含有稀土离子，利用时间分辨荧光分析仪即可测定复合物的荧光强度，根据产物荧光强度和相对荧光强度的比值，判断反应体系中分析物的浓度，从而达到定量分析。正常情况下，免疫复合物中的稀土离子自身荧光信号较弱，加入增强液可提高检测灵敏度。如 DELFIA 系统，若加入一种酸性增强液，稀土离子从免疫复合物中解离出来，与增强液中的 β-二酮体、三辛基氧化膦、TritonX-100 等成分形成微囊。后者被激发光激发后，则稀土离子可以发出强烈的荧光，使原来的荧光强度增强将近 100 万倍。

时间分辨荧光免疫分析可用来检测生物活性物质，特别是在生物样品免疫分析中，显示出它的独特优点。在内分泌激素的检测、肿瘤标志物的检测、抗体检测、病毒抗原分析、药物代谢分析以及各种体内或外源性超微量物质的分析中，应用越来越普遍。近年来，已将这项技术应用于核酸探针分析和细胞活性分析、生物大分子分析，发展十分迅速。

3. 激光荧光分析法　激光荧光分析法（laser fluorometry）是一种以波长更纯、强度更大的激光作为激发光源，因此能极大地改善和提高荧光分析的灵敏度、抗干扰能力和分析的选择性，具有测量灵敏度高，样品用量少的特点。

应用可调谐激光荧光技术能够研究毫微秒乃至微微秒的光谱及跃迁过程。由于荧光寿命与受激分子的性质、所处能态、分子碰撞等因素有关，因此研究受激分子的荧光寿命，测量荧光随时间的衰减，可以获得分子内和分子间的许多信息，如某些基团的距离、基团间的能量转移、分子的构象变化以及分子间的相互作用等等。近年来，激光荧光和分子束技术结合起来，

NOTE

成功地探测化学反应中产物在各自由度上的能量分配情况，从而对分子动态学和化学反应中各微观过程能有较多的认知。

激光荧光分析法广泛应用于医药学、化学、生物学、环境保护等领域，可以测定生化样品、气体样品及有机化合物中的自由基等。将激光荧光技术应用于分子生物学，可以在细胞或单分子的水平上研究各种生物化学和生物物理过程。如分析单细胞核内元素时，最小可测到10^{-16}～10^{-14}g，所需溶液小于1μL。又如研究蛋白质、酶、核酸的微观结构及其与功能的关系等基本问题，当一个蛋白质或核酸分子由有序转化为无序构象时，用激光荧光进行动力学分析有助于了解这些转化的机理。激光荧光法也可以对药品、食品中维生素A、维生素B等待测物进行检测，比普通荧光法的检出限约降低两个数量级。

4. 三维荧光分析法　三维荧光分析法（three-dimensional fluorescence spectrometry）是在近几十年发展起来的一种新的荧光技术。其主要特点在于它能获得激发光波长与荧光波长同时变化时的荧光强度信息。

普通荧光分析所获得的光谱是二维谱图，包括固定激发光波长而扫描发射（荧光测定）波长所获得的发射光谱，或固定发射光波长而扫描激发光波长所获得的激发光谱。但是，实际上荧光强度应是激发和发射这两个波长的变量的函数。描述荧光强度同时随激发波长和发射波长变化的关系图谱，即为三维荧光光谱。从化合物的三维荧光光谱的图像上，可以确定同步扫描时所应选择的合理Δλ值和可变角。

三维荧光光谱的图像表示形式有两种：等角三维投影图和等高线光谱图。

等角三维投影图是一种直观的三维立体投影图，空间坐标x、y、z轴分别表示发射波长、激发波长和荧光强度。作图时，y轴的激发波长从小到大，则得到正面观察的投影图；如y轴的激发波长从大到小，则得到背面观察的投影图。

等高线光谱图是以平面坐标的横轴表示发射波长，纵轴表示激发波长，平面上的点表示由两个波长所决定的荧光强度。将荧光强度相等的各点连接起来，便在λ_{em}-λ_{ex}构成的平面上显示了一系列等强度线组成的等高线光谱。用等角三维投影图表示能比较直观地从图谱上观察到荧光峰的位置和高度以及荧光光谱的某些特征，但不容易提供任何激发-发射波长对应的荧光强度信息。等高线光谱图容易体现与普通的激发光谱、发射光谱以及同步光谱的关系。

复杂体系的总荧光需由激发波长、发射波长和荧光强度等三个参数来表征。可用矩阵表示三维荧光光谱的数学表示形式（EEM），矩阵的行序表示发射波长，矩阵的列序表示激发波长，矩阵元表示荧光强度。

单一组分体系的EEM表示形式为M，有：

$$M=\alpha\cdot x\cdot y \tag{4-10}$$

式中，α为与波长无关而与浓度有关的系数，矢量x和y分别代表荧光发射光谱和激发光谱。单一组分体系的EEM之所以能用这种形式表示，是基于发射光谱的相对形状与激发波长无关，以及激发光谱的相对形状与发射（测定）波长无关的事实。

对于含n种组分的荧光体系，其EEM形式表示为：

NOTE

$$M=\sum_{k=1}^{n}\alpha^k x^k y^k \tag{4-11}$$

这种表示形式意味着，只要吸光度足够低且组分间不发生能量转移，所观察到的体系的荧光是单个组分荧光强度的线性和。

由于三维荧光光谱反映了发光强度随激发波长和发射波长变化的情况，因而能提供比常规荧光光谱和同步荧光光谱更完整的光谱信息，可作为一种很有价值的光谱指纹技术。这种技术已广泛应用于医药环保、司法鉴定、临床诊断及细菌的鉴别等方面。

中药活性成分芦丁与溶菌酶相互作用研究表明，加入芦丁后，溶菌酶的三维荧光光谱发生改变（图 4-10）。图 4-10 中 peak1 为瑞利峰，加入芦丁后，溶菌酶的 peak1 较加入前略微降低，说明溶菌酶分子体积减小，光散射程度有所降低；peak2 和 peak3 强度显著降低，Stokes 位移产生变化。等高线图的疏密程度和中心位置也有明显差异，说明芦丁对溶菌酶的荧光影响较大，使溶菌酶发生变构，从而对其活性产生一定影响。

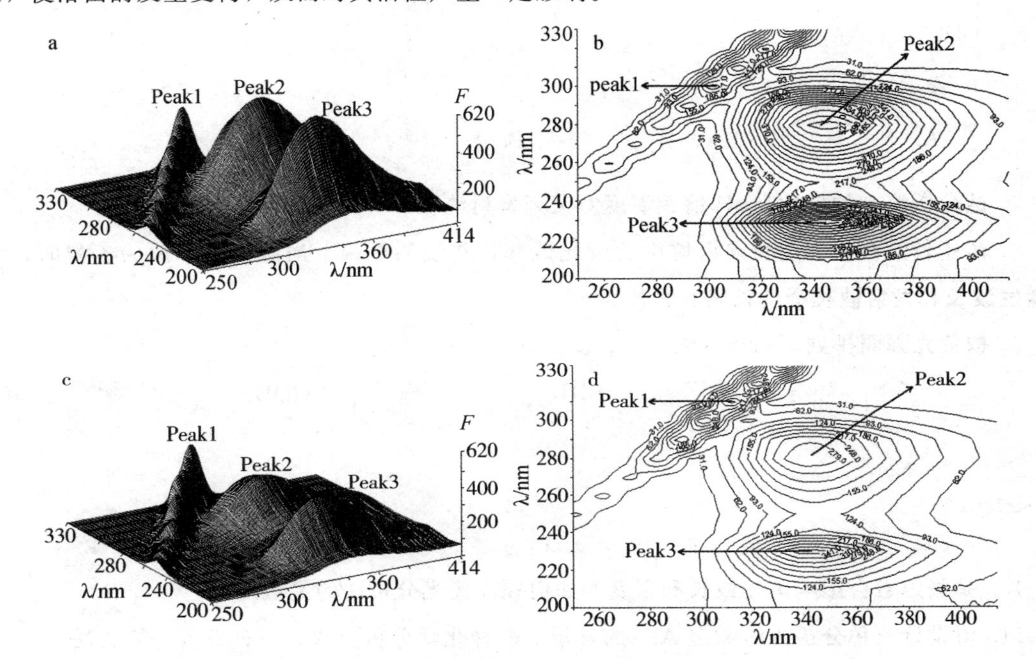

图 4-10　溶菌酶和芦丁-溶菌酶体系三维光谱图

（a、b 为溶菌酶图；c、d 为芦丁-溶菌酶图）

在临床诊断方面，患者血液的三维荧光光谱，在近紫外和可见光区与健康者血液的三维荧光光谱存在显著的偏离，以此可以确定病情。例如黄疸病人血液的三维荧光光谱中，胆红素的荧光峰特别强，以致覆盖了其他荧光组分的峰。

利用三维荧光光谱也可对多组分混合物进行定性和定量分析。光谱对照和图谱识别技术，已成为多组分定性分析日益重要的手段。三维荧光分析法采用三个评估参数，对未知物的 EEM 谱图与标准光谱库加以比较，达到定性的目的，以区分结构和光谱相似的化合物。三维荧光分析法利用 EEM 模式，应用某些数学方法来分辨重叠的光谱，能获得混合物体系中某些已知组分的定量信息而不受其他组分干扰，可以从中同时计算出几种已知组分的浓度，进行定量分析。

习　题

1. 如何区别荧光、磷光、瑞利光和拉曼光？如何减少散射光对荧光测定的干扰？

NOTE

2. 若一种化合物能发射荧光和磷光，则该化合物吸收光谱、荧光发射光谱、磷光发射光谱最大波长的顺序如何？为什么？

3. 为什么发射磷光的时间要比发射荧光的时间迟？

4. 为什么荧光发射光谱的形状与激发波长无关？

5. 何谓荧光效率？具有哪些分子结构的物质有较高的荧光效率？

6. 下列各组化合物或不同条件中，预期哪一种荧光产率高？为什么？

(1)

A. 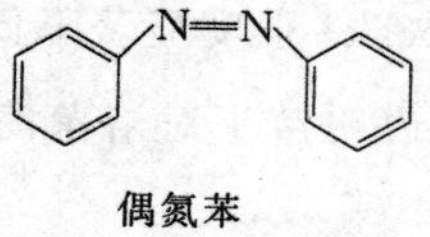 偶氮苯　　B. 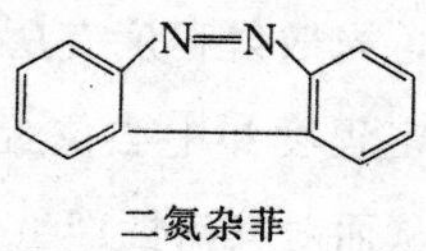 二氮杂菲

(2)

A. 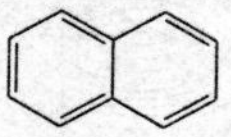　　B. 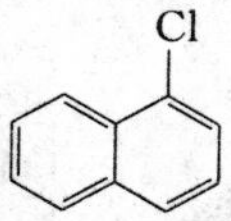 Cl

7. 试分析溶剂的极性、pH 值及温度对荧光发射波长和荧光强度的影响。

8. 试比较萘在氯丙烷和碘丙烷中的荧光效率，并说明原因。当溶剂由苯改为乙醚时，萘的激发波长和发射波长会变长吗？为什么？

9. 按荧光强弱排列下列化合物。

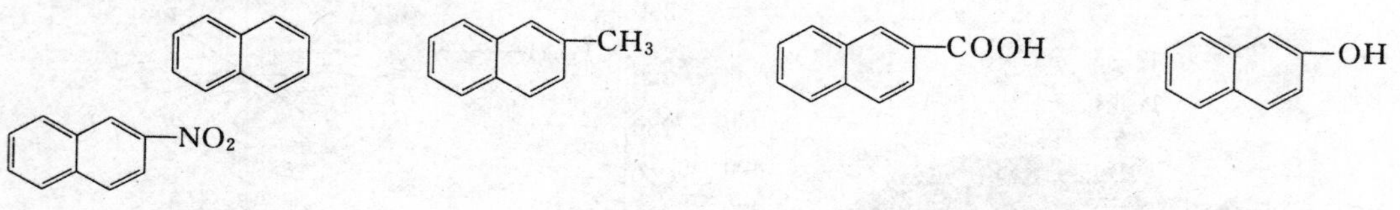

(A)　(B) CH_3　(C) COOH　(D) OH　(E) NO_2

10. 哪些因素会影响荧光波长和强度？如何提高荧光分析法的灵敏度？

11. 请设计三种分析方法测定 Al^{3+} 的含量（两种化学分析方法，一种仪器分析方法）。

12. 如果某种荧光物质溶液的吸光度是 0.035，计算荧光强度 F 与浓度 C 的定量关系式的括号中第二项与第一项之比，以此说明对定量分析的意义。

13. 谷物制品中维生素 B_2 的测定：1.00g 谷物制品试样，用酸处理后分离出维生素 B_2 及少量无关杂质，加入少量 $KMnO_4$，将维生素 B_2 氧化，过量的 $KMnO_4$ 用 H_2O_2 除去。将此溶液移入 50mL 量瓶，稀释至刻度。吸取 25.0mL 放入样品池中以测定荧光强度（维生素 B_2 中常含有荧光杂质光化黄）。先将仪器用硫酸奎宁基准液调至刻度 100，测得氧化液的荧光读数为 6.0，加入少量连二亚硫酸钠（$Na_2S_2O_4$），使氧化态维生素 B_2（无荧光）重新转化为维生素 B_2，这时荧光读数为 55.0。在另一样品池中重新加入 24.0mL 被氧化的维生素 B_2 溶液，以及 1.00mL 维生素 B_2 标准溶液（0.500μg/mL），测得该溶液的读数为 92.0，计算谷物制品中维生素 B_2 的含量（μg/g）。

（0.568μg/g）

14. 用荧光法测定复方炔诺酮片中炔雌醇的含量时，取本品 20 片（每片含炔诺酮0.54～0.66mg，含炔雌醇 31.5～38.5μg），研细溶于无水乙醇中，稀释至 250mL，过滤，取滤液 5mL，稀释至 10mL，在激发光波长 285nm 处和发射波长 307nm 处，测定荧光读数。如炔雌醇

NOTE

对照品的乙醇溶液（1.4μg/mL）在同样条件下荧光读数为65，则合格品片的荧光读数应在什么范围之间？

（58.5～71.5）

15. 还原态的烟酰酸腺嘌呤双核苷酸（NADH）是一种荧光很强的重要辅酶。其$\lambda_{ex(max)}$=285nm，$\lambda_{em(max)}$=307nm。由标准NADH溶液得到下列荧光强度数据：

NADH的浓度（μmol/L）	0.100	0.200	0.300	0.400	0.500	0.600	0.700	0.800
荧光强度读数（F）	13.0	24.6	37.9	49.0	59.7	71.2	83.5	95.1

请建立一个校正曲线（作图法和回归直线方程法），并用以估计荧光强度为42.3的某未知溶液中NADH的浓度。

（0.34μmol/L）

NOTE

第五章 红外分光光度法

红外分光光度法（infrared spectrophotometry，IR）是以连续波长的红外光作为辐射源照射样品，记录样品吸收曲线的一种分析方法，又称红外吸收光谱法或红外光谱法。样品的红外吸收曲线就是红外吸收光谱，红外光区的波长范围为 0.76～500μm，位于可见光与微波之间。通常将红外光分为三个区段，这三个区段所包括的波长范围及能级跃迁类型如表 5-1，其中，中红外区域是研究、应用最广泛的区段，中红外吸收光谱是分子的振动-转动光谱，简称红外光谱（IR），可用于物质的定性、定量分析及分子结构的研究。因此本章侧重讨论中红外区段的吸收光谱。

表 5-1 红外光谱区分类

名　　称	波长（μm）	波数（cm^{-1}）	能级跃迁类型
近红外	0.76～2.5	13158～4000	O—H、N—H 及 C—H 键的倍频
中红外	2.5～25	4000～400	分子中原子的振动及分子的转动
远红外	25～500	400～20	分子转动、晶格振动

红外光谱的表示方法与紫外光谱的表示方法有所不同，多采用 T-$\bar{\nu}$（波数，单位 cm^{-1}）或 T-λ（波长，单位 μm）曲线描述，较少用 A-$\bar{\nu}$或 A-λ 曲线。

红外光谱与紫外光谱都属于分子光谱，红外光谱由分子的振动及转动能级的跃迁引起，又称为振-转光谱；而紫外光谱由分子的外层电子的能级跃迁引起，属于电子光谱。

红外光谱的特征性比紫外光谱强，红外吸收光谱主要用于定性鉴别和结构分析。紫外光谱法主要用于定量分析。

第一节 基本原理

一、振动-转动光谱

分子受到中红外光照射后，产生振动能级跃迁，同时伴随转动能级的跃迁，因此，红外光谱一般称为振-转光谱（vibrational-rotational spectrum）。一个分子中的原子，在其平衡位置附近作周期性的振动，由于分子与外来辐射能的相互作用，它的振动能可作量子化的改变，现以双原子分子为例讨论如下。

（一）谐振子与位能曲线

NOTE

若把双原子分子的两个原子看作两个刚性小球，把其间的化学键看成是质量可忽略不计的弹簧，则两个原子间的伸缩振动可以近似地看成是沿着键轴方向的简谐振动，如图 5-1。

在振动过程中分子的总能量为：

$$E_{振}=U+T \tag{5-1}$$

式中，T 为动能；U 为位能。

当分子振动处于平衡位置时，$U=0$，此时 $E_{振}=T$。当分子振动处于最大值，A、B 两原子距离平衡位置最远时，振幅最大，$T=0$，$E_{振}=U$。

若把双原子分子近似地看成是谐振子，则双原子分子的位能为：

$$U=\frac{1}{2}K(r-r_e)^2 \tag{5-2}$$

式中，K 为化学键力常数；r 为原子间距离；r_e 为原子平衡距离。当 $r=r_e$ 时，$U=0$，在 $r\neq r_e$ 时，$U>0$。

根据经典力学理论，体系的位能是核间距离的函数，若以位能与位移作图，则谐振子的位能曲线（图 5-2 虚线部分）呈抛物线形。

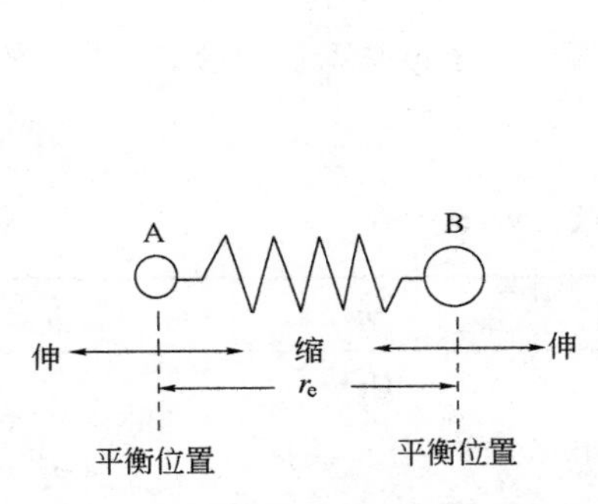

图 5-1　谐振子振动示意图

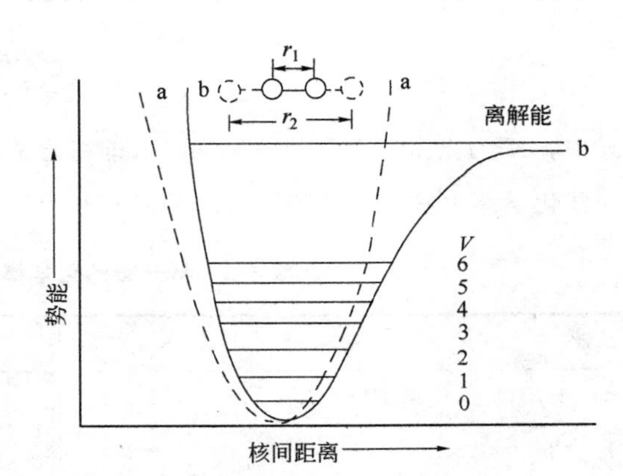

图 5-2　双原子分子位能曲线

事实上双原子分子并非理想的谐振子，其位能曲线也不是数学的抛物线（图 5-2 实线部分）。位能是原子间距离的函数，振动时振幅加大，振动能也相应增加，随着振动量子数的增加，位能曲线的能级间隔则越来越小。分子的实际位能随着核间距离的增大而增大，当核间距离增大到一定数值后，分子之间的引力不复存在，此时分子便解离。因此，双原子分子的位能曲线不同于谐振子位能曲线。但在常温下，分子处于最低的振动能级，此时，分子振动与谐振动模型非常近似（仅当振动量子数 $V>3$ 或 4 时，位能曲线才显著偏离谐振动曲线）。通常，红外光谱主要讨论从基态跃迁到第一激发态（$V_0\rightarrow V_1$）或第二激发态（$V_0\rightarrow V_2$）引起的吸收。因此，可以用谐振动规律近似地讨论分子振动。

（二）振动能与振动频率

根据量子力学，振动能为：

$$E_{振}=\left(V+\frac{1}{2}\right)h\nu \tag{5-3}$$

式中，ν 为分子振动频率；V 为振动量子数（0，1，2，3，…，n）。

当分子吸收红外辐射能后，便由基态跃迁至激发态，此时振幅加大，振动能增加。

$$\Delta E_{振}=\left(V_2+\frac{1}{2}\right)h\nu-\left(V_1+\frac{1}{2}\right)h\nu=\Delta V\cdot h\nu \tag{5-4}$$

因此，分子振动能级跃迁的必要条件之一是

$$\nu_L=\Delta V\nu \tag{5-5}$$

即当辐射能的能量等于分子的两个振动能级能量之差时，分子便吸收该辐射能的能量，使振动能级发生跃迁。

当 $\Delta V=1(V_0\rightarrow V_1)$ 时，则：

$$\nu_L=\nu \tag{5-6}$$

此式表示基频峰峰位，即分子吸收某一频率的红外光后，由基态（$V=0$）跃迁到第一激发态（$V=1$）时所产生的吸收峰。基频峰的峰位（ν_L）等同于分子的基本振动频率（ν）。

把由化学键连接的两个原子近似地看成谐振子，谐振子的振动服从 Hooke 定律，即分子中每个谐振子的振动频率（ν）可用简谐振动公式计算。

$$\nu=\frac{1}{2\pi}\sqrt{\frac{K}{\mu}} \tag{5-7}$$

式中，K 为化学键力常数（N/cm），即将化学键两端的原子由平衡位置拉长 1Å 后的恢复力。一些化学键力常数的具体数值列于表 5-2。

表 5-2　某些键的化学键力常数（N/cm）

键	分　子	K	键	分　子	K
H—F	HF	9.7	H—C	$CH_2=CH_2$	5.1
H—Cl	HCl	4.8	H—C	$CH\equiv CH$	5.9
H—Br	HBr	4.1	C—Cl	CH_3Cl	3.4
H—I	HI	3.2	C—C		4.5～5.6
H—O	H_2O	7.8	C═C		9.5～9.9
H－O	游离	7.12	C≡C		15～17
H—S	H_2S	4.3	C—O		5.0～5.8
H—N	NH_3	6.5	C═O		12～13
H—C	CH_3X	4.7～5.0	C≡N		16～18

化学键力常数增加，表明化学键的强度增大，振动频率加大。μ 为化学键两端原子 A 和 B 的折合质量，$\mu=\dfrac{m_A\times m_B}{m_A+m_B}$，原子的质量增大时，振动频率降低。

若用波数 $\bar{\nu}$ 代替 ν，则：

$$\bar{\nu}=\frac{1}{2\pi C}\sqrt{\frac{K}{\mu}} \tag{5-8}$$

用原子 A、B 的折合原子量 μ' 代替 μ，因为 $\mu=\mu'/\mu6.023\times10^{23}$，将其代入公式（5-8）可改为

$$\bar{\nu}=1302\sqrt{\frac{K}{\mu'}} \qquad (5\text{-}9)$$

根据公式（5-9）可以计算出某些基团基本振动频率。

例 5-1　试计算下列各基团的基本振动频率

（1）ν_{C-C}：$K\approx5N/cm$　$\mu'=\frac{12\times12}{12+12}=6$　代入式（5-9）得 $\bar{\nu}=1302\sqrt{\frac{5}{6}}\approx1190cm^{-1}$

（2）$\nu_{C=C}$：$K\approx10N/cm$　$\mu'=6$　$\bar{\nu}\approx1680cm^{-1}$

（3）$\nu_{C\equiv C}$：$K\approx15N/cm$　$\mu'=6$　$\bar{\nu}\approx2060cm^{-1}$

（4）ν_{C-H}：$K\approx5N/cm$　$\mu'=1$　$\bar{\nu}\approx2910cm^{-1}$

计算说明：同类原子组成的化学键力常数越大，则基频峰的频率越大。不同原子组成的化学键，振动频率大小取决于键力常数和折合质量中影响较大的因素。

二、振动形式

分子中的化学键都能发生振动，各键的振动频率与化学键的性质及原子的质量有关。每一种振动能级的跃迁，都可能在红外吸收谱图上产生相应的吸收峰。讨论振动形式可以了解吸收峰的起源，即吸收峰是由什么振动形式所引起。讨论振动形式的数目与原子数目之间的关系，有助于了解可能出现的基频峰的数目。

（一）伸缩振动（ν）

伸缩振动（stretching vibration）是指原子间键长沿键轴方向发生周期性变化的一种振动。其振动频率主要取决于原子质量与化学键力常数。

1. 对称伸缩振动（ν_s）(symmetrical stretching vibration)　在振动过程中，二个化学键在同一平面内沿键轴运动的方向相同。

2. 不对称伸缩振动（ν_{as}）（asymmetrical stretching vibration）　在振动过程中，二个化学键在同一平面内沿键轴运动的方向相反，即一个沿键轴方向作伸展振动时，另一个则沿键轴方向作收缩振动。

（二）弯曲振动（δ）

弯曲振动（bending vibration）是指原子间键角发生周期性变化的一种振动，即原子垂直于价键方向的运动。

1. 面内弯曲振动（β）(in-plane bending vibration)　弯曲振动在几个原子所构成的平面内进行。按振动形式分为两种类型。

（1）剪式振动（δ_s）(scissoring vibration)：在振动过程中，键角的变化类似于剪刀“开”“闭”的振动。

（2）面内摇摆振动（ρ）（rocking vibration）：在振动过程中，基团的键角不改变，基团只是作为一个整体在平面内左右摇摆。

2. 面外弯曲振动（γ）　面外弯曲振动（out-of-plane bending vibration）在垂直于由几个原子所构成平面外进行。也可分为两种类型。

（1）面外摇摆振动（ω）(wagging vibration)：以基团为整体，垂直于几个原子所在平面前后摇摆。

（2）**蜷曲振动**（τ）（twisting vibration）：各原子在垂直于由几个原子所构成的平面作反向振动。

上述各种振动形式以 CH_2 为例表示如下：

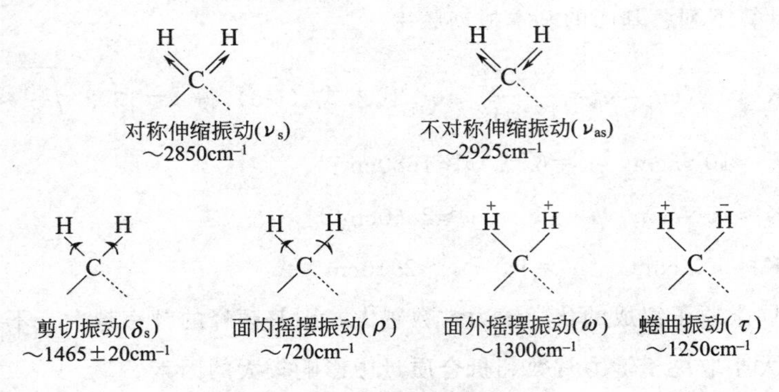

图 5-3　亚甲基的各种振动形式

＋表示向前方运动；－表示往后方运动

三、基频峰与泛频峰

化合物的红外光谱有许多吸收峰，根据吸收峰的频率与基本振动频率的关系，可将其分为基频峰与泛频峰。

（一）基频峰

基频峰（fundamental band）是分子吸收某一频率的红外光后，振动能级由基态（$V=0$）跃迁到第一激发态（$V=1$）时产生的吸收峰。基频峰的频率即为基本振动频率，对于多原子分子，基频峰频率为分子中某种基团的基本振动频率。基频峰数目与分子的基本振动数有关，但往往小于基本振动数。由于基频峰的强度一般较大，因而是红外光谱上最重要的一类吸收峰。

（二）泛频峰

当分子吸收某一频率的红外光后，振动能级由基态（$V=0$）跃迁到第二激发态（$V=2$）或第三激发态（$V=3$）…所产生的吸收峰称为倍频峰（overtone band）。若由基态跃迁至第二激发态，所吸收红外光频率约相当于基本振动频率的两倍（$\nu_L=2\nu$），产生的吸收峰称为二倍频峰，其余类推。

除倍频峰外，尚有组频峰（combination band），包括合频峰 $\nu_1+\nu_2$、$2\nu_1+\nu_2$…和差频峰$\nu_1-\nu_2$、$2\nu_1-\nu_2$…倍频峰、合频峰及差频峰统称为泛频峰。泛频峰由于跃迁几率较小，多为弱峰，一般在谱图上不易辨认。泛频峰的存在，使光谱变得复杂，但增加了光谱的特征性。如取代苯的泛频峰出现在 2000～1667cm^{-1}区域，主要由苯环上碳氢键面外弯曲振动的倍频峰所构成，可用于鉴别苯环上取代基的数目与位置。它的峰形与取代基的关系如图 5-19。

四、特征峰与相关峰

NOTE

红外光谱上，根据吸收峰与基团之间的关系可将其分为特征峰与相关峰。

（一）特征峰

凡是能鉴定某官能团存在，又容易辨认的吸收峰称为特征峰（characteristic peak），其所在的位置称为特征频率。人们对吸收带的认识，往往是通过对比大量谱图，从中总结出一些基团的特征吸收。例如：由正十一烷、正十一腈及正十一烯-1 的红外光谱图的对比，识别—C≡N 峰及—CH ═CH_2 峰。对比正十一烷和正十一腈的红外光谱图，很容易发现后者在 2247cm^{-1}处有一吸收峰，其他谱带基本一致，而二者的分子结构仅差一腈基，由此可以认为 2247cm^{-1}吸收峰是由—C≡N 的伸缩振动引起的基频峰，该吸收峰可作为鉴定—C≡N 基团是否存在的特征峰。再比较正十一烷及正十一烯-1 的谱图（图 5-4），可发现后者的谱图上多了四个吸收峰，对比类似的谱图可知 3090cm^{-1}为 $\nu_{as(=CH_2)}$ 的特征峰，1639cm^{-1}为 $\nu_{C=C}$ 的特征峰，990cm^{-1}为 $\gamma_{=CH}$ 的特征峰，909cm^{-1}为 $\gamma_{=CH_2}$ 的特征峰。

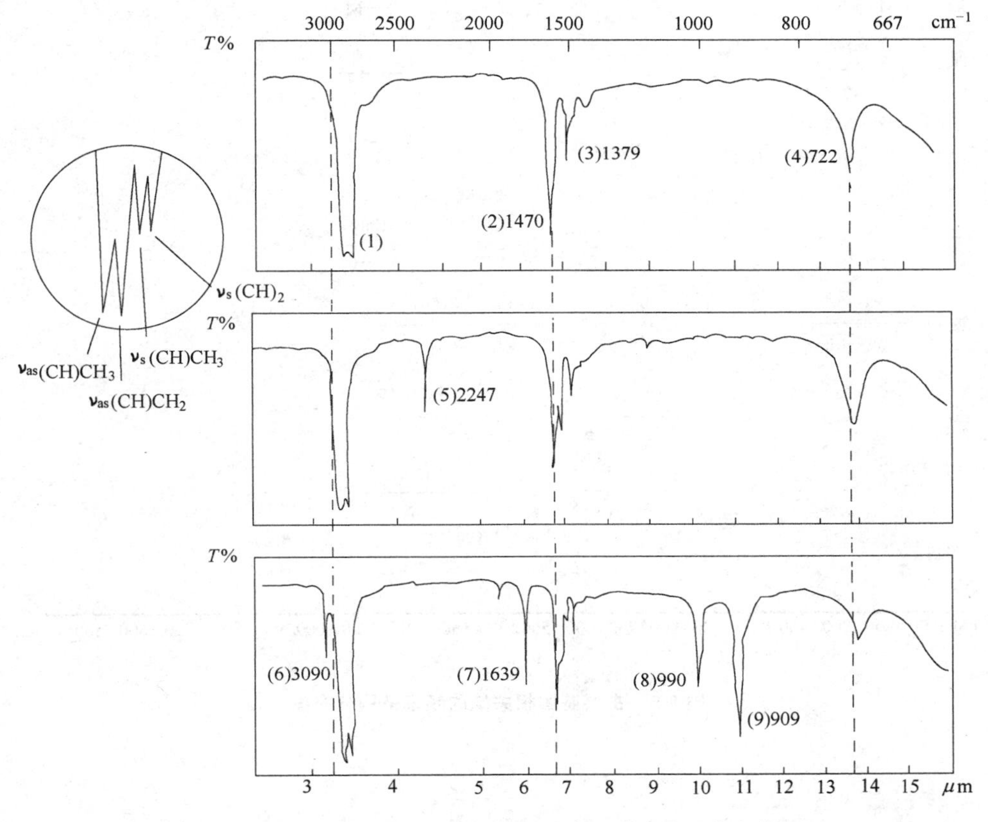

图 5-4　正十一烷、正十一腈及正十一烯-1 的红外吸收光谱图

（二）相关峰

由一个基团所产生的一组相互依存而又相互佐证的特征峰称为相关峰（correlative peak）。特征峰仅代表基团的一种振动形式，一个基团往往有数种振动形式，一般均产生相应的吸收峰，因此若仅依据某一特征峰来推断基团的存在是不妥当的。在上例正十一烯-1 的红外吸收光谱中，由于—C═CH_2 基的存在，应能看到有 $\nu_{as(=CH)}$，$\nu_{C=C}$，$\gamma_{=CH}$，$\gamma_{=CH_2}$ 四个特征峰。相关峰的数目由基团的活性振动数及光谱的波长范围决定。

用一组相关峰来鉴定一个基团的存在，是解析谱图的一个重要原则。主要基团的相关峰的频率范围分布见图 5-5，具体数据见本书附录。

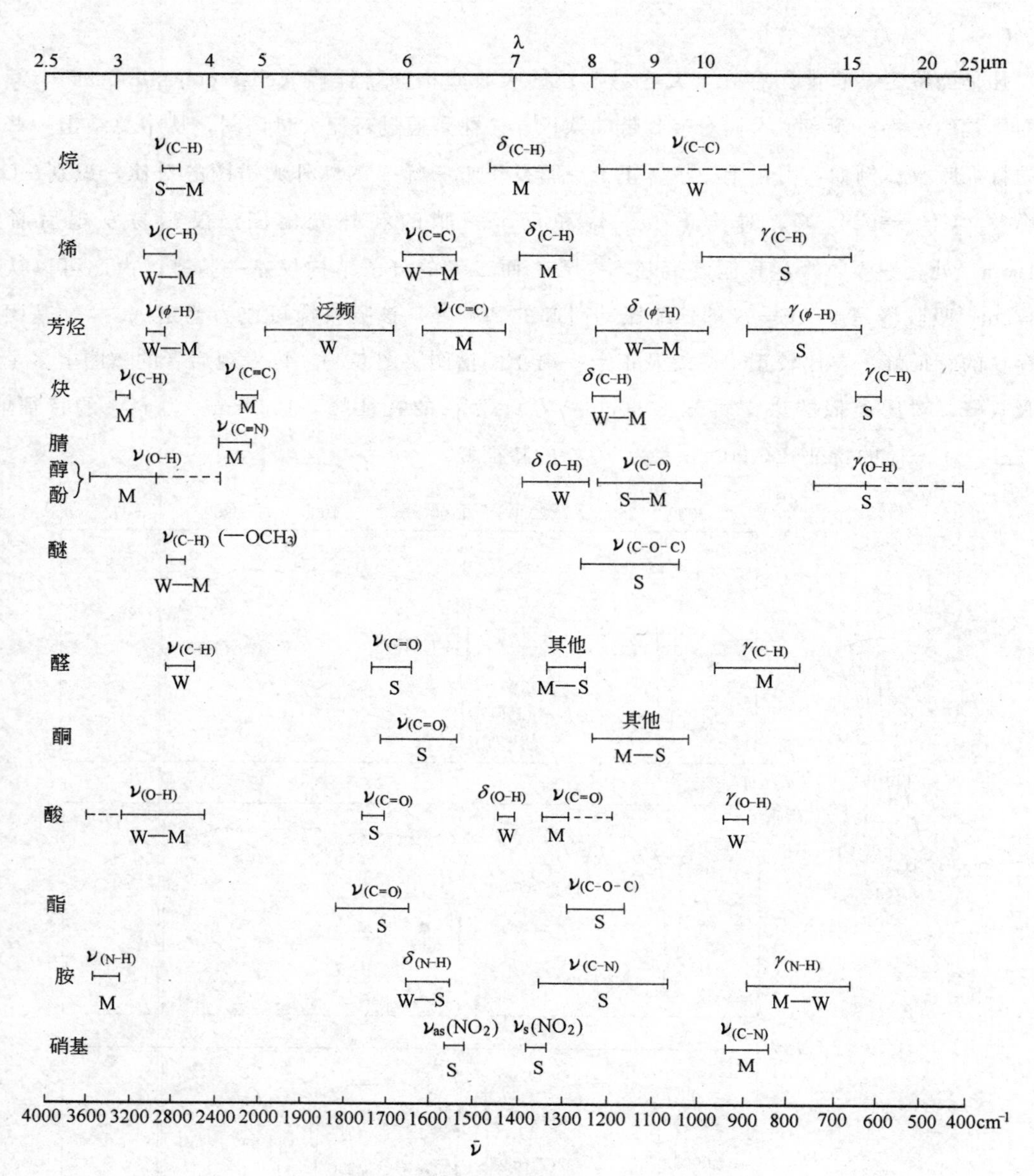

图 5-5　主要基团相关峰的频率范围分布图

五、吸收峰峰位

吸收峰的位置是红外光谱鉴定中的主要依据，利用简谐振动的公式（式 5-9）可计算出基团基本振动的频率，但实际上计算的谱带位置只是近似值。受不同化学环境的影响，吸收峰位置在一定范围内变动。

红外光谱中 $4000\sim1250cm^{-1}$（$2.5\sim8.0\mu m$）区域称为基团特征频率区，简称特征区。特征区的吸收峰较稀疏，易辨认，在基团鉴定方面起着非常重要的作用。此区间主要包括：含氢原子的单键、各种叁键及双键的伸缩振动基频峰，还包括部分含氢单键的面内弯曲振动的基频峰。在特征区中，羰基峰很少与其他峰重叠，且谱带强度大，是最易识别的吸收峰。

在红外谱图上除特征区外，$1250\sim400cm^{-1}$（$8.0\sim25\mu m$）的低频区称为指纹区。该区域的吸收带，大多起源于一些单键的伸缩振动和各类弯曲振动。谱带变动范围宽，而且重叠复杂。

NOTE

分子结构的微小变化，均会在这一区段明显地反映出来，每一化合物均有不同的吸收曲线，犹如人的指纹一样，故把此区段称为指纹区。因此，该区域适用于物质的定性。

六、振动自由度和吸收峰峰数

（一）振动自由度

基本振动的数目称为振动自由度（f）（vibrational degree of freedom）。一个原子有三个自由度，因为每个原子在三维空间内都能向 x、y、z 三个坐标方向独立运动。当原子相互结合成分子后，仍保持这种独立运动，自由度数目不损失，在含有 N 个原子的分子中，分子自由度的总数为 $3N$。分子作为一个整体，其运动状态可分为平动、转动及振动三种。N 个原子构成的分子，其振动自由度则为 $3N$ 减去平动自由度和转动自由度。无论线性分子还是非线性分子，分子的重力中心向任何方向的移动，都可以分解为沿 x、y、z 三个坐标方向的移动。因此，平动自由度等于 3。而转动自由度则不然，它是分子通过其重心绕轴旋转产生。只有当转动过程中原子在空间的位置发生变化才能引起能量改变，从而产生转动自由度。线性分子以键轴为轴转动时，空间位置不变，无能量变化，不产生转动自由度，故仅有两个转动自由度。所以线性分子的振动自由度 $f=3N-3-2=3N-5$，非线性分子的振动自由度 $f=3N-3-3=3N-6$。

例 5-2　非线性分子如 H_2O，其基本振动形式如图 5-6，求振动自由度。

解：

$$f=3N-6=3\times3-6=3$$

计算说明：水分子具有三种基本振动形式：

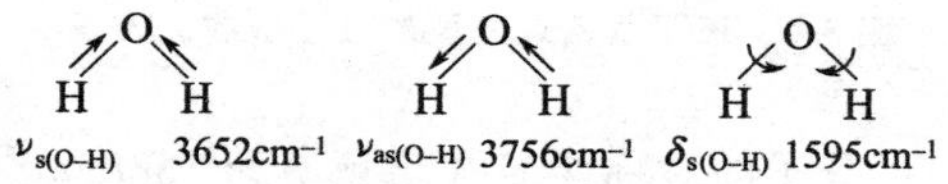

$\nu_{s(O-H)}$ 3652cm^{-1}　$\nu_{as(O-H)}$ 3756cm^{-1}　$\delta_{s(O-H)}$ 1595cm^{-1}

图 5-6　水分子的基本振动形式

例 5-3　线性分子如 CO_2，其基本振动形式如图 5-7，求振动自由度。

解：

$$f=3N-5=3\times3-5=4$$

计算说明，二氧化碳分子具有四种基本振动形式：

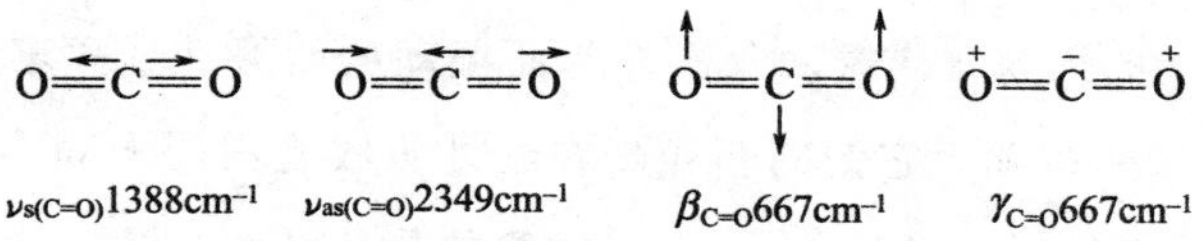

$\nu_{s(C=O)}$1388cm^{-1}　$\nu_{as(C=O)}$2349cm^{-1}　$\beta_{C=O}$667cm^{-1}　$\gamma_{C=O}$667cm^{-1}

图 5-7　二氧化碳分子的基本振动形式

（二）吸收峰峰数

在多数情况下，红外吸收光谱图上吸收峰的数目一般不等于基本振动的数目。使峰数增多的原因是由于在中红外区除基频峰外，还可能出现倍频、组频峰，以及振动耦合造成峰数增加。使峰数减少的主要原因是由于红外非活性振动、简并，有时还因为仪器分辨率不高所致。

1. 振动耦合与费米共振　分子中两个相同的基团靠得很近或者连接在同一个原子上时，由于其基本振动频率相同，一个键的振动通过共用原子使另一个键的长度发生改变，形成振动

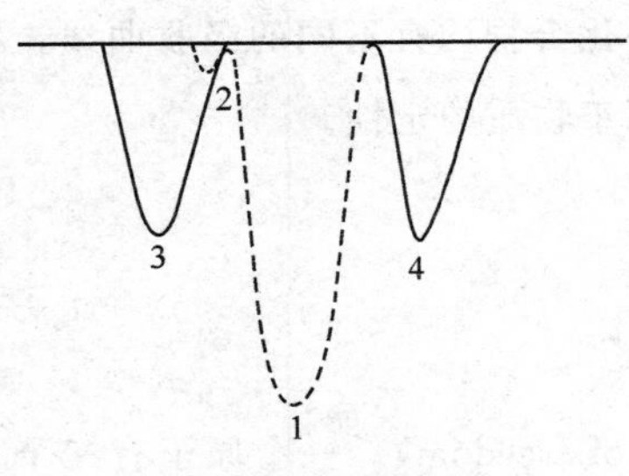

图 5-8　费米共振示意图

1 为基频峰，2 为倍频峰，3、4 为费米共振后的两个峰

相互作用，结果使频率发生变化，并使谱带分裂成双峰，其中一个高于原来的频率，另一个低于原来的频率，这种现象称振动耦合（vibrational coupling）。如邻苯二甲酸酐在 $1845cm^{-1}$ 和 $1775cm^{-1}$ 的峰是由于两个羰基共用一个氧原子发生振动耦合的结果。

费米共振是振动耦合的一个特例。当倍频峰或组频峰位于某一强基频峰附近时，原来较弱的倍频峰或组频峰的吸收强度常被明显强化，有时还发生谱带裂分。这种倍频或组频与基频峰之间的振动耦合称费米共振（Fermi resonance）。如图 5-8。

图 5-9 是正丁基乙烯基醚的红外吸收光谱图，其中烯的 $\nu_{=CH}$ $810cm^{-1}$ 的倍频与烯 $\nu_{C=C}$ 发生费米共振，出现两个强的谱带 $1640cm^{-1}$ 和 $1613cm^{-1}$。

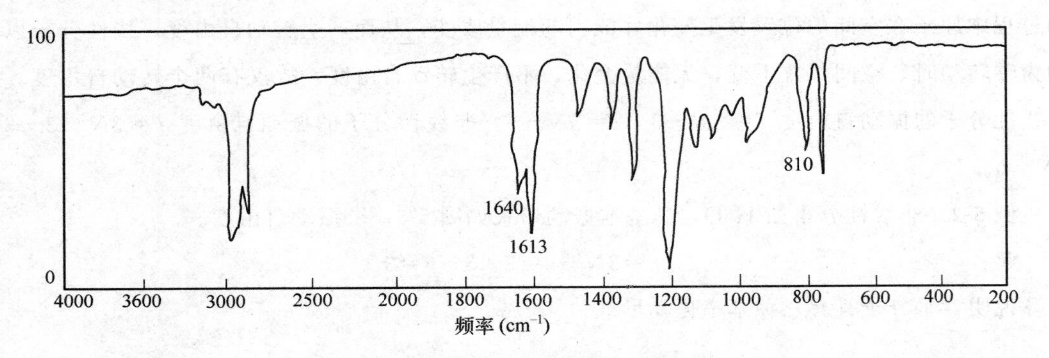

图 5-9　正丁基乙烯基醚的红外吸收光谱图

2. 红外非活性振动　CO_2 分子的对称伸缩振动频率为 $1388cm^{-1}$，但在其红外吸收光谱图上未出现此吸收峰，这是由于线性 CO_2 分子的两个键发生对称伸缩振动时，分子的正负电荷重心重合，分子的偶极矩变化值等于零。这种振动称为红外非活性振动（infrared inactive vibration）。红外非活性振动是使基频峰峰数小于基本振动数的主要原因。由此可知，只有在振动过程中分子偶极矩的变化不等于零（$\Delta\upsilon\neq0$）的振动，才能吸收相应的红外光，这是产生红外吸收的必要条件之一。

3. 简并　CO_2 分子的面内弯曲振动及面外弯曲振动虽然振动形式不同（振动方向相互垂直），但振动频率却相等。因此，它们的基频峰在红外吸收光谱图上同一位置 $667cm^{-1}$ 处出现一个吸收峰，这种现象称为简并（degeneration）。简并是使基频峰峰数少于基本振动数的主要原因之一。

此外，仪器的灵敏度不高，一些吸收峰频率太近难以分辨，或某些振动形式的吸收太弱，均会使基频峰峰数少于基本振动数。

七、吸收峰强度

吸收峰强度的量度，一般以摩尔吸光系数（ε）表示。因摩尔吸光系数（ε）的测量受仪器狭缝宽度的影响而发生改变，故只能粗略地划分为几个等级加以比较，如表 5-3。

表 5-3　红外吸收峰强度

ε	谱带强度	符号
＞100	很强	VS
2～100	强	S
10～20	中	M
1～10	弱	W
＜1	很弱	VW

此外，对同一红外吸收光谱图上各吸收峰强弱的比较，常用相对强度表示。

谱带的强度反映了基团能级的振动跃迁几率，跃迁几率大者谱带的强度大。因此，吸收峰的强度，就是振动能级跃迁几率的量度。而跃迁几率取决于振动过程中偶极矩的变化，即偶极矩变化越大，吸收强度也越大。

现以乙酸丙烯酯的红外吸收光谱图来说明，如图 5-10。

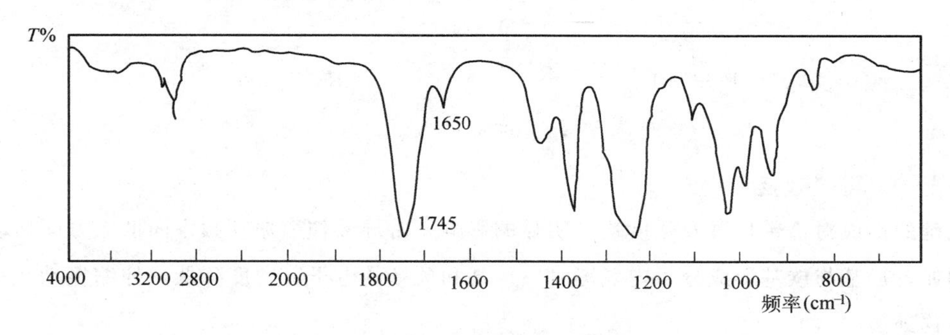

图 5-10　乙酸丙烯酯的红外吸收光谱图

$\nu_{C=O}$1745cm^{-1}；$\nu_{C=C}$1650cm^{-1}

图中 $\nu_{C=O}$ 及 $\nu_{C=C}$ 二峰位置接近，但谱带的相对强度却相差较大。其原因在于碳、氧原子的电负性差异较大，构成 C＝O 基团的极性强，在振动过程中偶极矩的变化较大，因此谱带的相对强度大。

第二节　影响谱带位置的因素

基团的特征频率不是固定不变的，而是在一定范围内变动。因为分子内各基团的振动并非完全孤立，要受分子内其他部分的影响，有时还要受外部因素的影响，如溶剂的影响等，这种影响在定性时应加以注意。

一、内部因素

主要指结构因素，如相邻基团的影响及空间效应等因素。

（一）诱导效应

诱导效应（I 效应）是一种电子效应。在红外光谱中所考虑的一般指“吸电子基团”的诱导作用（－I 效应）。由于取代基具有不同的电负性，通过静电诱导作用，引起分子中电荷分布

的变化，从而引起化学键力常数的改变，导致键或基团的特征频率改变。但这种效应只沿着化学键发生作用，与分子的几何形状无关。

例如，在不同的羰基化合物中，羰基受其他基团诱导作用影响不同，其基频峰位也不同。

R—C(=O)—R′ $\nu_{C=O}$ 1715cm^{-1}　　R—C(=O)—O—R′ $\nu_{C=O}$ 1735cm^{-1}　　R—C(=O)—Cl $\nu_{C=O}$ 1800cm^{-1}

用吸电子基团（—OR′或—Cl）代替烃基（R′），使羰基上的孤对电子向双键转移，羰基的双键性增强，键力常数增大，使振动频率增加，吸收峰向高波数方向移动。

（二） 共轭效应

共轭效应（M 效应）也是一种电子效应。在共轭体系中，由于 π-π 或 p-π 共轭引起 π 电子的“离域”，使电子云的分布在整个共轭链上趋于平均化，结果双键的电子云密度降低，键力常数减小，振动频率向低频方向移动。

R—C(=O)—R′ $\nu_{C=C}$ 1715cm^{-1}　　R—C(=O)—C$_6$H$_5$ $\nu_{C=C}$ 1685cm^{-1}　　R—C(=O)—NH$_2$ $\nu_{C=C}$ 1650cm^{-1}

（三） 氢键效应

氢键的形成对谱带位置及强度均有明显的影响，常导致伸缩振动频率向低频方向移动。

例如，羟基与羰基形成分子内氢键时，羟基和羰基的电子云密度降低，伸缩振动频率向低频方向移动。

ν_{O-H}（缔合）2843cm^{-1}
$\nu_{C=O}$（缔合）1622cm^{-1}
$\nu_{C=O}$（游离）1675cm^{-1}

ν_{O-H}（游离）3615～3605cm^{-1}
$\nu_{C=O}$（游离）1676cm^{-1}
$\nu_{C=O}$（游离）1673cm^{-1}

分子内氢键不受浓度的影响，吸收峰的位置与浓度无关，有助于结构的分析。

分子间氢键与溶液的浓度有关，振动频率常随溶液浓度的改变而改变。因此，可观测稀释过程中峰位是否变化，来判断分子间是否形成氢键。

例如，乙醇的浓度小于 0.01mol/L 时，乙醇分子间不形成氢键，ν_{OH} 为 3640cm^{-1}，随着乙醇浓度增加，大于 0.1mol/L 时，乙醇分子间发生氢键缔合，生成二聚体和多聚体，ν_{OH} 依次降低为 3515cm^{-1} 和 3350cm^{-1}。

（四） 环张力效应

在正常情况下，碳原子位于正四面体的中心，碳原子的 sp^3 杂化电子形成 109°28′的键角，此时，各杂化电子间的斥力最小，体系最稳定，但随着键角变小，环的张力增加，对双键振动频率产生显著影响。

NOTE

环外双键随着环张力增加，双键性增强，振动频率向高频方向移动。

$\nu_{C=C}1650cm^{-1}$ $\nu_{C=C}1657cm^{-1}$ $\nu_{C=C}1678cm^{-1}$ $\nu_{C=C}1781cm^{-1}$

环内双键随着环张力增加，双键性减弱，振动频率向低频方向移动。

$\nu_{C=C}1639cm^{-1}$ $\nu_{C=C}1623cm^{-1}$ $\nu_{C=C}1566cm^{-1}$ $\nu_{C=C}1541cm^{-1}$

（五）空间位阻

含有羰基的化合物，当羰基与烯键或苯环共轭时，由于立体位阻羰基与双键或苯环不能在同一平面，结果共轭受到限制，使羰基伸缩振动频率向高频方向移动。

$\nu_{C=O}1663cm^{-1}$ $\nu_{C=O}1686cm^{-1}$ $\nu_{C=O}1693cm^{-1}$

二、外部因素

主要指溶剂及仪器色散元件的影响，温度也有影响，但温度变化不大时，影响较小。

溶剂的影响主要表现为使极性基团的谱带发生位移。由于极性基团与极性溶剂之间能形成氢键，伸缩振动频率向低频方向移动，形成氢键的能力越强，移动的幅度越大。如羧酸中羰基的伸缩振动频率。

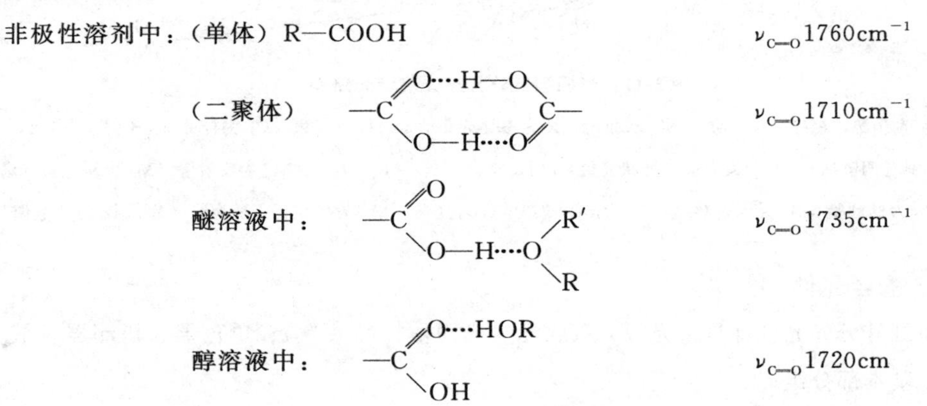

第三节 红外分光光度计

红外分光光度计的发展大体经历了三个阶段，仪器的主要区别在于单色器。第一代仪器为棱镜红外分光光度计。这类仪器使用的岩盐棱镜易吸潮而损坏且分辨率低，已被淘汰。第二代仪器为光栅红外分光光度计，其分辨率比棱镜红外分光光度计高，而且具有对安装环境要求不高及价格便宜等优点，它的缺点是扫描速度仍然较慢。第三代仪器为傅里叶变换红外光谱仪（Fourier transform infrared spectrometer，FT-IR spectrometer）。这种仪器的单色器多用迈克尔

逊（Michelson）干涉仪，有很高的分辨率和极快的扫描速度，一次全程扫描仪需零点几秒，是目前应用最为广泛的红外光谱仪。

红外分光光度计可分为色散型及干涉型两大类，前者习惯称为红外分光光度计，而后者称为傅立叶变换红外光谱仪。

一、光栅型红外分光光度计简介

（一）光路系统和工作原理

光栅型红外分光光度计与自动记录的紫外-可见分光光度计的结构类似，其光路图见图5-11。图中，红外光由光源 S_0 发出被分成两束，分别作为参比和样品光束通过样品池。各光束交替通过斩光器 M_7（扇面镜），再经反射后投射至色散元件光栅 G 上。光栅 G 按一定速度转动，因此不同波长的红外光线经过滤后依次反射在真空热电偶 Tc 的接受面（靶）上，热电偶将光信号变成电信号。

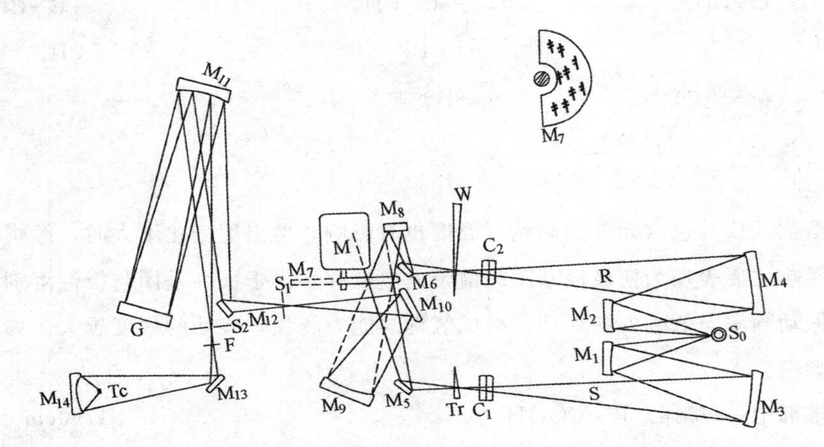

图5-11　光栅型红外分光光度计光路图

注：S_0 为光源，M_1、M_2、M_3、M_4 球面镜，R 为参比光束，S 为样品光束，C_1 为样品池，C_2 为空白池，Tr 为小光楔（100%调节钮），W 为大光楔（梳状光栏），M_5、M_6、M_8、M_{10}、M_{12}、M_{13} 为反射镜，M_7 为斩光器（扇面镜），M_{14}、M_9 为椭圆镜，S_1 为入射狭缝，S_2 为出射狭缝，G 为光栅，M_{11} 为准直镜，F 为滤光片，Tc 为热电偶。

（二）主要部件

光栅型红外分光光度计是由光源、吸收池（或固体样品装置）、单色器、检测器及放大记录系统五个基本部分组成。

1. 辐射源（光源）　凡能发射连续红外光谱，强度能满足需要的物体，均可作为红外光源。常见的有硅碳棒（Globar）和 Nernst 灯。硅碳棒的最大发射波数为 5500～5000cm^{-1}，工作温度为 1200～1400℃。特点是寿命长，发光面积大，工作前无需预热。Nernst 灯最大发射频率为 7100cm^{-1}，正常工作温度为 1750℃，工作前需预热。该光源的特点是发光强度大。

2. 色散元件　反射光栅是光栅红外分光光度计最常用的色散元件。在玻璃或金属坯体上的每毫米间隔内，刻划上数十至百余条等距线槽而构成反射光栅，其表面呈阶梯形。当红外光照射至光栅表面时，由反射线间的干涉作用而形成光栅光谱，各级光谱相互重叠，为了获得单色光必须滤光。由于一级光谱最强，故常滤去二级、三级光谱。

3. 检测器　常用检测器为真空热电偶及 Golay 池等。真空热电偶是利用两种不同导体构成回路时的温差电现象，将温差转变为电位差的装置称为热电偶（thermocouple）。热电偶的接受面（靶）涂有金属，使接受面有吸收红外辐射的良好性能。靶的正面装有岩盐窗片，用于透过红外光辐射。Golay池（气胀式检测器）是目前红外分光光度计所用检测器中灵敏度比较高的一种。通过岩窗的红外辐射被低热容量薄膜所吸收，由于薄膜温度升高，空气中的氦气因加热膨胀而产生压力，使封闭气室另一端的软镜膜变形，线栅象发生位移，使射出光电管的光强发生改变而被检测。

4. 吸收池 对液体及气体样品可用液体或气体吸收池，它们均具有岩盐窗片，各种岩盐窗片的透过限见表5-4。

表5-4 各种岩盐窗片的应用波长

材　料	透过限度波长（μm）	材　料	透过限度波长（μm）
NaCl	16	CsI	56
KBr	28	KRS-5（TiI-TiBr）	45

对KBr及NaCl窗片需注意防止吸湿、潮解。

二、傅里叶变换红外光谱仪简介

（一）傅里叶变换红外光谱仪的工作原理

傅里叶变换红外光谱（FTIR）仪是通过测量干涉图和对干涉图进行快速Fourier变换的方法得到红外光谱。如图5-12所示，光源发出的红外辐射，由干涉仪产生干涉图，通过样品后，得到带有样品信息的干涉图到达检测器，经放大器将信号放大，这种干涉信号难以进行光谱解析，将它输入到专用计算机的磁芯储存体系中，由计算机进行傅里叶变换的快速计算，将干涉图进行演算后，再经数字-模拟转换（D/A）及波数分析器扫描记录，便可得到通常的红外光谱图。

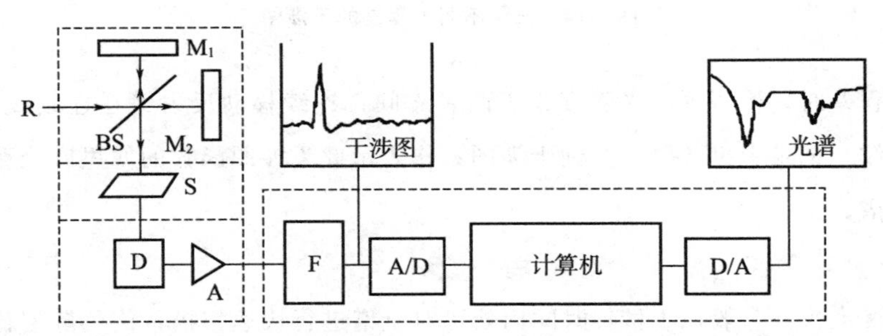

R为红外光源，M_1为定镜，M_2为动镜，BS为光束分裂器，S为样品，D为检测器，A为放大器，F为滤光器，A/D为模数转换器，D/A为数模转换器

图5-12 傅里叶变换红外光谱仪工作原理示意图

（二）傅里叶变换红外光谱仪的主要部件

傅里叶变换红外光谱仪主要由光源、干涉仪、检测器、计算机和记录系统组成。红外光源与色散型红外光谱仪相同，常使用硅碳棒和Nernst灯。单色器和检测器同色散型红外光谱仪相比有很大不同，单色器使用的是Michelson干涉仪，检测器采用的是热电型和光电导型检测器。

NOTE

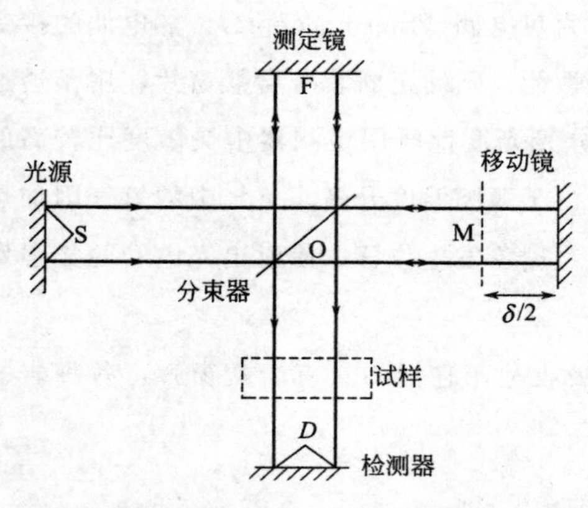

图 5-13　麦克尔逊干涉仪示意图

麦克尔逊干涉仪（图 5-13）主要是由光源、固定反射镜（测定镜）、移动反射镜、分束器及检测器组成。分束器的作用是将光源射出的光分为两束，其中 50% 光线透过到达移动镜，50% 反射到固定镜。设有一单色光源产生一无限窄完全准直的光束，波长为 λ，频率为 ν，被光束器分为两束，检测器同时检测到两个反射镜的反射信号。两束反射光的光程差 $\delta=2(\mathrm{OM}-\mathrm{OF})$，其中 OM 与 OF 分别为两束光线的光程。光移动镜与固定镜与分束器间的距离相等时，光程差为零（$\delta=0$），两光束相位相同，是相长干涉。检测器测得的光线强度为两光线强度之和。当移动镜移动 $\lambda/4$，$\delta=\lambda/2$ 时，到达检测器的两束光线的相位相差 180°，相位差为 $\lambda/2$，正好相反，是相消干涉；移动 $\lambda/2$，$\delta=\lambda$ 时，又为相长干涉，见图 5-14。

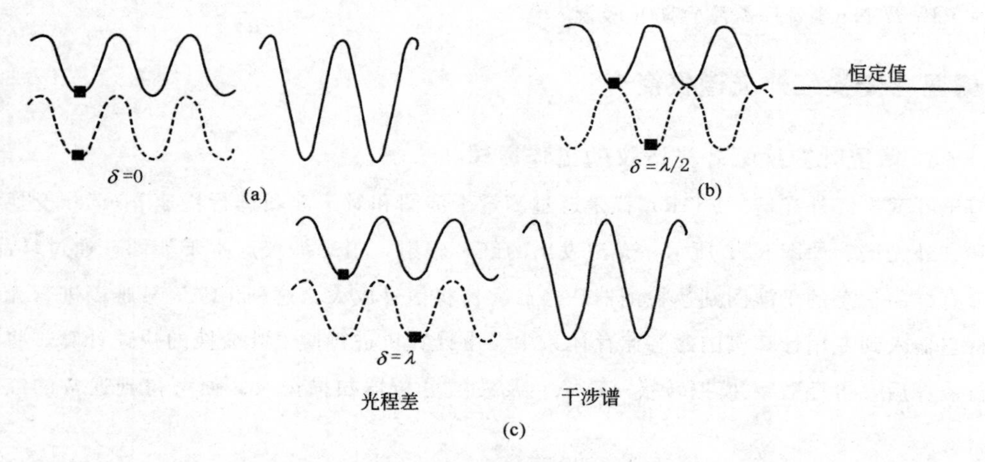

图 5-14　三种不同光程差的干涉图

在其他光程差时，检测到的光强度介于两者之间，连续移动反射镜在连续改变着光程差，改变着干涉条纹。记录中央条纹，得到干涉图，作表示此干涉图函数的傅里叶余弦变换，即得到红外吸收光谱。

（三）傅里叶变换红外分光光度法的优点

（1）**扫描速度快**：一般在 1 秒钟时间内便可对全谱进行快速扫描，比色散型仪器提高数百倍，使得色谱 - 红外光谱联用成为现实。已有 GC-FTIR，HPLC-FTIR 等联用的商品仪器投入使用。

（2）**分辨率高**：色散型仪器（如光栅红外分光光度计）的分辨率 $1000\mathrm{cm}^{-1}$ 处为 $0.2\mathrm{cm}^{-1}$，傅里叶变换红外光谱仪的分辨率取决于干涉图形，波数准确度一般可达 $0.1\sim0.005\mathrm{cm}^{-1}$，大大提高了仪器的性能。

（3）**灵敏度高**：由于干涉型仪器的输出能量大，可分析 $10^{-9}\sim10^{-12}$g 超微量样品。

（4）**精密度高**：波数精密度可准确测量到 $0.01\mathrm{cm}^{-1}$。

（5）**测定光谱范围宽**：测定光谱范围可达 $10\sim10^{4}\mathrm{cm}^{-1}$。

NOTE

三、样品的制备

气、液及固态样品皆可测定其红外光谱，但以固态样品最为方便。对样品的要求：

（1）样品的纯度应大于98%，以便与纯化合物光谱对照（Sadtler纯化合物光谱是由纯度大于98%的样品测得）。否则试样会使谱图的解析带来困难，有时还可能得出错误的判断。

（2）样品应不含水分（结晶水、游离水），以防羟基峰被干扰或盐窗被破坏。经纯化后的样品，不同物态采用不同方法进行分析。

（一）固体样品

可用压片法、糊剂法及薄膜法。

1. 压片法　取200目光谱纯、干燥的KBr粉末约200mg，样品1～2mg，在玛瑙乳钵中研细、混匀，压成直径为13mm、厚约1mm的透明KBr样品片。光谱纯KBr在4000～400cm^{-1}范围无特征吸收，因此可测得样品的完整中红外吸收光谱。

2. 糊剂法（软膏法）　取固体样品约10mg，在玛瑙乳钵中研细，滴加液体石蜡或全氟代烃，研成糊剂。将此糊剂夹于可拆卸池的两块窗片中，或夹于两块空白的KBr片中，放入光路，即可测定样品的红外吸收光谱。但需注意，液体石蜡适用于1300～400cm^{-1}，全氟代烃适用于4000～1300cm^{-1}，两者配合可完成整个波段的测定，否则需扣除它们的吸收。

3. 薄膜法　将固体样品溶于挥发性溶剂中，涂于窗片或空白KBr片上，待溶剂挥发后，样品遗留于窗片上而成薄膜。测定时需待溶剂完全挥发，否则溶剂可能干扰样品光谱。测毕用溶剂冲洗窗片，除去薄膜，不能强制剥离，否则易损坏窗片。

（二）液体样品

可用夹片法、液体池法。黏度大的样品还可用涂片法。

1. 夹片法　适用于挥发性不大的液态样品，此法简便。选用两圆形空白KBr片，将液态样品滴入其中一片上，再盖上另一片，片的两外侧放上环形纸垫，放入片剂框中夹紧，置于光路中，即可测定样品的红外吸收光谱。空白片在气候干燥时，可用溶剂洗净，再用一至二次。

2. 涂片法　黏度大的液体样品，可以涂在一片空白片上测定，不必夹片。

3. 液体池法　将液态样品装入具有岩盐窗片的液体池中，测定样品的吸收光谱。

另外，有些样品红外吸收很强，测定时需用溶剂稀释。但由于溶剂本身在某一区段也有红外吸收，因此采用一种溶剂很难获得完整的红外光谱，一般采用不同溶剂进行分段测量。如常用CCl_4（4000～1350cm^{-1}）及CS_2（1350～600cm^{-1}）。CCl_4在1580cm^{-1}处稍有干扰。

（三）气体样品

纯化后直接将气体打入气体池进行测定。

NOTE

第四节　红外光谱与分子结构的关系

绝大多数有机化合物的基频峰出现在4000～400cm^{-1}波数区域。在研究了大量相关化合物红外光谱的基础上，总结出了各种特征基团的特征吸收频率，真实地反映了红外光谱与分子结构的关系，并用于结构分析。

一、红外光谱的九个重要区段

化合物的红外吸收光谱是分子结构的客观反映，谱图中的吸收峰都对应着分子中化学键或基团的各种振动形式。关于吸收峰位置与分子结构的关系，已总结了一些规律，通常将红外光谱图划分为九个区段（表5-5）。根据表中的数据，可了解化合物红外光谱的特征；反之，也可根据红外光谱特征，初步推测化合物中可能存在的特征基团，为进一步确定化合物的结构提供信息。

表5-5　红外光谱的九个重要区段

区段	波长（μm）	波数（cm^{-1}）	基团及振动类型
1	2.7～3.3	3700～3000	ν_{OH}，ν_{NH}
2	3.0～3.3	3300～3000	$\nu_{\equiv CH}$，$\nu_{=CH}$，$\nu_{\varphi H}$
3	3.3～3.7	3000～2700	$\nu_{CH(CH_3,CH_2,CH,CHO)}$
4	4.2～4.9	2400～2100	$\nu_{C\equiv C}$，$\nu_{C\equiv N}$
5	5.3～6.1	1900～1650	$\nu_{C=O}$（酸酐、酰氯、酯、醛、酮、羧酸、酰胺）
6	5.9～6.2	1675～1500	$\nu_{C=C}$，$\nu_{C=N}$
7	6.8～7.7	1475～1300	δ_{CH}
8	7.7～10.0	1300～1000	ν_{C-O}（酚、醇、醚、酯、羧酸）
9	10.0～15.4	1000～650	$\gamma_{=CH}$（烯氢、芳氢）

二、典型光谱

通过了解各类有机化合物的红外光谱特征，以便识别红外光谱与分子结构的关系。

（一）烷烃类

烷烃类红外吸收光谱中，有价值的特征峰是ν_{C-H} 3000～2850cm^{-1}（s）和δ_{C-H} 1470～1375cm^{-1}。饱和化合物的碳氢的伸缩振动均在3000cm^{-1}以下区域，不饱和化合物的碳氢伸缩振动均在3000cm^{-1}以上区域，由此可以区分饱和及不饱和化合物。

1. ν_{C-H}

CH_3　ν_{as}（2962±10）cm^{-1}（s）；ν_s（2872±10）cm^{-1}（s）

CH_2　ν_{as}（2926±10）cm^{-1}（s）；ν_s（2853±10）cm^{-1}（s）

CH　ν（2890±10）cm^{-1}（w）；一般被CH_3和CH_2的ν_{CH}所掩盖，不易检出。

NOTE

2. δ_{C-H}

CH_3　　δ_{as}（1450±20）cm^{-1}（m）；δ_s（1375±10）cm^{-1}（s）

CH_2　　δ_{as}（1465±10）cm^{-1}（m）

（1）当两个或三个 CH_3 在同一碳原子上时，由于同碳的两个同相位和反相位的面内弯曲振动耦合使 δ_s（1375±10）cm^{-1} 吸收带分裂为双峰。其分裂的程度与两个 CH_3 键角大小有关，键角越小，分裂程度越大。偕二甲基的 δ_s 吸收峰大约位于 1385cm^{-1} 和 1370cm^{-1} 处，其强度几乎相等，或分叉为主带和肩带。叔丁基夹角更小，双峰间距增大，位于 1395cm^{-1} 和 1365cm^{-1}，低频吸收带的强度比高频吸收带强一倍。

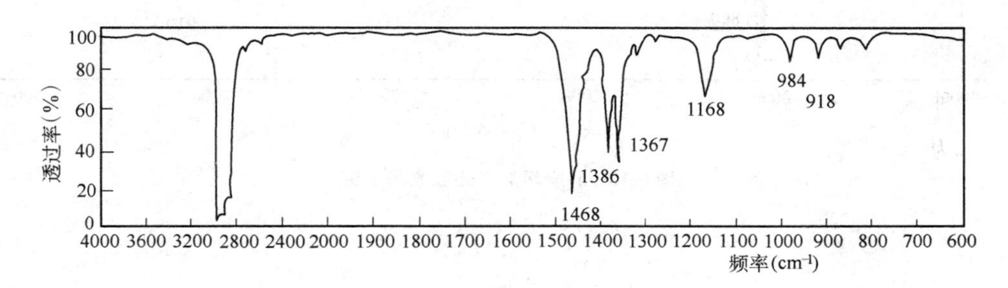

图 5-15　2,4-二甲基戊烷的红外吸收光谱图

$(H_3C)_2CH—CH_2—CH(CH_3)_2$　　1386cm^{-1} 和 1367cm^{-1} 是偕二基的特征吸收

（2）CH_2 的面内摇摆振动频率（ρ_{CH}）随邻 CH_2 数目而变化。在—$(CH_2)_n$—中 $n\geqslant4$ 时，ρ_{CH} 峰出现在（722±10）cm^{-1}（m）处。随着相连 CH_2 个数的减少，峰位有规律地向高频移动。如—CH_2—CH_2—CH_3 移至 743～734cm^{-1}，—CH_2—CH_3 移至 790～770cm^{-1}。由此可判断分子中的—CH_2 链的长短。

（3）环烷烃中，CH_2 的伸缩振动频率，随着环张力的增加，sp^2 杂化程度增加，ν_{C-H} 向高频位移，如环丙烷中的 $\nu_{as(CH)}$ 出现在 3050cm^{-1}，强度减弱。

（二）烯烃类

烯烃类化合物，红外光谱特征是 $\nu_{C=C}$ 1695～1540cm^{-1}（w），$\nu_{=C-H}$ 3095～3000cm^{-1}（m），$\gamma_{=C-H}$ 1010～667cm^{-1}（s）。

1. $\nu_{=C-H}$　凡是未全部取代的双键在 3000cm^{-1} 以上区域应有═C—H 键的伸缩振动吸收峰。结合碳碳双键特征峰可确定其是否为不饱和化合物。

2. $\nu_{C=C}$　烯烃的 $\nu_{C=C}$ 大多在 1650cm^{-1} 附近，一般强度较弱。$\nu_{C=C}$ 的强度和取代情况有关，乙烯或具有对称中心的反式烯烃和四取代烯烃的 $\nu_{C=C}$ 峰消失；共轭双烯或 C═C 与 C═O、C≡N、芳环等共轭时，$\nu_{C=C}$ 频率降低 10～30cm^{-1}。

3. $\gamma_{=C-H}$　烯烃的 $\gamma_{=C-H}$ 与受其他基团的影响较小，峰较强，具有高度特征性，可用于烯烃的定性，确定烯类化合物的取代模式。如乙烯基的 $\gamma_{=C-H}$ 于 990±5cm^{-1} 和 910±5cm^{-1} 出现双峰；反式单烯取代的 $\gamma_{=C-H}$ 出现在 965±10cm^{-1}，顺式单烯双取代的 $\gamma_{=C-H}$ 出现在 690±10cm^{-1}。

NOTE

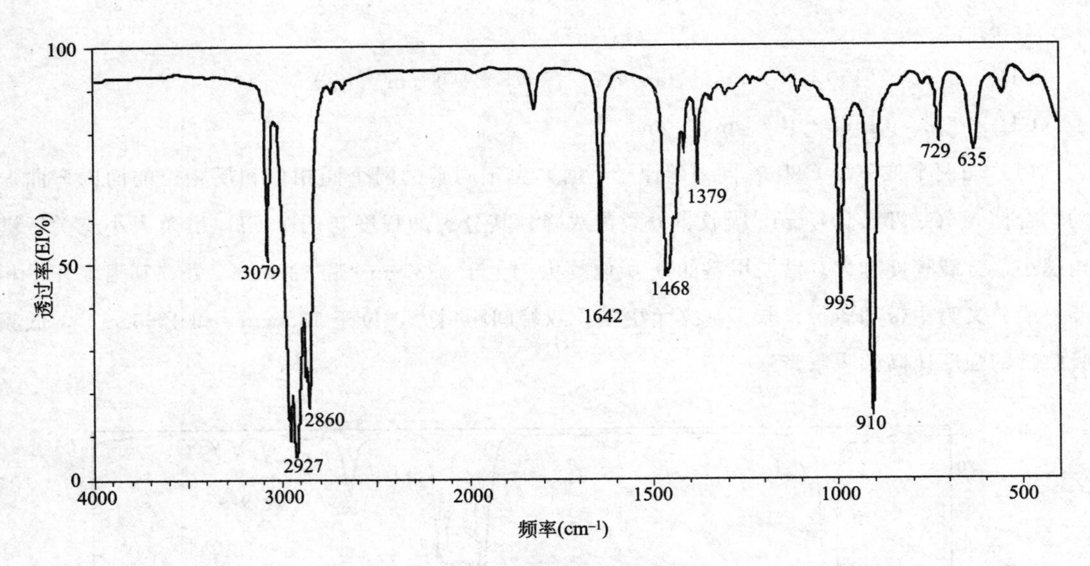

图 5-16　1-庚烯的红外吸收光谱图

（三）炔烃类

炔烃类主要有三种类型的振动：$\nu_{C\equiv C}$ 2270～2100cm^{-1}（尖锐），$\nu_{\equiv CH}$～3300cm^{-1}（s，尖锐），$\gamma_{\equiv CH}$ 645～615cm^{-1}（强，宽吸收）。

$CH_3(CH_2)_2CH_2—C\equiv CH$　$\nu_{C\equiv C}$ 2120cm^{-1}，$\nu_{\equiv C-H}$～3300cm^{-1}，$\gamma_{\equiv C-H}$ 640cm^{-1}。

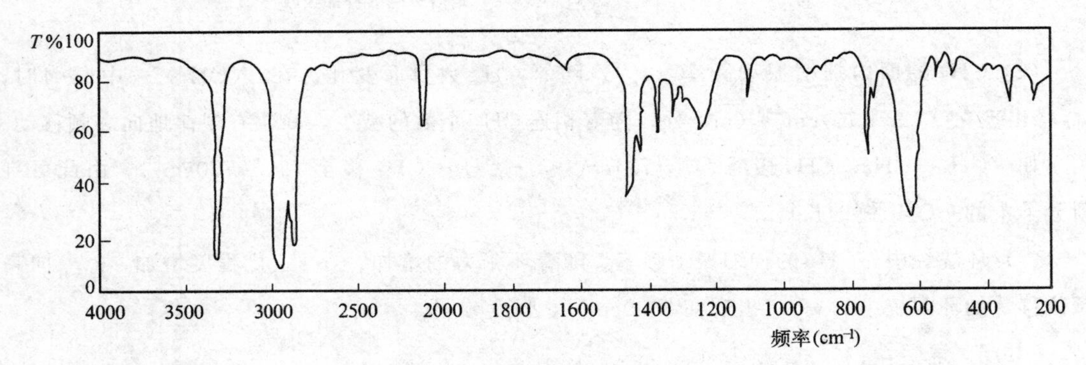

图 5-17　1-己炔的红外吸收光谱图

（四）芳烃类

（1）芳氢伸缩振动（$\nu_{\varphi H}$）：大多出现在 3070～3030cm^{-1}，峰形尖锐，常和苯环骨架振动（$\nu_{C=C}$）的合频峰在一起，形成整个吸收带。

（2）苯环骨架振动（$\nu_{C=C}$）：1650～1430cm^{-1}区域出现二个到四个强度不等而尖锐的峰。

（3）芳氢面内弯曲振动（$\beta_{\varphi H}$）：1250～1000cm^{-1}出现强度较弱的吸收峰。

（4）芳氢面外弯曲振动（$\gamma_{\varphi H}$）：常在 910～665cm^{-1}处出现吸收峰，用于芳环的取代位置和数目的鉴定。

见图 5-18。

NOTE

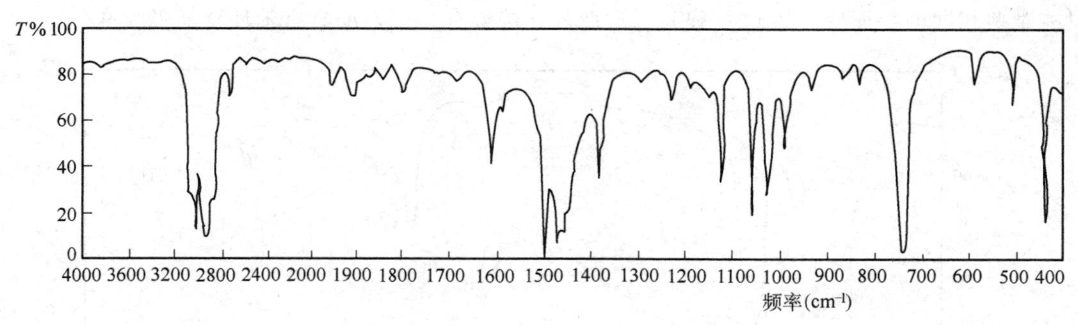

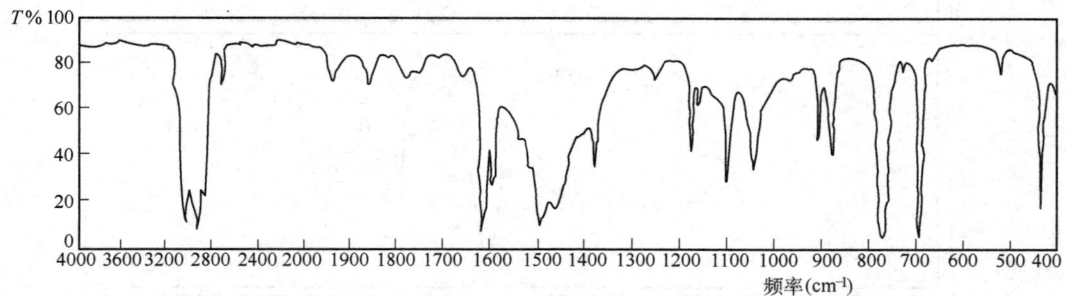

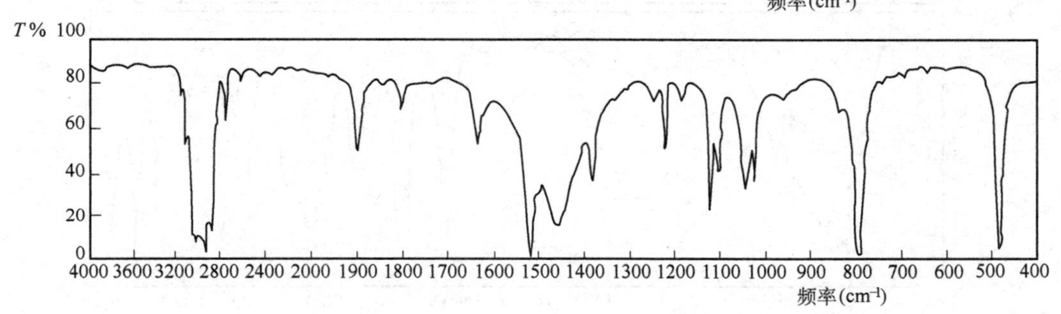

图 5-18　邻、间及对位二甲苯的红外吸收光谱图

（5）取代苯的泛频峰：来源于 $\gamma_{\varphi H}$ 910～665cm^{-1} 的倍频峰和合频峰，峰强较弱，常与 $\gamma_{\varphi H}$ 峰联用来鉴别芳环的取代基的数目与位置。见图 5-19。

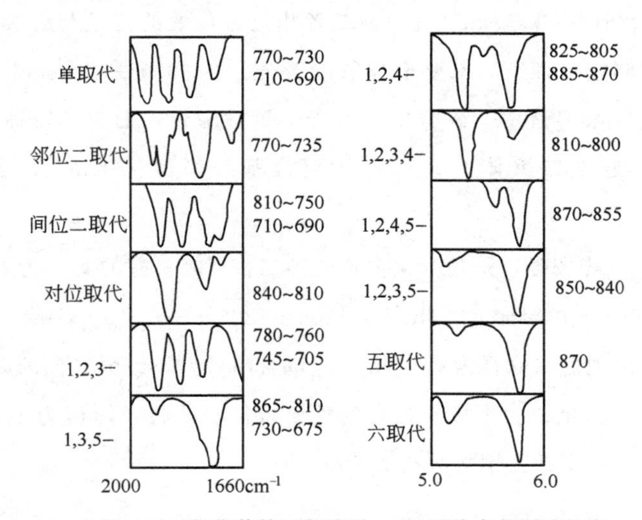

图 5-19　取代苯的泛频峰及＝CH 面外弯曲振动频率

（五）醇、酚及羧酸类

这三类化合物均含有羟基。对比正辛醇、丙酸、苯酚的红外光谱图（图 5-20），发现它们具有某些相同的特征峰，如ν_{O-H}和ν_{C-O}。此外，羧酸有$\nu_{C=O}$，酚具有苯环特征吸收峰。

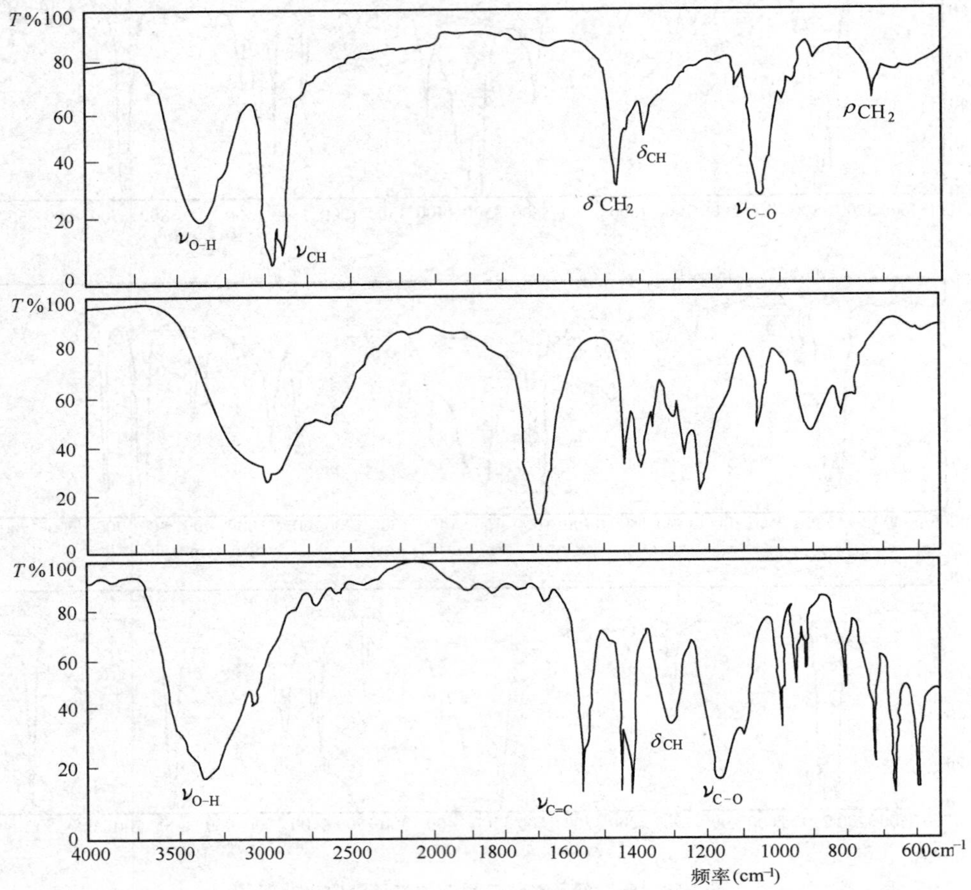

图 5-20　正辛醇、丙酸、苯酚的红外吸收光谱图

1. ν_{O-H}　在气态或非极性稀溶液中，该类化合物均以单体游离形式存在，醇ν_{O-H}3650～3590cm^{-1}(s)，酚ν_{O-H}3610～3590cm^{-1}(s)，二者相近，羧酸的羟基与醇类不同，具有与氢很强的结合力，在通常测定条件下，都要形成氢键缔合，在3300～2500cm^{-1}范围内形成一独特的宽峰。在液态或极性浓溶液中，该类化合物产生氢键缔合，形成二聚体或多聚体，导致ν_{O-H}向低频方向移动。通常二聚体的ν_{O-H}比游离羟基频率低120cm^{-1}，多聚体的ν_{O-H}约低30cm^{-1}。

2. ν_{C-O}及δ_{O-H}　ν_{C-O}峰较强，是羟基化合物的第二特征峰。醇的ν_{C-O}为1250～1000cm^{-1}；酚的ν_{C-O}为1335～1165cm^{-1}；羧酸ν_{C-O}出现在1266～1205cm^{-1}。δ_{O-H}较弱，且峰位与ν_{C-O}接近，因此，常把此区段出现的双峰视为ν_{C-O}及δ_{O-H}耦合所致，不细分它们的归属。

3. $\nu_{C=O}$　$\nu_{C=O}$是此三类化合物中羧酸独有的重要特征吸收峰，峰位为1740～1650cm^{-1}的高强吸收峰，干扰较少。可据此区别羧酸与醇和酚。

(六) 醚类

醚类化合物分子中含有C—O—C键，但ν_{C-O-C}吸收峰的特征性不强。这是因为碳原子和氧原子质量相近，C—O键与C—C键的力常数也接近。只是C—O键的极性比C—C键的极性大，振动时引起偶极矩的改变较大，因此，ν_{C-O-C}吸收峰较强。

NOTE

脂肪族醚类唯一特征吸收峰是ν_{C-O-C}，见图 5-21。醚键具有对称与不对称伸缩两种振动形式，前者为红外非活性振动，无吸收峰。开链醚的取代基对称或基本对称时，$\nu_{as(C-O-C)}$出现在 1150～1050cm^{-1}，为强宽吸收峰，$\nu_{s(C-O-C)}$消失或很弱。

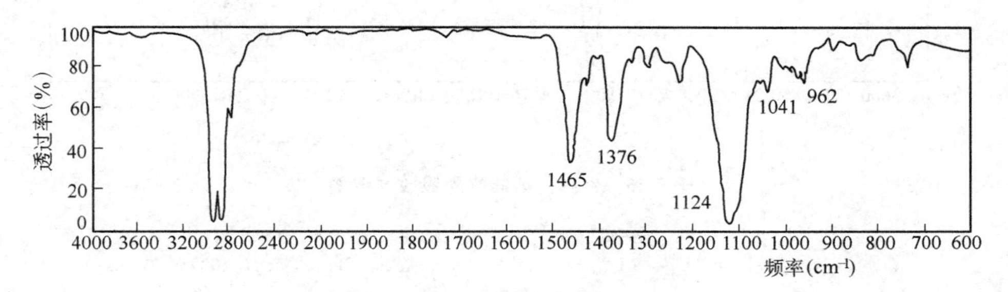

图 5-21　二-丁醚的红外吸收光谱图

$CH_3(CH_2)_3-O-(CH_2)_3CH_3$　　$\nu_{as(C-O-C)}$ 1124cm^{-1}(s)

环醚中，$\nu_{as(C-O-C)}$随环张力的增大向高频位移，如三元环醚的$\nu_{as(C-O-C)}$在1280～1240cm^{-1}，而大环醚的$\nu_{as(C-O-C)}$一般在 1140～1070cm^{-1}之间。

烯醚或芳醚中均含有—C═C—O—C 基团，因 p-π 共轭，使醚键的双键性增加，ν_{C-O-C}吸收峰向高频移动。出现在 1275～1150cm^{-1}区间，比相应的脂肪醚频率高。

（七）酯和内酯类

酯类的主要特征峰：$\nu_{C=O}$ 1750～1735cm^{-1}（s），$\nu_{as(C-O-C)}$ 1330～1150cm^{-1}，$\nu_{s(C-O-C)}$ 1240～1030cm^{-1}。

1. $\nu_{C=O}$　$\nu_{C=O}$吸收峰是酯类化合物的第一特征峰，一般为谱图中最强峰。通常酯的$\nu_{C=O}$吸收峰（～1740cm^{-1}）比酮的$\nu_{C=O}$吸收峰（～1720cm^{-1}）高，因为酯分子中的氧原子吸电子诱导效应（－I）大于供电子共轭效应（M），从而使振动频率向高频移动。

内酯的$\nu_{C=O}$吸收峰位置与环的张力大小密切相关。六元环无张力，同正常开链酯，$\nu_{C=O}$在～1740cm^{-1}。环变小，张力增加，键力常数加大，$\nu_{C=O}$吸收峰向高频移动。如丙内酯的$\nu_{C=O}$吸收峰值比开链酯或六元环内酯峰增加 85cm^{-1}。

2. ν_{C-O-C}　酯的$\nu_{as(C-O-C)}$强度大，峰较宽，是鉴别酯的第二特征峰。$\nu_{as(C-O-C)}$ 1330～1150cm^{-1}。$\nu_{s(C-O-C)}$ 1240～1030cm^{-1}，内酯的$\nu_{s(C-O-C)}$强度一般都较大，如图 5-22，图 5-23。

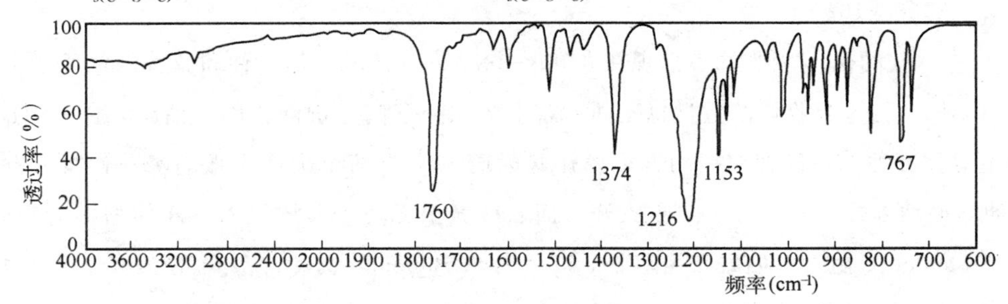

图 5-22　乙酸 β-萘酯的红外吸收光谱图

$\nu_{C=O}$ 1760cm^{-1}（s），$\nu_{as(C-O-C)}$ 1216cm^{-1}（宽）

NOTE

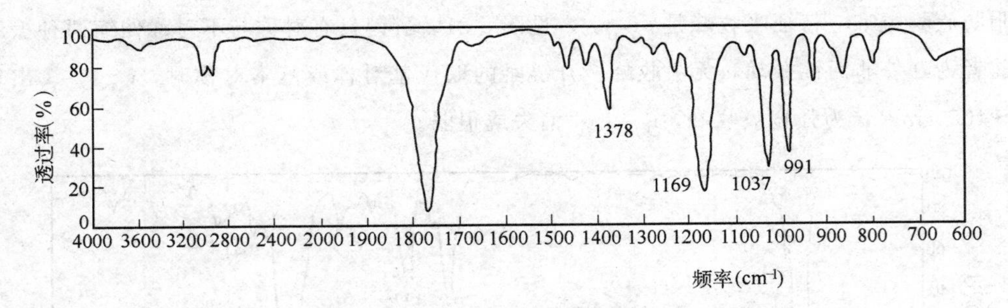

图 5-23 γ-内丁酯的红外吸收光谱图

$\nu_{C=O}$ 1771cm^{-1}（s），$\nu_{as(C-O-C)}$ 1169cm^{-1}（s），$\nu_{s(C-O-C)}$，1037cm^{-1}（s）

（八） 醛、酮类

醛、酮类化合物均含羰基基团。羰基峰强度大、易识别，且很少与其他峰重叠。

$\nu_{C=O}$受与羰基相连的基团影响，峰位变化较大。饱和脂肪醛为1755～1695cm^{-1}，α、β-不饱和醛为1705～1680cm^{-1}，芳醛为1725～1665cm^{-1}。饱和链状酮为1725～1705cm^{-1}，α、β-不饱和酮为1685～1665cm^{-1}，而芳酮为1700～1680cm^{-1}。

醛类化合物的红外光谱除$\nu_{C=O}$外，在2900～2700cm^{-1}区域出现双峰（ν_{C-H}），一般这两个峰在～2820cm^{-1}和2740cm^{-1}～2720cm^{-1}出现，后者较尖，强度中等。由于醛基氢直接受羰基氧原子的强烈影响，因此吸收峰位置受分子其他部分的影响极小，从而具有很强的特征，是鉴别醛基最有用的吸收峰，由此区别于酮类化合物。

共轭效应使羰基振动频率降低，吸收峰右移，如下所示：

R—C(=O)—R′	Ar—C(=O)—R	=C—C(=O)—R	Ar—C(=O)—Ar	R′—C(—O···H···O)=CH—C—R
1715cm^{-1}	1685cm^{-1}	1680cm^{-1}	1665cm^{-1}	1640cm^{-1}

（九） 胺及酰胺类

胺及酰胺类化合物共同的特征峰：ν_{N-H} 3500～3100cm_{-1}（s），δ_{N-H} 1650～1550cm^{-1}（m或s），ν_{C-N} 1430～1020cm^{-1}。

1. $\boldsymbol{\nu_{N-H}}$ 胺的ν_{N-H}吸收峰多出现在3500～3300cm^{-1}区域。伯、仲和叔胺因氮原子上氢原子的数目不同，ν_{N-H}吸收峰的数目也不同，若不考虑分子间氢键的影响，伯胺（R－NH_2）有对称和不对称二种N—H伸缩振动方式，在此区域ν_{N-H}有两个尖而中强的峰，仲胺只有一种N—H伸缩振动方式，故仅有一个吸收峰。而叔胺氮上无质子，故无N—H伸缩振动吸收峰。同理，在3500cm^{-1}附近，伯酰胺为双峰，$\nu_{as(N-H)}$～3350cm^{-1}及$\nu_{s(N-H)}$～3180cm^{-1}；仲酰胺为单峰，ν_{N-H}～3270cm^{-1}（锐峰）；叔酰胺无ν_{N-H}峰。伯、仲酰胺受缔合作用的影响，ν_{N-H}向低频位移。

2. $\boldsymbol{\delta_{N-H}}$ 伯胺的δ_{N-H}吸收峰较强，仲胺峰强较弱，叔胺无此峰。伯、仲酰胺分子中δ_{N-H}吸收峰吸收强度仅次于羰基的第二强吸收峰，特征性较强，一般情况下，伯胺的δ_{N-H}吸收峰大于1600cm^{-1}，仲胺则小于1600cm^{-1}。

NOTE

3. $\nu_{C—N}$　脂肪胺的 $\nu_{C—N}$ 吸收峰在 1235～1065cm^{-1} 区域，峰较弱，不易辨别。芳香胺的 $\nu_{C—N}$ 吸收峰在 1360～1250cm^{-1} 区域，其强度比脂肪胺大。较易辨认。酰胺的 $\nu_{C—N}$ 吸收峰很弱，一般只作基团识别的旁证。

4. $\nu_{C=O}$　$\nu_{C=O}$ 吸收峰是酰胺的主要特征峰，多出现在 1690～1620cm^{-1} 区域。伯、仲酰胺受缔合作用的影响，$\nu_{C=O}$ 吸收峰频率较低，叔酰胺不受此影响，据此可对它们加以区别。

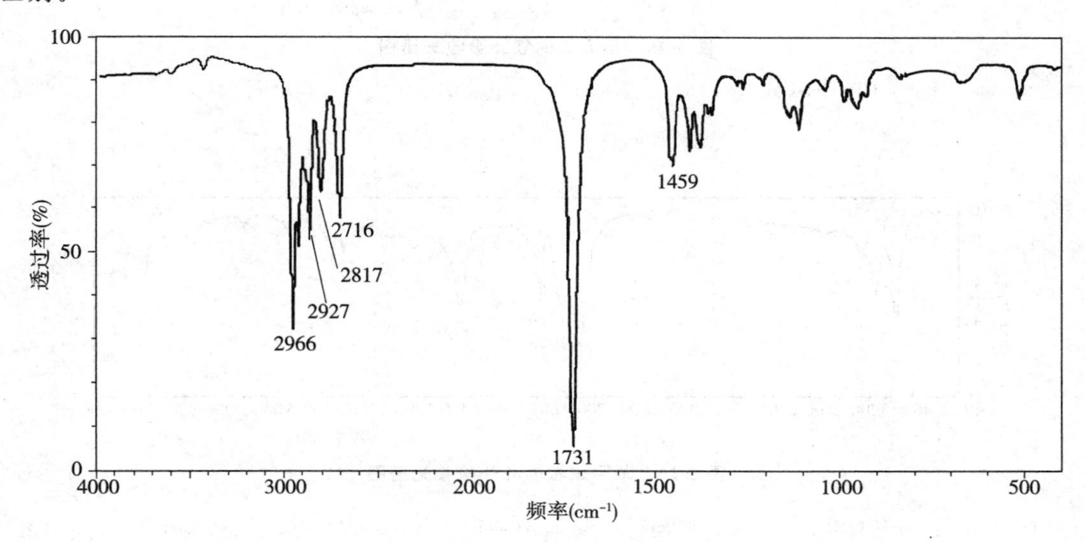

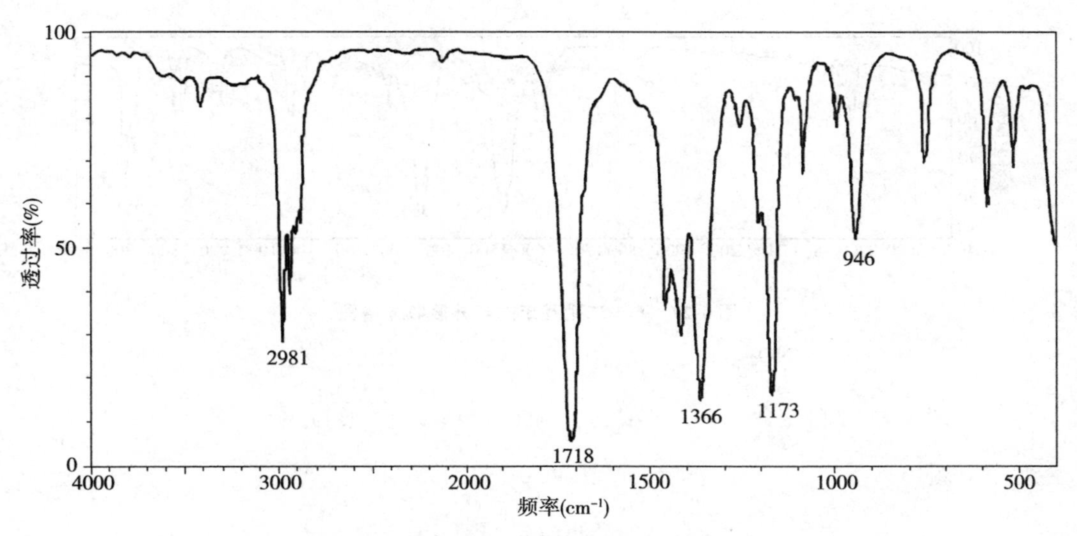

图 5-24　丁醛及丁酮的红外吸收光谱图

（十）硝基化合物

硝基化合物的特征峰是硝基的不对称伸缩振动和对称伸缩振动。前者峰强度大且宽，后者峰较弱。脂肪族硝基化合物 $\nu_{as(NO_2)}$ 多在 1565～1540cm^{-1} 及 $\nu_{s(NO_2)}$ 1385～1340cm^{-1}，容易辨认。芳香族硝基化合物的 $\nu_{as(NO_2)}$ 和 $\nu_{s(NO_2)}$ 均为强峰，分别出现在 1550～1510cm^{-1} 和 1365～1335cm^{-1} 区域。由于硝基的存在，使苯环的 ν_{CH} 及 $\nu_{C=C}$ 明显减弱。

NOTE

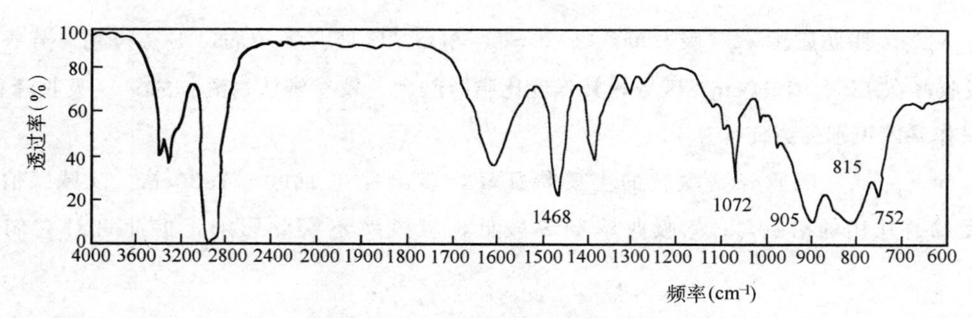

图 5-25　正丙胺的红外吸收光谱图

$CH_3CH_2CH_2NH_2$　$\nu_{as(NH)}3390cm^{-1}$，$\nu_{s(NH)}3290cm^{-1}$，$\delta_{NH}1610cm^{-1}$，

$\gamma_{NH}905cm^{-1}$、$752cm^{-1}$，$\nu_{CN}1072cm^{-1}$

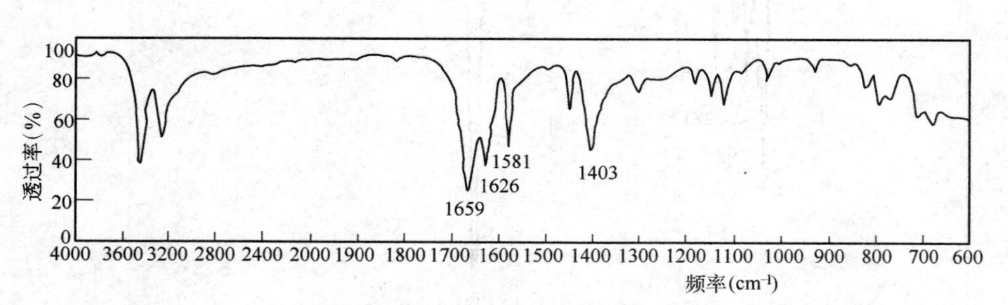

图 5-26　苯甲酰胺的红外吸收光谱图

C_6H_5-$CONH_2$　$\nu_{C=O}1659cm^{-1}$，$\nu_{as(NH)}3430cm^{-1}$，$\nu_{s(NH)}3240cm^{-1}$，$\delta_{NH}1626cm^{-1}$

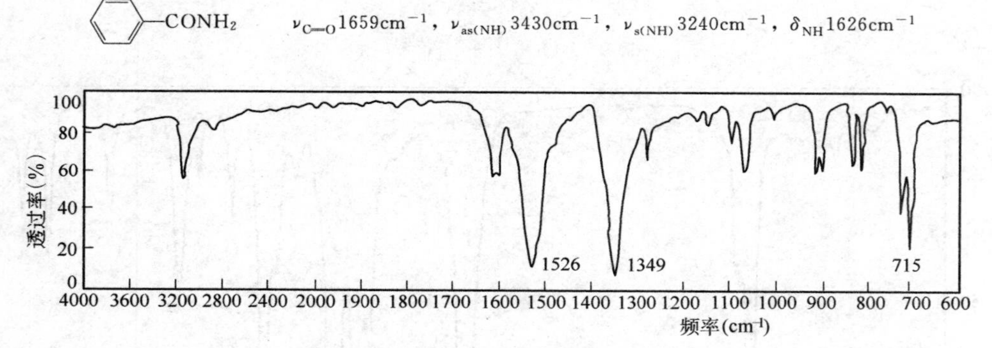

图 5-27　1,3-二硝基苯的红外吸收光谱图

NO_2、NO_2（1,3-二硝基苯结构式）　$\nu_{as(NO_2)}1526cm^{-1}$，$\nu_{s(NO_2)}1349cm^{-1}$

第五节　应　用

红外光谱的应用可概括为定性分析、定量分析和结构分析。定量分析应用较少，此处不陈述。

一、定性分析

红外光谱特征性强，每个化合物都有其特征的红外吸收光谱，因而它是定性分析的有力手段。定性分析是在待检样品为已知的前提下进行的。

NOTE

1. 官能团定性　官能团定性是根据化合物红外光谱的特征吸收峰，确定该化合物含有哪些官能团，以此鉴别化合物的类型。

2. 与已知物对照　将试样与已知标准品在相同条件下分别测定其红外吸收光谱。若二者峰位、峰数和峰的相对强度完全一致，可认定为同一物质。若其红外光谱有差异，则试样与标准品并非同一物质。

3. 核对标准光谱图　若化合物的标准光谱已被收载（包括药典），则可按名称或分子式查对标准光谱图，比较结果。判定时，要求峰位及峰强一致。

二、纯度检查

红外光谱分析，对试样的纯度有一定要求，一般应大于98%，否则给谱图的解析带来困难，有时还会出现误判。

将某检品炔诺酮的红外光谱与纯品炔诺酮及聚乙二醇6000的红外吸收光谱图（图5-28）进行比较，发现检品炔诺酮的红外光谱与纯品炔诺酮的红外光谱有明显差异，部分吸收峰如在3330、3270、1660、1610、890、760、690、680、660cm^{-1}处的吸收峰均一致。其他峰又与聚乙二醇6000一致。说明检品炔诺酮的杂质主要来自聚乙二醇6000的干扰。

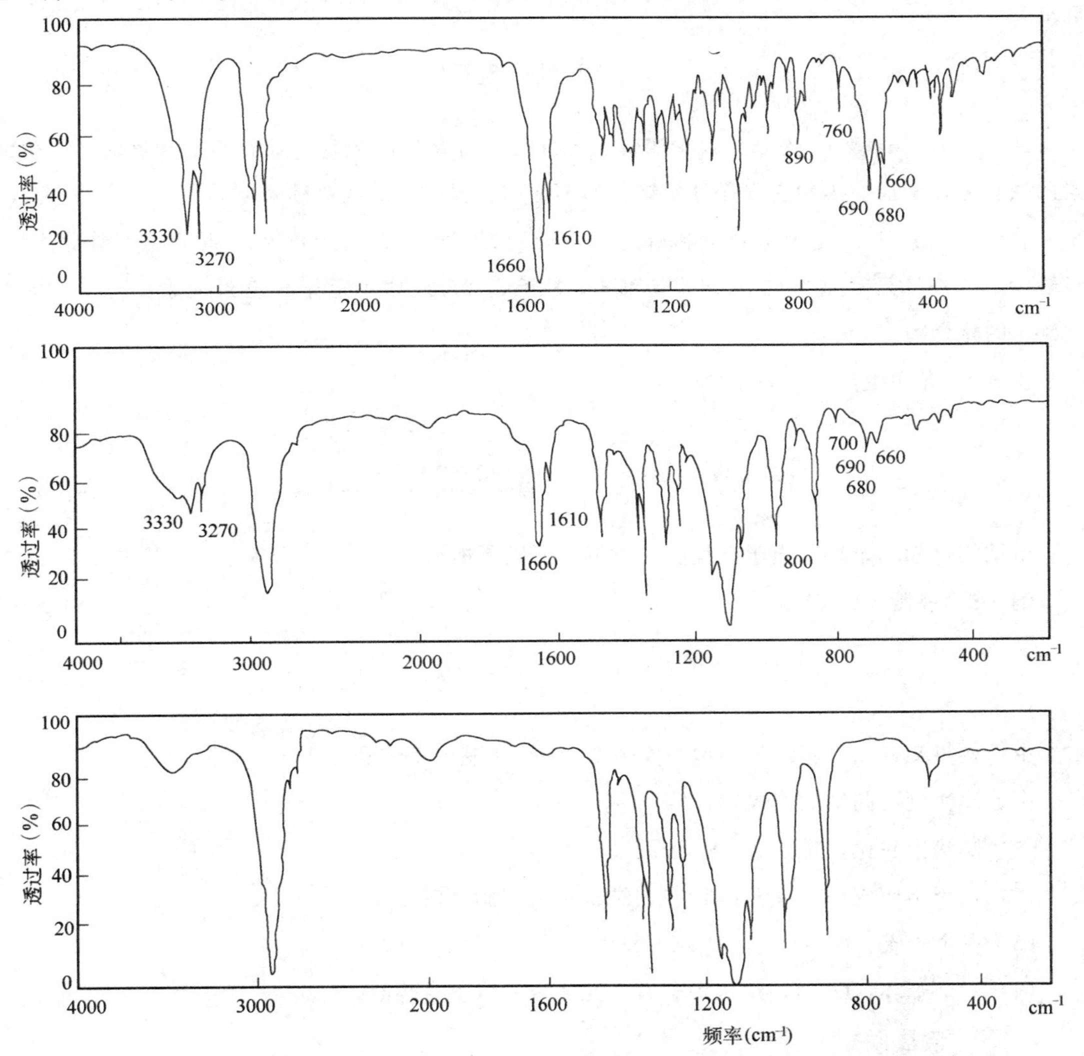

图5-28　纯品炔诺酮、检品炔诺酮及聚乙二醇6000的红外吸收光谱图

NOTE

三、谱图解析

红外谱图解析是根据典型基团的红外特征吸收，识别未知化合物谱图上特征吸收峰的起源，鉴别基团，并结合其他性质推断其结构。对于复杂的化合物，需进行综合光谱解析（包括元素分析、UV、IR、NMR及MS等），单靠红外吸收光谱一般不易解决问题。

（一）样品的来源及性质

1. 来源、纯度、灰分 了解样品的来源有助于对样品杂质范围的估计。样品的纯度低于98%，则不符合要求，需精制。有灰分则含有无机物。

2. 物理化学常数 样品的沸点、熔点、折光率、旋光度等可作为光谱解析的旁证。

3. 分子式 利用分子式可以计算不饱和度（Ω），以便估计分子中是否有双键、脂环、叁键、苯环等，并可验证光谱解析结果的合理性。

4. 不饱和度的计算方法 不饱和度即分子结构达到饱和的链状结构所缺一价元素的“对”数。每缺两个一价元素时，不饱和度为一个单位（$\Omega=1$）。

若分子式中含一、二、三、四价元素（主要指H、X、O、N、C等）可按下式计算不饱和度：

$$\Omega=\frac{2+2n_4+n_3-n_1}{2} \tag{5-10}$$

式中，n_4、n_3 及 n_1 为分子式中四价、三价及一价元素的数目。计算不饱和度时，二价元素的数目无需考虑。因为它根据分子结构的不饱和状况以双键或单键来填补。

式中 $2+2n_4+n_3$ 是为达到饱和所需的一价元素的数目。因为饱和时原子间为单键连接，每缺少二个一价元素则形成一个不饱和度，故除以2。此式不适于含五价元素的分子，如含—NO_2的化合物。

例 5-4 苯甲酰胺（C_7H_7NO）

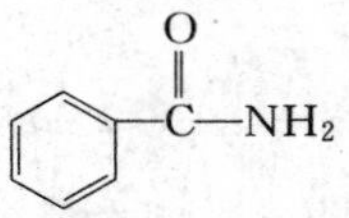

$$\Omega=\frac{2+2\times7+1-7}{2}=5$$

由结构可知，苯环相当于己烷少四对氢，所以不饱和度为4，一个羰基的不饱和度为1。

例 5-5 樟脑（$C_{10}H_{16}O$）

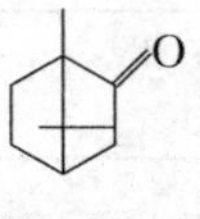

$$\Omega=\frac{2+2\times10-16}{2}=3$$

由结构可知，二个脂环的不饱和度为2，一个羰基的不饱和度为1。

由上述实例可归纳如下规律：

(1) 链状饱和化合物：$\Omega=0$。

(2) 一个脂环或一个双键：$\Omega=1$，结构中若有脂环时，$\Omega\geqslant1$。

(3) 一个叁键：$\Omega=2$。

(4) 一个苯环：$\Omega=4$，结构中若有六元或六元以上芳环时，$\Omega\geqslant4$。

（二）谱图解析程序

光谱解析尚无一定的规则，一般按照由简单到复杂的顺序进行。

1. 特征区（官能团区）与指纹区的应用

（1）特征区（官能团区）（4000～1250cm^{-1}）

①根据第一强峰的峰位初步估计化合物的类别，查找特征吸收以确定化合物含有哪些基团。

②4000～2500cm^{-1}是 X-H（X 指 C、N、O、S 等）伸缩振动区。根据碳氢伸缩振动类型及芳环骨架振动确定化合物是芳香族化合物，还是脂肪族饱和或不饱和化合物。如谱图在3100～3000cm^{-1}有吸收峰，而且在 1650～1610cm^{-1}间有中强吸收峰，视结构中具有不饱和碳氢及双键，表明样品为烯烃（如果 C=C 键位于分子的对称中心，此峰往往不出现）。

碳氢伸缩振动发生在 3300～2800cm^{-1}之间，大体以 3000cm^{-1}为界，不饱和碳氢键或环烷烃的碳氢键的 ν_{C-H} 高于 3000cm^{-1}，而饱和烷烃的碳氢键的 ν_{C-H} 低于 3000cm^{-1}，以此作为饱和或不饱和化合物判别的重要依据。

③2500～2000cm^{-1}是叁键和累积双键（—C≡C—、—C≡N、>C=C=C<、—N=C=C 等）伸缩振动区。

④2000～1500cm^{-1}是双键伸缩振动区，如：—C=O、—C=C、—C=N、—N=O 等。—NO_2 的反对称伸缩振动也在此区。

⑤ 1500～1250cm^{-1}是 C—H 弯曲振动区。

苯环的骨架振动出现在 1650～1430cm^{-1}间，通常非共轭环出现 2 个吸收峰，共轭环出现3～4个吸收峰。以 1600±20cm^{-1}和 1500±25cm^{-1}吸收峰为最主要，一般前者较后者弱，但有时恰相反，这两个吸收峰是鉴别是否存在芳环的标志之一。

（2）指纹区（1250～400cm^{-1}）

① 指纹区的许多吸收峰为特征区吸收峰的相关峰，可作为化合物存在哪些基团的旁证。

② 确定化合物较细微的结构。如芳环上的取代位置，判断几何异构体等。

苯环上的取代位置，可根据 900～650cm^{-1}之间苯环上的芳氢的面外弯曲振动 $\gamma_{\varphi-H}$ 判定。此峰强度大，易于辨认。烯烃的几何异构体，可根据 γ_{C-H} 来判别，γ_{C-H} 在770～665cm^{-1}为顺式，在 970～960cm^{-1}为反式。

2. 解析方法及注意事项　在解析红外光谱时，要注意红外光谱的三要素，即吸收峰的位置、强度和峰形。从大量的红外光谱数据可归纳出各种官能团红外吸收的强度变化范围，所以，只有当吸收峰的位置及强度都处于一定范围时，才能准确地推断出某官能团的存在。以羰基为例，羰基的吸收峰比较强，如果在 1680～1780cm^{-1}有吸收峰，但其强度很低，这不表明所研究的化合物存在有羰基，而是可能存在少量含羰基的杂质，吸收峰的形状也决定于官能团的种类，从峰形可辅助判断官能团。总之，只有同时注意吸收峰的位置、强度、峰形，才能得出正确的结论。光谱分析的程序一般可采取“四先四后一抓”的顺序和原则，即：先特征区，后指纹区；先最强峰，后次强峰；先粗查后细找，以及先否定后肯定，一抓一组相关峰。

在分析判断时，肯定一个基团的存在，单凭一个特征峰（主要证据）的出现下结论并不可靠，还应尽可能把每个相关峰（佐证）都找到，才能最后确定。谱图解析时首先考查特征区，一般按强度顺序开始，首先检查第一强峰，探讨可能的归属，并以它们的相关峰加以验证，从而确定存在的基团；据此再解析第二强峰，第三强峰。

NOTE

对简单化合物一般解析两三组相关峰即可确定未知物的分子结构。对复杂化合物的光谱，由于官能团之间的相互影响，解析困难，可粗略解析后，查对标准光谱确定或进行综合解析。

（三）谱图解析示例

例 5-6 一未知物的分子式为 C_8H_8O，测得其沸点为 202℃，红外光谱如图 5-29，试推断其结构。

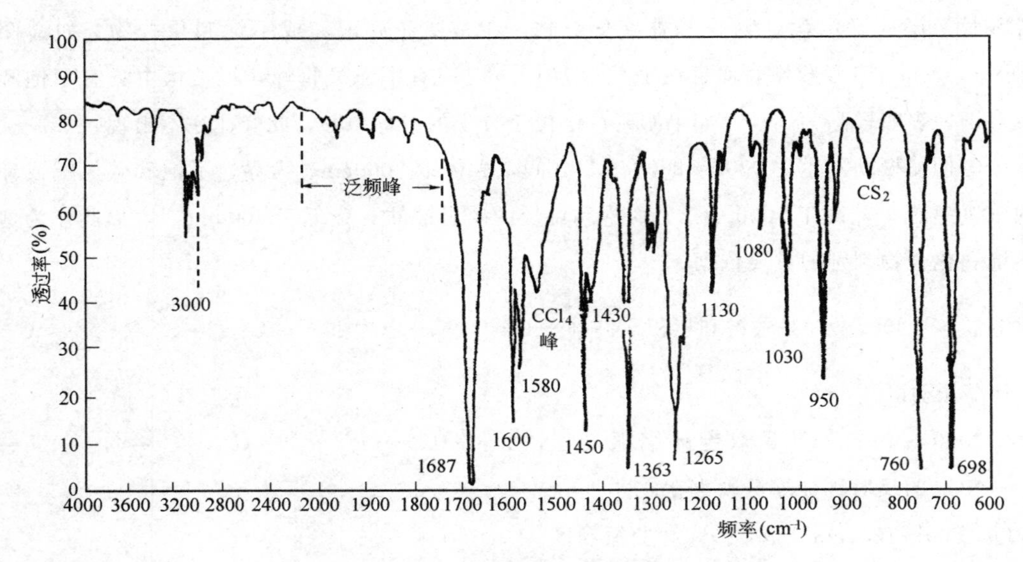

图 5-29 C_8H_8O 红外吸收光谱图

解：根据分子式计算不饱和度

$$\Omega=\frac{2+2\times8-8}{2}=5$$

计算表明结构中可能含有苯环，为芳香族化合物。

在特征区的强峰分别为 1687、1363、1600cm^{-1}等。分析各峰的归属为：

3040、3080cm^{-1}	$\nu_{=CH}$	(φH)
1687cm^{-1}	$\nu_{C=O}$	（波数较低，可能与苯环共轭）
1363cm^{-1}	δ_{C-H}	（CH_3）
1600、1580、1450cm^{-1}	$\nu_{C=C}$	（苯环骨架振动）
760、692cm^{-1}	γ_{C-H}	（φ上五个相邻 H，示单取代）

1687cm^{-1}表明为羰基，在分子式中仅一个氧原子，已构成羰基基团，因此不可能是醚，也不可能是酸或酯。1600、1580、1450cm^{-1}为芳环的骨架振动，并且分裂成三个峰，表明羰基与苯环共轭，因此可能为芳香酮。在 1363、1430cm^{-1}处的吸收峰及 3000cm^{-1}以内有吸收，表示有甲基的存在。

根据上述解析，推断可能的结构为：

$$C_6H_5-\overset{\overset{\displaystyle O}{\|}}{C}-CH_3$$

查标准光谱，与 Coblentz 6181 号一致。

NOTE

例 5-7 由茵陈蒿分离出来的精油，其分子式为 $C_{12}H_{10}$，UVλ_{max}^{EtOH} 239nm（ε537），253nm (ε340)，红外光谱如图 5-30，试解析其结构。

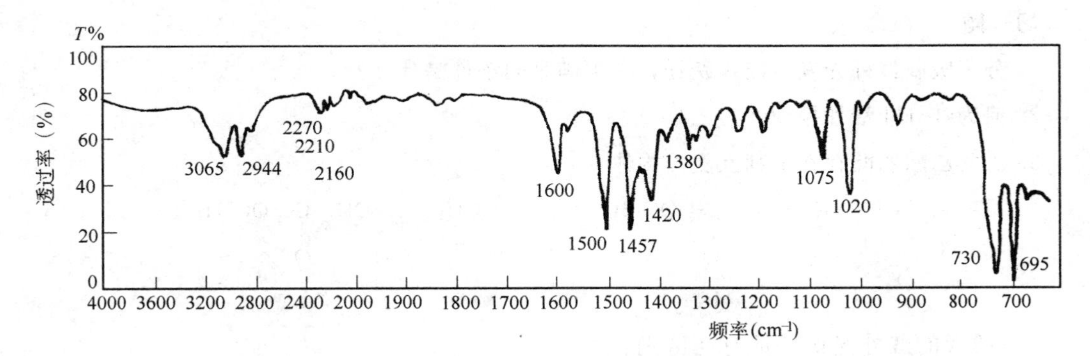

图 5-30　$C_{12}H_{10}$ 红外吸收光谱图

解： 根据分子式计算不饱和度　$\Omega=\frac{2+2\times12-10}{2}=8$

计算表明结构中可能含有苯环和其他不饱和键。

查苯环一组相关峰：

$3065cm^{-1}$　$\nu_{=CH}$　(φH)

1600、$1500cm^{-1}$　$\nu_{C=C}$　(φ骨架振动)

1075、$1020cm^{-1}$　δ_{C-H}　(φH)

730、$695cm^{-1}$　γ_{C-H}　(φ上五个相邻 H，示单取代)

查烷基相关峰：

$2944cm^{-1}$　$\nu_{as(C-H)}$　(CH_3 或 CH_2)

$1380cm^{-1}$　$\delta_{s(C-H)}$　(CH_3)

$1457cm^{-1}$　$\delta_{as(C-H)}$　(CH_3)

$1420cm^{-1}$　δ_{C-H} (CH_2)，由于 CH_2 的两侧分别有芳环和一个炔键，使谱带从正常的 $1470cm^{-1}$ 附近位移到较低波数。

查不饱和键相关峰：

2270、2210、$2160cm^{-1}$ $\nu_{C\equiv C}$

表明炔键存在。

红外谱图表明存在单取代苯基、炔键、甲基以及亚甲基。由于 $3300cm^{-1}$ 处没有峰，所以分子中不存在末端乙炔基。根据分子式和不饱和度，苯环上的取代基可能形式只有如下三种：

(1) $—CH_2—C\equiv C—C\equiv C—CH_3$

(2) $—C\equiv C—C\equiv C—CH_2—CH_3$

(3) $—C\equiv C—CH_2—C\equiv C—CH_3$

UVλ_{max}^{EtOH}253nm，表明 B 带没有红移，炔键未与苯环共轭，结构 (2)、(3) 不可能存在，只可能存在结构 (1)。$2270cm^{-1}$峰的出现，表明两个叁键自身共轭（叁键自身共轭，$\nu_{C\equiv C}$向高波数移动，$n=2$ 或 3 时，$2700\sim2200cm^{-1}$），支持这个推论。因此得出该无知物为茵陈炔，结构式如下：

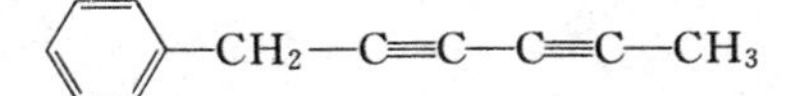

NOTE

习 题

1. 分子吸收红外光发生能级跃迁，必须满足的条件是什么？

2. 何为红外非活性振动？

3. 乙酰乙酸乙酯存在下列互变异构体：

$$CH_3-\underset{\underset{O}{\|}}{C}-CH_2-\underset{\underset{O}{\|}}{C}-OC_2H_5 \qquad CH_3-\underset{\underset{OH\cdots}{|}}{C}=CH-\underset{\underset{O}{\|}}{C}-OC_2H_5$$

酮型　　　　烯醇型

两者的红外光谱特征有何区别？

4. 下列化合物能否用红外吸收光谱区别，为什么？

$$\text{Ph}-CH_2COOCH_3 \quad (\text{Ⅰ}) \qquad \text{Ph}-COOC_2H_5 \quad (\text{Ⅱ})$$

5. 试推测分子式为 $C_9H_6O_2$ 的化合物结构。

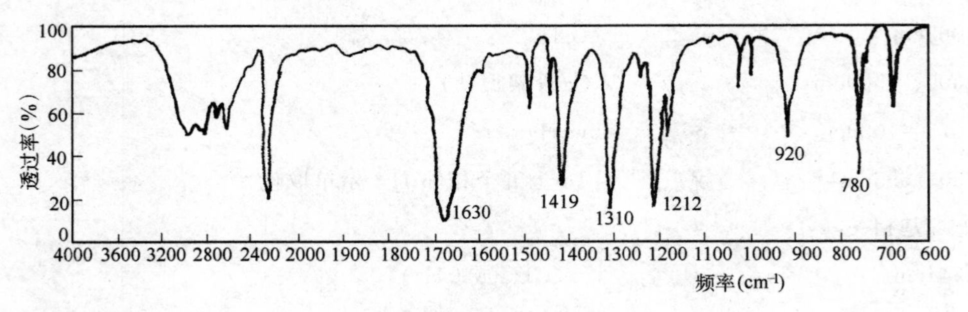

图 5-31　$C_9H_6O_2$ 红外吸收光谱

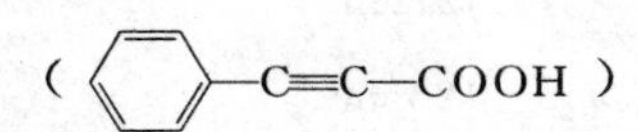

6. 一化合物为无色可燃性液体，有果子香味，沸点为 77.1℃，微溶于水，易溶于乙醇、氯仿、乙醚、苯等溶剂。其分子式为 $C_4H_8O_2$，试推测该化合物的结构。

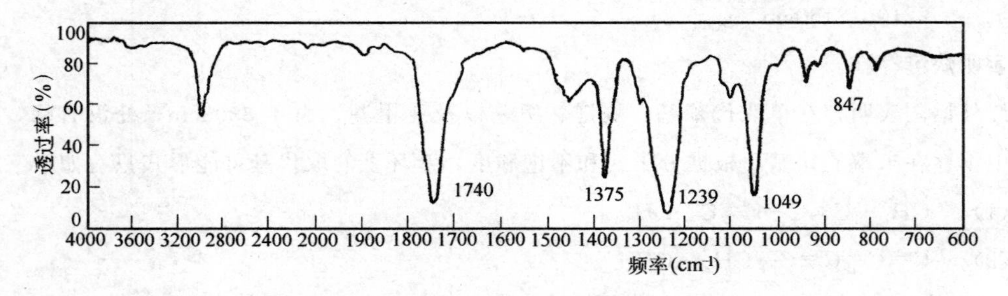

图 5-32　$C_4H_8O_2$ 红外吸收光谱

（$CH_3COOC_2H_5$）

7. 一化合物为白色粉末，有特殊气味，熔点为 76.5℃，稍溶于水，溶于乙醇和乙醚。质谱分析，确定分子式为 $C_8H_8O_2$。试推测其结构。

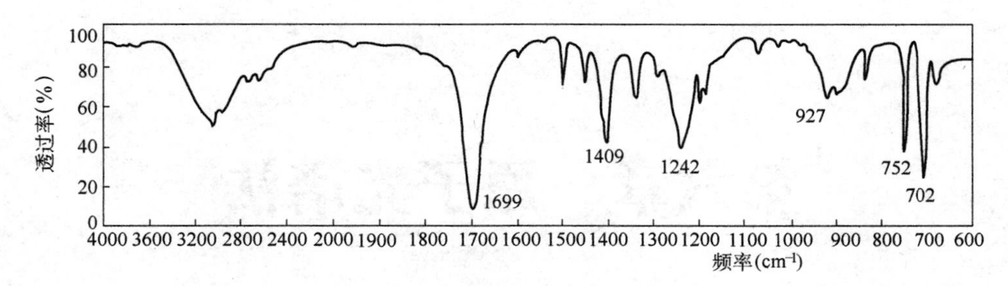

图 5-33　$C_8H_8O_2$ 红外吸收光谱

（C_6H_5-CH_2COOH）

8. 某未知物的分子式为 $C_{10}H_{12}O$，试从其红外光谱图（图 5-34）推出其结构。

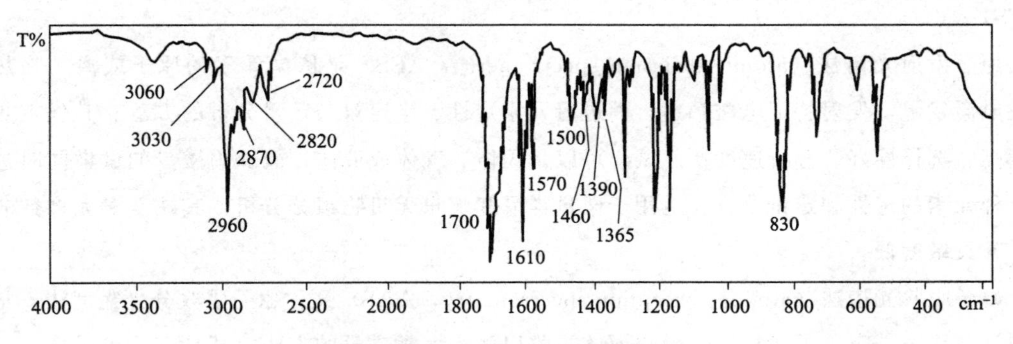

图 5-34　$C_{10}H_{12}O$ 的红外吸收光谱

（$(H_3C)_2CH$-C_6H_4-$\overset{O}{\overset{\|}{C}}$-H）

第六章　原子光谱法

原子光谱是原子内电子能级跃迁所产生的，它的表现形式为线光谱。不同原子的光谱各不相同，其特征反映了原子内部电子运动的规律性。

原子光谱法有原子发射光谱法（AES）、原子吸收光谱法（AAS）、原子荧光光谱法（AFS）等。

原子发射光谱法（atomic emission spectrometry，AES）是依据元素的原子或离子在热激发或电激发下，发射特征电磁辐射，而进行元素定性、半定量与定量分析的方法。其优点是灵敏度高、选择性好、分析速度快。试样可以是固体、气体或液体，能够用微量的试样同时进行数十种元素的定性和定量分析，适用于微量样品和痕量无机物组分分析。其缺点对大多数非金属元素灵敏度低。

原子吸收光谱法（atomic absorption spectrometry，AAS）又称原子吸收分光光度法。是基于测量蒸气中基态原子对特征电磁辐射的吸收以测定元素含量的方法。其具有检出限低、灵敏度高、分析精度好、分析速度快、应用范围广、仪器比较简单、操作方便等优点，其不足之处是多元素同时测定和对非金属及难熔元素的测定尚有困难，对复杂样品分析干扰也较严重，且灵敏度稍低，重现性较差。

原子荧光光谱法（atomic fluorescence spectrometry，AFS）是基于气态基态原子吸收特征辐射后，当其以辐射去活化时，即会发出波长与激发光波长相同或不同的荧光而进行元素定量分析的方法，是20世纪60年代以后发展起来的一种新的痕量分析方法。原子荧光光谱法具有灵敏度较高、谱线比较简单、光谱干扰小、校正曲线线性范围宽、仪器结构简单、能进行多元素同时测定等优点。目前，已有20多种元素的检出限低于AAS法，如Zn、Cd、Ar等元素的检出限都小于10μg/L。其还可以与色谱仪器联用，对元素价态进行分析。但与AAS比较，AFS存在需要高浓度酸、标准需要预还原、实验条件较严等不足之处。

本章主要介绍原子吸收光谱法。

第一节　基本原理

一、原子的吸收和发射

原子是由带正电荷的原子核和带负电荷的电子所组成，核外电子按一定的量子轨道绕核旋转，这些轨道呈分立的层状结构，每层具有各自确定的能量，称为原子能级或量子态。离核越远的能级能量越高。通常情况下，电子都处在各自能量最低的能级上（即基态），处于基态的

原子称为基态原子，基态原子最稳定。当其受到外界能量（辐射）作用时，电子就可能吸收能量而向高能级轨道跃迁，此过程就是原子的吸收过程。处于高能态的原子称为激发态原子。激发态原子很不稳定，在极短的时间内（10^{-8}秒左右），电子又会从高能态跃迁回至基态，同时将所吸收的能量以光辐射的形式释放出来，发射相应的谱线，这就是原子的发射过程。原子被激发时所吸收的能量与其从相应激发态再跃迁回基态时所发射的能量在数值上相等，都等于该两能级间的能量差。

$$\Delta E = E_j - E_0 = h\nu = hc/\lambda \tag{6-1}$$

式中 E_0 和 E_j 分别是电子在基态和激发态时的能量；h 是 Planck 常数；ν 是吸收或发射电磁辐射的频率；λ 是波长；c 是光速。

原子受外界能量激发，其最外层电子可能跃迁到不同能级，因此可能有不同的激发态。其中，电子从基态跃迁到能量最低的激发态，即第一激发态时，所产生的吸收谱线称为共振吸收线（简称共振线）；在发射光谱中，将电子从第一激发态跃迁回至基态时所发射的谱线称为共振发射线（也简称共振线）。各种元素的原子结构不同，原子从基态跃迁至第一激发态（或由第一激发态跃迁回至基态）时，吸收（或发射）的能量亦不同，因此各元素的共振线不同且各有其特征性，这种共振线称为元素的特征谱线。由于从基态到第一激发态的跃迁最容易发生，因此，对大多数元素来说，共振线是元素所有谱线中最强、最灵敏的谱线，也是原子吸收光谱法最常用的分析线。

二、原子的量子能级和能级图

（一）光谱项

紫外-可见区光辐射的能量只能引起原子的价电子能级跃迁，为了说明原子在吸收和发射过程中电子跃迁的情况，必须了解电子在跃迁前后所处的能级，在原子光谱学中，原子能级一般用光谱项符号 $n^{M}L_{J}$ 表示，光谱项用 n、L、S、J 四个量子数来表征。

n 是价电子的主量子数，表示电子所处的电子层（能层）。

L 是总角量子数，表示电子的轨道形状，其数值为外层价电子角量子数 l 的矢量和，取值为 0，1，2，3…通常分别用 S、P、D、F…表示。含有两个价电子的总角量子数 L 的加合规则为：$L=(l_1+l_2),(l_1+l_2-l),\cdots,|l_1-l_2|$；若价电子数为 3 时，应先求出两个价电子角量子数的矢量和后，再与第三个价电子加和，依此类推。

S 是总自旋量子数，其数值为各价电子自旋量子数 s 的矢量和，取值为 0，±1/2，±1，±3/2，±2…±价电子数/2。光谱学上定义：M 为光谱多重性符号，它等于 $2S+1$，反映价电子跃迁时可能产生的谱线数目。

J 是内量子数，由 L 和 S 耦合的结果，数值为二者的矢量和，即 $J=L+S$。其加和规则为：$J=(L+S),(L+S-1),\cdots|L-S|$。当 $L\geqslant S$ 时，J 取（$2S+1$）个数值；当 $L<S$ 时，J 取（$2L+1$）个数值。J 表示光谱支项。

由于 L 和 S 相互作用，使原子体系能量发生微扰，引起谱线的精细结构——谱线的多重分裂。说明电子自旋造成了能级分裂（这也是称 $2S+1$ 为光谱多重性的原因）。

每个光谱支项还包含 $g=2J+1$ 个状态。g 称为状态的统计权重（又称简并度），它是指电子在外加磁场作用下，每个能级可能被分裂成子能级的数目。它决定了多重线中谱线强度比。

NOTE

这种在外加磁场作用下，发生光谱项再分裂的现象叫作塞曼效应（Zeemann effect）。

例如，根据钠原子结构可以导出其由基态向第一激发态跃迁时光谱项的变化。钠原子基态结构为$(1s)^2(2s)^2(2p)^6(3s)^1$，基态价电子$n=3$，$L=l=0$（相当于s电子）；$S=S_1=1/2$；$J=L+S=1/2$；$M=2S+1=2$，其对应的光谱符号为$3^2S_{1/2}$。

当钠原子的价电子从基态向第一激发态$3p$轨道跃迁时，激发态价电子$n=3$；$L=l_1=1$（相当于p电子）；$S=S_1=1/2$；$M=2S+1=2$；因$L>S$，J的取值数目为$2S+1=2$个，分别为1/2和3/2，其对应的光谱项符号为$3^2P_{1/2}$和$3^2P_{3/2}$。这说明钠原子由基态向第一激发态跃迁时，可产生两种跃迁，因此钠原子最强的钠D线成为双线，即：

$$3^2S_{1/2}\begin{cases}3^2P_{1/2}:E(3^2P_{1/2})-E(3^2S_{1/2})=h\nu_1 & \text{其共振线波长为 589.6nm } D_1\text{ 线}\\ 3^2P_{3/2}:E(3^2P_{3/2})-E(3^2S_{1/2})=h\nu_2 & \text{其共振线波长为 589.0nm } D_2\text{ 线}\end{cases}$$

（二）能级图

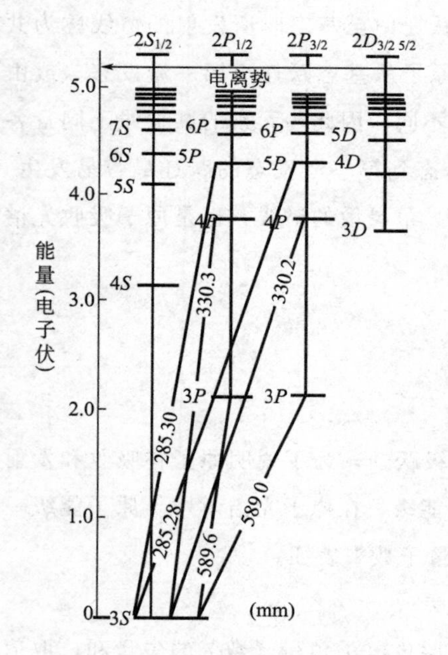

图 6-1　钠原子部分电子能级图

元素原子的能级通常以原子外层电子能级图来表示。图6-1是钠原子部分电子能级图。图中纵坐标表示原子能量E（eV），将基态原子的能量定为$E=0$，能级之间的连线表示价电子在相应能级之间跃迁时产生的原子光谱线；横坐标是用光谱支项表示的原子实际所处的能级。

需要指出的是，电子中存在的各能级之间并不一定都能发生跃迁。例如锌的基态为4^1S_0，第一激发态有4个分能级4^1P_1，4^3P_0，4^3P_1，和4^3P_2，而实际观测到的强共振线只有213.86nm，是由$4^1S_0\sim4^1P_1$间的跃迁所产生的。这就说明光谱项间的跃迁不是任意的，而是由光谱选择定则所决定，原子光谱选择定则是：

1. 主量子数的变化，$\Delta n=0$或任意正整数。

2. 总角量子数的变化，$\Delta L=\pm1$，即跃迁只允许在S项与P项，P项与S项或D项之间发生等等。

3. 总自旋量子数的变化，$\Delta S=0$，即单重项只能跃迁到单重项，三重项只能跃迁到三重项等等。不符合选择定则的跃迁，属于禁戒跃迁，发生的几率很小。例如，$3^2S_{½}-3^2P_{½}$和$3^2S_{½}-3^2P_{½}$均属允许跃迁。

4. 内量子数的变化，$\Delta J=0$，±1，但当$J=0$时，$\Delta J=0$的跃迁是禁忌的，禁忌跃迁一般发生的机会很小，谱线也很弱。

三、原子在各能级的分布

原子吸收光谱法是以原子蒸气中基态原子对共振线的吸收为基础的。所以，蒸气中基态原子数与待测原子总数之间的关系及其分布状态如何，是原子吸收光谱法中必须讨论的问题。将被测试样转化为气态基态自由原子的过程称为原子化，其过程表示如下：

NOTE

$$
\begin{array}{c}
M^{*}\text{（激发态原子）}\\
\uparrow\\
MX\text{（试样）}\rightleftharpoons MX\text{（气态）}\rightleftharpoons M\text{（基态原子）}+X\text{（气态）}\\
\downarrow\\
M^{+}\text{（离子）}+e\text{（电子）}
\end{array}
$$

在一定原子化温度下，当处于热力学平衡状态时，物质激发态与基态原子数之比服从波兹曼（Boltzmann）分布定律：

$$\frac{N_j}{N_0}=\frac{g_i}{g_0}\cdot e^{\left(-\frac{E_j-E_0}{KT}\right)} \quad (6\text{-}2)$$

式中，N_j、N_0 和 g_j、g_0 分别代表激发态和基态的原子数和统计权重；E_j 和 E_0 分别为激发态和基态原子的能量，且 $E_j>E_0$；T 为热力学温度，K 为 Boltzmann 常数（$1.38\times10^{-23}\,J\cdot K^{-1}$）。

对共振线来说，电子由基态跃迁到第一激发态时，上式可写为：

$$\frac{N_j}{N_0}=\frac{g_j}{g_0}\cdot e^{\left(-\frac{\Delta E}{KT}\right)}=\frac{g_j}{g_0}\cdot e^{\left(-\frac{h\nu}{KT}\right)} \quad (6\text{-}3)$$

表 6-1 几种元素在不同温度下的基态与激发态原子的分配

共振线 (nm)	g_j/g_0	激发能 (eV)	N_j/N_0		
			T=2000K	T=2500K	T=3000K
Na589.0	2	2.104	0.99×10^{-3}	1.14×10^{-4}	5.83×10^{-4}
Sr460.7	3	2.690	4.99×10^{-7}	1.13×10^{-6}	9.07×10^{-5}
Ca422.7	3	2.932	1.22×10^{-7}	3.67×10^{-6}	3.55×10^{-5}
Fe372.0	—	3.332	0.99×10^{-2}	1.04×10^{-7}	1.33×10^{-6}
Ag328.1	2	3.778	6.03×10^{-10}	4.84×10^{-8}	8.99×10^{-7}
Cu324.8	2	3.817	4.82×10^{-10}	4.04×10^{-8}	6.65×10^{-7}
Mg285.2	3	4.346	3.35×10^{-11}	5.02×10^{-9}	1.50×10^{-7}
Pb283.3	3	4.375	2.83×10^{-11}	4.55×10^{-9}	1.34×10^{-7}
Zn213.9	3	5.796	6.22×10^{-15}	6.22×10^{-12}	5.50×10^{-10}

式（6-3）及表（6-1）说明，在原子化过程中，产生激发态原子的原子数决定于原子化温度和激发能，即 N_j/N_0 的大小主要与“波长”及“温度”有关。

（1）温度愈高，N_j/N_0 值愈大，即处于激发态的原子数增加，且 N_j/N_0 随温度 T 增加而呈指数增加。

（2）同一温度，激发能愈低，共振线波长愈长，N_j/N_0 值也愈大，即波长长的原子处于激发态的数目多。而通常条件下，火焰温度一般低于 3000K，大多数共振线波长都小于 600.00nm，因此，对于大多数原子来说 N_j/N_0 值都很小（<1%）。即火焰中的激发态原子数远小于基态原子数，N_j 可以忽略不计，也就是说火焰中基态原子数占绝对多数，可认为火焰中基态原子数 N_0 近似等于其原子总数，也就是反映了样品中元素原子的浓度。

应当指出，上面只考虑了热平衡状态，此外，火焰中的电子、紫外线等其他因素也能引起原子激发，因此，激发态原子在理论上比热平衡状态时要多，但总的来说，这些因素的影响还是比较小，仍可把基态原子数看成是待测元素的原子数。

总之，AAS对 T 的变化迟钝，或者说温度对AAS分析的影响不大。而AES因测定的是激发态原子发射的谱线强度，故其激发态原子数直接影响谱线强度，从而影响分析的结果。也就是说，在AES中须严格控制温度。

四、原子吸收线的轮廓及其影响因素

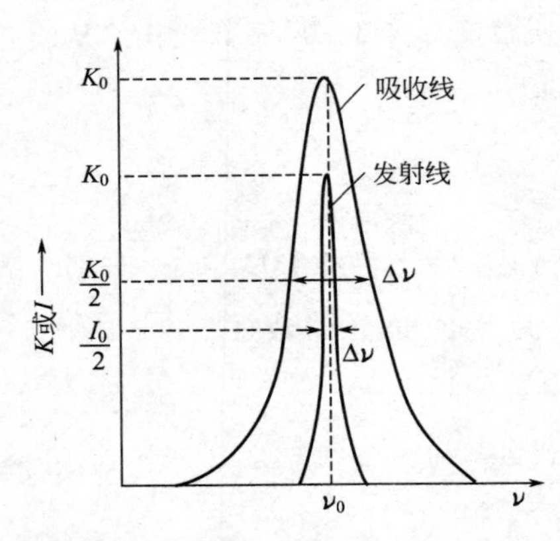

图 6-2　原子吸收线和发射线的轮廓及其比较

理论上吸收线和发射线在频率上应该是一致的，但经实际观测后发现，这些谱线都具有一定的宽度，即在一定频率范围内存在不同程度的吸收和发射。图6-2是原子吸收线和发射线的轮廓及其比较。

原子吸收线的轮廓以原子吸收谱线的中心频率（或中心波长）、半宽度、强度来表征。中心频率 ν_0 由原子能级所决定；半宽度是中心频率位置吸收系数极大值一半处谱线上两点间的频率（或波长）差（$\Delta\nu$ 或 $\Delta\lambda$）；强度是由两能级之间的跃迁几率决定的。

原子吸收谱线受很多因素的影响，这些因素在不同程度上影响吸收中心波长的位移和吸收线总宽度。

（一）自然宽度

没有外界影响，谱线仍有一定的宽度称为自然宽度（natural width），以 $\Delta\nu_N$ 表示。它与激发态原子的平均寿命有关，平均寿命愈短，谱线自然宽度愈宽。不同谱线有不同的自然宽度，多数情况下约为 10^{-5} nm数量级，可以忽略不计。

（二）多普勒（Doppler）宽度变宽

Doppler宽度是由于原子无规则热运动引起的，又称热变宽，以 $\Delta\nu_D$ 示。当运动波源（运动着的原子发出的光）“背向”检测器运动时，被检测的频率较静止波源所发出的频率低，波长红移；当运动波源“向着”检测器运动时，被检测到的频率又较静止波源所发出的频率高，波长紫移，此即多普勒效应。气相中的原子处于无序运动中，相对于检测器的方向，各原子有着不同的运动速度分量，故对 $\Delta\nu_D$ 产生贡献，Doppler变宽由下式决定：

$$\Delta\nu_D = 7.16\times10^{-7}\nu_0\sqrt{\frac{T}{M}} \tag{6-4}$$

式中，T 是热力学温度，M 是吸光原子质量，由式（6-4）可见，$\Delta\nu_D$ 随温度升高，谱线波长变长和相对原子质量减小而变宽。Doppler变宽可达 10^{-3} nm数量级，是谱线变宽的主要因素。

（三）压力变宽

当原子吸收区压力变大时，原子之间的相互碰撞导致激发态原子平均寿命缩短，引起谱线变宽。根据产生碰撞的原因又可以分为两种。

1. 赫鲁兹马克（Holtsmark）变宽　Holtsmark变宽又称共振变宽，以 N_R 表示，是指同种原子碰撞引起的发射或吸收。光量子频率改变而导致的谱线变宽，它随试样原子蒸气浓度增加而增加。在通常实验条件下（即金属原子蒸气压<133.33Pa时）可以忽略不计。

NOTE

2. 劳伦茨（Lorentz）变宽　Lorentz变宽是指被测元素的原子与蒸气中其他原子或分子等

碰撞而引起的谱线轮廓变宽、谱线频移与不对称性变化，以 N_L 表示。它随原子区内气体压力增大和温度升高而增大，也随局外气体性质的不同而不同，在通常原子吸收测定条件下，与 Doppler 变宽的数值具有相同的数量级。此效应对气体中的所有原子是相同的，为均匀变宽，是按一定比例引起吸收值减小的固定因素，只降低分析的灵敏度，不破坏吸收值与浓度间的线性关系。

在原子光谱分析中，劳伦茨变宽通常比赫鲁兹马克变宽要严重得多。压力变宽随气体压力增大和温度升高而增大，也是谱线变宽的主要因素之一。

（四）其他变宽

如斯塔克（Stark）变宽和塞曼（Zeemann）变宽，二者均属场致变宽。Stark 变宽是由外电场或带电粒子形成的电场引起；而 Zeemann 变宽是由外磁场所致。但它们的影响一般也不大。

综上所述，通常在原子吸收光谱测定条件下，谱线的宽度可以认为主要是由 Doppler 效应和 Lorentz 效应两个主要因素引起。

五、原子吸收光谱的测量

（一）积分吸收

实验证明，当一束强度为 I_0 的平行光，通过厚度为 l 的原子蒸气时，透过光的强度减弱为 I，其原子蒸气对光的吸收亦服从 Lambert 定律：

$$I=I_0e^{(-K.L)} \tag{6-5}$$

式中，K_ν 为基态原子对频率为 ν 的光辐射吸光系数。则吸光度 A 可用下式表示：

$$A=-\lg\frac{I}{I_0}=0.434K_\nu L \tag{6-6}$$

原子吸收光谱是同种基态原子在吸收其共振辐射时被展宽了的吸收带，吸收线上的任意各点都与相同的能级跃迁相联系。因此，原子吸收光谱产生于基态原子对特征谱线的吸收。在一定条件下，基态原子数 N_0 正比于吸收曲线下面所包括的整个面积，对吸收系数的积分称为积分吸收系数，简称积分吸收，它表示吸收的全部能量。从理论上可以得出，积分吸收与原子蒸气中吸收辐射的原子数成正比，其数学表达式为：

$$\int K_\nu \mathrm{d}\nu=\frac{\pi e^2}{mc}\cdot f\cdot N_0 \tag{6-7}$$

式中，e 为电子电荷；m 为电子质量；c 为光速；N_0 为单位体积内基态原子数；f 为振子强度，即能被辐射激发的每个原子的平均电子数，它正比于原子对特定波长辐射的吸收几率。

由（6-7）式可以看出，若能测定积分吸收，则可求出原子浓度，但是，测定谱线宽度仅为 10^{-3} nm 的积分吸收，需要高分辨率的分光仪器（$\nu/\Delta\nu$ 达 50 万以上），这是一般光谱仪难以达到的。

（二）峰值吸收及其测量

1955 年，Walsh. A. 提出，在温度不太高的稳定火焰条件下，峰值吸收系数与火焰中被测元素的原子浓度存在线性关系，可以用测定峰值吸收系数 K_0 来代替积分吸收系数的测定。吸收线中心波长的吸收系数 K_0 称为峰值吸收系数，简称峰值吸收。K_0 测定，只要使用锐线光

源，一般仪器就可以做到，当光源发射线的中心波长与吸收线中心波长一致，且发射线的半宽度比吸收线的半宽度小得多时，$\Delta\nu$ 取决于 Doppler 宽度 $\Delta\nu_D$，吸光系数为：

$$K_\nu = K_0 \cdot e^{-\left[\frac{2(\nu-\nu_0)\sqrt{\ln 2}}{\Delta\nu_D}\right]^2} \tag{6-8}$$

积分，得：

$$\int_0^\infty K_\nu \mathrm{d}\nu = \frac{1}{2}\sqrt{\frac{\pi}{\ln^2}} \cdot K_0 \Delta\nu_D \tag{6-9}$$

联合式 6-8 与式 6-9 得：

$$K_0 = \frac{2}{\Delta\nu_D}\sqrt{\frac{\ln^2}{\pi}} \cdot \frac{\pi e^2}{mc} \cdot f \cdot N_0 \tag{6-10}$$

用 K_0 代替式 6-6 中的 K_ν，得：

$$A = 0.4343 \times \frac{2}{\Delta\nu_0}\sqrt{\frac{\ln 2}{\pi}} \cdot \frac{\pi e^2}{mc} \cdot f \cdot N_0 \cdot l \tag{6-11}$$

在一定条件下，$\Delta\nu_D$、f 都是定值，令

$$0.4343 \times \frac{2}{\Delta\nu_D}\sqrt{\frac{\ln 2}{\pi}} \cdot \frac{\pi e^2}{mc} \cdot f = K \tag{6-12}$$

并近似地将 N_0 视为 N，则得：　　$A = KNl$　　(6-13)

在稳定的原子化条件下，厚度 l 一定，试液中被测组分浓度 C 与蒸气中原子总数 N 成正比，则在一定试验条件下，吸光度与待测元素在试样中的浓度关系可表示为

$$A = K'C \tag{6-14}$$

式（6-14）为原子吸收测量的基本关系式。表明峰值吸收测量的吸光度与试样中被测组分的浓度呈线性关系。

第二节　原子吸收分光光度计

原子吸收分光光度计主要由光源、原子化器、单色器（分光器）、检测器及数据处理系统等组成。

一、仪器的主要部件

（一）光源

光源的作用是产生原子吸收所需要的共振辐射。对光源的基本要求是：必须能发射出比吸收线宽度更窄的共振线，辐射强度大，背景低，稳定性好，噪声小，使用寿命长等。

1. 空心阴极灯（hollow cathode lamp，HCL）

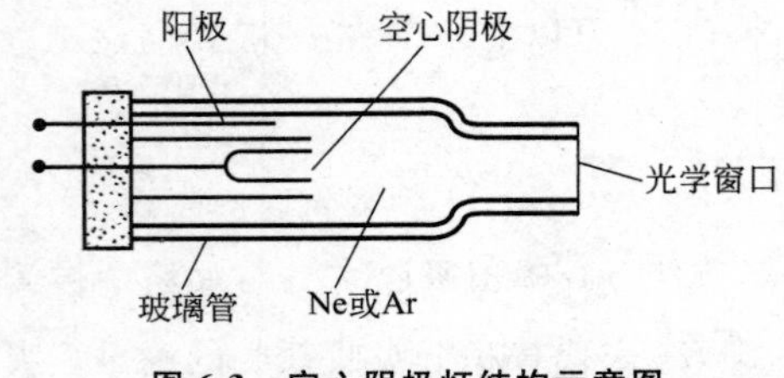

图 6-3　空心阴极灯结构示意图

空心阴极灯是目前最常用的锐线光源。结构如图 6-3 所示，它包括一个钨制阳极（上装有钽片或钛丝作为吸气剂）和一个由被测元素材料制成的空腔形阴极。两极密封于带有石英窗口（370nm 以上可用光学玻璃窗口）的玻璃管中，内充惰性气体氖或

NOTE

氩，称为载气。当正负电极间施加200～500V电压时电子将从空心阴极内壁流向阳极，在此电子通路上与惰性气体原子碰撞而使之电离，荷正电的载气离子在电场作用下，就向阴极内壁猛烈轰击，使阴极表面的金属原子溅射，此类金属原子再与电子、惰性气体原子及离子发生碰撞而被激发，于是阴极内的辉光中便出现了阴极物质和内充气体的光谱。因此用不同的待测元素可制造各种不同的空心阴极灯；阴极若使用含有多种元素的物质材料，则可制成多元素空心阴极灯。为了避免发生光谱干扰，在制灯时，必须使用纯度较高的阴极材料和选择适当的内充气体。

空心阴极灯的优点是辐射光强度大而且稳定，谱线宽度窄，灯易于更换。缺点是每测定一个元素需要更换相应的待测元素空心阴极灯。

2. 多元素空心阴极灯　多元素灯就是在阴极内含有两个或多个不同元素，点燃时，阴极负辉区能同时辐射出两种或多种元素的共振线，通过更换波长即可在一个灯上同时进行几种元素的测定。

在测定As、Se、Te、Ge、Hg等金属性较弱、熔点较低的元素时，常用无极放电灯（EDL）和高强度空心阴极灯（HHCL）作光源；温度梯度灯（TGL）是最近发展起来的一种电磁辐射光源，特别适合低于200nm的远紫外区如As、Sn等的测定；可调激光光源，亦是近年来用于原子吸收测定很有发展前途的一种光源。

（二）原子化器（atomizer）

原子化器的作用是提供能量，将试样转化为所需要的基态原子。原子化器分为火焰原子化器和非火焰原子化器两大类。

1. 火焰原子化器　火焰原子化器是利用化学火焰的热能使试样原子化的一种装置。火焰原子化器有两种类型，即全消耗型和预混合型。常用的预混合型原子化器的结构如图6-4所示，其主要由喷雾器、雾化室和燃烧器三部分组成。

喷雾器的作用是吸入试液并将其雾化，并使雾滴均匀化。目前多采用同轴型气动雾化器。如图6-5所示。一般用不锈钢、聚四氟乙烯或玻璃制成。

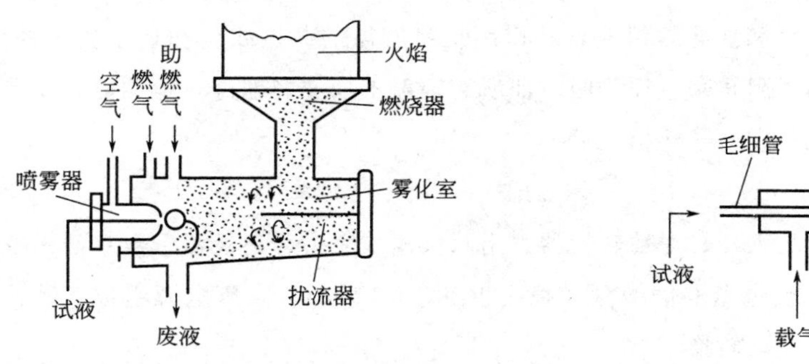

图6-4　预混合型原子化器

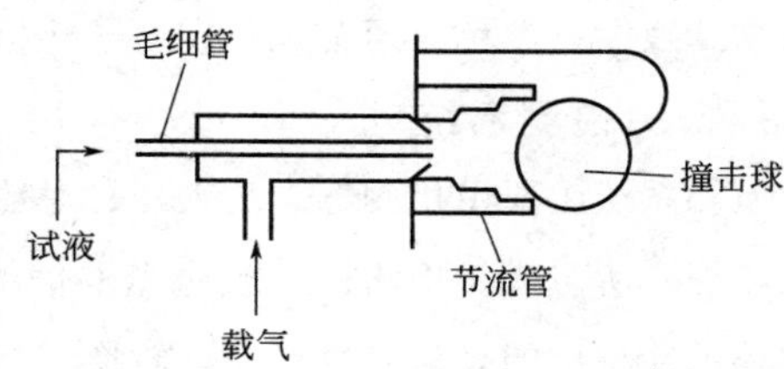

图6-5　喷雾器

雾化室（也叫预混合室）的作用是使气溶胶的雾粒更小、更均匀，并与燃气、助燃气充分混合后形成气溶胶，再进入火焰原子化区；内有扰流器，使较大的雾滴沉降、凝聚后流入废液管排出；还可使气体混合均匀，火焰稳定，降低噪声。

燃烧器的作用是产生火焰，使试样蒸发和原子化。燃烧器有孔型和长缝型两种，长缝型燃烧器又有单缝和三缝之分，以单缝型较为常用。

NOTE

火焰原子化器结构简单，易于操作，重现性好，造价低廉，故应用普遍。但原子化效率低（大约只有10%），所以它的灵敏度的提高受到限制。

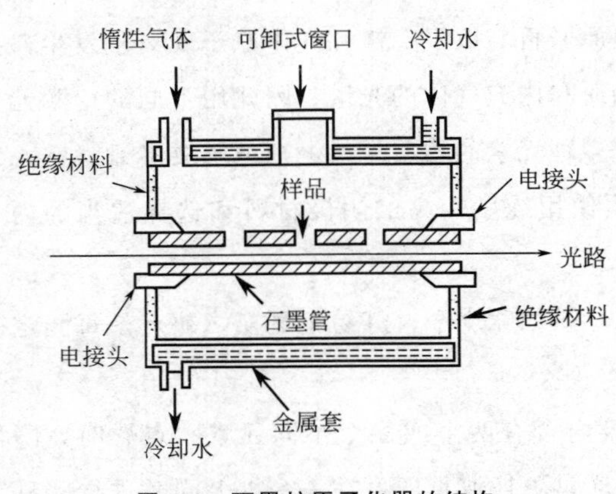

图 6-6　石墨炉原子化器的结构

2. 非火焰原子化器　非火焰原子化器主要有石墨炉原子化器、化学原子化器、阴极溅射原子化器、激光原子化器、等离子炬原子化器等，以前两种应用较多。

（1）*石墨炉原子化器*（graphite furnace atomizer，GFA）：最为常用的是管式石墨炉原子化器，结构如图 6-6 所示。由电源、保护系统、石墨管炉等三部分组成。石墨管长约28～60mm，外径 6～9mm，内径约 4～8mm，管中央小孔用于加样，管两端用铜电极夹住。铜电极周围用水箱中流动冷水冷却，盖板盖上后，构成保护气体室，室内通以惰性气体 Ar 或 N_2，以保护原子化的原子不再被氧化，同时也可延长石墨管寿命。

石墨管原子化过程分为干燥、灰化、原子化和净化等四个阶段。与火焰原子化法比较，其优点是：①原子化效率和测定灵敏度较高，有利于难熔氧化物的原子化，绝对检出限可达 10^{-12}～10^{-14}g 数量级。②试样用量少，液体试样一般 1～50μL，固体试样 0.1～10mg，均可直接进样，操作安全。缺点是基体效应、化学干扰和背景干扰较大，测定的精密度比火焰法低。为了克服这些缺点，近年来对石墨炉原子化器和应用技术进行了改进，出现了碳棒、碳杯、钽条炉等多种原子化器和背景校正附件，应用技术方面也有许多创新，如石墨炉平台技术具有能消除基体效应的特点。

（2）*低温原子化法（化学原子化法）*：是利用化学反应使被测元素直接原子化，或者使其还原为易挥发的氢化物，再在低温下原子化的方法，低温原子化温度由室温到数百度，常用的有汞低温原子化法及氢化物原子化法。

（三）单色器

单色器由色散元件、准直镜和狭缝等组成，其作用是将所需的共振线与邻近干扰线分离。目前的色散元件多用光栅，为了阻止来自原子吸收池所有辐射不加选择地进入检测器，避免光电倍增管疲劳，单色器通常配置在原子化器之后。

（四）检测系统

检测系统主要由检测器、放大器、对数转换器、指示仪表（表头、记录器、数字显示或数字打印等）所组成。检测器一般由光电倍增管和稳定度达 0.01%的负高压电源组成，其作用是将单色器分出的光信号进行光电转换。

在现代一些高级原子吸收分光光度计中还设有自动调零、自动校准、标尺扩展、浓度直读、自动取样及自动处理数据等装置。

二、原子吸收分光光度计的类型

原子吸收分光光度计的类型较多，按光束分类有单光束与双光束型；按波道分类有单道、双道和多道型；按调制方法分类有直流和交流型。下面介绍几种常用的类型。

（一）单道单光束型

此类仪器结构简单，灵敏度较高，便于维护，能满足一般分析要求，缺点是光源强度波动较大，易造成基线漂移，需要预热时间较长，测量过程中要经常进行零点校正。

（二）单道双光束型

此类仪器如图 6-7 所示，由光源（HCL）发出的共振线被切光器分成两束光，一束通过试样被吸收（S 束），另一束作为参比（R 束），两束光交替地进入单色器和检测器（P_M），由于两束光为同一光源发出，且经同一检测器，因此，光源的任何漂移及检测器灵敏度的变动，都将由此而得到补偿，其稳定性和检出限均优于单光束型仪器。缺点是仍不能消除原子化系统的不稳定和背景吸收的影响。

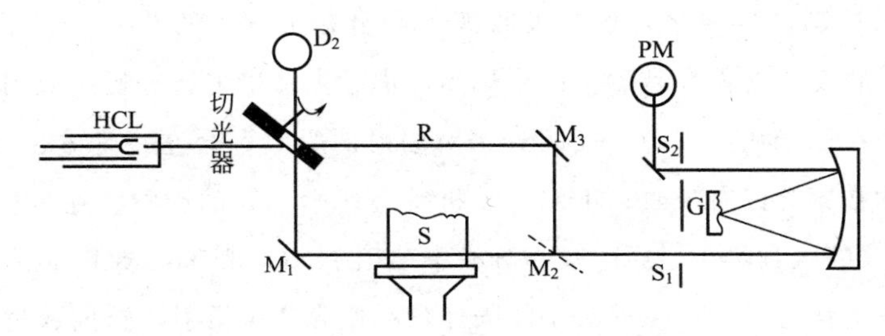

图 6-7 双光束型仪器光路图

M_1、M_2、M_3 反光镜 S_1、S_2 狭缝 G 光栅

（三）双道或多道型

此类型仪器同时使用两种或多种元素光源，并匹配多个“独立”的单色器和检测系统，可以同时测定两种或多种元素，或用于内标法测定，也可以进行背景校正。并消除原子化系统带来的干扰，但由于制造复杂而尚未得到推广。如图 6-8 所示，为双道双光束型仪器。

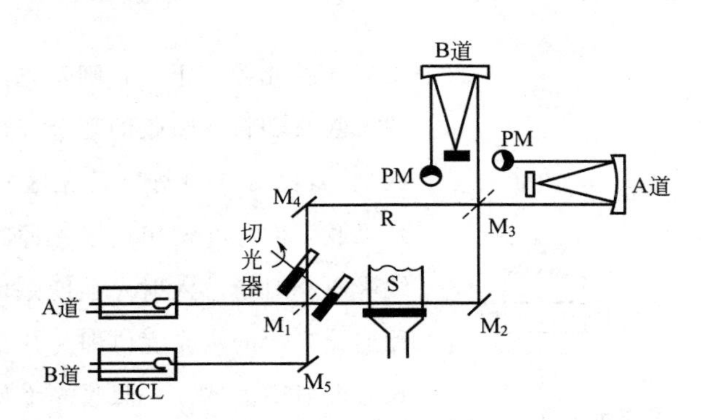

图 6-8 双道双光束型仪器光路图

第三节 原子吸收光谱法的实验方法

相对于其他分析方法，原子吸收光谱法为一种选择性好，干扰较少的检测技术。但在实际工作中仍有不能忽略的干扰问题。凡是能影响试样进入火焰及能影响火焰中基态原子数目的各种因素均可造成干扰。

一、干扰及其抑制

原子吸收光谱法中，干扰效应按其性质和产生的原因，可以分为四类：光谱干扰、物理干扰、化学干扰和电离干扰。

（一）光谱干扰

光谱干扰（spectral interference）系指与光谱发射和吸收有关的干扰效应。主要是光谱线干扰和背景干扰（分子吸收、光散射、折射等）。

光谱线干扰是在所选光谱通带内存在非吸收线或试样中共存元素的吸收线与被测元素的分析线相近而产生的干扰。前者使灵敏度降低，吸光度减小而导致标准曲线向横轴弯曲，可以用减小狭缝的方法来抑制；当共存元素的吸收波长与分析元素共振发射的波长差小于0.01nm时，将产生吸收线相互重叠而导致测量结果偏高，消除方法可另选分析线或用化学方法分离。

分子吸收是指在原子化过程中生成的分子对辐射的吸收，会在一定波长范围内形成干扰。例如碱金属卤化物在紫外区有吸收；不同的无机酸会产生不同的影响。在波长小于250nm时，由于 HNO_3 和 HCl 的吸收很小，原子吸收分析中多用 HNO_3 和 HCl 来配制溶液。

光散射是指原子化过程中产生的微小的固体颗粒使光产生散射，造成透过光减小，吸收值增加；光折射在均匀稀薄吸收介质中是很小的，但在溶液黏度较大或石墨炉原子化过程中，由于光的折射作用，也可产生假吸收，这些影响可通过仪器调零扣除。

背景校正方法有邻近非共振线校正背景、连续光源校正背景、塞曼（Zeeman）效应背景校正等。

邻近非共振线校正背景是用分析线测量原子吸收与背景吸收的总吸光度，因非共振线不产生原子吸收，用它来测量背景吸收的吸光度，两次测量值相减即得到校正背景之后的原子吸收的吸光度。

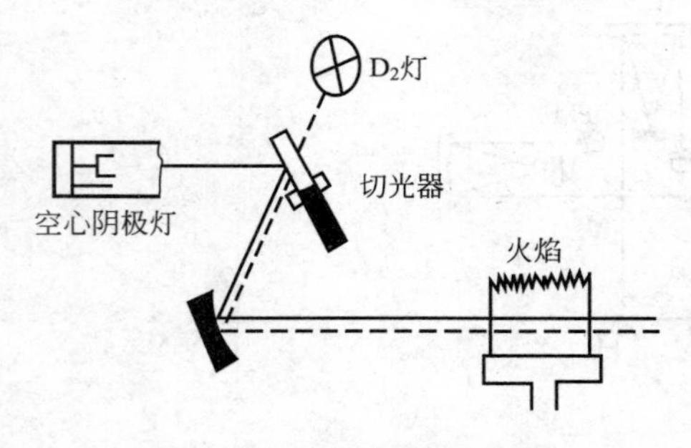

图 6-9　氘灯背景校正示意图

连续光源校正背景则是先用锐线测定分析线的原子吸收和背景吸收的总吸光度，再用氘灯（紫外区）、碘钨灯或氙灯（可见区）在同一波长测定背景吸收，因为在使用连续光源时，被测元素的共振线吸收相对于总入射光强度是可以忽略不计的，因此连续光源的吸光度值即为背景吸收。将锐线光源吸光度值减去连续光源吸光度值，即为校正背景后的被测元素的吸光度值。装置见图6-9。由于商品仪器多用氘灯为连续光源扣除背景，故此法亦称为氘灯扣除背景法。

塞曼效应背景校正法是磁场将吸收线分裂为具有不同偏振方向的组分，利用这些分裂的偏振成分来区别被测元素和背景的吸收。塞曼效应校正背景波长范围很宽，可在190～900nm内进行，准确度高，可校正吸光度高达1.5～2.0的背景，而氘灯校正只能校正波长范围在350nm以下，吸光度小于1的背景。

（二）物理干扰

物理干扰（physical interference）系指试样在转移、蒸发和原子化过程中，由于试样任何物理特性（如密度、黏度、压力、表面张力）的变化而引起的原子吸收强度下降的效应。物理

干扰为非选择性干扰，对试样中各元素的影响基本相似。在火焰原子化法中，试液黏度、试液表面张力、溶剂蒸气压、雾化气压的改变皆能影响吸光度。在石墨炉原子化法中进样量大小、保护气体的流速可影响吸光度。可配制与被测试样组成相近的标准溶液或采用标准加入法消除物理干扰。若试样浓度过高，也可采用稀释法。

（三）化学干扰

化学干扰（chemical interference）是原子吸收分光光度法中经常遇到的主要干扰。产生化学干扰的主要原因是待测元素不能全部从它的化合物中解离出来，或已解离的原子与其他组分形成难解离的碳化物、氧化物而使基态原子数降低。

消除化学干扰应主要采取抑制方法：①选择合适的原子化条件。如提高原子化温度，可使难解离的化合物分解。如测定 Ca、Ba、Sn、Se 等元素时，一氧化二氮-乙炔火焰化学干扰要比空气-乙炔火焰的小得多。②加入释放剂。释放剂与干扰组分形成更稳定的化合物，使被测元素释放出来。例如，加入锶或镧可有效地消除磷酸根对测定钙的干扰，此时锶或镧与磷酸根形成更稳定的化合物而将钙释放出来。③加入保护剂，与被测元素生成易分解或更稳定的配合物，防止被测元素与干扰组分生成难于解离的化合物。例如 EDTA 可与钙形成 EDTA-Ca 配合物，从而将钙“保护”，避免钙与磷酸根作用，消除了磷酸根对钙的干扰。④加入饱和剂。即在标准溶液和试样溶液中加入足够量的干扰元素，使干扰趋于稳定（即饱和）。例如用氧化亚氮-乙炔火焰测定钛时，可在标准溶液和试样溶液中均加入 200mg/L 以上的铝盐，使铝对钛的干扰趋于稳定。⑤加入基体改进剂。主要用于各种炉原子化法。在试样中加入基体改进剂，使其在干扰或灰化阶段与试样作用，增加基体的挥发性或改变被测元素的挥发性，以消除干扰。

以上方法都不能消除化学干扰时，则需采用化学分离，如溶剂萃取、离子交换、沉淀分离等方法。

（四）电离干扰

电离干扰（ionization interference）是指待测元素在原子化过程中发生电离而引起的干扰效应，其结果使基态原子数减少，测定结果偏低，标准曲线的斜率减小且向纵轴方向弯曲。电离干扰的程度可用电离度（金属正离子浓度与该金属总浓度之比）来衡量，其大小与元素的电离能、原子化温度、自由电子密度和浓度等有关。因此采用低温火焰和加入消电离剂可以有效地抑制和消除电离干扰。常用的消电离剂是易电离的碱金属元素如铯盐等。

二、定量分析方法

（一）样品的制备

取样要有代表性，要充分干燥，粉碎成一定粒度，混合均匀。取样量应视试样中被测元素的含量、分析方法和所要求的测量精度而定。制备好的样品要置于干燥器内保存，避免污染。

1. 标准溶液的制备 标准溶液的组成要尽可能接近未知试样的组成，一般来说，先用基准物质（纯度大于 99.99%的金属或组成一定的化合物）配制成浓度较大的贮备液，再由标准贮备液配制标准工作液。为保持浓度稳定，不宜长期存放。由于溶液中总盐量对雾粒的形成和蒸发速度都有影响，当试样中总盐量大于 0.1%时，标准溶液中也应加入等量的同一盐类，以保证标准溶液组成与试样溶液相似。

2. 被测试样的处理 测定前应对被测试样进行必要的预处理，对于液体试样，若浓度过

大，必须用适当的溶剂进行稀释。无机试样用水稀释到适宜的浓度即可，有机试样常用甲基异丁酮或石油醚溶剂进行稀释，使其接近水的黏度，当试样中被测元素浓度过低时，可以进行富集以提高浓度，如果试样基体干扰太大，必要时也可进行分离处理。

无机固体试样，应用合适的溶剂和溶解方法，将被测元素完全地转入溶液中。在溶解金属及其化合物如矿物类药物时，常用溶解法，对于水不溶物可用矿酸溶解，常用的酸主要有盐酸、硝酸和高氯酸，有时也用磷酸与硫酸的混合酸，如果将少量的氢氟酸与其他酸混合使用，有助于试样成为溶液状态；不易被分解的试样，也可使用熔融法，必须使用熔融法的是那些共存物质中二氧化硅含量高的试样，但要防止无机离子污染。

有机固体试样，一般先用干法、湿法或微波消解法破坏有机物，再将破坏后的残留物溶解在合适的溶剂中，被测元素如果是易挥发元素如 Hg、As、Cd、Pd、Sb、Se 等则不宜采用干法灰化。

如果使用非火焰原子化法，如石墨炉原子化法，则可以直接进固体试样，采用程序升温，以分别控制试样干燥、灰化和原子化过程，使易挥发或易热解基体在原子化阶段之前除去。

（二）测定条件的选择

测定条件的选择对测定的灵敏度、稳定性、线性与线性范围和重现性等有很大影响，最佳测试条件应根据实际情况进行选择。

1. 分析线　通常选择待测元素的共振线作为分析线，但被测试样浓度较高时，也可选用次灵敏线，如测 Na 用 λ589.0nm 作为分析线，当浓度较高时，可用 λ330.3nm 作为分析线；As、Se 等元素的共振线处于 200nm 以下的远紫外区，火焰组分对来自光源的光有明显吸收，故不宜选用共振线作为分析线；当被测元素的共振线附近有其他谱线干扰时，也不宜采用。此时应视具体情况由实验决定，其方法是：首先扫描空心阴极灯的发射光谱，了解有哪些可供选用的谱线，然后喷入试液，通过观察选择出不受干扰而吸收强度适度的谱线作为分析线。此外，稳定性差时，也不宜选用共振线作为分析线，如 Pb 的灵敏线为 217.0nm，稳定性较差，若用 283.3nm 次灵敏线作为分析线，则可获得稳定结果（常用的各元素分析线可参考有关书籍或手册）。

2. 狭缝　狭缝宽度影响光谱通带宽度与检测器接收的能量。原子吸收光谱分析中，光谱重叠干扰的几率相对较小，可以允许使用较宽的狭缝。当有其他的谱线或非吸收光进入光谱通带内时，吸光度将立即减小。不引起吸光度减小的最大狭缝宽度，即为合适的狭缝宽度。一般碱金属、碱土金属元素谱线简单，可选用较大的狭缝宽度。过渡元素与稀土元素谱线复杂，要选择较小的狭缝宽度。

3. 空心阴极灯的工作电流　空心阴极灯的发射光谱特性依赖于工作电流。灯电流过小，放电不稳定，光输出的强度小；灯电流过大，发射谱线变宽，灵敏度下降，寿命缩短。所以在保证有稳定和足够的辐射光通量情况下，尽量选用较低的灯电流。商品灯都标有允许使用的最大电流与可使用的电流范围，通常选用最大电流的 1/2～2/3 为工作电流。空心阴极灯一般需要预热 10～30 分钟，才能达到稳定输出。

4. 原子化条件　火焰原子化法中，火焰类型和特性是影响原子化效率的主要因素。对一般元素，可选用中温火焰如空气-乙炔火焰；对于在火焰中易形成难解离化合物及难熔氧化物的元素可选用高温火焰如氧化亚氮-乙炔火焰；对于极易原子化和分析线位于短波区（200nm 以下）的元素，应使用空气-氢火焰。还可以通过调节燃气与助燃气的比例、燃烧器的高度来

NOTE

获得所需要的火焰类型、特性及最佳分析区域。

石墨炉原子化法中，合理选择各阶段的温度与时间是十分重要的，干燥应在稍低于沸点的温度下进行，灰化一般在没有损失的前提下尽可能使用较高的灰化温度，原子化宜选用能达到最大信号时的最低温度，时间应保证完全原子化为准，此阶段停止通入保护气体，以延长自由原子在石墨炉内的平均停留时间。净化温度应高于原子化温度。常用的保护气体 Ar，流速在 1～5L/min范围内为宜。

5. 其他　上述条件选定后，其他如进样量也要控制适当，实际工作中，往往通过测定吸光度的变化，当达到最满意时的进样量即为最理想的进样量。

（三）定量方法

1. 标准曲线法　标准曲线法是最常用的分析方法。它是由标准工作液，按测定方法的操作步骤配制标准系列，以空白为参考，测定其吸光度，以吸光度对浓度绘制标准曲线；在相同的条件下，测定未知试样的吸光度，由标准曲线上内插法求得试样中被测元素的浓度或含量。为了减少测量误差，吸光度值应在 0.2～0.8 范围内。

2. 标准加入法　当试样基体影响较大，又无纯净的基体空白，或测定纯物质中极微量的元素时，往往采用标准加入法，即取若干份（例如四份）体积相同的试样溶液，从第二份开始分别按比例加入不同量的待测元素的标准溶液，然后用溶剂稀释至一定体积。设试样中待测元素的浓度为 C_X，加入标准溶液后的浓度分别为 C_X、C_X+C_0、C_X+2C_0、C_X+4C_0，分别测得其吸光度为 A_X、A_1、A_2、A_3，以 A 对 C 作图，得到如图 6-10 所示的直线，与横坐标交于 C_X，C_X 即为所测试试样中待测元素的浓度。

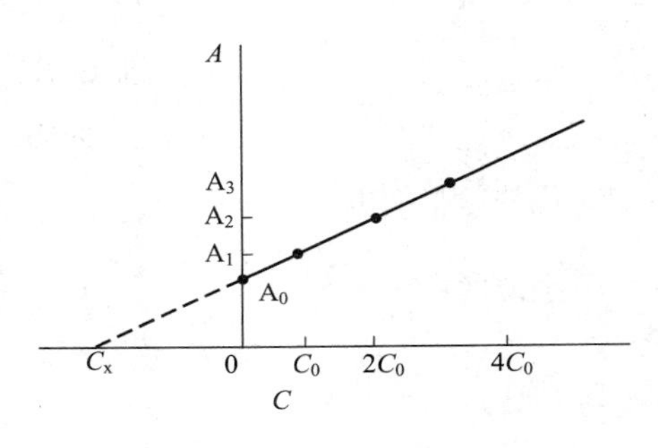

图 6-10　标准加入法

使用标准加入法应注意以下几点：

① 被测元素的浓度应在通过原点的标准曲线线性范围内，最少采用四个点（包括不加标准溶液的试样溶液）来作外推曲线，其斜率不要太小，以免引入较大误差。②标准加入法应该进行试剂空白的扣除，也必须用标准加入法进行扣除。③此法只能消除分析中的基体干扰，不能消除背景干扰，使用标准加入法时，要考虑消除背景的影响。

3. 内标法　内标法系在标准溶液和试样溶液中分别加入一定量的试样中不存在的内标元素，同时测定溶液中待测元素和内标元素的吸光度，绘制 A/A_0-C 标准曲线。A 和 A_0 分别为标准溶液中待测元素和内标元素吸光度值，从标准曲线上求得试样中待测元素的浓度。

内标法在一定程度上可以消除燃气与助燃气流量、基体组成、表面张力、火焰状态等因素变动所造成的误差。内标法通常在双道（或多道）型仪器上使用。所选内标元素应与被测元素在原子化过程中具有相似的特性。如测定 Cu 可选 Cd、Mn、Zn 为内标元素，测定 Cd 可选 Mn 为内标元素，测 Pb 可选 Zn 为内标元素等。

（四）灵敏度和检出限

灵敏度（sensitivity）和检出限（detection limit）是评价分析方法与分析仪器性能的重要指标。IUPAC（国际纯粹和应用化学联合会）对此做了建议规定。

1. 灵敏度　灵敏度（S）被定义为标准曲线 $A=f(c)$ 的斜率。

$$S=\mathrm{d}A/\mathrm{d}c \tag{6-15}$$

它表示当被测元素浓度或含量改变一个单位时吸收值的变化量。以浓度单位表示的灵敏度称为相对灵敏度，以质量单位表示的灵敏度称为绝对灵敏度。火焰原子吸收法是溶液进样，宜采用相对灵敏度，在石墨炉原子吸收法中，吸收值取决于石墨管中被测元素的绝对量，采用绝对灵敏度更为方便。S 大，即灵敏度高。而将已往用能产生 1% 净吸收（即吸光度值为 0.0044）信号，所对应的被测元素的浓度（μg/mL）或质量（g 或 μg）表示的灵敏度，改称特征浓度和特征质量。一般可以用特征浓度作为选择标准溶液或试液浓度范围的参考。分析浓度范围通常为特征浓度的 10～250 倍。

2. 检出限　检出限是指能以适当的置信度检出的待测元素的最小浓度（相对检出限 C_L）或最小量（绝对检出限 q_L），可由最小测量值（A_L）导出。

$$A_L=\overline{A}_b+KS_b \tag{6-16}$$

式中 $\overline{A}_b$ 是组成与被测试样基体相同但不含待测元素的空白溶液测定的平均值；K 是置信因子，过去采用 2，现在 IUPAC 推荐 $K=3$（即置信度为 99.7%），S_b 是用与测定 A_L、$\overline{A}_b$ 相同的实验条件并经过多次（通常测量 10 次以上）测量后得到的空白溶液测量值的标准偏差；若用 σ 代替，则检出极限为：

最小浓度：
$$C_L=\frac{C\times 3\sigma}{A}\ (\mu g/mL) \tag{6-17}$$

最小量：
$$q_L=\frac{C\times V\times 3\sigma}{A}\ (\mu g) \tag{6-18}$$

式中，C 为待测溶液浓度，A 为待测溶液多次测得的平均吸光度，V 为待测溶液用量（mL）。

检出限是衡量分析仪器检测低浓度（含量）样品的能力，它同时受测量条件下灵敏度和噪声大小的双重影响，同时它更能反映出包括仪器及使用方法和分析技术在内的极限性能。

三、应用与示例

（一）应用

1. 各类试样的测定　用原子吸收法测定碱金属灵敏度较高。碱金属盐沸点低，通过火焰区时能立即蒸发，用低温火焰比较适合。由于碱金属易电离，因此，测定时常加入另一种更易电离的元素来控制电离干扰。

碱金属元素使用原子吸收法测定具有特效性。镁是本法测定最灵敏的元素之一。所有的碱金属在火焰中易生成氧化物和极小量的 $M(OH)_2$ 型化合物及 MOH^+ 基团，宜采用高温富燃火焰，常常也需要加入少量碱金属来抑制电离干扰。阳离子 Al^{3+}、Fe^{3+}、Ti^{4+}、Zr^{4+}、V^{5+} 及阴离子 SO_3^{2-}、PO_4^{3-}、SO_4^{2-} 等对碱金属的测定有干扰效应，可加入保护剂或释放剂等来消除干扰。

有色金属和黑金属 Fe、Co、Ni、Cr、Mo、Mn 等元素往往共存在一起，谱线复杂，宜采用高强度空心阴极灯和窄的光谱通带，应根据不同元素控制火焰的组成比例，如 Fe、Co、Ni、Mn 宜用贫燃空气-乙炔火焰，而 Cr、Mo 宜用富燃空气-乙炔火焰。对于 Cu、Zn、Cd、Hg、

NOTE

Sn、Pb、Sb、Bi元素干扰少，选择性高。除Sn可能形成难解离的氧化物外，其余元素的化合物均易离解成基态原子，宜于使用较小灯电流且控制好火焰的组成。而Hg宜在低温下测定。B、Al、V等难熔元素，易形成难离解氧化物，必须在强还原性高温富燃火焰中进行测定。贵金属Ag、Au、Pd的化合物易于实现离子化，可采用贫燃空气-乙炔火焰测定。某些非金属元素Se、As等蒸气压较高，宜用较低的灯电流并注意火焰气体吸收的干扰，如有条件时以无极放电灯代替空心灯作光源，更为有利。

2. 中药材及生物试样的测定　原子吸收分光光度法在生命科学和医药科学领域中已被广泛应用。Fe、Zn、Cu、Mn、Cr、Mo、Co、Se、Ni、V、Sr、Sn、Si、I、F、B等30余种为生命必需元素，还有Be、Pb、Cd、Hg、As、Bi、Sb等通常认为是有害元素，这些元素与生理机能或疾病有关。通过对人发、血液、组织中微量元素的测定来研究病因、病机。

对于含有动、植物成分的中药药物和生物试样，一般需要先将其消化，破坏有机体后再进行测定；而对于矿物类中药则可采用溶解法或熔融法处理后测定。环境样品如空气、水、土壤等试样中各种微量有害元素的检测也常应用原子吸收光谱法。

（二）示例

例　中药白芍中铅的测定（石墨炉法）

1. 测定条件　波长283.3nm，干燥温度100～120℃，持续20秒钟，灰化温度400～750℃，持续20～25秒钟；原子化温度1700～2100℃，持续4～5秒钟，背景校正为氘灯或塞曼效应。

2. 铅标准储备液的制备　精密量取铅单元素标准溶液适量，用2%硝酸溶液稀释，制成每1mL含铅（Pb）1μg的溶液，即得（0～5℃贮存）。

3. 标准曲线的制备　分别精密量取铅标准储备液适量，用2%硝酸溶液制成每1mL分别含铅0ng、5ng、20ng、40ng、60ng、80ng的溶液。分别精密量取1mL，精密加含1%磷酸二氢铵和0.2%硝酸镁的溶液1mL，混匀，精密吸取20μL注入石墨炉原子化器，测定吸光度，以吸光度为纵光标，浓度为横坐标，绘制标准曲线。

4. 供试品溶液的制备（微波消解法）　取供试品粗粉0.5g，精密称定，置聚四氟乙烯消除罐内，加硝酸3～5mL，混匀，浸泡过夜，盖好内盖，旋紧外套，置适宜的微波消解炉内，进行消解（按仪器规定的消解程序操作）。消解完全后，取消解内罐置电热板上缓缓加热至红棕色蒸气挥尽，并继续缓缓浓缩至2～3mL，放冷，用水转入25mL量瓶中，并稀释至刻度，摇匀，即得。同法同时制备试剂空白溶液。

5. 样品的测定　精密量取空白溶液与供试品溶液各1mL，精密加含1%磷酸二氢铵和0.2%硝酸镁的溶液1mL，混匀，精密吸取10～20μL，照标准曲线的制备项下的方法测定吸光度，从标准曲线读出供试品溶液中铅（Pb）的含量，计算，即得。

测定中，供试品溶液的制备还可以采用干法及湿法消化，但微波消解法所需试剂少，消解效率高，对于降低试剂空白值、减少样品制备过程中的污染或待测元素的挥发损失以及保护环境都是有益的，可作为首选方法。

NOTE

第四节　原子发射光谱法

原子发射光谱分析（atomic emission spectrometry，AES），是根据处于激发态的待测元素原子回到基态时发射的特征谱线对待测元素进行分析的方法。原子发射光谱法包括了三个主要的过程，即：由光源提供能量使样品蒸发，形成气态原子，并进一步使气态原子激发而产生光辐射；将光源发出的复合光经单色器分解成按波长顺序排列的谱线，形成光谱；用检测器检测光谱中谱线的波长和强度。由于待测元素原子的能级结构不同，因此发射谱线的特征不同，据此可对样品进行定性分析；而根据待测元素原子的浓度不同，因此发射强度不同，可实现元素的定量测定。

一、基本原理

（一）原子发射线及其强度

如前所述，处于激发态的原子再回到基态时，可产生原子发射线，亦称原子发射光谱。

原子外层电子在 i、j 两个能级跃迁所产生的谱线强度以 I_{ij} 表示，它正比于处在激发态的原子数目 N_i，即

$$I_{ij}=N_i \cdot A_{ij} \cdot h\nu_{ij} \tag{6-19}$$

式中，A_{ij} 为两个能级之间跃迁的概率；h 为普朗克常数；ν_{ij} 为跃迁产生谱线的频率。根据玻兹曼分布定律，得：

$$I_{ij}=\frac{g_i}{g_0} \cdot A_{ij}h\nu_{ij}N_0 e^{-E_i/kT} \tag{6-20}$$

由式（6-20）可知，影响谱线强度的因素有：

（1）统计权重：谱线强度与统计权重成正比。

（2）激发电位：谱线强度与激发电位是负指数关系，激发电位愈高，谱线强度愈小，因为激发电位愈高，处在相应激发态的原子数目愈少。

（3）跃迁概率：电子从高能级向低能级跃迁时，在符合选择定则的情况下，可向不同的低能级跃迁而发射出不同频率的谱线；两能级之间的跃迁概率愈大，该频率谱线强度愈大。所以，谱线强度与跃迁概率成正比。

（4）激发温度：温度升高，一方面可以增加谱线的强度，另一方面使单位体积内处于基态的原子数目减少。原子电离是减少基态原子数的重要因素。

（5）基态原子数：单位体积内基态原子的数目和试样中的元素浓度有关。在一定的试验条件下，谱线强度与被测元素浓度成正比，这是发射光谱定量分析的依据。

（二）谱线的自吸与自蚀

样品中的元素产生发射谱线，首先必须让试样蒸发为气体。在高温激发源的激发下，气体处在高度电离状态，所形成的空间电荷密度大体相等，使得整个气体呈现电中性，这种气体在物理学中称为等离子体。在光谱学中，等离子体是指包含有分子、原子、离子、电子等各种粒子电中性的集合体。

NOTE

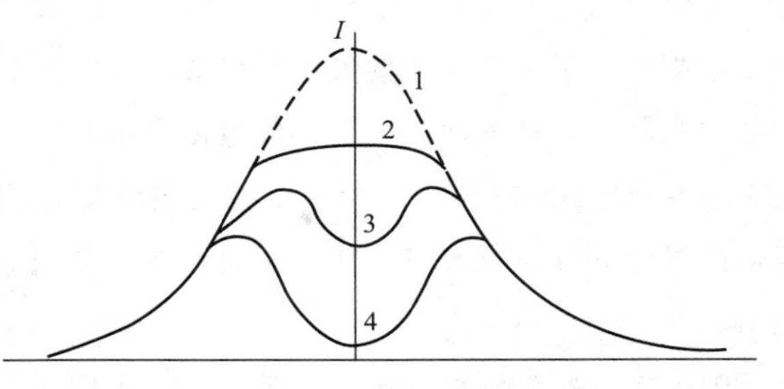

图 6-11　谱线自吸现象示意图

1. 无自吸；2. 有自吸；3. 自吸；4. 严重自吸

等离子体有一定的体积，温度分布是不均匀的，中心部位温度高，边缘部位温度低。中心区域激发态原子多；边缘区域基态原子、低能态原子比较多。这样，元素原子从中心发射一定波长的电磁辐射时，必须通过有一定厚度的原子蒸气，在边缘区域，同元素的基态原子或低能态原子将会对此辐射产生吸收，此过程称为元素的自吸过程。见图 6-11。

在光谱定量分析中，谱线强度与被测元素浓度成正比，而自吸严重影响谱线强度。所以，在定量分析时必须注意自吸现象。

在一定的实验条件下，单位体积内的基态原子数目 $N_{\circ}$ 和元素浓度 C 的关系为

$$N_{\circ}=a\tau C^{bq} \tag{6-21}$$

式中，b 为自吸系数，当浓度很低时，原子蒸气的厚度很小；$b=1$，即没有自吸。a 与 q 是与试样蒸发过程有关的参数；不发生化学反应时，$q=1$，a 又称为有效蒸发系数。

将式（6-20）代入式（6-21）处理，化简得赛伯-罗马金（Scheibe-Lomakin）公式：

$$I=AC^{b} \tag{6-22}$$

式中，A 为与测定条件有关的系数。式（6-22）为原子发射光谱定量分析的基本公式。

二、原子发射光谱仪器

原子发射光谱仪器的基本结构由激发光源、色散系统和检测系统等部分组成。

（一）光源

光源具有使试样蒸发、解离、原子化、激发、跃迁产生光辐射的作用。光源对光谱分析的检出限、精密度和准确度都有很大的影响。光源的种类有化学火焰、电激发光源（直流电弧、交流电弧、火花）、电感耦合高频等离子体光源（inductive coupled frequency plasma，ICP）等。目前以 ICP 光源应用最为广泛。

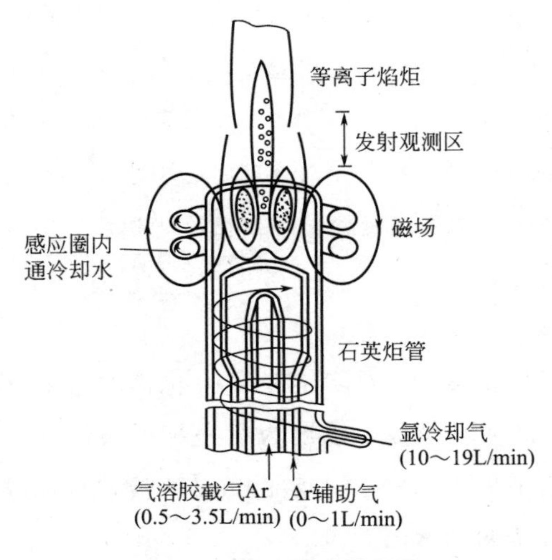

图 6-12　ICP 形成原理图

等离子体是一种由自由电子、离子、中性原子与分子所组成的，在总体上呈电中性的气体。最常用的等离子体光源是直流等离子焰（DCP）、电感耦合高频等离子炬（ICP）、容耦微波等离子炬（CMP）和微波诱导等离子体（MIP）等。ICP 用电感耦合传递功率，是应用较广的一种等离子光源。

电感耦合高频等离子炬的装置，由高频发生器、进样系统（包括供气系统）和等离子炬管三部分组成。

如图 6-12 所示，当有高频电流通过线圈时，产生轴向磁场，这时若用高频点火装置产生火

NOTE

花，形成的载流子（离子与电子）在电磁场作用下，与原子碰撞并使之电离，形成更多的载流子，当载流子多到足以使气体有足够的导电率时，在垂直于磁场方向的截面上就会感生出流经闭合圆形路径的涡流，强大的电流产生高热又将气体加热，瞬间使气体形成最高温度可达10000K的稳定的等离子炬。感应线圈将能量耦合给等离子体，并维持等离子炬。当载气携带试样气溶胶通过等离子体时，被后者加热至6000～7000K，并被原子化和激发产生发射光谱。

ICP光源是较理想的激发光源，其特点是：①激发能力强，灵敏度高，检出限低，可达10^{-9}～10^{-10}；②线性范围宽，可达4～6个数量级；③基体效应和自吸现象小；④不受电极材料污染；⑤选择合适的观测高度光谱背景小；⑥雾化效率较低，对非金属测定灵敏度低，设备贵。

（二）色散系统

原子发射光谱仪目前主要采用棱镜和光栅两种分光系统，亦分别称为棱镜光谱仪和光栅光谱仪。电感耦合等离子体发射光谱仪的单色器通常采用棱镜或棱镜与光栅的组合，光源发出的复合光经色散系统分解成按波长顺序排列的谱线，形成光谱。

（三）检测系统

原子发射光谱法常用的检测方法有目视法、摄谱法、光电法。目视法是用眼睛来检测、观察谱线强度的方法，称为看谱法，仅适用于可见光区。

早期的摄谱法是用感光板记录的光谱。将光谱感光板置于摄谱仪焦面上，接受被分析试样的光谱作用而感光，再经过显影、定影等过程后，制得光谱底片，其上有很多黑度不同的光谱线，然后用映谱仪观察谱线的位置及大致强度，进行光谱定性及半定量分析，采用测微光度计测量谱线的黑度，进行光谱定量分析。

ICP-AES的检测系统为光电转换器，即是利用光电效应将不同波长辐射能转化为电信号。常用的光电转换具有光电倍增管和固态成像系统两类。后者是一类以半导体硅片为基材的光散原件制成的多元陈列集成电路式的焦平面检测器，如电荷耦合（charge-coupled device，CCD)、电荷注入器件（CID）等，具有多谱线同时检测功能，检测速度快，灵敏度高的，动态线性范围宽等特点。

三、分析方法

（一）定性分析法

通常可根据原子发射光谱中各元素固有的一系列特征谱线的存在与否可以确定供试品中是否含有相应元素。元素特征光谱中强度最大的谱线称为元素的灵敏线。在供试品光谱中，某元素灵敏线的检出限即为相应元素的检出限。

（二）定量分析法

1. 标准曲线法　在选定的分析条件下，测定不同浓度的标准系列溶液（标准溶液的介质和酸度应与供试品溶液一致），以分析线的响应值为纵坐标，浓度为横坐标，绘制标准曲线，计算回归方程。除另有规定外，相关系数应不低于0.99。测定供试品溶液，从标准曲线或回归方程中查得相应的浓度，计算样品中各待测元素的含量。

在同样的分析条件下进行空白试验，根据仪器说明书的要求扣除空白干扰。

NOTE

2. 内标校正的标准曲线法　在每个样品（包括标准溶液、供试品溶液和试剂空白）中添加相同浓度的内标（ISTD）元素，以标准溶液待测元素分析线的响应值与内标元素参比线响应值的比值为纵坐标，浓度为横坐标，绘制标准曲线，计算回归方程。利用供试品中待测元素分析线的响应值和内标元素参比线响应值的比值，从标准曲线或回归方程中查得相应的浓度，计算样品中含待测元素的含量。

3. 标准加入法　操作方法与AAS相同，同时进行空白试验，扣除空白干扰。

（三）分析条件的选择

1. 内标元素的选择　外加内标元素在供试样品中应不存在或含量极微可忽略；如样品基体元素的含量较稳时，亦可用该基体元素作内标；内标元素与待测元素应有相近的特性；同族元素，具相近的电离能。

2. 参比线的选择　激发能应尽量相近；分析线与参比线的波长及强度接近；无自吸现象且不受其他元素干扰；背景应尽量小。

（四）干扰的校正

干扰的消除和校正可采用空白校正、稀释校正、内标校正、背景扣除校正、干扰系数校正、标准加入等方法。

四、应用

本法适用于各类药品中从痕量到微量的元素分析，尤其是矿物类中药、营养补充剂等元素的定性定量分析。

第五节　电感耦合等离子质谱法简介

电感耦合等离子体质谱法（Inductively coupled plasma mass spectrometry，ICP-MS）是20世纪80年代后发展起来的分析技术。它是利用电感耦合等离子体（ICP）作为离子源，产生的样品离子经质量分析器和检测器按质荷比（m/z）分离后，得到质谱图。用于元素和同位素分析分析的一种新方法。与其他原子光谱法相比，其具有更低的检出限（对大多数元素来说，一般为0.02～0.1ng/mL），非常宽的动态线性范围（8～9个数量级），谱线简单，干扰少，精密度高，多元素同时定性、定量分析等特点。可分析地球上几乎所有的元素（Li-U）。在地质、环境、冶金、核工业、生物医药、半导体二极、考古等领域发挥了重要作用。虽然本方法不属于原子光谱法，但为了方便教学，一并在本章介绍。

一、基本原理

电感耦合等离子体质谱联用仪由进样系统、离子源、接口及离子光学系统、质量分析器和检测器等部分组成，其结构如图6-13所示。

NOTE

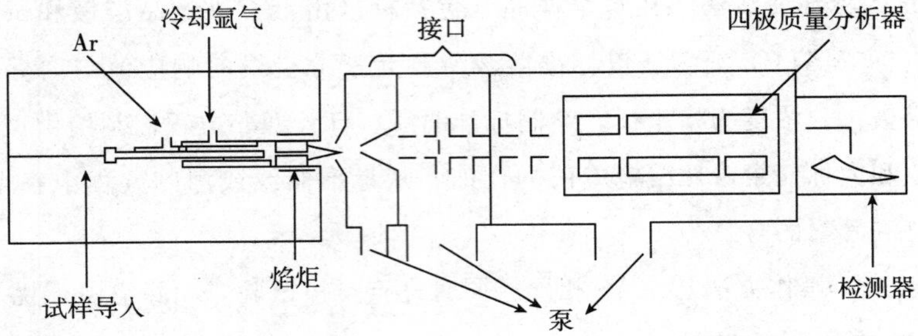

图 6-13 ICP-MS 结构示意图

（一）进样系统

由蠕动泵、进样管、雾化室等组成。目前最常用的是同心型或直角型气动雾化器。样品溶液由蠕动泵送入雾化器，并在雾化室形成气溶胶，再由载气带入 ICP 离子源。进样管一般分为样品管和内存管，进样量大约为 1mL/min。雾化室的温度应相对稳定。

对于一些难以分解或溶解的样品，如矿石、合金等还可以利用激光烧蚀法（laser ablation）进样。

（二）电感耦合等离子体（ICP）离子源

ICP 离子源的作用是产生等离子体焰炬并使样品离子化。其由等离子高频发生器和感应线圈、炬管等组成。与原子发射光谱仪所用的 ICP 相同。

其工作原理是：负载线圈由高频电源耦合供电，产生垂直于线圈平面的交变磁场，使通过高频装置的氩气电离，则氩离子和电子在电场作用下又会使其他氩原子碰撞，产生更多的离子和电子，形成涡流。强大的电流产生高温，瞬间使氩气形成温度可达 10000K 的等离子体焰炬。由载气引入的样品即在此蒸发、分解、激发和电离。

该离子化方式的试样转换效率高，样品在常压下引入，更换方便；其中大多数元素能有效地转化为单电荷离子，在所采用的气体温度条件下，样品的解离完全，几乎不存在任何分子碎片；灵敏度高，光谱信息丰富，故 ICP 是较为理想的离子源。

（三）接口及离子光学系统

二者的作用是从离子源中提取出离子送入质量分析器，并使工作系统由常压状态过渡到真空状态。是 ICP 和 MS 联用的关键部件。

接口包括采样锥和分离锥。两锥体由镍或铂制成。同轴，顶端均有一小孔（直径为 0.75～1mm），采样锥与 ICP 炬管口为 1cm 左右，中心对准炬管中心通道。炽热的等离子气体由此进入第一个真空区域（102Pa）并被冷却。继而部分气体通过分离锥小孔，进入下一个真空室（4～10Pa），在此正离子与电子、分子等分离且被加速。之后还需经过离子光学系统，用离子镜聚焦，使之形成一个方向的离子束，以便被质量分析器过滤和传递。

（四）质量分析器与检测器

质量分析器的作用是将不同质荷比（m/z）的离子分开，常用四极质量分析器（已有六极和八极），也可使用双聚焦型质量分析器、离子阱质量分析器等。四极杆质量分析器的一般分离度在 0.7～0.3amu。离子的检测器多采用电子倍增管，产生的电脉冲信号直接输入到多道脉冲分析器中，得到每一种质荷比的离子计数，即质谱。

二、分析方法与应用

（一）分析方法

样品在ICP高温下，解离成基本自由离子，再去掉一个电荷，形成一价离子，即 $M \rightarrow M^{+}$，很少有二价离子，与物质来源无关（即无论来源于何种价态的化合物）。

由ICP-MS得到的质谱图，横坐标为离子的质荷比，纵坐标为计数。这些信息可以作为定性，定量分析的依据。

分析时样品的处理与其他原子光谱类似，一般需溶解制成各样品溶液。对于有机化合物（如中药样品）须事先采用适当的方法（如消化、微波溶解等）除去有机体后，再依法制成各供试品溶液。

1. 定性分析与半定量分析　ICP-MS的定性分析是依据谱峰的位置和丰度比，对于带电核离子其质荷比就是元素的质量。在自然界中，天然稳定的同位素丰度比是不变的，故可利用丰度比作为谱峰位置的旁证。由于其图谱简单，理论上一种元素有几个同位素，在ICP-MS谱上就应有几个质谱峰。因此，其定性分析比ICP-AES更为简便。

半定性分析是将一含高、中、低质量数的多元素混合标样在一定分析条件下测定，得各元素离子的计数。同样条件下测定待测样品，得被测元素计数，根据标样中的元素浓度与计数的关系，仪器可自动给出样品中各元素的含量。此法快速简便，但因其未考虑各种干扰因素，准确度较差（相对误差为±30%～50%）。通常情况下，定量与半定量分析同时进行。

2. 定量分析　根据质谱峰面积（S）成峰高（h）与进入质谱仪的游离子数（n）成正比，亦即与样品浓度（C）成正比，即 $S=KC$，进行定量分析。其方法有标准曲线法（外标法）、内标法、标准加入法和同位素稀释（ID）法。外标法和内标法常用，如果样品基体足够稀，可用外标法，在仪器推荐的浓度范围内，以纯水（电导率大于18MΩ）为溶剂，制备标准溶液至少3份，并加入配制样品溶液的相应试剂。为了弥补仪器的漂移、不稳定性、减小基体干扰，可采用内标法，内标元素一般应选与被测元素的质量数接近的天然稀有元素，铟和铊最为常用。如果基体元素浓度高，也可采用标准加入法。为了更准确分析，可选同位素稀释法，该法是基于加入已知浓度的、被浓缩的待测元素的某一同位素，再测定其两个同位素信号强度比的变化，此法可补偿因样品制备中待测元素损失造成的影响。

3. 干扰及抑制　ICP-MS的干扰效应有两大类：质谱干扰和非质谱干扰。前者是因干扰物的标称质荷比与被测元素的质荷比相同而引起的干扰。主要有4种，即同质异位离子（也称同质量异位）干扰、多原子离子或加合物离子干扰、双电荷离子干扰以及难溶氧化物离子干扰，若使用高分辨质量分析器可减小或消除这些干扰。后者与原子光谱法中遇到的基体效应相似，可以用类似的方法解决。

（二）应用

1. 中药中无机元素分析　①对中药及制剂中无机标示元素的定性、定量以及所含微量的分析，从而进一步研究中药物质基础和作用机理。②用于中药生产中引入的有害元素（如Pb、AS、Hg、Cd、Cu）等的准确检测，以保证中药生产质量。

2. 元素形态分析　痕量、微量元素存在的形态研究，对现代生命科学、医药学、营养学和环境科学都有极其重要的价值。所谓形态，是指元素的存在状态，即是游离态，还是结合

态；是有机态，还是无机态以及存在价态等。如 As（Ⅲ）和 As（Ⅴ）、Cr（Ⅲ）和 Cr（Ⅵ）等，其化合物的毒性及在生物体内的作用是不同的，即使同一化合物的同一价态，存在于不同分子中，作用亦不同。ICP-MS 或原子光谱若能与分离技术（HPLC、GC、CE 等）联用，就可以实现高灵敏度、高选择性的形态分析，是今后分析方法的发展方向。

习 题

1. 原子吸收光谱与分子吸收光谱有何区别？

2. 火焰原子吸收法有哪些局限性？

3. 影响原子化程度的因素有哪些？如何减免？

4. 原子吸收分光光度计与紫外 - 可见分光光度计的光路结构有何不同？为什么？

5. 什么叫积分吸收？什么是峰值吸收系数？二者有何区别？

6. 用原子吸收分光光度法测定镍，获得了如下数据：

标准溶液（ppm，Ni）	2	4	6	8	20
T（%）	62.4	39.8	26.0	17.6	12.3

（1）绘制标准溶液浓度-吸光度工作曲线；

（2）某一试液，在同样条件下测得 T 20.4%，问其浓度多大？

（7.2μg/mL）

7. 用原子吸收法测定元素 M 时，由一份未知试样得到的吸光度为 0.435，在 9mL 未知溶液中加入 1mL 100ppm 的 M 标准溶液。这一混合液得到的吸光度读数为 0.835，问未知试样中 M 的浓度是多少？

（9.81ppm）

8. 称取药材样品 0.5g，经消化处理后稀释至 25mL 容量瓶中，以标准曲线法，采用火焰原子吸收分光光度计，测定其锌含量。锌的标准储备液为 1mg/mL，配制标准测定液为 5μg/mL。于 25mL 容量瓶中，再配制成浓度为 0.00，0.01，0.20，0.40，0.60，0.80，1.00μg/mL 的标准测定液。在 213.5nm 处测得吸光度值为 0.00，0.075，0.15，0.30，0.44，0.61，0.76。样品在相同条件下，测得吸光度值为 0.30。

（1）绘制标准曲线。

（2）计算药材中锌的含量。

NOTE

第七章　核磁共振波谱法

在外磁场作用下，用波长 10～100m 无线电频率区域的电磁波照射分子，可引起分子中原子核的自旋能级跃迁，使原子核从低能态跃迁到高能态，吸收一定频率的射频，即产生核磁共振（NMR）。以吸收信号的强度对照射频率（或磁场强度）作图即为核磁共振波谱图。利用核磁共振波谱进行结构测定、定性及定量分析的方法，称为核磁共振波谱法。

在有机化合物结构研究中，应用较多的是氢核磁共振谱（^{1}H-NMR）和碳核磁共振谱（^{13}C-NMR）。核磁共振波谱法是结构分析的最强有力工具之一，在化学、医学、生物学等研究工作中得到了广泛的应用。分析测定时，样品不会受到破坏，属无损分析方法。

第一节　基本原理

一、原子核的自旋与磁矩

原子核的自旋是原子核的自然属性，由自旋量子数 I 表征。I 值与原子核中质子数及中子数有关，原子核按 I 值的不同分为三类：

①质子数和中子数均为偶数，则 I 为零（$I=0$）。

②质子数和中子数一奇一偶，则 I 为半整数（$I=1/2$、$3/2$、$5/2\cdots$）。

③质子数和中子数均为奇数，则 I 为正整数（$I=1$、$2\cdots$）。

部分原子核的自旋量子数见表 7-1。

表 7-1　原子核的自旋量子数

质子数	中子数	自旋量子数（I）	NMR 信号	原子核
偶	偶	0	无	^{12}C、^{16}O、^{28}Si、^{32}S
奇	偶	1/2	有	^{1}H、^{15}N、^{19}F、^{31}P
		3/2	有	^{11}B、^{35}Cl、^{79}Br
偶	奇	1/2	有	^{13}C
		3/2	有	^{33}S
奇	奇	1，2…	有	^{2}H、^{6}Li、^{10}B、^{14}N

原子核的自旋会产生自旋角动量 P，其数值为：

$$P=\sqrt{I(I+1)}\frac{h}{2\pi} \tag{7-1}$$

式中，h 为普朗克常数。

NOTE

带电粒子的自旋运动会产生磁矩（μ，magnetic moment），原子核的磁矩为矢量，方向服从右手定则，大小与 P 成正比：

$$\mu=\gamma P \tag{7-2}$$

式中，γ 为磁旋比（magnetogyric ratio），是原子核的特征常数。不同的磁性核有不同 γ 值，例如，$\gamma_{^1H}=2.67519\times10^8 T^{-1}\cdot S^{-1}$，$\gamma_{^{13}C}=6.72615\times10^7 T^{-1}\cdot S^{-1}$，$\gamma_{^{19}F}=2.52\times10^8 T^{-1}\cdot S^{-1}$。

$I=0$ 的原子核不产生磁矩，为非磁性核；$I\neq0$ 的原子核具有核磁矩，为磁性核。在磁性核中，$I=1/2$ 的核由于其谱线窄，宜于检测，是目前核磁共振研究的主要对象，如 ^1H、^{13}C、^{19}F、^{31}P 等。

二、核磁矩的空间量子化与能级分裂

根据量子力学的原理，在外磁场存在的条件下，核磁矩的空间取向是量子化的，只能取一些特定的方向。若外磁场沿 z 轴方向，核磁矩在 z 轴上的投影只能取一些不连续的数值：

$$\mu_Z=\gamma p_z=\gamma m\frac{h}{2\pi} \tag{7-3}$$

式中，m 为磁量子数，代表核磁矩不同的空间取向，它的取值与自旋量子数 I 有关，$m=I, I-1, I-2, \cdots, -I$，共 $2I+1$ 个空间取向。例如：$I=1/2$ 的核有 $m=+1/2$ 和 $-1/2$ 两个空间取向。$I=1$ 的核有 $m=1$、0、-1 三个空间取向。如图 7-1 所示。

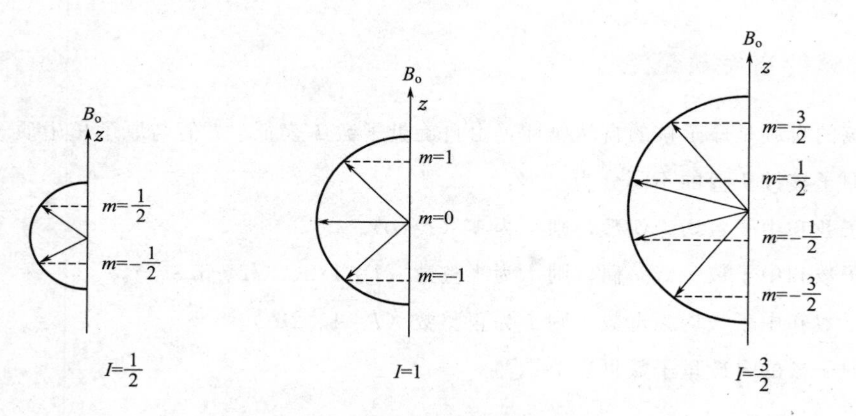

图 7-1 在外磁场中核磁矩的空间取向

从能量的角度，核磁矩与外磁场的相互作用能为

$$E=-\mu_Z B_0=-\gamma\cdot m\cdot\frac{h}{2\pi}B_0 \tag{7-4}$$

上式表明，在外磁场的作用下，原子核发生了自旋能级的分裂，核磁矩的每个空间取向对应一个自旋能级。以 ^1H 核为例，因其自旋量子数 $I=1/2$，在外磁场中 ^1H 核的自旋能级分裂为 2 个，分别是 $m=+1/2$ 的低能级和 $m=-1/2$ 的高能级。

由量子力学的选律可知，只有 $\Delta m=\pm1$ 的跃迁才是允许的，所以相邻两能级之间发生跃迁对应的能量差为

$$\Delta E=E_2-E_1=\frac{\gamma h}{2\pi}B_0 \tag{7-5}$$

式(7-5) 说明 ΔE 与外磁场 B_0 的关系。ΔE 随外加磁场 B_0 的增大而增大。

三、核磁共振的产生

在外磁场中，原子核的自旋能级发生分裂，出现能级差。若在外磁场的垂直方向用电磁波照射，当电磁波的能量等于原子核相邻自旋能级的能量差时，原子核吸收电磁波的能量从低自旋能级跃迁到高自旋能级（图 7-2），产生核磁共振。吸收的电磁波能量 E 满足下式

$$E=h\nu_0=\Delta E$$

代入式（7-5）得核磁共振的基本方程：

$$\nu_0=\frac{\gamma}{2\pi}B_0 \tag{7-6}$$

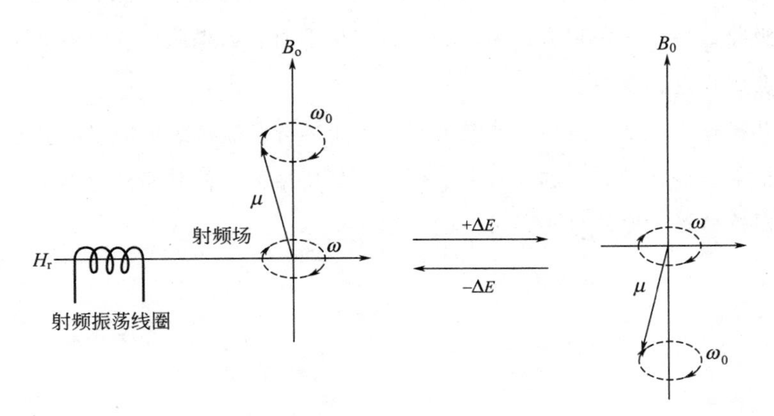

图 7-2 在外加磁场中原子核的共振吸收与弛豫

根据核磁共振原理可知，磁性核、外磁场与能量合适的电磁波是核磁共振产生的三个必要条件。

以上是从量子力学的角度说明核磁共振，也可从经典力学的角度讨论核磁共振。在外加磁场中，原子核绕其自旋轴旋转，自旋轴的方向与核磁矩的方向一致。同时，自旋轴又与外磁场保持某一夹角 θ 而绕外磁场进动，称为拉莫尔（Larmor）进动，类似于重力场中旋转的陀螺。

进动频率 ν 与外加磁场强度的关系可用 Larmor 方程表示：

$$\nu=\frac{\gamma}{2\pi}B_0 \tag{7-7}$$

当在与 B_0 垂直的方向加一射频场时，若其频率与进动频率相同，能量将传递给原子核，使其进动夹角 θ 发生改变，产生核磁共振。（见图 7-3）

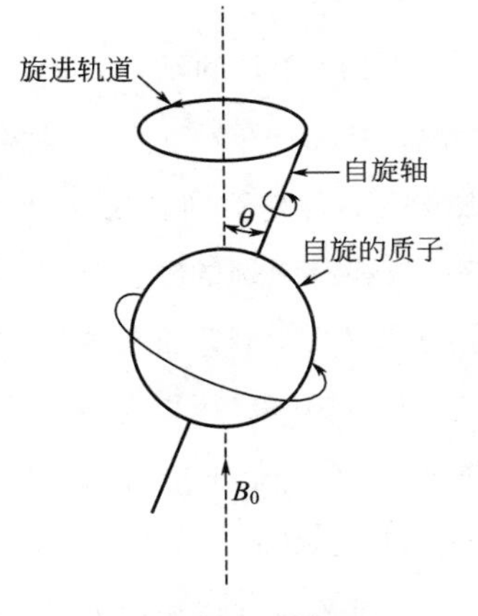

图 7-3 原子核在磁场 B_0 中的进动

四、饱和与弛豫

1. 波兹曼分布 当粒子在两个能级达到平衡时，处于不同能级粒子的数目服从波兹曼分布，其方程式如下：

$$\frac{n_2}{n_1}=e^{\Delta E/KT}=e^{\gamma hB_0/2\pi KT} \tag{7-8}$$

NOTE

式中，n_1 为高能级的粒子数，n_2 为低能级的粒子数，K 为波兹曼常数，T 为绝对温度。对于原子核来说，由于两个自旋能级的能量差很小，因此，两能级的原子核数目差距很小。以^1H 核为例，若外加磁场强度为 1.4092T，温度为 300K（27℃）时，两能级氢核数目之比仅为 1.0000099，即低能级氢核仅比高能级氢核多约十万分之一。而核磁共振谱信号就是由这多出的约十万分之一的低能态核的净吸收产生的，所以，核磁共振的灵敏度相对较低。根据波兹曼方程式，提高外磁场强度和降低工作温度可增加高低能级原子核数目差值，从而提高核磁共振的灵敏度。

2. 饱和与弛豫 随着核磁共振过程的进行，如果高能级的原子核不能通过有效途径释放能量回到低能级，低能级原子核总数就会越来越少。一定时间后，高低能级的核数目相等，此时不再有共振吸收信号，这种现象称为饱和。测定谱图时，如果照射的电磁波强度过大或照射时间过长，就会出现这种现象。

对于核磁共振，由于 ΔE 很小，高能级原子核通过自发辐射放出能量的几率几乎为零，而往往是经过非辐射途径将其获得的能量释放到周围环境中去，使其回到低能态，这一过程称为弛豫。弛豫是保持核磁共振信号必不可少的过程。

第二节 化学位移

一、化学位移的产生

根据 NMR 的基本方程 $\nu_0=\gamma B_0/2\pi$，氢核在 1.4092T 的磁场中，应该只吸收 60MHz 的电磁波，从而产生一个核磁共振信号。但实验发现，化合物中处于不同环境的氢核，所吸收的电磁波频率稍有不同，比如处于不同化学环境的氢核，在兆赫级别的共振频率中，不同氢核的共振频率差别仅几十到几百赫兹。

共振频率之所以有微小的差别，是因为原子核并非裸核，核外电子对其有一定的屏蔽效应（shielding effect）（图 7-4），使其实际受到的磁场强度与外磁场强度稍有差别。屏蔽效应的大小用屏蔽常数（σ）来表示，它的大小与核周围电子云密度有关，取决于核所处的化学环境；而与外磁场无关。σ 可用下式表示：

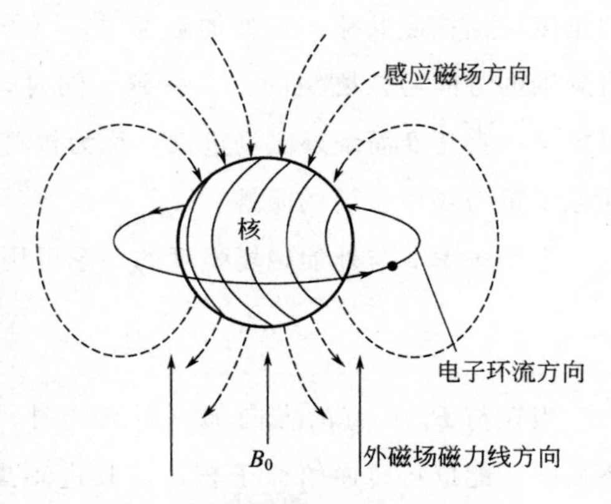

图 7-4 核外电子的抗磁屏蔽

$$\sigma=\sigma_d+\sigma_p+\sigma_a+\sigma_s \tag{7-9}$$

σ_d 和 σ_p 反映待测原子核外绕核电子的屏蔽效应。

σ_d 表示抗磁屏蔽的大小。它是原子核外球形绕核电子在外磁场的诱导下，产生与外加磁场方向相反的感应磁场，使原子核实受磁场稍有降低，故称抗磁屏蔽。

σ_p 表示顺磁屏蔽的大小。它是相对于绕核电子云呈非球形的情况，这种电子云所产生的磁场方向和抗磁效应的方向相反，即加强了外加磁场，故称为顺磁屏蔽。因 s 电子是球形对称，

故对顺磁屏蔽项无贡献，而 p，d 电子则对顺磁屏蔽有贡献。

σ_a 反映分子中其他原子或基团对待测原子核的屏蔽效应，即相邻基团磁各向异性的影响。

σ_s 反映样品中其他分子对待测分子中的原子核的屏蔽效应，即溶剂、介质的影响。

对于^{1}H，无 σ_p；对于^{1}H 以外的核，如^{13}C，σ_p 比 σ_d 重要。

由于屏蔽效应的存在，原子核实受磁场强度为 $B=B_0(1-\sigma)$，因而，原核磁共振基本方程需要修正为：

$$\nu_0=\frac{\gamma}{2\pi}B_0(1-\sigma) \tag{7-10}$$

所以，处于不同化学环境的原子核的共振频率不同，这种现象称为化学位移。

二、化学位移的表示方法

根据核磁共振基本方程 $\nu_0=\gamma B_0(1-\sigma)/2\pi$，实现核磁共振的方法有两种，分别是扫频法和扫场法。扫频法是固定外磁场强度 B_0，改变频率 ν_0，使不同环境的原子核满足共振条件；扫场法则是固定电磁波的频率 ν_0，改变外磁场强度 B_0 来满足共振条件。在扫频法获得的核磁共振谱图中，如果化学位移用电磁波的频率 ν_0 表示，则在不同外磁场强度的仪器上检测，同一化学环境原子核在不同的仪器中测得的数据不同，不便使用。由于屏蔽常数很小，不同化学环境原子核的共振频率相差很小，差异仅为共振频率的百万分之几，准确测定共振频率的绝对值比较困难。同理，扫场法中用外磁场强度表示化学位移也存在同样的问题。因此，化学位移用相对值 δ 来表示，单位为 ppm，即以某一标准物的共振吸收峰为标准，测出样品中各共振吸收峰与标准物的相对差值。δ 的定义式：

$$B_0\text{ 固定时，}\delta=\frac{\nu_{\text{样品}}-\nu_{\text{标准}}}{\nu_{\text{标准}}}\times10^6=\frac{\Delta\nu}{\nu_{\text{标准}}}\times10^6 \tag{7-11}$$

$$\nu_0\text{ 固定时，}\delta=\frac{B_{\text{标准}}-B_{\text{样品}}}{B_{\text{标准}}}\times10^6 \tag{7-12}$$

将（7-10）式分别代入（7-11）式和（7-12）式，δ 则表示为：

$$B_0\text{ 固定时，}\delta=\frac{\sigma_{\text{标准}}-\sigma_{\text{样品}}}{1-\sigma_{\text{标准}}}\times10^6 \tag{7-13}$$

$$\nu_0\text{ 固定时，}\delta=\frac{\sigma_{\text{标准}}-\sigma_{\text{样品}}}{1-\sigma_{\text{样品}}}\times10^6 \tag{7-14}$$

由于屏蔽常数 σ 值很小，氢核约为 10^{-5}，其他核一般小于 10^{-3}，因此式(7-13) 可以简化为：

$$\delta=(\sigma_{\text{标准}}-\sigma_{\text{样品}})\times10^6 \tag{7-15}$$

由此可见，化学位移 δ 值用相对值表示，它仅反映原子核所处的化学环境，而与仪器的参数无关。为了尽量使大部分原子核的 δ 值为正数，需要选择含屏蔽常数比较大的原子核的化合物作为标准物质。^{1}H-NMR 和^{13}C-NMR 最常用的标准物质是四甲基硅烷（Tetramethyl Silicon），简称 TMS。TMS 作为标准物质的优点：TMS 中的 12 个氢化学环境相同，且屏蔽常数大，在 NMR 氢谱图中只出现一个尖锐的单峰，易辨认；沸点低（27℃），易于与待测样品分离；易溶于有机溶剂；化学性质稳定，一般不与待测样品反应。

NMR 谱图的横坐标以 δ 值表示，根据式(7-15) 可知，δ 值由小到大，对应原子核的屏蔽常数由大到小。根据式(7-10)，对于扫场法，屏蔽常数越大，则对应外磁场强度越高；对于扫

频法，屏蔽常数越大，则对应共振频率越低。因此，NMR 谱图横坐标的右边对应高场、低频，左边对应低场、高频（图 7-5）。

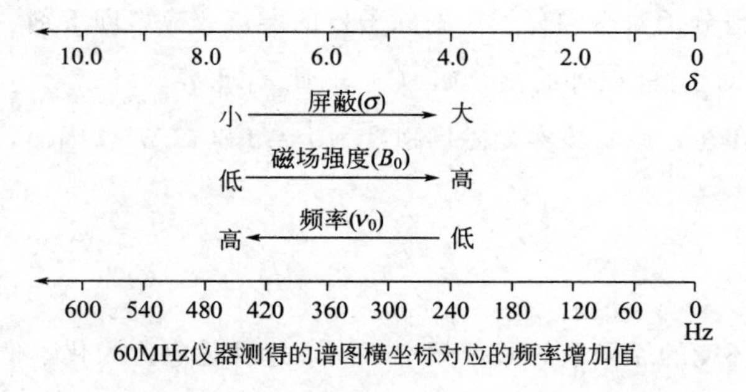

图 7-5 NMR 横坐标 δ 与对应的 σ、B_0 及 ν_0 的关系

三、影响质子化学位移的因素

影响质子化学位移的因素主要包括：诱导效应和共轭效应、磁各向异性效应、范德华效应、氢键效应和溶剂效应等。这些因素均通过改变质子自身核外电子云或周围环境的电子云密度达到改变化学位移的效果。

（一）诱导效应和共轭效应

1. 诱导效应 如果质子与电负性强的原子或基团相连，则由于它的吸电子效应，使质子外围电子云密度减小，即屏蔽效应减小，化学位移增大，共振峰向低场移动。相反，如果质子与给电子原子或基团相连，则质子外围电子云密度增加，屏蔽效应增大，化学位移减小，共振峰向高场移动。诱导效应与取代基的电负性有关，例如，卤代甲烷的化学位移随取代基电负性的增大而增大（表 7-2）。

表 7-2 卤代甲烷的化学位移

化合物	化学位移 δ（ppm）	卤素的电负性	化合物	化学位移 δ（ppm）	卤素的电负性
CH_3F	4.26	4.0	CH_3Br	2.70	2.8
CH_3Cl	3.05	3.0	CH_3I	2.15	2.5

诱导效应还与取代基的数目及距离有关。例如，在卤代甲烷中，卤原子数目增加时，质子的化学位移连续向低场移动，如 CH_4、CH_3Cl、CH_2Cl_2、$CHCl_3$ 中质子 δ 值分别为 0.2、3.1、5.3 和 7.3。诱导效应是通过化学键传递的，随着质子与取代基距离的增大，影响逐渐减弱。

2. 共轭效应 共轭效应同样会使电子云的密度发生变化。如苯环上的氢被给电子基（如 CH_3O）取代，由于 p-π 共轭，使苯环上质子的电子云密度增大，δ 值减小；若被吸电子基（如 C═O，NO_2 等）取代，由于 π-π 共轭，使苯环上质子的电子云密度降低，δ 值增大（图 7-6）。

OCH_3
6.86 6.81
7.11

7.27

NO_2
7.66 8.21
7.45

图 7-6 苯环取代基对苯环质子化学位移的影响

NOTE

（二）磁各向异性效应（magnetic anisotropy）

在外磁场作用下，化学键上的电子云会沿着某个方向流动，产生感应磁场。处在该化学键附近的质子由于所处空间位置不同，受到感应磁场不同的屏蔽效应，这种现象称为磁各向异性效应。它是通过空间起作用。磁各向异性效应比较显著的主要是三键和双键。对于一些单键，当其不能自由旋转时，也表现出一定的磁各向异性效应。

下面是几个典型化学键的磁各向异性效应。

1. 苯环　苯环的六个 π 电子形成大 π 键，在外磁场诱导下，很容易形成电子环流，产生图7-7所示的感应磁场。在苯环中心和上下方，感应磁场的磁力线与外磁场的磁力线方向相反，使处于该区域的质子实受磁场强度降低，为抗磁屏蔽效应，δ 值减小，具有这种作用的空间称为屏蔽区或正屏蔽区，以“+”表示。在平行于苯环平面四周的空间，感应磁场的磁力线与外磁场一致，使得处于此空间的质子实受磁场强度增加，为顺磁屏蔽效应。相应的空间称为去屏蔽区或负屏蔽区，以“-”表示。苯环上质子的 δ 值为7.27，就是因为苯环质子处于去屏蔽区之故。

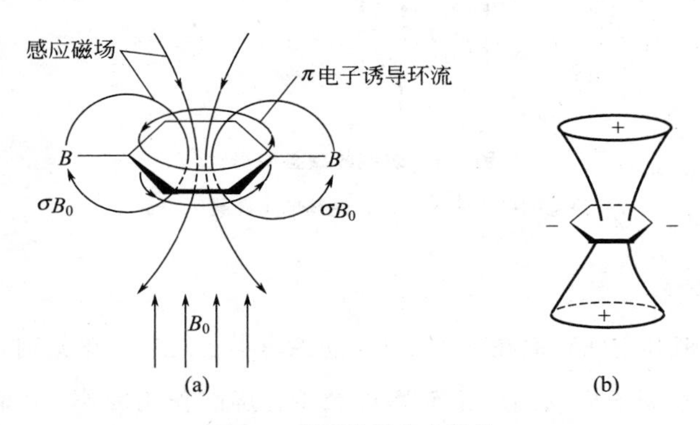

图7-7　苯环的磁各向异性

（a）苯环的感应磁场（π 电子诱导环流中的箭头方向为电子运动方向，下同）；

（b）苯环的正屏蔽区和负屏蔽区

2. 双键（C═C、C═O）　双键的 π 电子形成结面，结面电子在外加磁场诱导下形成电子环流，从而产生感应磁场。双键上下为两个锥形的正屏蔽区，平行于双键平面四周的空间为负屏蔽区。例如乙醛氢的 δ 值为9.69，其 δ 值如此之大就是因为醛基质子正好处于羰基平面上（图7-8）。烯键的磁各向异性与醛基相类似。

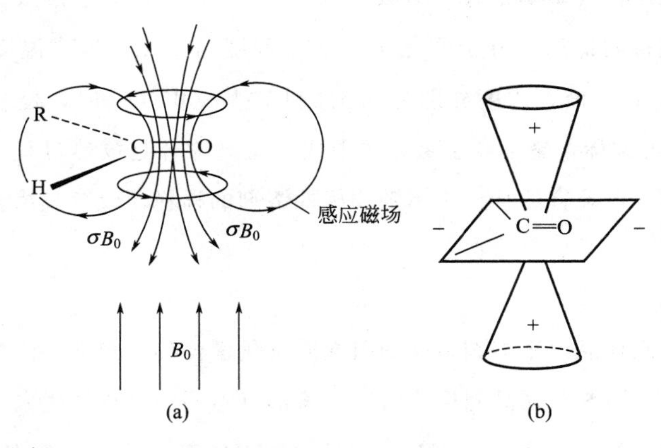

图7-8　羰基的磁各向异性

（a）羰基的感应磁场；（b）羰基的正屏蔽区和负屏蔽区

NOTE

3. 叁键　碳-碳叁键的 π 电子以键轴为中心呈对称分布（共四块电子云），构成筒状电子云，键轴平行于外磁场。在外磁场诱导下，π 电子绕键轴形成环流，产生的感应磁场在键轴方向为正屏蔽区，与键轴垂直方向为负屏蔽区，见图 7-9。虽然，*sp* 杂化的诱导效应倾向于降低炔氢的电子云密度，但因炔氢处于正屏蔽区，磁各向异性效应产生的屏蔽作用占主导地位，使炔氢处于高场，δ 值较小。

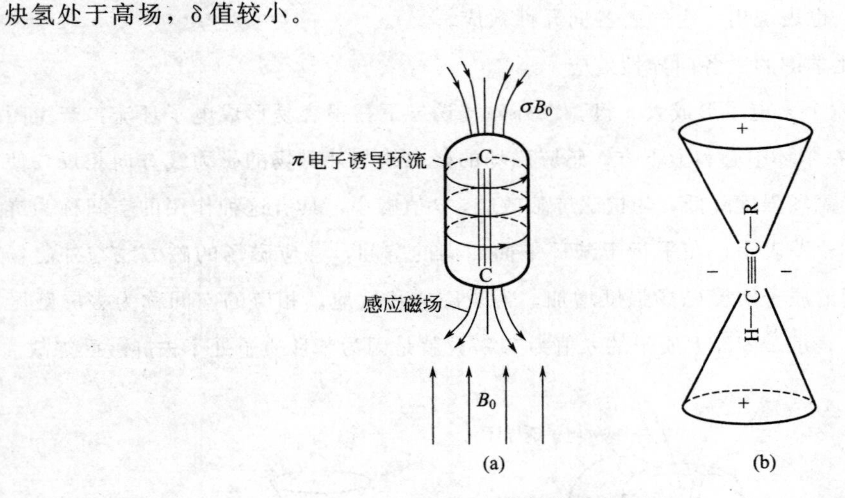

图 7-9　炔键的磁各向异性

（a）炔键的感应磁场；（b）炔键的正屏蔽区和负屏蔽区

（三）范德华效应

两个原子未键合但其空间距离在 0.17nm（范德华半径之和）附近时，带负电荷的电子云就会互相排斥，使这些原子周围的电子云密度减少，屏蔽作用减小，δ 值增大。在化合物 A 中，H_b 的 δ 值比 H_a 的 δ 值大，就是由于邻近羟基的范德华效应引起的。

0.88 H_a　3.55 H_b　HO　H

A

（四）氢键的影响

氢键对质子的化学位移影响很大。活泼氢与 O、N、S 等杂原子形成氢键后，所受屏蔽效应减小，化学位移值移向低场。分子间氢键形成的程度与试样浓度、温度以及溶剂的种类有关。例如，乙醇的 CCl_4 溶液，浓度分别为 0.5%和 10%（*W/V*）时，羟基氢的化学位移 δ 分别为 1.1 和 4.3，浓度越稀，越不利于氢键的形成。氢键缔合是放热过程，温度越高，越不利于氢键形成。分子内氢键缔合的特点是不随非极性溶剂的稀释而改变其缔合程度，据此可与分子间氢键相区别。

（五）溶剂效应

溶剂效应是指待测样品由于溶剂不同而引起质子化学位移的变动。溶剂效应主要是由于溶剂的磁各向异性效应、溶剂与样品间形成氢键、溶剂有不同的容积导磁率，或样品质子与溶剂质子发生交换反应产生的。例如：—OH、—SH、—NH_2 等基团上的活泼氢易在含有痕量酸、碱（交换反应的催化剂）的溶剂中发生质子交换反应

NOTE

$$CH_3COOH(a)+HOH(b) \longrightarrow CH_3COOH(b)+HOH(a)$$

如果交换速度足够快，在 NMR 波谱上显示出一个共振峰。这个共振峰的化学位移是参与交换的质子的平均化学位移值：

$$\delta_{观测}=N_a\delta_a+N_b\delta_b \tag{7-16}$$

式中，$\delta_{观测}$、δ_a 和 δ_b 分别为 NMR 谱上实际观察到的纯 H_a 的和 H_b 的化学位移；N_a 和 N_b 分别为 $H_{(a)}$ 和 $H_{(b)}$ 的摩尔分数。如果一个化合物的多个活泼氢均参与快速交换，谱图上则只能看到一个平均的活泼氢信号。

基于上述原因，报道化合物的 NMR 数据时，需要说明使用的溶剂，若是混合溶剂，还需说明各溶剂的比例。

四、各类质子的化学位移

各类质子的化学位移具有一定的特征性。烷烃质子的化学位移一般在 0.8～4.5ppm，炔烃质子在 1.6～3.4ppm，醇基质子在 0.5～5.4ppm，酚基质子在 4～10ppm，烯烃质子在 4.5～8.0ppm，苯环芳烃质子在 6.0～9.5ppm，醛基质子在 9.5～10.5ppm，羧基质子在9～13ppm。(图 7-10)

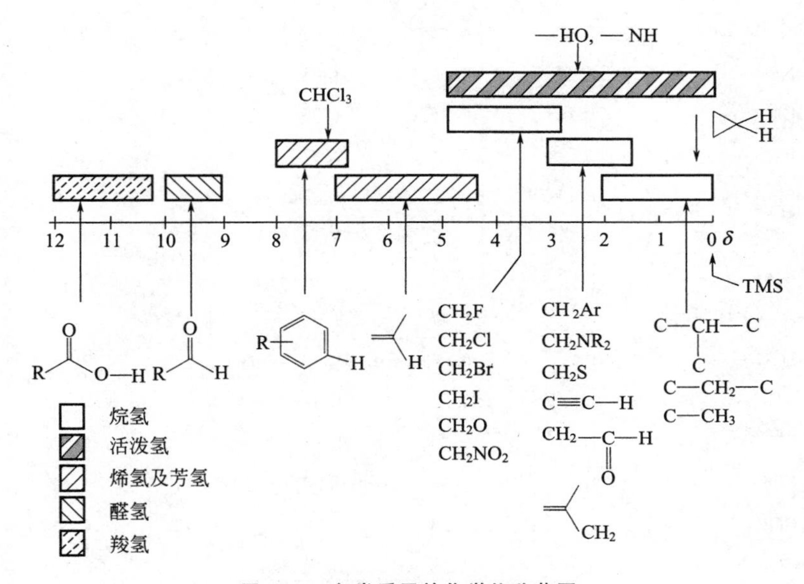

图 7-10　各类质子的化学位移范围

五、质子化学位移的计算

（一）烷基氢的化学位移计算

计算式：

$$\delta=B+\sum_i Z_{\alpha i}+\sum_j Z_{\beta j} \tag{7-17}$$

B 为基础值，甲基为 0.86，亚甲基为 1.37，次甲基为 1.50。

Z_α、Z_β 分别为 α、β 位取代基对化学位移的贡献值。其大小与取代基的种类有关，其数值见表 7-3。

NOTE

表 7-3 取代基对甲基、亚甲基及次甲基化学位移的影响

取代基		CH_3		CH_2		CH	
		Z_α	Z_β	Z_α	Z_β	Z_α	Z_β
—R		0.00	0.05	0.00	−0.04	0.17	−0.01
—C═C		0.85	0.20	0.63	0.00	0.68	0.03
—C≡C		0.94	0.32	0.70	0.13	1.04	
—phenyl		1.49	0.38	1.22	0.29	1.28	0.38
Hal	—F	3.41	0.41	2.76	0.16	1.83	0.27
	—Cl	2.20	0.63	2.05	0.24	1.98	0.31
	—Br	1.83	0.83	1.97	0.46	1.94	0.41
	—I	1.30	1.02	1.80	0.53	2.02	0.15
O	—OH	2.53	0.25	2.20	0.15	1.73	0.08
	—O—C	2.38	0.25	2.04	0.13	1.35	0.32
	—OC═C	2.64	0.36	2.63	0.33		
	—Ophenyl	2.87	0.47	2.61	0.38	2.20	0.50
	—O（C═O）—	2.81	0.44	2.83	0.24	2.47	0.59
N	—N	1.61	0.14	1.32	0.22	1.13	0.23
	$—N^+$	2.44	0.39	1.91	0.40	1.78	0.56
	—N（C═O）—	1.88	0.34	1.63	0.22	2.10	0.62
	$—NO_2$	3.43	0.65	3.08	0.58	2.31	
	—CN	1.12	0.45	1.08	0.33	1.00	
	—NCS	2.51	0.54	2.27		2.14	
S	—S—	1.14	0.45	1.23	0.26	1.06	0.31
	—SCO—	1.41	0.37	1.54	0.63	1.31	0.19
	—S（═O）—	1.64	0.36			1.25	
	$—S（═O）_2—$	1.98	0.42	2.08	0.52	1.50	
	—SCN—	1.75	0.66	1.62		1.64	
C═O	—CHO—	1.34	0.21	1.07	0.29	0.86	0.22
	—CO—	1.23	0.20	1.12	0.24		
	—COOH	1.22	0.23	0.90	0.23	0.87	0.32
	$—COO^-$	1.15	0.28	0.92	0.35	0.83	0.63
	—CO—N	1.16	0.28			0.94	
	—COCl	1.94		1.51			

（二）烯氢的化学位移计算

计算式：

$$\delta = 5.25 + Z_{同} + Z_{顺} + Z_{反} \tag{7-18}$$

$Z_{同}$、$Z_{顺}$、$Z_{反}$ 分别表示同碳、顺式及反式取代基对烯氢化学位移的贡献值，其数值参见相关参考书。

（三）芳氢的化学位移计算

计算式：

$$\delta = 7.26 + \sum_i Z_i \tag{7-19}$$

Z 为取代基对化学位移的贡献值，其数值参见相关参考书。

目前，一些软件具有预测氢核（以及碳核）化学位移的功能，但要精确地算出化学位移，仍有一定的困难。有关的预测结果可用于波谱解析的参考数据。

第三节　自旋耦合与自旋系统

一、自旋耦合与自旋裂分

（一）自旋耦合机理

原子核周围的电子云对核的屏蔽作用导致化学位移的出现，而原子核产生的磁矩间的相互作用在核磁共振谱图上则表现为共振峰的裂分。Gutowsky 等人在 1951 年报道了共振峰的裂分现象，他们发现 $POCl_2F$ 溶液的 ^{19}F 谱图存在两条谱线，而分子中只有一个 F 原子，显然这两条谱线不能用化学位移来解释，由此发现了自旋耦合。

核磁矩间的相互作用称为自旋-自旋耦合（spin-spin coupling），简称自旋耦合。由自旋耦合引起的共振峰分裂的现象称为自旋-自旋裂分（spin-spin splitting），简称自旋裂分。$POCl_2F$ 溶液的 ^{19}F-NMR 谱图中，两条谱线是由于磁性核 ^{31}P 的核磁矩对 ^{19}F 作用的结果。^{31}P 的 I 为 1/2，在外磁场中，其核磁矩有两种取向，一种与外磁场同向，一种与外磁场反向。这两个取向的核磁矩传递到与其相近的 ^{19}F 上，使 ^{19}F 实际所受的磁场强度需在式(7-9) 的基础上进一步修正。如果 ^{31}P 的核磁矩与外磁场同向，^{19}F 实际所受的磁场强度略有增强，信号向低场移动；如果 ^{31}P 的核磁矩与外磁场反向，^{19}F 实际所受的磁场强度略有减弱，信号向高场移动。因此，原化学位移位置的共振峰消失，而在原位置左右距离相等处各出现一个共振峰（图 7-11）。

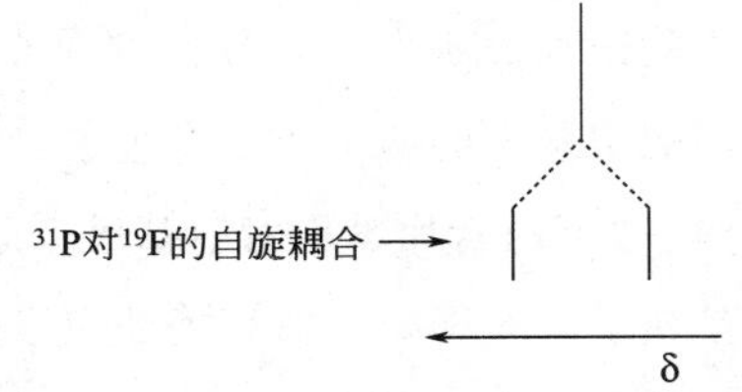

图 7-11　$POCl_2F$ 的 ^{19}F-NMR 裂分示意图

并非所有的原子核间都有自旋耦合。能对其他核产生自旋耦合的原子核首先需满足 I 为 1/2，且自然丰度比较大。对于 I 大于 1/2 的原子核，如 ^{35}Cl、^{79}Br、^{127}I 等，其具有核磁矩，预期对相邻氢核有自旋耦合作用，但因它们的电四极矩很大，有特殊的弛豫，会出现自旋去耦作用（spin decoupling），所以看不到此类核的自旋耦合现象；对于 $I=1/2$ 的 ^{13}C、^{17}O 等原子核，因它们的自然丰度比较小（^{13}C 为 1.1%，^{17}O 仅约为 0.04%），故对邻近原子核的影响甚微。以 ^{13}C 为例，其自旋耦合产生的影响在 ^{1}H-NMR 谱中只在氢核共振信号很强时，在主峰两侧以“卫星峰”的形式出现，而且强度甚弱，常被噪音所掩盖，可以忽略不计。其次，分子结构也会影响自旋耦合，例如化学键的电子云密度、核间距离、角度等需满足一定的条件，自旋耦合才能表现出来。这部分内容将在“耦合常数及其影响因素”一节详细阐述。

（二）自旋裂分规律

不同化合物的 NMR 谱图显示：不同环境的原子核经自旋裂分后，产生的多重峰数目、面积以及多重峰的峰间距常各有不同。下面以乙酸乙酯的 ^{1}H-NMR 谱图为例探讨多重峰数目、峰面积，以及峰间距与结构的关系，从而说明自旋裂分的规律。

乙酸乙酯 $CH_3COOCH_2CH_3$ 的 ^{1}H-NMR 谱中有三组峰，分别对应于结构中的两个甲基质子和一个亚甲基质子。观察其图谱，除了 CH_3—CO—基团上的质子是单峰外，乙基上的—CH_2—和—CH_3 质子都表现为多重峰（图 7-12）。

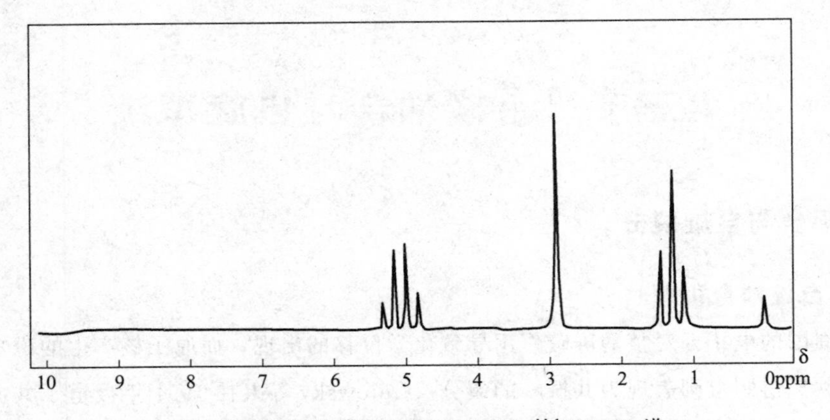

图 7-12　乙酸乙酯 $CH_3COOCH_2CH_3$ 的 ^{1}H-NMR 谱

首先，讨论甲基的自旋裂分规律。根据自旋耦合机理部分的论述，与甲基质子有自旋耦合作用的是其邻近的亚甲基质子。亚甲基上有两个质子，每个质子在外磁场中均有两种自旋取向，核磁矩与外磁场同向的以↑表示，它对甲基质子产生的附加磁场为 $+B'$；与外磁场反向的以↓表示，其产生的附加磁场为 $-B'$。粗略讲，这两种取向的几率相等。亚甲基的两个质子共有以下四种自旋取向排列方式：①↓↓、②↓↑、③↑↓、④↑↑。由于亚甲基上的两个质子单独产生的附加磁场大小一致，方向互为同向或反向，所以②和③产生的附加磁场是一样的。结果，亚甲基上的两个质子产生了三种附加磁场，附加磁场的强度分别是 $-2B'$、0、$+2B'$。强度为 $-2B'$ 的附加磁场对甲基质子起屏蔽作用，使甲基质子移向高场；强度为零的附加磁场对甲基质子没有影响，信号仍处在原来的位置；强度为 $+2B'$ 的附加磁场对甲基质子起去屏蔽作用，使甲基质子移向低场。甲基质子受三种局部磁场的作用分裂成三重峰，而且对称分布在原化学位移周围。由于三种附加磁场出现的几率为 1∶2∶1，因此，甲基质子的三重峰峰面积比是1∶2∶1。三重峰峰的峰间距则与附加磁场的强弱有关，附加磁场越强，峰间距越大，原子核间的耦合作用越强。

同理，亚甲基质子受甲基质子的自旋耦合作用。由于甲基三个质子的自旋状态可以有八种不同的组合，分别为↓↓↓，↓↓↑、↓↑↓、↑↓↓，↑↑↓、↑↓↑、↓↑↑，↑↑↑，对应四种强度分别为 $-3B'$、$-B'$、$+B'$ 和 $+3B'$ 的附加磁场，且四种附加磁场出现的几率为 1∶3∶3∶1，因此，亚甲基质子呈面积比为 1∶3∶3∶1 的四重峰。甲基和亚甲基质子自旋裂分情况见图 7-13。

由质子的裂分情况可知，被测原子核的多重峰峰数目取决于邻近磁性核所能给出的不同强弱附加磁场的数目，多重峰峰面积之比与邻近磁性核所能给出某一强度附加磁场的几率成比例，多重峰对应的原子核的化学位移在对称的多重峰的中心。对于由质子（$I=1/2$）引发的自旋裂分，具体的自旋裂分规律如下：若某类磁性核与邻近 n 个质子有自旋耦合作用，则被测磁性核的多重峰峰数目为 $n+1$ 个，与被测磁性核本身的数目无关，此规律为 $n+1$ 律。满足 $n+1$ 律的一组多重峰峰面积比为二项式 $(a+b)^n$ 展开后各项的系数比。根据 n 的不同，得到单峰（singlet，s）、二重峰（doublet，d；1∶1）、三重峰（triplet，t；1∶2∶1）、四重峰（quartet，

NOTE

q；1∶3∶3∶1）、多重峰（multiplet，m）等。以上 $n+1$ 律必须满足如下条件才成立：①相邻的 n 个质子（$I=1/2$）单独对被测原子核产生的附加磁场的大小都相同（耦合常数 J 相同）；②质子与被测核的耦合关系为弱耦合，即 $\Delta\nu/J>10$。

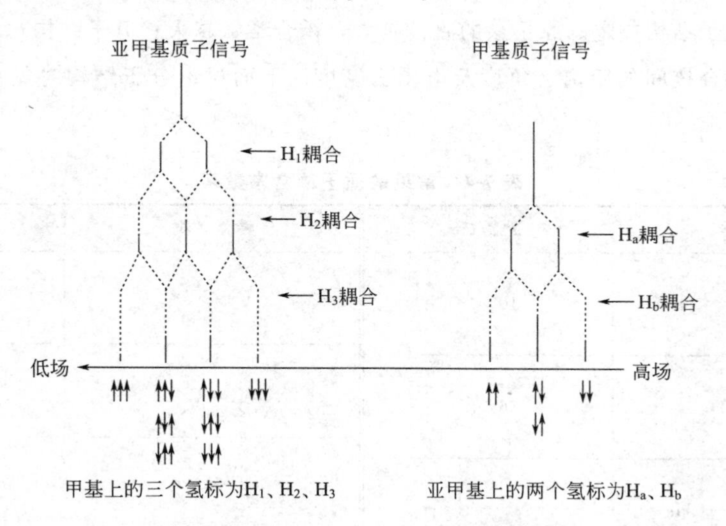

图 7-13　乙基上的—CH_2—和—CH_3 质子的自旋裂分图

以上 $n+1$ 律适用于 $I=1/2$ 的原子核，称为狭义 $n+1$ 律。对于 $I\neq1/2$ 的磁性核引发的自旋裂分，多重峰峰数目则服从 $2nI+1$ 规律，多重峰峰强度比为二项式 $(a+b)^{2nI}$ 展开后各项的系数比（n 为磁性核的数目，I 为磁性核的自旋量子数），这是广义的 $n+1$ 律。

综上，在结构分析中，自旋裂分反映其邻近磁性核的种类、数目、位置等情况，为结构分析提供原子连接及立体结构的信息。

（三）耦合常数及其与结构的关系

1. 耦合常数　磁性核间发生自旋耦合时，共振峰要发生裂分，多重峰峰间距反映相互耦合作用的强弱，称为耦合常数（coupling constant），用符号 J 表示，J 值有正负，单位是 Hz。J 值是自旋耦合作用强弱的量度，是化合物结构的属性，与外磁场强度无关，只随磁性核环境的不同而不同。对于质子间的自旋耦合，J 值一般不超过 20Hz。彼此强度耦合的质子，其 J 值相等。

2. 耦合类型　根据相互耦合核间相隔的键数，可将耦合作用分为偕耦（geminal coupling）、邻耦（vicinal coupling）及远程耦合（long-range coupling）三类。根据核的种类，可分为 ^{1}H-^{1}H 耦合、^{13}C-^{1}H 耦合等。一般，从耦合常数 J 的大小不仅可以判断耦合强弱，说明它们在结构中的连接关系，也可用于判断化合物的立体结构。

（1）偕耦：也称同碳耦合，指同一个碳上的两个质子的耦合。由于间隔两个键，H—C—H，所以用 ^{2}J 或 J_{gem} 表示。^{2}J 一般为负值，变化范围较大，烷烃的 ^{2}J 绝对值通常在10～15Hz，其大小与结构有密切关系。

（2）邻耦：也称邻碳耦合，指相邻碳上质子的耦合。由于间隔三个键，H—C—C—H，用 ^{3}J 或 J_{vic} 表示。^{3}J 一般为正值。在饱和体系中约为 0～16Hz，在开链烷烃中，由于化学键自由旋转的平均作用，^{3}J 为 6～8Hz。

（3）远程耦合：指间隔超过三个键的质子的耦合。一般耦合常数较小，J 值为 0～3Hz 左右。在不饱和系统中，如烯属、炔属、芳香族、杂环及张力环（小环或桥环）系统中，存在远程耦合。饱和化合物中间隔的四个键呈“W”构型时，也存在远程耦合。

3. 耦合常数与分子结构的关系 常见的质子耦合常数见表 7-4。耦合常数的大小主要由原子核的磁性和分子结构决定。原子核的磁性越大，耦合常数越大；分子结构对耦合常数的影响因素主要包括耦合核间的距离、角度及电子云密度。下面讨论分子结构对氢核间耦合常数的影响。

表 7-4 常见的质子耦合常数表

种 类	J_{ab}/Hz	种 类	J_{ab}/Hz
$>C(H_a)(H_b)$	10～15	$>C=C(H_a)(H_b)$	0～2
H_a-C-CH_b	6～8	$H_a(C=C)H_b$（顺式）	6～12
$H_a-C-C-C-CH_b$	0	$H_a-C=C-CH_b$	0～2
H_aC-OH_b （没有交换时）	4～6	$>C=CH_a-CH_a=C<$	9～12
$H_aC-C(=O)H_b$	2～3	$H_a(C=C)H_b$ （环）	5 元环 3～4 6 元环 6～9 7 元环 10～13
$>C=CH_a-C(=O)H_b$	5～7	H_a-苯环-H_b	邻位 6～10 间位 1～3 对位 0～1
$H_a(C=C)H_b$（反式）	15～18	吡啶（N1，2～6位）	$J_{2\text{-}3}$ 5～6 $J_{3\text{-}4}$ 7～9 $J_{2\text{-}4}$ 1～2 $J_{3\text{-}5}$ 1～2 $J_{2\text{-}5}$ 0～1 $J_{2\text{-}6}$ 0～1
呋喃（O，2～5位）	$J_{2\text{-}3}$ 1.5～2 $J_{3\text{-}4}$ 3～4 $J_{2\text{-}4}$ 1.5 $J_{2\text{-}5}$ 1～2	$>C=C(H_b)(CH_a)$	4～10
噻吩（S，2～5位）	$J_{2\text{-}3}$ 5～6 $J_{3\text{-}4}$ 3.5～5 $J_{2\text{-}4}$ 1.5 $J_{2\text{-}5}$ 3～5	吡咯（N-Na，2～5位）	$J_{a\text{-}2}$ 2～3 $J_{a\text{-}3}$ 2～3 $J_{2\text{-}3}$ 2～3 $J_{3\text{-}4}$ 3～4 $J_{2\text{-}4}$ 1～2 $J_{2\text{-}5}$ 2
$H_aC-C=C-CH_b$	1～2		

(1) 间隔的键数：间隔的键数越多，耦合核产生的附加磁场随着距离的增大而减弱，耦合作用相应减弱，J 变小。例如，饱和烷氢的 ^2J 为 10～15Hz，^3J 为 6～8Hz，远程耦合的耦合常数 J 值均较小，为 0～3Hz。

(2) 角度：耦合常数通常随角度的改变而改变，以饱和烃的邻耦为例，其耦合常数的范围

NOTE

为 0～16Hz。在开链化合物中，由于键自由旋转的均化作用，J 为 6～8Hz；对于环状结构，键不能自由旋转时，J 值与夹角有关。Karplus 曾提出一个关系式来描述 $^3J_{H-H}$ 与键角的关系

$$^3J_{H-H}=A+B\cos\phi+C\cos\phi$$

ϕ 为两个 C—C—H 平面间的夹角，即二面角；A、B、C 为与分子结构有关的常数。图 7-14 给出了 $^3J_{H-H}$ 与键角的关系图。当 $\phi=90°$，$^3J_{H-H}$ 最小。

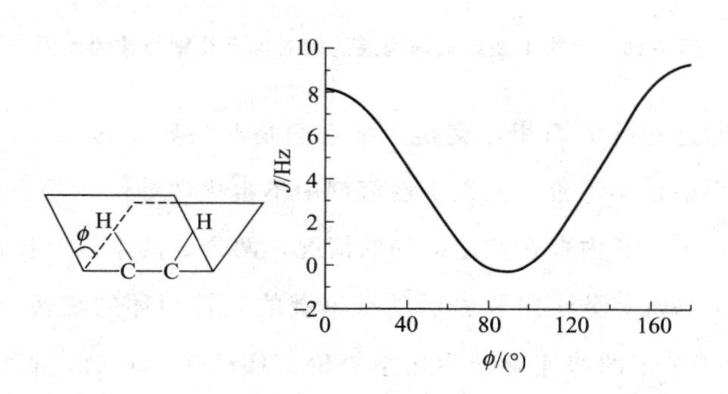

图 7-14　$^3J_{H-H}$ 与键角 φ 的关系

对于烯烃，$J_{烯}^{trans}>J_{烯}^{cis}$，$J_{烯}^{trans}$ 通常大于 14Hz，$J_{烯}^{cis}$ 通常小于 12Hz，据此可以判断烯烃的顺反式结构。

（3）电子云密度：由于自旋耦合靠电子传递，耦合核间的电子云密度越大，氢传递耦合的能力越强，J 值越大。多重键传递耦合的能力比单键强，如丙二烯 $H_2C=C=CH_2$ 的两个质子间的远程耦合常数可高达 7Hz；取代基的电负性越大，导致耦合核间的电子云密度降低，J 值减小，如乙烯的 $J_{烯}^{trans}$ 为 19Hz，而氟代乙烯的 $J_{烯}^{trans}$ 为 13Hz，取代的氟原子使双键上的电子云密度下降。J 值随着双键上取代基的电负性的增加而减小。

综上，耦合常数是核磁共振谱中的重要参数，它可以反映化合物的原子连接信息，特别是立体结构信息，可用于研究化合物的构型、构象及取代基位置等。

二、自旋系统

（一）核的等价性质

1. 化学等价（chemical equivalence）　一组核如果所处的化学环境相同，则它们为化学等价。化学等价与否联系着 NMR 谱图的外观，因此，需要明确如何判断多个核是否化学等价。

（1）对称操作：对于分子中的各原子相对静止的情况，可通过对称操作看两个核能否相互交换来判断其化学等价性。这种操作分以下两种情况。

分子中的两个核通过某种对称操作（如二重轴旋转）可互换位置，则它们是等位的（homotopic），即无论在何种环境中都为化学等价。例如，反式 1,2-二氯环丙烷中 H_a 与 H_b，H_c 与 H_d 分别为化学等价质子（图 7-15）。因为分子有对称轴（通过 C_3 和 C_1—C_2 键的平分点），分子绕对称轴旋转 180°后，质子 a 和 b 及质子 c 和 d 可以交换，亦即旋转后结构与原来结构可以重叠在一起。

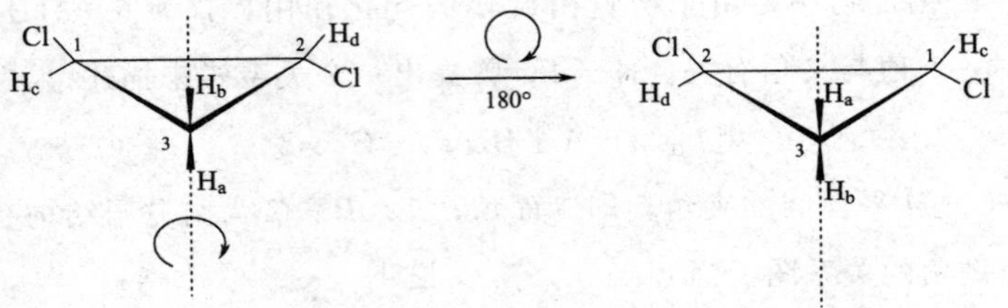

图 7-15　反式 1,2-二氯环丙烷的轴对称及绕轴旋转的作用

分子中的两个核通过对称面而相互交换，则它们是对映异位的（enantiotopic），对映异位的两个核在非手性溶剂中化学等价，但在手性溶剂中不再化学等价。

（2）快速运动：对于分子内存在快速运动的情况，两个或两个以上核通过快速运动位置可对应互换时，则为化学等价。分子内快速运动有单键的旋转和环的翻转。如乙醇 CH_3CH_2OH 中 CH_3 的三个质子由于单键的快速旋转为化学等价；环己烷翻转时，直立氢和平伏氢可对应互换，因此两者化学等价。

通过快速运动，两个核仍然化学不等价的例子如下：

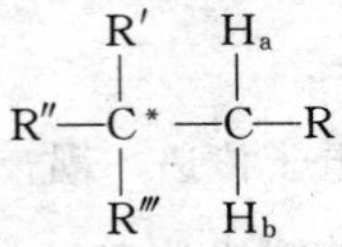

图中与不对称碳原子相连的 CH_2（称前手性氢）上的两个 H 非化学等价。C^* 为不对称碳原子，无论 R—CH_2—的旋转速度有多快，—CH_2—的两个质子所处的化学环境总是不相同，所以 H_a 与 H_b 化学不等价。其旋转过程的 Newman 投影式如下：

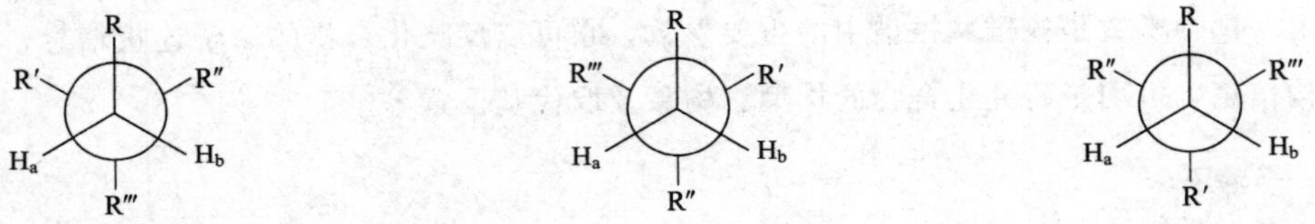

2. 磁等价（magnetic equivalence）　磁等价又称磁全同。判断一组核是否磁等价有两个条件：①一组核必须化学等价；②与组外任意一核的耦合常数相同。磁等价核的特点是不产生自旋裂分现象。

例如，1,1,2-三氯乙烷 $ClCH_2CHCl_2$ 中—CH_2—的两个质子不仅化学位移相等，而且他们对邻位次甲基—C—H 中 ^1H 耦合常数也一致，$J_{H_cH_a}=J_{H_cH_b}$，故两个质子为磁等价。

磁不等价的经典例子是

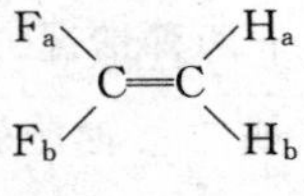

根据对称操作可知，H_a 和 H_b 化学等价，组外可以和 H_a、H_b 发生耦合作用的是 F_a 和 F_b，对于 F_a，H_a 与 F_a 是顺式耦合，而 H_b 与 F_a 是反式耦合，$J_{H_aF_a} \neq J_{H_bF_a}$，因此，$H_a$ 和 H_b 虽然化学等价，但磁不等价。

（二）自旋系统分类与命名

分子中相互耦合的核组成一个自旋系统（spin system），系统内的核相互耦合，但不与系统外任何核发生耦合。可见，自旋系统之间是隔离的。一个分子中可以有几个自旋系统。例如

NOTE

乙基异丙基醚中乙基和异丙基分属于两个不同的自旋系统。

1. 分类　按耦合的强弱，自旋系统可分为一级耦合与二级耦合。$\Delta\nu \gg J$ 为弱耦合，$\Delta\nu \approx J$ 为强耦合，但无绝对界限，目前多以 $\Delta\nu/J=10$ 为界（过去以 6 为界）。$\Delta\nu/J>10$ 为一级耦合；$\Delta\nu/J<10$ 为二级耦合，或称高级耦合。

2. 命名

(1) 化学位移相同的核构成一个核组，以一个大写英文字母表示。核组内的核若磁不等价，则在字母右上角加撇以示区别，如 AA′A″。

(2) 几个核组间分别用不同的字母表示，若它们的化学位移差值较大时（$\Delta\nu/J>10$），用不连续的大写英文字母如 A、M、X 表示；若它们的化学位移差值较小时（$\Delta\nu/J<10$），用连续的大写英文字母如 A、B、C 表示。

(3) 字母右下角标示该组磁等价核的数目。

例如，$CH_3OCH_2CH_3$ 中—CH_2CH_3 是 A_3X_2 系统，CH_3O—是 A_3 系统。$CH_3CH_2OCH(CH_3)_2$ 则包含 A_3X_2 系统和 A_6X 系统。$CH_3CH_2CH_2Cl$ 则为 $A_3M_2X_2$ 系统。对氯苯胺中的四个质子构成 AA′BB′系统。

（三）一级谱图与二级谱图

核磁共振图谱分为一级谱图和二级谱图。

1. 一级谱图（first order spectrum）　一级谱图产生的条件为：①相互耦合的核 $\Delta\nu/J>10$，为一级耦合。②同一核组的核磁等价。CH_3CH_2OH 中的 A_3X_2 系统满足上述两个条件，为一级谱图。$CH_2=CF_2$ 中的两个氢因磁不等价，因此其氢谱不是一级谱图。

一级谱图可用 $n+1$ 律分析，具有如下特征：

① 多重峰峰数目遵从 $n+1$ 律。但需注意邻近的 n 个氢与被测氢只有一个耦合常数，若 n 个氢有两个耦合常数 J_1 和 J_2，其对应的核数为 n_1 和 n_2，则被测核的多重峰峰数目为 $(n_1+1)(n_2+1)$ 个。

② 多重峰峰面积比为 $(a+b)^n$ 展开后的各项系数比。n 是与被测核有相同耦合常数的邻近核的数目。

③ 从谱图可直接读出 δ 和 J，多重峰中心位置为 δ，多重峰峰间距为 J。

常见的产生一级谱图的自旋系统有 AX、AMX 以及 A_3X_2 等，下面举例说明一些典型的一级图谱。咖啡酸的 ^1H-NMR 谱图（图 7-16）中有两个典型的系统，分别是 AX 系统和 AMX 系统。

图 7-17 是 60MHz 测定的氯乙烷 ^1H-NMR 波谱，δ0 是 TMS，δ7.25 是 $CDCl_3$ 中 $CHCl_3$ 杂质，甲基和亚甲基的 δ 值从谱图中可以看出为 1.48 和 3.57，甲基和亚甲基质子相互耦合，$\Delta\nu/J$ 经计算为 14（$\Delta\nu=\Delta\delta\times$仪器频率$/10^6=(3.57-1.48)\times60=125$Hz，$J$ 为 9Hz），为 A_3X_2 系统，是典型的一级波谱，其裂分模式参照图 7-13。

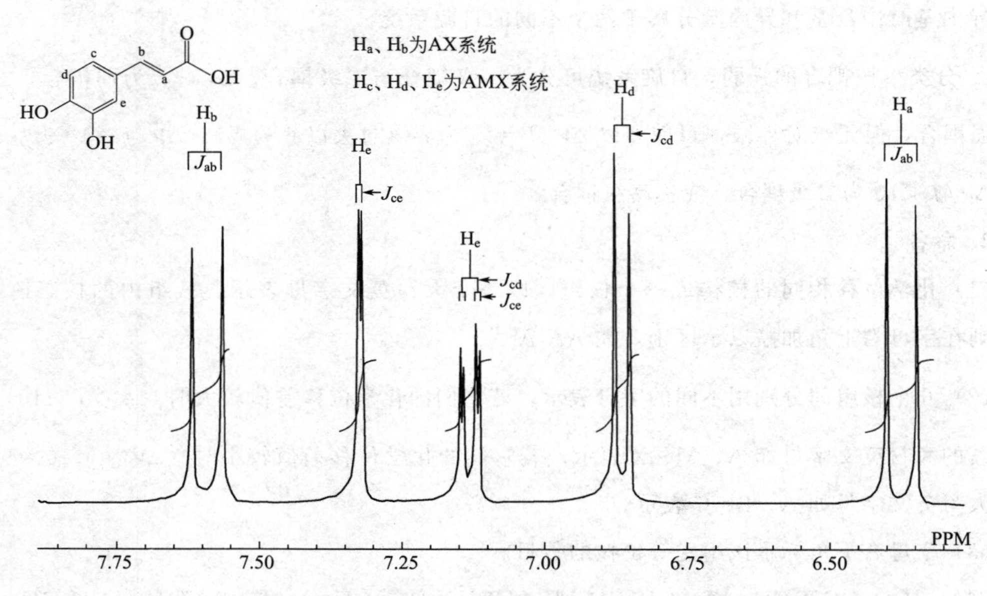

图 7-16 咖啡酸的 ^{1}H-NMR 谱图及结构中 AX 系统和 AMX 系统的裂分模式

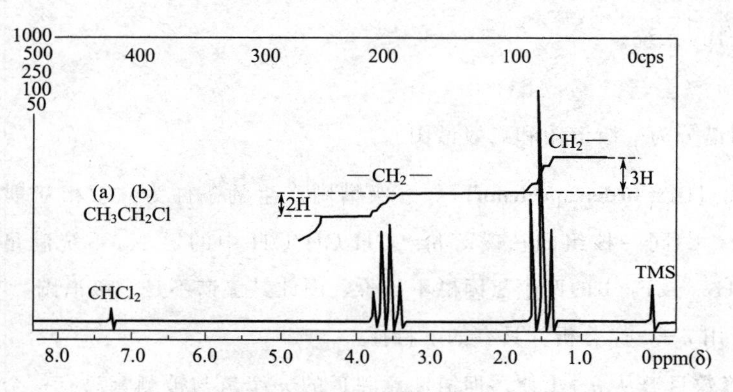

图 7-17 CH_3CH_2Cl 的 ^{1}H-NMR 谱图（$CDCl_3$，60MHz）

又如图 7-18 是 $CH_3CH_2CH_2NO_2$ 的 NMR 谱，是典型的 $A_3M_2X_2$ 系统，H_a 和 H_c 由两个 H_b 裂分，分别在 δ1.02 和 δ4.35 显示三重峰。而 H_b 经两次裂分，一次由 H_a 引起，一次由 H_c 引起，最后的裂分模式（图 7-19）是 12 条谱线的多重峰，但它们中有些小峰太弱，在实际波谱上观察不到。

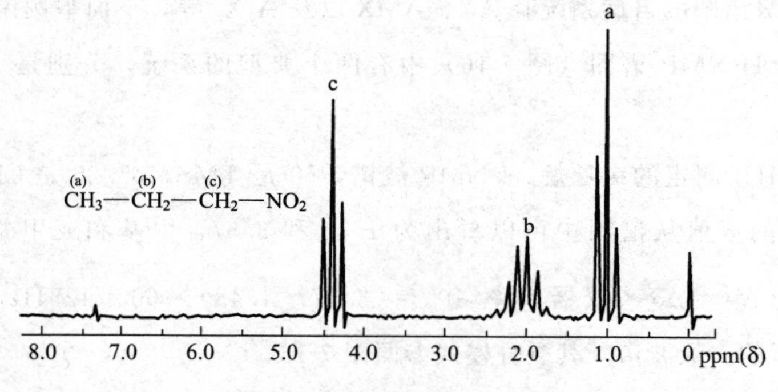

图 7-18 1-硝基丙烷的 ^{1}H-NMR 谱图

NOTE

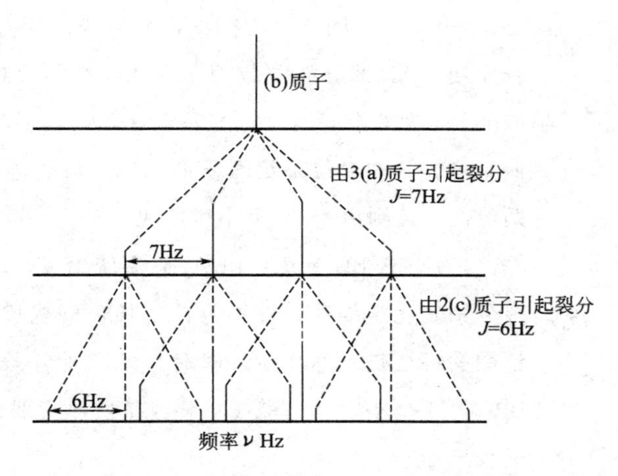

图 7-19 1-硝基丙烷中 b 质子的裂分模式

2. 二级谱图（second order spectrum） 无法满足一级谱图的两个条件时，则产生二级谱图。二级谱图比较复杂，与一级谱图相比，它有以下几个特点：

① 多重峰峰数目一般超过 $n+1$ 个。

② 多重峰峰面积比关系复杂，不符合二项式展开式的各项系数比。

③ δ 和 J 一般无法从谱图直接读出，通常需要计算求得。

常见的产生二级谱图的自旋系统有 AB、ABC、AB_2（或 A_2B）、ABX 等。量子力学对二级谱图有一套较完整的解析方法，能计算出各系统的理论谱线，包括谱线的数目、谱线强度等，还可以计算出化学位移和耦合常数。这部分内容本书不做详细介绍，可参考相关专著。下面对 AB、ABX 及 AA′BB′系统产生的二级谱图特点做一简单介绍。

（1）AB 系统：环上孤立的 CH_2、二取代乙烯、四取代苯等的质子都有可能组成 AB 系统。AB 系统对应的谱图是最简单的二级谱图。当 AX 系统（一级谱图）的两类质子化学位移差值不断缩小时，即 $\Delta\nu/J$ 开始小于 10，AX 系统演化为 AB 系统。图 7-20 表示随 $\Delta\nu/J$ 降低，AB 系统对应谱图的变化，谱图显示两个双峰彼此接近（设 J 值不变），双峰内侧峰面积增加，外侧峰面积减小。

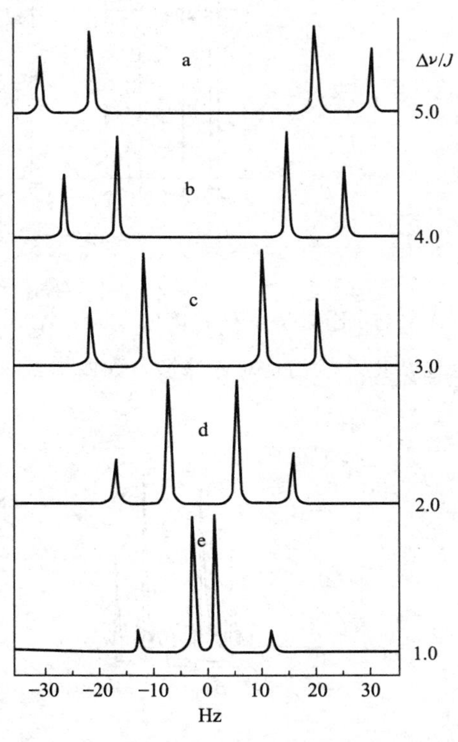

图 7-20 随 $\Delta\nu/J$ 降低 AB 系统的谱图变化

AB 系统对应的二级谱图中，多重峰峰面积不遵循一级谱图的规律，而是内侧峰总比外侧峰高。两类质子的化学位移不在原来的双峰中间，而是在裂分双重峰的重心点，需要通过计算才能求得，两者的耦合常数为峰间距。质子 A 和 B 的裂分模式如图 7-21 所示。

（2）ABX 系统：ABX 系统的谱线裂分情况与 AMX 相近似。最多可得 14 个小峰，通常可

NOTE

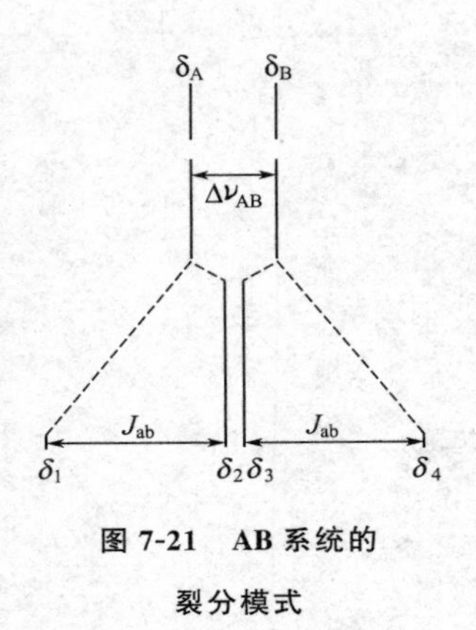

图 7-21　AB 系统的裂分模式

见 12 个小峰。图 7-22 表示 ABX 系统的裂分模式。由于 X 的耦合作用，AB 部分裂分成两个 AB 系统，表现为两组四重峰。1、3、5、6 为其中一组对称的四重峰，2、4、7、8 为另外一组对称四重峰。其相对位置及面积遵从 AB 系统谱图特点，8 个小峰两两等高。X 则由 4～6 个小峰组成。

（3）AA′BB′系统：由 A_2B_2 系统出发，若两个 A 核和两个 B 核分别是化学等性，磁不等性的核，则构成 AA′BB′系统。系统谱图的特征是对称性强。理论上有 28 个小峰，AA′有 14 个小峰，BB′有 14 个小峰。因谱线重叠或某些峰太弱，实际谱线数目往往远少于 28。

对位双取代苯，邻位双取代苯及某些 XCH_2CH_2Y 结构中的质子都有可能组成 AA′BB′系统，例如：

CH_3O-⟨苯环⟩-CH_2Cl，⟨苯环⟩(OH)(OH)，⟨苯环⟩(Cl)(Cl)，⟨苯环⟩(CHO)(CHO)，$ClCH_2CH_2Br$

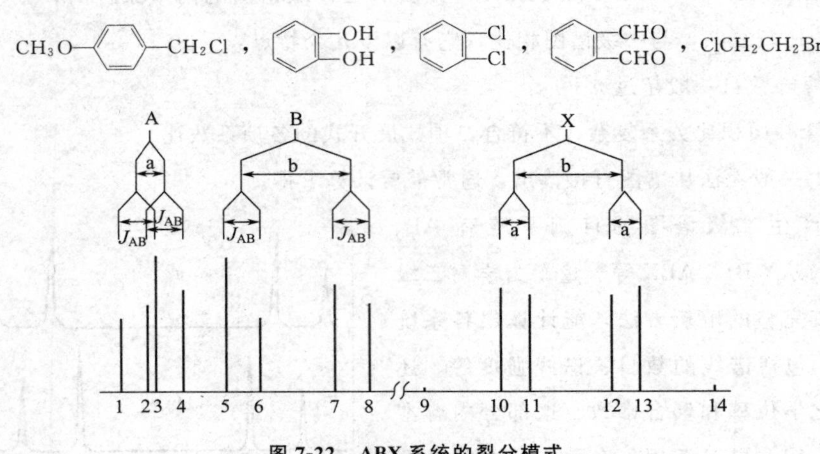

图 7-22　ABX 系统的裂分模式

AA′与 BB′化学位移差值较大时，AA′BB′系统谱线较少。随着 Δν 减小，耦合增强，谱图变得复杂化，但仍是对称峰形，如图 7-23 所示。

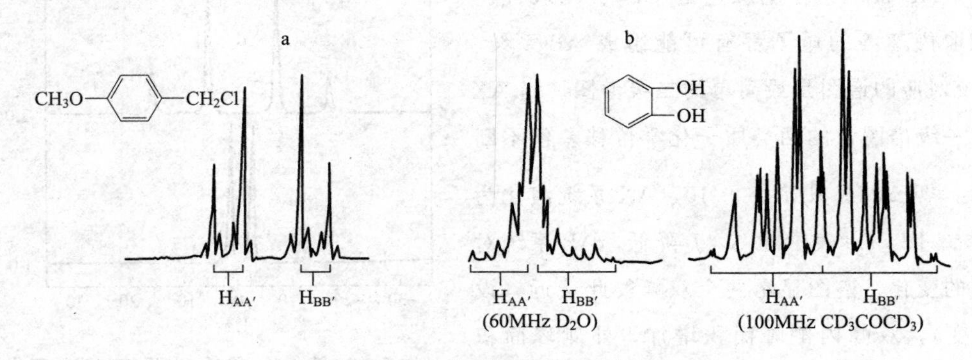

图 7-23　AA′BB′系统的谱图实例

图 7-23a 中对位双取代苯的 AA′BB′系统谱线较少，主峰类似于 AB 四重峰，每一主峰的两侧又有对称（指与主峰间距离对称）的两个小峰。主峰 [1－2]＝[3－4] ＝$J_o+J_p\approx J_o$，主峰两侧小峰间距近似等于 $2J_m$。$\delta_{AA'}$ 和 $\delta_{BB'}$ 近似值由两组主峰的“重心”读出，由经验式计算，理论计算复杂。邻羟基苯酚（图 7-23b）、邻二氯苯等 AA′BB′系统谱线较多，较复杂，δ 值可近

NOTE

似估计。

通过使用高频的核磁共振波谱仪，某些二级谱图可能转化成一级谱图。谱图的类型与 $\Delta\nu/J$ 的大小有关，$\Delta\nu$ 随着仪器射频频率提高而变大，J 值不变，仪器的射频频率越高，则 $\Delta\nu/J$ 越大，从而可使二级谱图转化为一级谱图。

第四节　核磁共振波谱仪及实验方法

一、核磁共振波谱仪

1953 年，美国瓦里安公司研制成功世界上第一台商品化的核磁共振波谱仪（30MHz）。1964 年，该公司又率先研制出超导磁场 NMR 波谱仪，将共振频率提高至 200MHz。1971 年，日本电子（JEOL）公司推出第一台脉冲傅里叶变换 NMR 波谱仪（PFT NMR）。随后，仪器不仅数字化、智能化程度更高，而且共振频率也越来越高。2009 年，已有共振频率高达 1GHz 的仪器出现。

（一）主要部件

仪器一般由以下几个部分组成（图 7-24）。

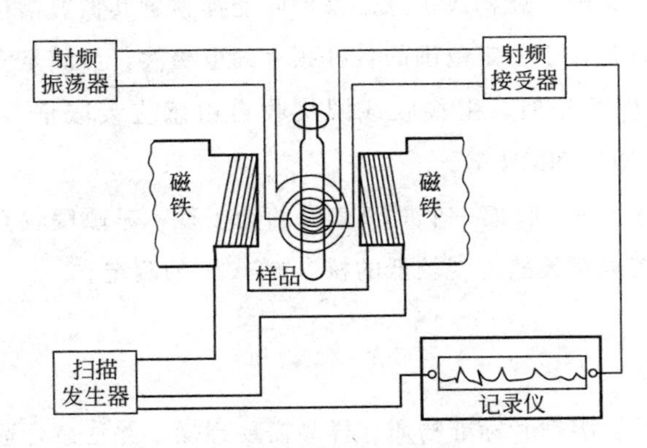

图 7-24　核磁共振波谱仪结构示意图

1. 磁铁或超导磁场　磁铁的作用是提供一均匀强磁场，且必须在长时间内保持均匀和恒定。在进行测定时，电磁铁易发热，因此要用水来冷却，保持在 20～35℃范围，但温度的变化不可以超过每小时 0.1℃。在高分辨的仪器中，需要超导磁场，采用液氦冷却。

2. 射频振荡器　在扫场法中，射频振荡器是提供固定频率电磁波的部件，其线圈垂直于外磁场。

3. 射频接受器（检出器）　在垂直于外磁场扫描器和射频振荡器的线圈位置上设一接受线圈，三者互不干扰，接受器的频率与射频振荡器的频率必须调节一致。当某类质子的进动频率与射频相匹配时，核的自旋能级发生跃迁，核磁矩方向发生改变，因此在接受线圈中感应出几个毫伏的电压，再经放大检波后，记录成谱图。

4. 读数系统　包括放大器、记录器和积分仪。检出的信号放大后输入记录器，并自动描绘波谱图。纵坐标表示信号强度，横坐标表示磁场强度或照射频率。记录的信号由一系列峰组

成，峰面积正比于它们所代表的某类质子的数目。峰面积用电子积分仪测量，积分曲线由积分仪自低磁场向高磁场描绘，以阶梯的形式重叠在峰上面，而每一阶梯的高度与引起该信号的质子数目成正比，即使掩藏在其他峰下面的小峰或落入基线噪音上的小峰也能检出。因此，测量积分曲线上阶梯的高度就可决定各类质子的相对数目。

5. 样品管　常用样品管是外径为5mm的玻璃管，内放待测样品的溶液。样品管通过一个小风轮推动旋转，使管内样品均匀地受到磁场的作用。

（二）连续波核磁共振波谱仪和脉冲傅里叶变换核磁共振波谱仪

1. 连续波核磁共振波谱仪（CW-NMR）　仪器工作的方式是连续变化一个参数，使不同的核依次满足共振条件而记录得到谱图。核磁共振的一个重要条件是 $\nu_0 = rB_0(1-\sigma)/2\pi$，式中，$\nu_0$ 和 B_0 可以通过仪器加以改变。因此要满足不同核的共振条件，可以有两种方式：一是固定照射频率，改变磁场强度来获得核磁共振谱图的方法，即扫场法；另一是磁场强度固定，改变照射频率来获得核磁共振谱图的方法，即扫频法。

仪器的缺点：在任一瞬间，只有一种核处于共振状态，而其他核都处于“等待”状态，因此扫描速度慢，如常用250秒记录一张氢谱。若采取累加信号的方法又无法保证信号长期不漂移，因此，不利于对一些量小的样品和某些天然丰度小的核进行测定。随着脉冲傅里叶变换NMR波谱仪的发展，这类仪器的应用逐渐减少。

2. 脉冲傅里叶变换核磁共振波谱仪（PFT-NMR）　在CW-NMR波谱仪上增加脉冲发生器和计算机数据采集处理系统，就构成了脉冲傅里叶变换核磁共振波谱仪。用强而短的射频脉冲方式（一个脉冲中同时包含了一定范围的各种频率的电磁波，可满足多种环境的核同时发生共振）照射样品，当发生共振时，由接收线圈接收自由感应衰减信号（FID），通过傅里叶（Fourier）变换，得到普通的NMR谱。

PFT-NMR仪测定速度快，收集一个FID信号约为1秒；灵敏度较高，仪器有很强的累加信号能力，通过累加，实现对天然丰度较低的核（如^{13}C）的测定。

二、样品的制备

样品的制备需要样品、溶剂和标准物质。样品需要干燥，并注意合适的用量。测定氢谱的一般用量为几毫克到十几毫克，测定碳谱的用量略大于氢谱，为几毫克到几十毫克。由于PFT-NMR仪器可以累加信号，更少量的样品也可以得到谱图。溶剂的选择主要考虑对试样的溶解度且不干扰样品的信号，所以氢谱测定使用氘代溶剂。常用溶剂有 $CDCl_3$、D_2O、CD_3COCD_3（丙酮-D_6）、CD_3OD（甲醇-D_4）、C_6D_6（苯-D_6）及 CD_3SOCD_3（二甲基亚砜-D_6）等。因溶剂氘代程度难于达到100%（98%～99.8%），残存的^1H信号在谱图上仍可看到，故在观察谱图时，应注意溶剂峰的识别。制备样品溶液时，还需加入标准物质。以有机溶媒为溶剂的样品，常用四甲基硅烷（TMS）为标准物。以重水为溶剂的样品，因TMS不溶于水，可采用4,4-二甲基-4-硅代戊磺酸钠（DSS）。

配置样品溶液时，将适量样品加入约0.5mL氘代溶剂溶解，并加入少量的标准物质即可。

三、实验方法

NOTE

主要讨论用于辅助解析、简化NMR谱图的实验方法。主要包括重氢交换、双照射等。

1. 重氢交换

（1）重水交换：重水（D_2O）交换对判断分子中是否存在活泼氢及活泼氢的数目很有帮助。OH、NH、SH在溶液中存在分子间的交换，其交换速度顺序为OH＞NH＞SH，这种交换的存在使这些活泼氢的δ值不固定且峰形加宽，难以识别。可向样品管内滴加1～2滴D_2O，振摇片刻后，重测^{1}HNMR谱，比较前后谱图峰形及积分比的改变，确定活泼氢是否存在及活泼氢的数目。若某一峰消失，可认为其为活泼氢的吸收峰。若无明显的峰形改变，但某组峰积分比降低，可认为活泼氢的共振吸收隐藏在该组峰中。注意：交换速度慢的活泼氢需振摇，放置一段时间后，再测试。样品中的水分对识别活泼氢有干扰。交换后的D_2O以HOD形式存在，在δ4.7ppm处出现吸收峰（$CDCl_4$溶剂中），在氘代丙酮或氘代二甲亚砜溶剂中，于δ3～4范围出峰。由分子的元素组成及活泼氢的δ值范围判断活泼氢的类型。

（2）重氢氧化钠（NaOD）交换：NaOD可以与羰基α-氢交换，由于$J_{DH} \ll J_{HH}$，NaOD交换后，可使与其相邻基团的耦合裂分消失，从而使谱图简化。NaOD交换对确定化合物的结构很有帮助。例如：

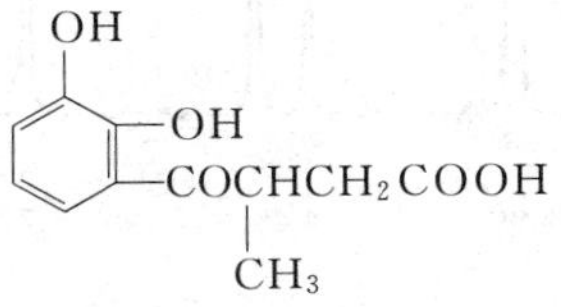

OH
OH
$COCHCH_2COOH$
CH_3
（A）

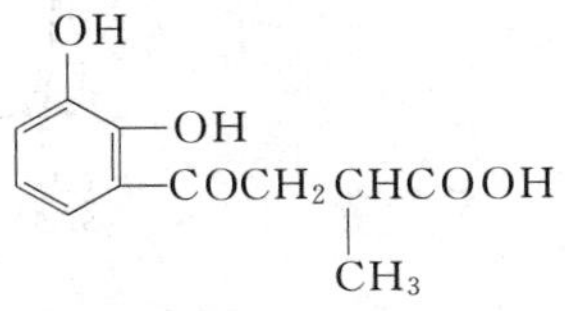

OH
OH
$COCH_2CHCOOH$
CH_3
（B）

$CDCl_3$溶剂中测^{1}H-NMR，δ1.3（d，3H，CH_3）；δ约3.9（m，1H，CH）；δ2.3～3.3（m，2H，CH_2）。化合物（A）与（B）中，各组峰的δ值接近，耦合裂分一致，难以区分。

加NaOD振摇后重测^{1}H NMR谱，化合物（A）中δ1.3（s，3H，CH_3）；δ2.3～3.3（q，2H，CH_2）；δ约3.9的多重峰消失。化合物（B）中δ1.3（d，3H，CH_3）；δ～3.9（q，1H，CH）；δ2.3～3.3的多重峰消失。因此利用NaOD交换法可区分化合物（A）与（B）。

2. 双照射　除了激发核共振的射频场（B_1）外，还可施加另外一个射频场（B_2），这样的照射称双照射（double irradiation），亦称双共振。若再施加第三个射频场（B_3），则称三重照射或多重照射。根据被B_2场照射的核和通过B_1场所观测的核是否相同种类，双照射可分为同核双照射和异核双照射两类。使用双照射去耦可使谱图大为简化，利于解析。

（1）自旋去耦（spin decoupling）：相互耦合的核H_a、H_b，若以强功率射频照射H_a，使其达到饱和，H_b的信号就成为单峰，这种实验方法称为自旋去耦。因为H_a受到较强照射时，H_a在两个自旋状态间快速跃迁，H_a对H_b产生的附加磁场平均为零，从而去掉了对H_b的耦合作用，使H_b以单峰出现。若以强功率射频照射H_b，同样使H_a去耦。自旋去耦的作用包括：简化图谱、发现隐藏的信号以及确定耦合关系。

去耦法在NMR波谱解析中用处较大，下面举例说明：

图7-25是甲基-2,3,4-三-O-苯酰-β-L来苏吡喃苷的部分谱图：(a)用氘代氯仿作溶剂测定的正常谱；(b)去耦法，照射H_2和H_3；(c)去耦法，照射H_4。仪器100MHz。

NOTE

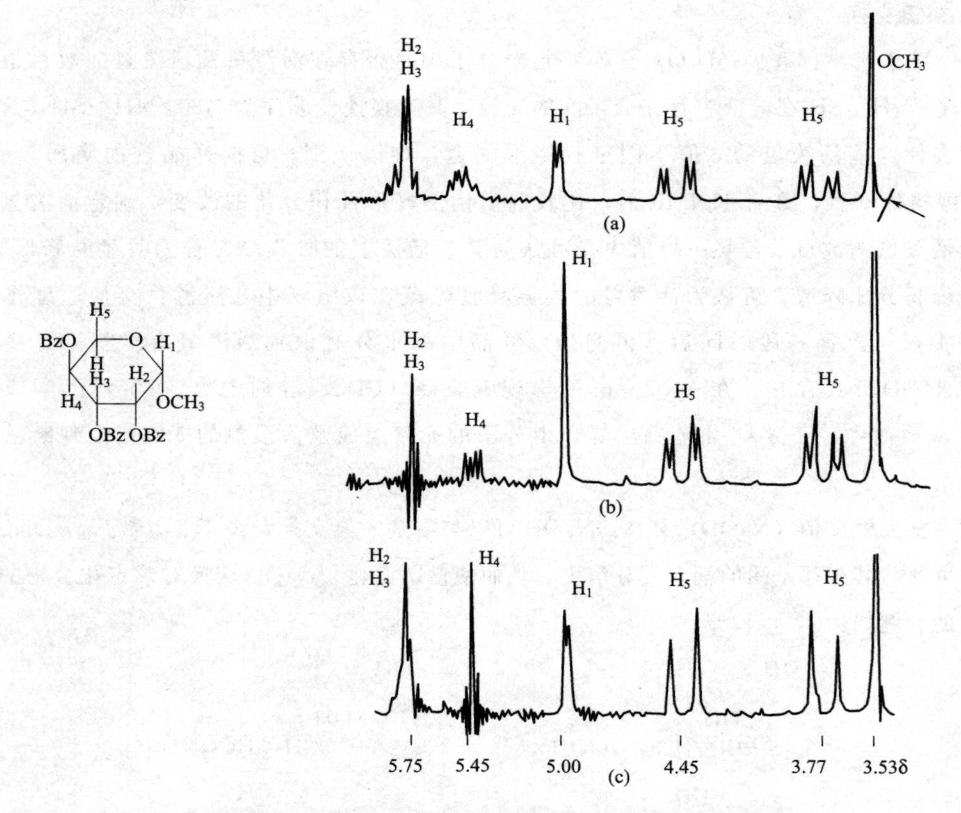

图 7-25 甲基-2,3,4-三-O-苯酰-β-L-来苏吡喃苷的部分 ^{1}H-NMR 谱图

由此可知：

① 从高磁场到低磁场，各信号相当于 3、1、1、1、1、2H，δ3.53 单峰为—OCH_3 的质子。

② 照射 δ5.75 时，δ5.45 的多重峰变为四重峰，同时 δ5.00 的双重峰变为单峰。

③ 照射 δ5.45 时，δ5.75 的多重峰明显变化，同时 δ4.45 和 δ3.77 的四重峰变为二重峰。

从该分子的结构来看，C_5 上质子应该比 H_1、H_2、H_3、H_4 都在高场，根据②可以认为 δ3.77（双重峰）、δ4.45（双重峰）和 δ5.45（四重峰）分别为 AMX 的 A、M 和 X 部分。根据③δ4.45（双重峰）和 δ3.77（双重峰）是 AB 型谱线，这是两个 H_5 的信号，而 5.45 为 H_4 的信号。

在②中照射峰 δ5.75 时，H_4 信号从多重峰变为四重峰。因此 δ5.75 的多重峰为 H_2 和 H_3 的信号，剩下的 δ5.0 是 H_1 信号。

（2）核 Overhauser 效应（NOE）：对于分子内空间接近的两核（核间距＜0.5nm），若用双照射法照射其中一个核并使其饱和，另一个核的信号就会增强，这种现象称核的 Overhauser 效应，简称 NOE（Nuclear Overhauser Effect）。两个核的空间距离相近即可发生核 Overhauser 效应，和它们相隔的化学键的数目无关。

NOE 反映的是空间关系，所以它是研究立体化学的重要手段。例如：

$$\underset{(A)}{\begin{matrix} H_3C & & H_a \\ & C{=}C & \\ Cl & & COOC_2H_5 \end{matrix}} \qquad\qquad \underset{(B)}{\begin{matrix} H_3C & & COOC_2H_5 \\ & C{=}C & \\ Cl & & H_a \end{matrix}}$$

对化合物 A，照射 CH_3 信号时，H_a 质子的信号面积增加 16%；而对 B 化合物，照射 CH_3 信号时，H_a 质子的信号面积不变。

利用 NOE 可以确定谱线中信号的归属。在很多情况下仅靠 δ 值、J 值等不能搞清信号的归属，而用 NOE 就很容易找出它们之间的关系。如化合物（C），在 NMR 波谱上 δ5.66 七重峰，是由于二个甲基的六个质子引起 H_a 的耦合裂分峰。在 δ1.42 和 δ1.97 处是两组双峰，由 H_a 的耦合裂分。当强照射 δ1.42 时，H_a 的峰由七重峰减少为四重峰。但信号强度增加 17%，强照射 δ1.97 时，H_a 的峰也改为四重峰，但面积没有增加。根据此现象可以指认 δ1.42 是与 H_a 处于顺式的甲基信号，δ1.97 为反式甲基信号。

δ1.42 H_3C 与 δ1.97 H_3C 连于 C=C 一端；另一端连 H_a（δ5.66）与 $COOC_2H_5$

（C）

第五节　核磁共振氢谱的解析

核磁共振氢谱在有机化合物的结构解析中最常用。^{1}H-NMR 谱图提供如下信息：

（1）*化学位移*：反映质子的化学环境，主要提供氢类型信息，一定程度反映邻近基团信息。例如，可以判断氢是烷氢、烯氢、芳氢等，因为不同类型的氢信号有其化学位移范围；还可以判断烷氢中甲基氢的邻近基团类型，—OCH_3、—$COCH_3$ 氢信号的 δ 值分别约为 3.5 和 2.1。

（2）*多重峰峰形*：有些共振峰由于自旋耦合呈现多重峰，多重峰的数目、面积比及峰间距（耦合常数）信息可以说明含氢基团的连接情况以及立体结构的信息。

（3）*峰面积*：与相应环境的氢数目成正比，说明化合物的氢分布情况。峰面积在谱图中的表征形式一般为积分曲线和（或）积分值。根据分子式和积分值的比值即可算出各组信号对应的氢数目。若分子式未知，也可根据图中某组已知氢数目的峰组求算积分值和氢数目的关系，如图中比较容易识别的—OCH_3、—$COCH_3$ 的氢信号，从而算出所有信号对应的氢数目。

化学位移、多重峰的峰形、峰面积是化合物定性和定量分析的依据，谱图解析就是利用这些信息分析化合物的结构。

一、核磁共振氢谱解析的一般程序

（1）首先检查内标物的峰位是否准确，底线是否平坦，溶剂中残存的^{1}H 信号是否出现在预定的位置。其次根据积分面积辨认是否存在杂质峰、溶剂峰等非待测试样信号。试样和杂质的氢信号积分值间一般无简单的整数比关系。

（2）根据已知分子式，计算不饱和度 Ω。

（3）根据谱图中各峰组的积分面积，确定谱图中各组峰对应的氢的数目，明确氢分布。

（4）从各组峰的化学位移、多重峰峰形（多重峰数目、面积比及耦合常数）判断结构单元及连接关系。一般可以先解析强峰、单峰，再解析耦合峰。先解析图谱中的一级耦合部分，再解析图谱中高级耦合部分，必要时更换高场强仪器或使用双共振技术简化谱图。

（5）将推测的结构单元组合成几种可能的结构式。

（6）结构初定后，核对化学位移、耦合关系与耦合常数是否相符。已发表的化合物，可查标准光谱核对。或利用 UV、IR、MS、^{13}C-NMR 等其他谱图信息加以确认。

二、解析示例

例 7-1　某未知物，液体，bp218℃，分子式为 $C_8H_{14}O_4$，其 IR 图谱显示有 $\nu_{C=O}$ 吸收。其^{1}H-NMR 谱图如图 7-26：

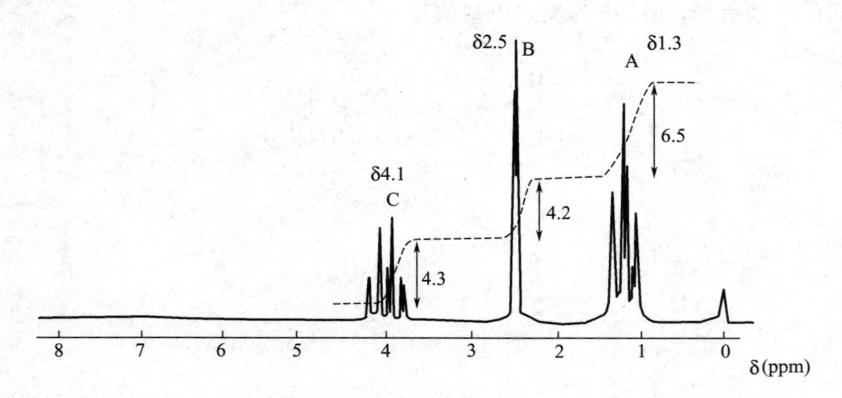

图 7-26　化合物 $C_8H_{14}O_4$ 的^{1}H-NMR 谱图

解：

（1）不饱和度 $\Omega=\frac{2+2\times8-14}{2}=2$，其中至少有一个羰基。

（2）化合物共有 14 个氢原子，A、B、C 三组信号对应的氢数目为：

A 组：$14\times\frac{6.5}{4.3+4.2+6.5}\approx6$

B 组：$14\times\frac{4.2}{15}\approx4$

C 组：$14\times\frac{4.3}{15}\approx4$

（3）A、B、C 三组信号的 δ 值均小于 5，为烷基氢信号。根据每个信号对应的氢数目，可以判断：A 对应 2 个 CH_3，B、C 分别对应 2 个 CH_2，且两者的化学环境相同，说明化合物为对称结构。

（4）亚甲基（B）为单峰，且 δ 值为 2.5，推测其与羰基相连—CO—CH_2—，甲基（A）分裂为 1∶2∶1 的三重峰，其邻近应有两个质子与其耦合，推断甲基（A）可能和亚甲基（C）相连。C 分裂为 1∶3∶3∶1 的四重峰，其邻近应有三个质子与其耦合，进一步说明乙基的存在，且其 δ 值比较大，为 4.1，推测和电负性比较大的氧相连，因此，结构中含有—O—CH_2CH_3。

（5）综合上述分析，化合物为对称结构，且含有两组—CO—CH_2—和—O—CH_2CH_3 基团，将它们连接得到化合物的结构为：

$$CH_3CH_2O—CO—CH_2CH_2—CO—OCH_2CH_3$$

NOTE

（6）核对：不饱和度吻合；查阅化合物的标准 NMR 谱图比对，证实结论正确。

例 7-2　已知一化合物的化学式为 C_8H_{10}，测得其 ^{1}H-NMR 波谱图如图 7-27，试推断其结构。

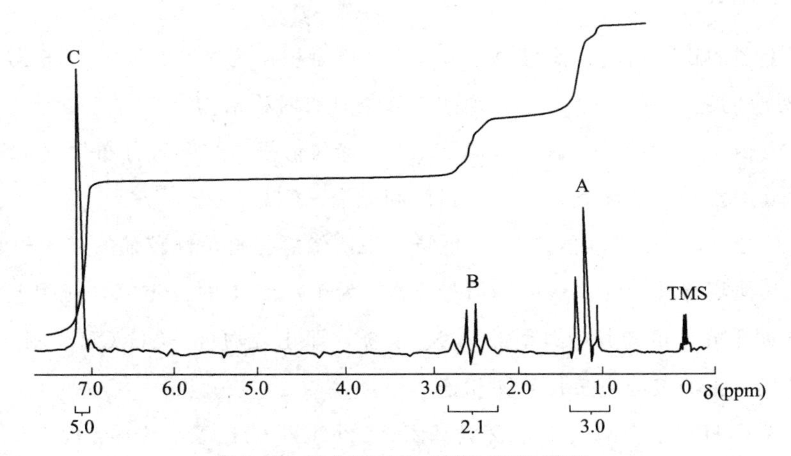

图 7-27　化合物 C_8H_{10} 的 ^{1}H-NMR 谱图

解：

(1) 不饱和度 $\Omega=\frac{2+2\times8-10}{2}=4$。

(2) 化合物共有 10 个氢，信号 A、B、C 的峰面积比为 3∶2∶5，因此，A、B、C 对应的氢数目分别为 3、2 和 5。

(3) A、B 的 δ 值在烷氢区域，C 的 δ 值在芳氢区域，根据每个信号对应的氢数目，可以判断：A 对应—CH_3，B 对应—CH_2—，C 对应单取代苯基。

(4) 甲基（A）裂为面积比为 1∶2∶1 的三重峰，亚甲基（B）裂为面积比为 1∶3∶3∶1 的四重峰，说明两个基团相连为乙基。

(5) 将以上推测的基团连接，得到下面的结构

(6) 核对：不饱和度吻合，化合物中各组氢的化学位移及耦合情况与谱图吻合；查阅化合物的标准 NMR 谱图比对，证实结论正确。

例 7-3　某未知物分子式为 $C_8H_{12}O_4$。其核磁共振谱（60MHz）如图 7-28 所示，δ_a1.31（t）、δ_b4.19（q）、δ_c6.71（s）；$J_{ab}\approx$7Hz。试确定其结构式。

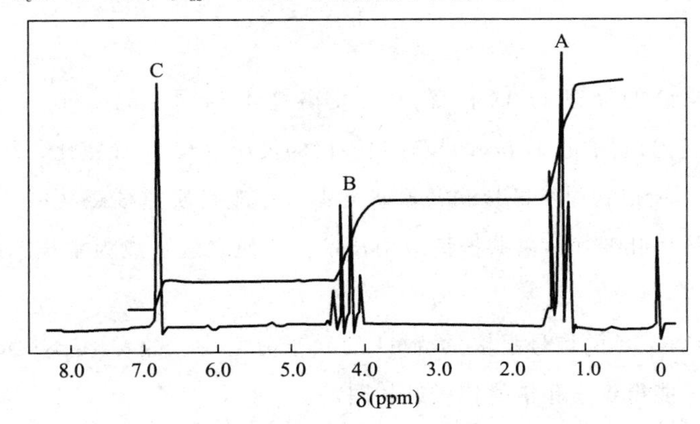

图 7-28　未知物 $C_8H_{12}O_4$ 的 ^{1}H-NMR 谱图

解：

(1) 不饱和度 $\Omega=\frac{2+2\times8-12}{2}=3$。

(2) 根据上图的积分高度，信号 A∶B∶C 的峰面积比为 3∶2∶1。分子式含氢数为 12，则 A、B、C 对应的氢数目为 6、4、2。说明未知物具有对称结构。

(3) δ_A1.31 和 δ_B4.19 为烷氢信号，δ_C 6.71 为烯氢信号，结合氢分布情况，说明结构中的两个对称单元分别含有一个烯氢，一个—CH_3 和一个—CH_2。

(4) 烯氢信号（C）比基准值 5.28 在低场，说明烯氢与电负性较强的基团相邻。由于是单峰，说明没有其他氢与其耦合。从甲基信号（A）为 1∶2∶1 的三重峰，亚甲基信号（B）为 1∶3∶3∶1 的四重峰，可知其为典型的 A_2X_3 系统，即化合物含—CH_2CH_3，由于亚甲基信号 δ_B4.19 在较低场，推测其与电负性基团相连。

(5) 分子式 $C_8H_{12}O_4$ 中减去上述含氢基团（2 个 CH_2CH_3 及 2 个═CH—），余 C_2O_4，说明有两个—COO—基团。联接方式有两种可能：

乙基与—COOR 相连，计算 $\delta_{CH_2}=1.20+1.05=2.25$

乙基与—O—COR 相连，计算 $\delta_{CH_2}=1.20+2.98=4.12$

未知物的亚甲基信号 δ_B 为 4.19，与 4.12 接近。因此乙基与氧原子相连。

(6) 综上所述，有两种可能结构：

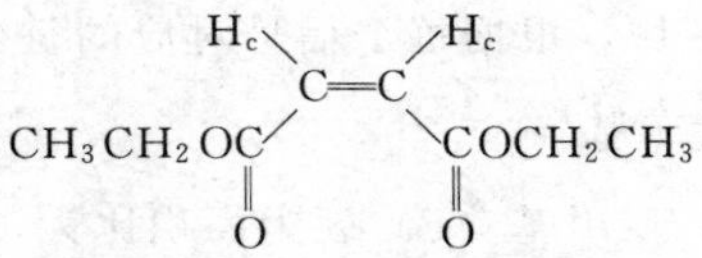

H_c(C=C)H_c ；$CH_3CH_2OC(=O)$—，—$C(=O)OCH_2CH_3$

顺式丁烯二酸二乙酯

H_c(C=C)$C(=O)OCH_2CH_3$ ；$CH_3CH_2OC(=O)$—，—H_c

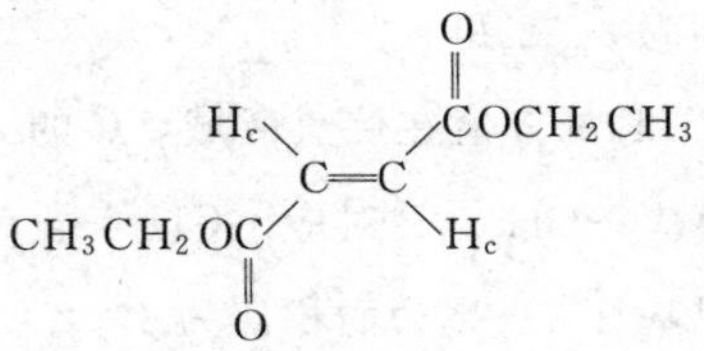

反式丁烯二酸二乙酯

(7) 查对标准光谱，反式丁烯二酸二乙酯烯氢的化学位移为 δ6.71（Sadtler 10269M），顺式的烯氢为 δ6.11（Sadtler 10349M）。进一步证明未知物是反式丁烯二酸二乙酯。

第六节　核磁共振碳谱和二维核磁共振谱简介

一、核磁共振碳谱

^{13}C 核磁共振波谱的原理与 ^1H 核磁共振波谱基本相同，但由于 ^{13}C 的天然丰度很低（1.1%），且磁旋比约为质子的 1/4，而核磁共振仪的灵敏度与 γ^3 成正比，故 ^{13}C 的相对灵敏度仅为质子的 1/5800，所以在早期的核磁共振研究中，一般只研究核磁共振氢谱，直至 1970 年以后，发展了脉冲傅里叶变换核磁共振谱应用技术，才使之逐步成为常规 NMR 方法。与氢谱相比碳谱有以下特点：

(1) 信号强度低：^{13}C 的信号强度约为 ^1H 的六千分之一，故在 ^{13}C-NMR 的测定中常常要进行长时间的累加才能得到一张信噪比较好的图谱。

NOTE

(2) 化学位移范围宽：对大多数有机分子来说，^{13}C 谱的化学位移在 δ0～250ppm 之间，与质子的化学位移相比要宽得多，这意味着在^{13}CNMR 中复杂化合物的峰重叠比质子 NMR 要小得多。

（3）耦合常数大：在一般样品中，由于^{13}C 丰度很低，碳谱中一般不考虑^{13}C-^{13}C 耦合，而主要考虑^{13}C-^{1}H 耦合，耦合常数为 125～250Hz，所以不去耦的碳谱，较为复杂。

（4）弛豫时间长：^{13}C 的弛豫时间比^{1}H 慢得多，有些化合物中的弛豫时间可长达几分钟。

（5）共振方法多，图谱简单：与核磁共振氢谱一样，碳谱中的参数是化学位移、耦合常数、峰面积，其中，化学位移为比较重要的参数。另外在氢谱中不常用的弛豫时间如 T_1，在碳谱中也有广泛的应用。

（一）^{13}C 的化学位移及影响因素

1. ^{13}C 的化学位移　一般来说，碳谱中化学位移（δ_C）是最重要参数。它直接反映了所观察核周围基团的电子分布的情况，即核所受屏蔽作用的大小。碳谱的化学位移对核所受的化学环境是很敏感的，它的范围比氢谱宽得多，一般在 0～250Hz，对于分子量在 300～500 的化合物，碳谱几乎可以分辨每一个不同化学环境的碳原子，而氢谱有时却严重重叠，图 7-29 是麦芽糖的氢谱和碳谱。

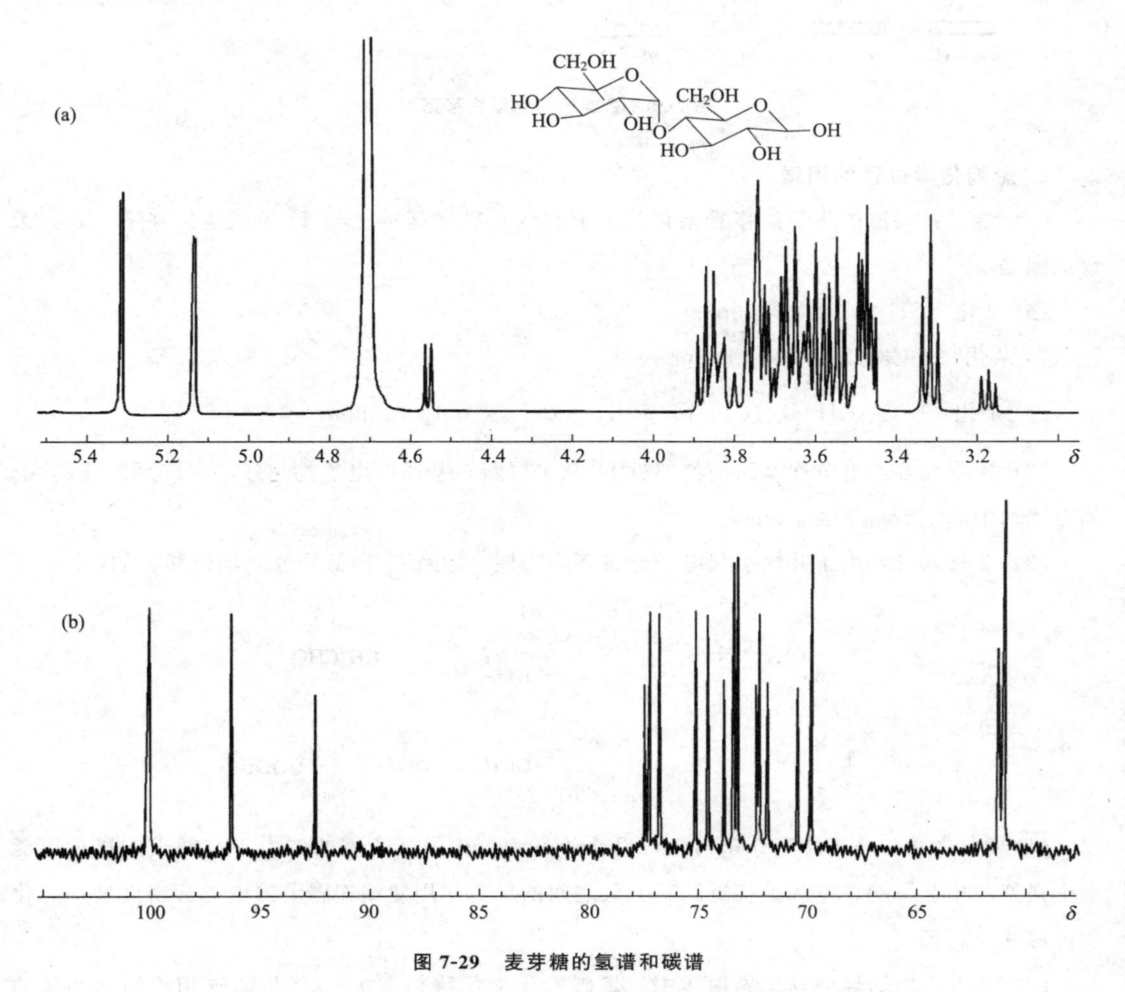

图 7-29　麦芽糖的氢谱和碳谱

(a)^{1}H-NMR 谱；(b)^{13}C-NMR 质子噪声去耦谱

不同结构与化学环境的碳原子，它们的 δ_C 从高场到低场的顺序与它们所连的氢原子的 δ_H 有一定的对应性，但并非完全相同，图 7-30 是常见官能团中^{13}C 的化学位移值。

NOTE

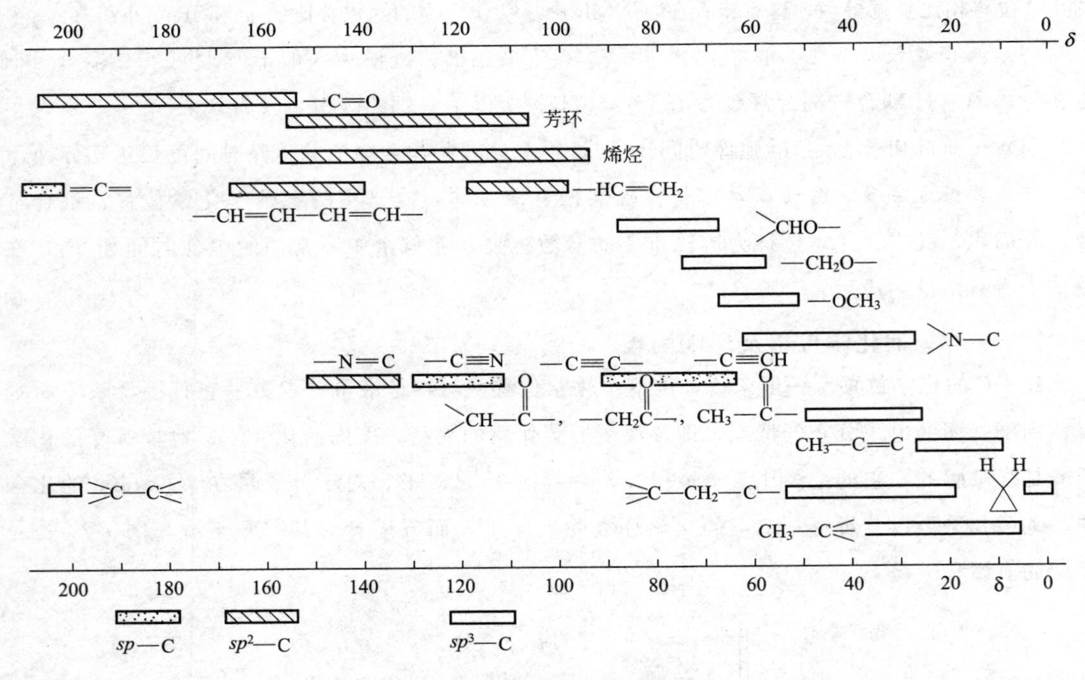

图 7-30 各类碳的化学位移范围

2. 影响化学位移的因素

（1）杂化：碳谱的化学位移受杂化的影响较大，次序基本上与[1]H 的化学位移平行，其大致范围是：

sp^3 杂化 CH_3— 20～100ppm

sp 杂化 —C≡CH 70～130ppm

sp^2 杂化 —C=CH— 100～160ppm C=O 160～220ppm

（2）诱导效应：电负性基团会使邻近[13]C 核去屏蔽，基团的电负性越强，去屏蔽效应越大。如卤代物中 $\delta_{C-F}>\delta_{C-Cl}>\delta_{C-Br}>\delta_{C-I}$。

（3）共轭效应：由于共轭引起电子分布不均匀性，导致 δ_C 向低场或高场位移。如：

CH_2=CH_2 123.3　　CH_3(H)C=C(H)CHO 152.1 132.8 191.4　　CH_3CHO 201

苯 128.5　　苯甲醚（$-OCH_3$）159.8 113.5 129.5 120.5　　苯甲酸（$-COOH$）130.9 130.1 128.4 133.3

（4）[13]C 化学位移还易受分子内几何因素的影响：相隔几个键的碳由于空间上的接近可能产生强烈的相互影响，空间上接近的碳上氢之间的斥力作用使相连碳上的电子云密度增加，化学位移移向高场。

（5）构型：如烯烃的顺反异构体中，烯碳的化学位移相差 1～2，与烯碳相连的饱和碳的化学位移相差 3～5，顺式在较高场。

H_3C(H)C=C(H)CH_3 11.4 124.2　　H(H_3C)C=C(H)CH_3 16.8 125.4

NOTE

（6）氢键：下列化合物中，氢键的形成使 C ═O 中碳核电子云密度降低，$\delta_{C=O}$ 向低场位移。

CHO 192　　CHO 197 OH　　$COCH_3$ 197　　$COCH_3$ 204 OH

（7）其他影响

①溶剂：不同溶剂测试的^{13}C-NMR 谱，δ_C 改变几到十几 ppm，这通常是样品与极性溶剂通过氢键缔合产生去屏蔽效应的结果。

②温度：温度的改变可使 δ_C 有几个 ppm 的位移，当分子有构型、构象变化或有交换过程时，谱线的数目、分辨率、线型都将随温度变化而产生显著变化。

（二）碳谱中的耦合现象和去耦技术

1. 碳谱中的耦合现象

碳谱中主要有三种耦合：^{13}C-^{1}H、^{13}C-^{13}C、^{13}C-X（X 为^{1}H 以外其他 $I=1/2$ 的自旋核）。^{13}C-^{13}C 之间的耦合由于^{13}C 天然丰度低，其几率很小，可不予考虑。但^{1}H 的天然丰度为 99.98%，^{13}C 谱线总会被^{1}H 裂分。^{13}C-^{1}H 的耦合常数 J 很大（110～320Hz），^{13}C-C-^{1}H和^{13}C-C-C-^{1}H的远程耦合也相当可观。^{13}C-^{1}H 耦合产生裂分使得碳谱变得复杂，为消除这些耦合作用，简化谱图，必须对质子进行干扰去耦。亦即采用“异核共振”的方法消除干扰。

2. 碳谱中的去耦技术

（1）质子宽带去耦：质子宽带去耦（proton broad band decoupling）又叫质子噪声去耦，其方法是在扫描时，同时用一个强的去耦射频在可使全部质子共振的频率区进行照射，使得^{1}H 对^{13}C 的耦合全部去掉。质子宽带去耦简化了图谱，每种碳原子都出一个峰。一般说来，在分子中没有对称因素和不含 F、P 等元素时，每个碳原子都出一个峰，互不重叠。对二甲胺基苯甲醛的质子宽带去耦谱见图 7-31（a）。

（2）偏共振去耦：质子宽带去耦虽大大提高了碳谱的灵敏度，简化了谱图，但同时也失去了许多有用的信息，无法识别伯、仲、叔、季不同类型的碳。

偏共振去耦（off-resonance decoupling）是采用一个频率范围很小、比质子宽带去耦功率弱很多的射频场，其频率略高于待测样品所有氢核的共振吸收位置，使^{1}H 与^{13}C 之间在一定程度上去耦，这不仅消除了^{2}J—^{4}J 的弱耦合，而且使^{1}J 减小至 J^r（$J^r \ll {}^1J$），J^r 称表现耦合常数。

根据 $n+1$ 规律，在偏共振去耦谱中，^{13}C 裂分为 n 重峰，单峰（s）为季碳的共振吸收，双峰（d）为 CH，三重峰（t）为 CH_2，四重峰（q）为 CH_3。

如对二甲胺基苯甲醛的偏共振谱如图 7-31（b）。

（3）质子选择性去耦：质子选择性去耦（proton selective decoupling）是偏共振的特例。它是用一个很小功率的射频以某一特定质子的共振频率进行照射，观察碳谱，结果与该质子直接相连的碳会发生全部去耦而变成尖锐的单峰，并且由于 NOE，峰信号增强。对于分子中其他的碳核，仅受到不同程度的偏移照射（$\Delta\nu \neq 0$），产生不同程度的偏共振去耦。图 7-32 是 2-苄基-丙二酸二乙酯的选择性去耦谱。

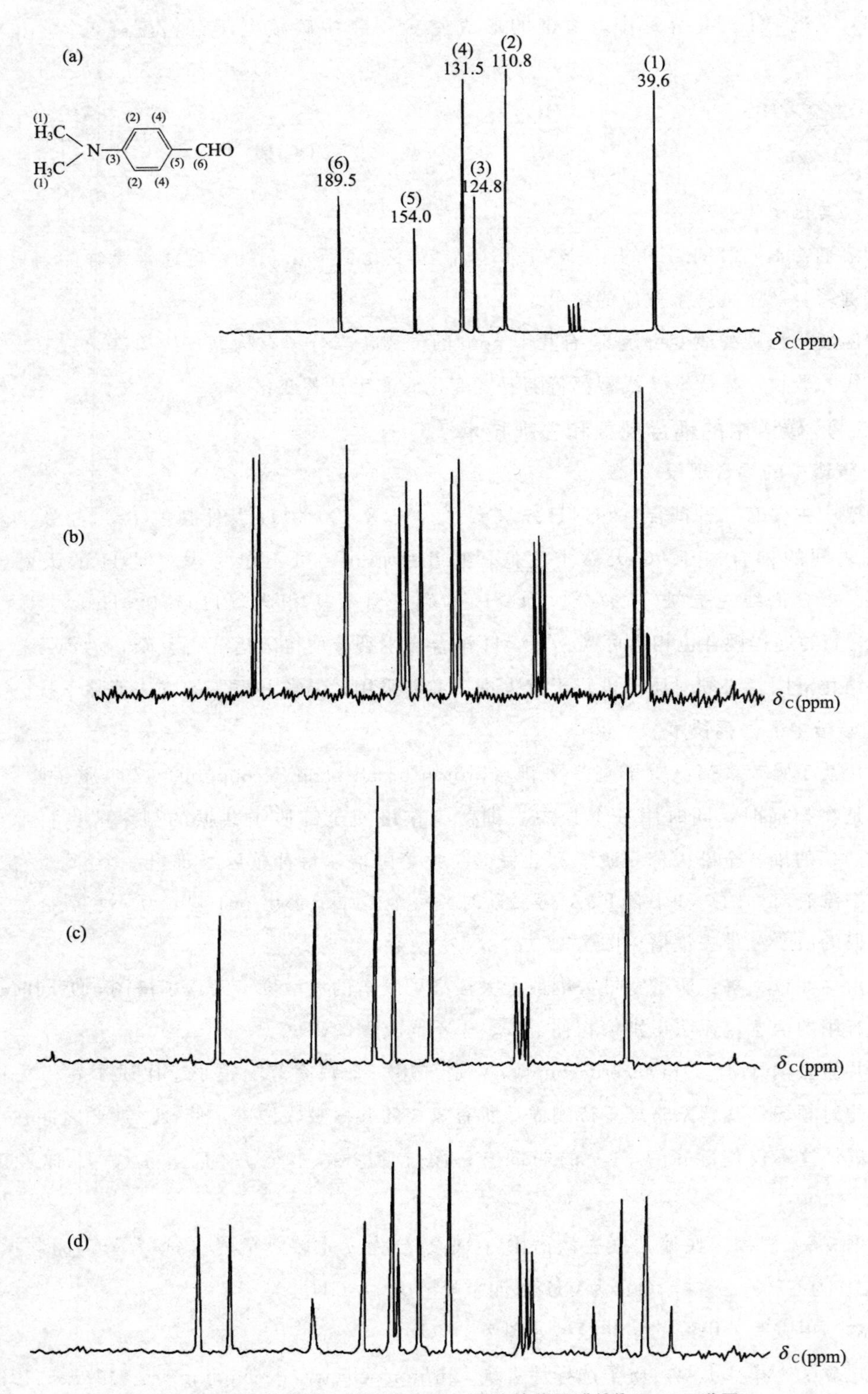

图 7-31　用各种去耦方法测定的对二甲胺基苯甲醛的 ^{13}C-NMR 谱图

（a）质子宽带去耦；（b）偏共振去耦；（c）门控去耦（NOE 方式），溶剂：$CDCl_3$；

（d）门控去耦（非 NOE 方式，又叫反转门去耦）

NOTE

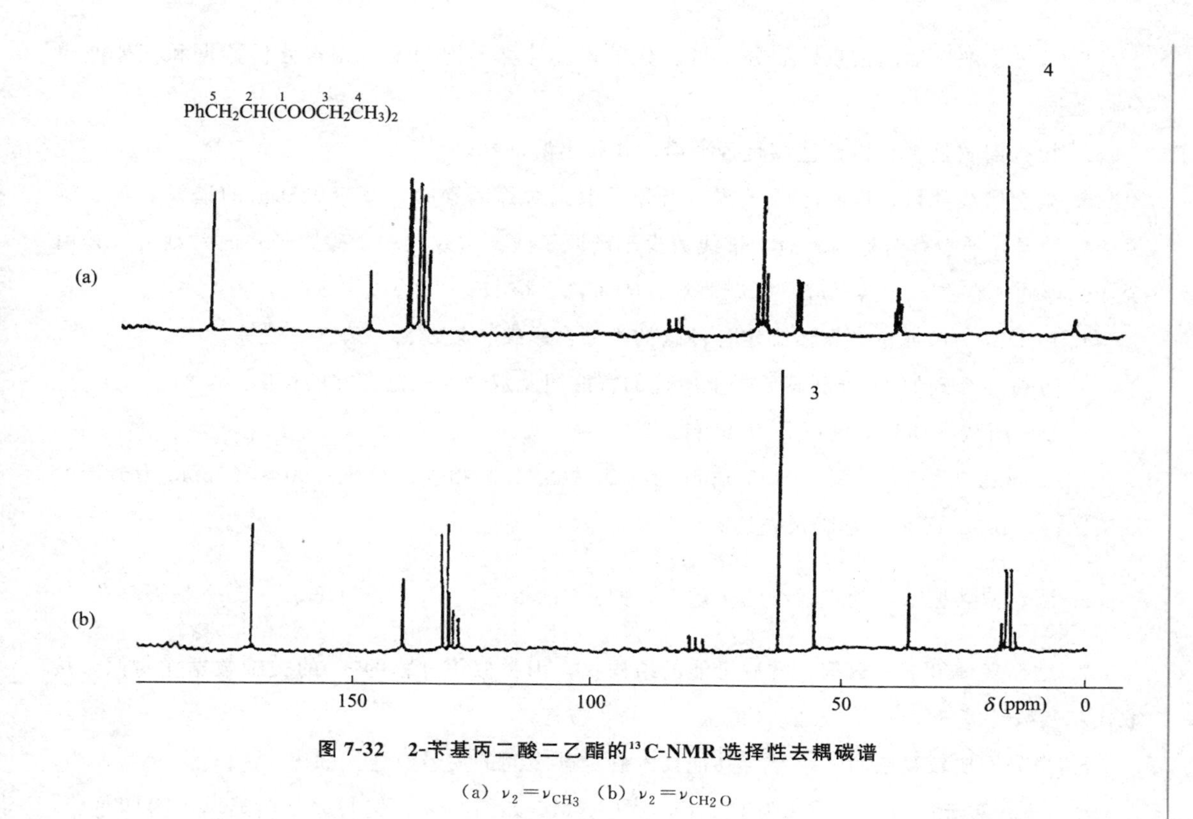

图 7-32　2-苄基丙二酸二乙酯的^{13}C-NMR 选择性去耦碳谱

(a) $\nu_2=\nu_{CH_3}$　(b) $\nu_2=\nu_{CH_2O}$

（4）门控去耦：为了得到真正的一键或远程耦合则需要对质子不去耦。但一般耦合谱费时太长，需要累加多次。为此常采用带 NOE 的不去耦技术，叫门控去耦法（gated decoupling），也叫交替脉冲法。门控去耦谱的强度比未去耦共振法的强度增强近一倍。如对二甲胺基苯甲醛的门控去耦图［见图 7-31（c）］。

（5）反转门控去耦法：这是另一种门控去耦法，它的目的是得到宽带去耦谱，但消除 NOE，保持碳数与信号强度成比例的方法，可用于碳核的定量。而一般的宽带去耦由于 NOE 引起信号强度的增大会因各碳原子的杂化轨道状态和分子环境的不同而异，因此信号强度与碳原子个数不成比例。如对二甲胺基苯甲醛的反转门控去耦谱［见图 7-31（d）］。

（6）DEPT 谱（无畸变极化转移增强技术，distortionless enhancement by polarzation transfer）：随着脉冲技术的发展，已发展了多种确定碳原子级数的方法，如 APT 法、INPET 法和 DEPT 法等。目前常用的是 DEPT 技术，获得的谱称为 DEPT 谱图。DEPT 谱有下列三种谱图：

DEPT45 谱，在这类谱图中除季碳不出峰外，其余 CH_3、CH_2 和 CH 都出峰，并皆为正峰。

DEPT90 谱，在这类谱图中除 CH 出正峰外，其余碳均不出峰。

DEPT135 谱，在这类谱图中 CH_3 和 CH 出正峰，CH_2 出负峰，季碳不出峰。

（三）碳谱的解析

^{13}C-NMR 的解析没有一个统一的程序，需视具体情况，有条件地和重点地选用指定技术。再利用“模型化合物”，将其谱图参数和未知物谱图进行对比确认。一般情况下，碳谱是在氢谱尚无法解析结构或需要核实结构的情况下使用，碳谱可以提供氢谱无法提供的明确的季碳信息，为化合物结构骨架的确定提供非常有用的信息。

下面介绍^{13}C-NMR 解析的一般步骤。

NOTE

1. 首先了解已知的信息，如分子量、分子式及计算不饱和度、元素分析数据和其他波谱分析数据。

2. 检查谱图是否合格，基线是否平坦，并找出溶剂峰。

3. 确定谱线数目，推断碳原子数。当分子中无对称因素时，宽带去耦谱的谱线数等于碳原子数；当分子中有对称因素时，谱线数少于碳原子数。谱线数多于碳原子数时，则可能是由于：①异构体存在；②溶剂峰；③杂质峰；④有耦合核^{19}F、^{31}P等。

4. 由 DEPT 谱或偏共振谱确定各种碳的类型：季碳、叔碳、仲碳、伯碳等。

5. 分析各个碳的 δ_C 推断碳原子上所连的官能团及双键、三键存在的情况。

一般谱图从高场到低场可分为四个区域：

0～40ppm 为饱和碳区；40～90ppm 为与 N、O、S 等相连的烷碳；90～160ppm 为芳碳及烯碳区；＞160ppm 为羰基碳及叠烯碳区。

6. 测定偏共振谱，确定谱线的多重性，如—CH_3、 $>CH_2$、 $\rangle$CH、—C— 是否存在。

7. 结合氢谱等谱图数据，推测可能的结构式，用类似化合物的 δ_C 的文献数据作对照，按取代基参数计算 δ_C，找出合理结构式。

8. 当分子比较复杂时，可结合其他技术确定碳之间的关系及连接顺序。

例 7-4　某未知物，分子式为 C_7H_9N，^{13}C-NMR 如图 7-33，偏共振碳谱显示 1 为四重峰。^1H-NMR：δ2.3（s，3H）、δ3.5（s，2H）、δ6.5～7.0（m，4H）。试推断其结构式。

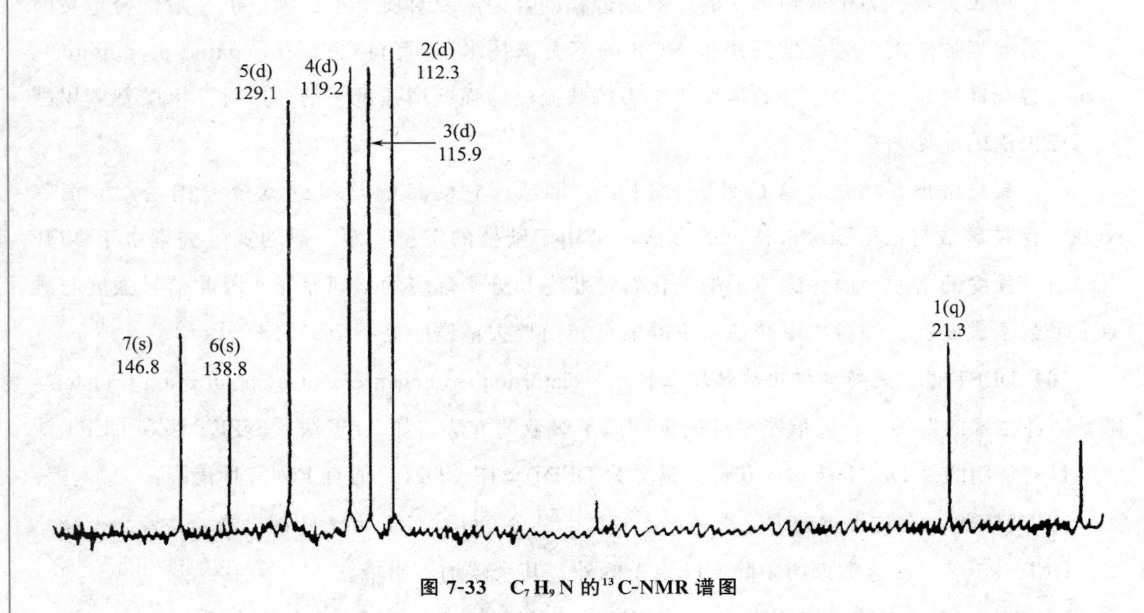

图 7-33　C_7H_9N 的^{13}C-NMR 谱图

解：

（1）不饱和度 $\Omega=4$。

（2）1 号峰的 δ_C 值说明为烷碳，结合其为四重峰以及^1H-NMR 信号 δ2.3（s，3H），说明其可能为 CH_3—Ph 或 CH_3—C═C 上的甲基碳信号。

（3）2～7 号峰为 sp^2 杂化碳，结合 δ6.5～7.0（m，4H），说明结构含有二取代苯。

（4）除以上两个结构单元 CH_3 和 C_6H_4 外，还剩一个 NH_2。δ3.5（s，2H）也说明该基团

的存在。

（5）故可能结构为 CH_3—Ph—NH_2。

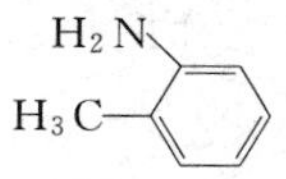

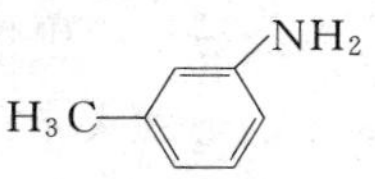

(A)　　(B)　　(C)

（6）因为结构 C 苯环上的碳只出 4 个峰，可排除。A 和 B 可用计算碳原子 δ_C 值，排除结构 A（具体计算方法详见有关参考书）。

（7）查阅化合物 B 的标准谱图进行比对，确定为化合物 B。

二、二维核磁共振谱简介

J. Jeener 在 1971 年首次提出二维核磁共振（2D NMR）的概念，但并未引起足够的重视。Ernst 对推动二维及多维的核磁共振的发展做出了卓越的贡献，加上他发明了脉冲傅里叶变换核磁共振技术，Ernst 荣获 1991 年诺贝尔化学奖。2D NMR 不仅降低了谱线的拥挤和重叠程度，而且可以提供更多结构信息。它的出现和发展是 NMR 波谱学发展史上一个重要的里程碑。

（一）二维核磁共振谱的形成

一维谱图的信号是一个频率变量的函数，记为 $S(\omega)$，信号分布在一条频率轴上。二维谱图的信号则是两个独立频率变量的函数，记为 $S(\omega_1, \omega_2)$，信号分布在两个频率组成的平面上。获得 2D NMR 的方法原则上可以利用双共振技术，系统地改变两个频率变量 ω_1，ω_2，测定信号，绘制成二维谱图，这种实验称为频率域实验。实际常用的测定 2D-NMR 方法是通过两个独立的时间变量进行一系列实验，得到 $S(t_1, t_2)$，经过两次傅立叶变换得到二维谱 $S(\omega_1, \omega_2)$，这种实验称为时域实验。我们通常把时间作为一维连续变量，如何将其变成两个独立的时间变量则是实现二维时域实验的关键。这个问题通过“分割时间轴”的方法得以解决。二维实验中通常把时间轴分成四个区间，如图 7-34。

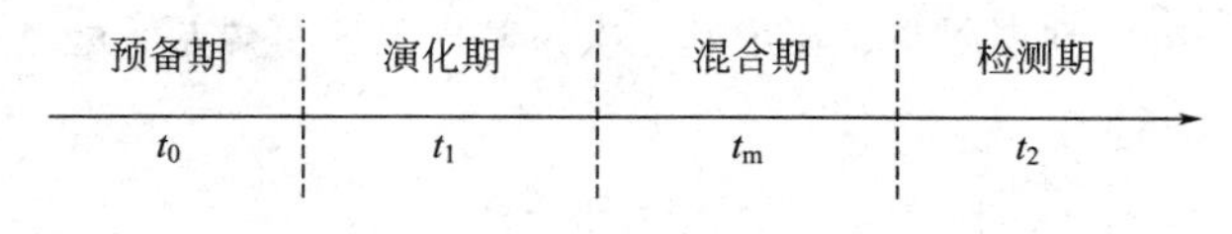

图 7-34　二维实验中的时间区间

（1）预备期（t_0）：在时间轴上通常是一个较长的时期，目的是使体系恢复到平衡状态。

（2）演化期（t_1）：t_1 开始时由一个脉冲或几个脉冲使体系激发，使之处于非平衡状态。

（3）混合期（t_m）：在此期间通过相干或极化的传递，建立信号检出的条件。混合期不是必不可少的，视 2D-NMR 的种类而定。

（4）检测期（t_2）：以通常的方式检出 FID 信号。

时间轴中的 t_2 对应 ω_2 轴，为通常的频率轴。t_1 对应的 ω_1 是什么，则取决于在演化期是何种过程。

（二）二维核磁共振谱的表现形式

1. 堆积图（stacked trace plot）　堆积图是准三维立体图，两个频率变量二维，信号强度是第三维。堆积图的优点是直观、立体感强；缺点是难以定出信号的频率，可能使一些小峰被隐藏。堆积图比较少用。

2. 等高线图（contour plot）　等高线图类似于等高线地形图，它是将堆积图平切后得到的，图中圆圈的数目表示峰的强度。它的优点是易于给出信号的频率，作图快；缺点是可能丢失低强度的信号。2D-NMR 一般都用等高线图的形式表示。

（三）二维核磁共振谱的分类

2D NMR 大致可以分为三类：J 分解谱（J resolved spectroscopy）、化学位移相关谱（chemical shift correlation spectroscopy）、多量子谱（multiple quantum spectroscopy）。

1. J 分解谱　也称 δ-J 谱，它把化学位移和自旋耦合的作用分辨开来。J 分解谱包括同核 J 谱和异核 J 谱。在一维谱中，往往可见 δ 值差别不大的谱带自旋裂分后相互重叠，致使峰形难以辨认，耦合常数 J 不易读出，J 分解谱则很好地解决了这个问题，只要化学位移略有差别，即可用它测定 J 值。

2. 化学位移相关谱　也称 δ-δ 谱，是目前应用最广泛的二维核磁共振谱图，其重要性远远大于 J 分解谱。它表明共振信号的相关性。化学位移相关谱有三类：同核或异核位移相关谱、NOE 谱和化学交换谱。下面重点讨论应用最频繁的 ^1H-^1H COSY（^1H-^1H correlated spectroscopy）、^{13}C-^1H COSY（^{13}C-^1H correlated spectroscopy）和 NOESY（nuclear overhauser effect spectroscopy）。

同核位移相关谱 ^1H-^1H COSY（图 7-35）的水平轴（ω_2）和垂直轴（ω_1）的标度均为化合物的氢谱，方形图中有一条对角线，对角线上的峰称为自动相关峰或对角线峰，对角线外的峰称为相关峰或交叉峰，每个相关峰说明其对应的氢信号间存在耦合关系，由于谱图呈对称分布，所以只要分析对角线一侧的相关峰即可。^1H-^1H COSY 反映氢核间的耦合关系，解析结构中的自旋系统。

异核位移相关谱 ^{13}C-^1H COSY（图 7-36）的水平轴和垂直轴的标度分别对应碳谱和氢谱，矩形谱图中出现的峰称为相关峰或交叉峰。每个相关峰把直接相连的碳和氢的信号关联起来。这种相关谱把氢核与其直接相连的碳核关联起来。^{13}C-^1H COSY 结合碳的化学位移，对于推断含碳基团的种类非常有效，可以判别甲基、亚甲基、次甲基以及连氢烯基、醛基等基团的存在。

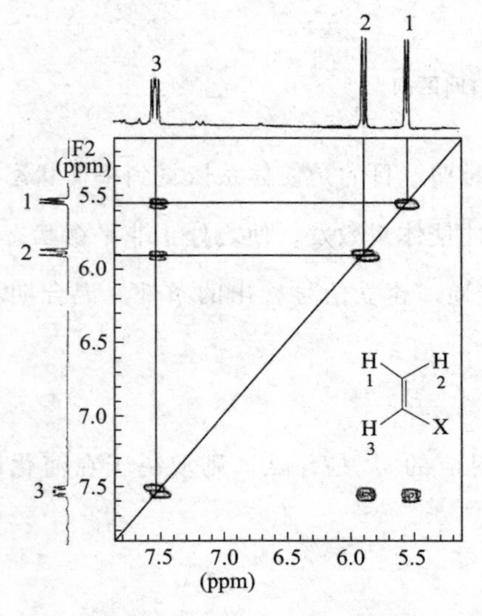

图 7-35　某物质的 ^1H-^1H COSY 谱图

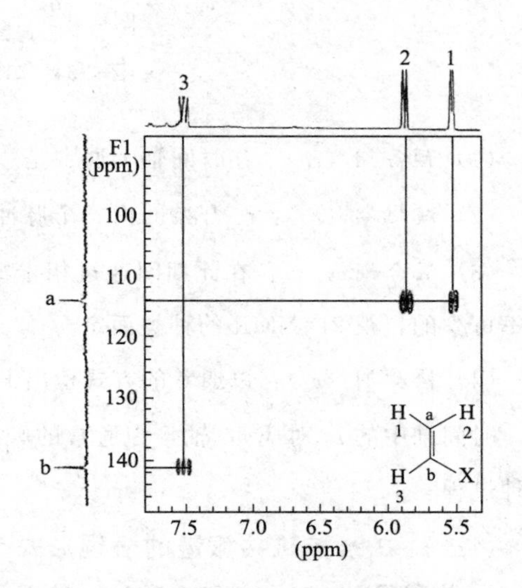

图 7-36　某物质的 ^{13}C-^1H COSY 谱图

^1H-^1H COSY 和^{13}C-^1H COSY 结合对于推导结构非常有用，用^{13}C-^1H COSY 可以确定碳原子的种类，用^1H-^1H COSY 可确定含氢基团的连接关系。

NOESY 的水平轴和垂直轴的标度为待测核的核磁共振氢谱，图中出现的相关峰说明其对应两个核间的空间距离小（<0.5nm）。NOESY 可以反映出化合物中所有待测核间 NOE 效应。前面已经提到检测 NOE 也可采用一维的方式，和 NOESY 相比，它的缺点是一维方式只能依次观测感兴趣信号的 NOE 信息，比较费时费力，还可能有遗漏；优点是灵敏度较高。NOESY 由于非常适合用于确定化合物的立体结构以及蛋白质分子在溶液中的二级结构等信息，故其在二维谱中也占有重要的地位。

3. 多量子谱 通常测定的核磁共振谱为单量子跃迁（$\Delta m = \pm 1$），发生多量子跃迁时的 Δm 为大于 1 的整数。用脉冲序列可以检出多量子跃迁，得到多量子谱。结构解析常用的有 HMQC（heteronuclear multiple-quantum coherence）、HMBC（heteronuclear multiple-bond correlation），它们提供的信息分别和^1H-^1H COSY、^{13}C-^1H COSY 等同，但测定方法有差异，HMQC 和 HMBC 的测定灵敏度较高。

习 题

1. 哪些类型的原子核能产生核磁共振信号？哪些核不能？举例说明。

2. 某核的自旋量子数为 5/2，试指出该核在磁场中有多少个磁能级？并指出每种磁能级的磁量子数。

（6；5/2；3/2；1/2；−1/2；−3/2；−5/2）

3. 在强度为 2.4T 的磁场中，^1H、^{13}C 和^{19}F 原子核的吸收频率各是多少？

（1.0×10^8 Hz；2.6×10^7 Hz；9.6×10^7 Hz）

4. 什么是化学位移？影响化学位移的因素有哪些？

5. 某化合物在 100MHz 核磁共振仪上测得^1H-NMR 谱图有一 δ2.1 的信号，若用 300MHz 的仪器测定，该信号的化学位移是多少？ （2.1）

6. 某化合物^1H-NMR（100MHz，$CDCl_3$）谱图上 $\Delta\delta$ 为 1 的两个信号的共振频率差值为多少？ （1Hz）

7. 指出下列化合物中烯氢信号的峰形。如何根据耦合常数大小判断信号归属。

H_a H_c
H_b $COOCH_3$

（三组双二重峰，$J_{ab}<J_{ac}<J_{bc}$）

8. 如何判断化学等价和磁等价？化合物 ClCH＝CHCl 中的两个氢是化学等价还是磁等价？ （磁等价）

9. 某化合物的 NMR 谱上有三个单峰，δ 值分别是 7.27（5H）、3.07（2H）和 1.57（6H），它的分子式是 $C_{10}H_{13}Cl$，试推出结构。

（C_6H_5—CH_2—C(CH_3)$_2$—Cl）

NOTE

10. 某化合物的分子式是$C_4H_{10}O$，NMR波谱图见图7-37，试推其结构。

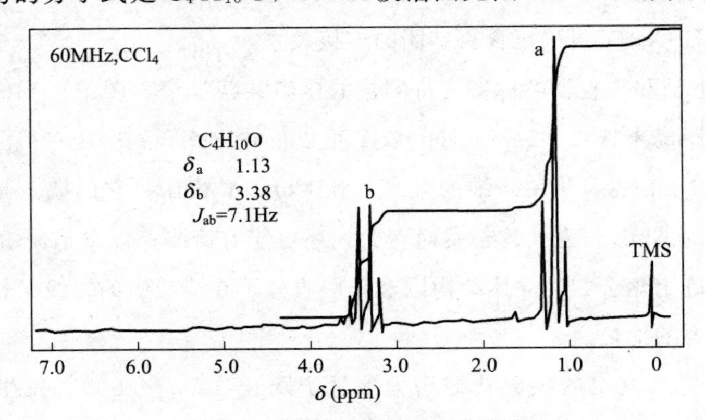

图7-37 $C_4H_{10}O$的^{1}H-NMR谱图

（$CH_3CH_2—O—CH_2CH_3$）

11. 一个未知物的分子式为$C_9H_{13}N$，δ_a 1.22（d）、δ_b 2.80（m）、δ_c 3.44（s）、δ_d 6.60（m，多重峰）及δ_e 7.03（m），核磁共振谱如图7-38所示，试确定结构式。

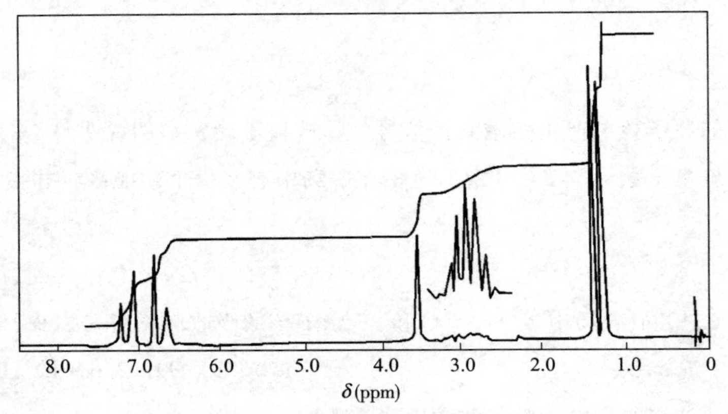

图7-38 $C_9H_{13}N$的^{1}H-NMR谱图

（H_2N—⟨苯环⟩—$CH(CH_3)_2$）

12. 某化合物的分子式为$C_9H_{13}N$，NMR波谱图见图7-39，试推其结构。

（⟨苯环⟩—CH_2—$N(CH_3)_2$）

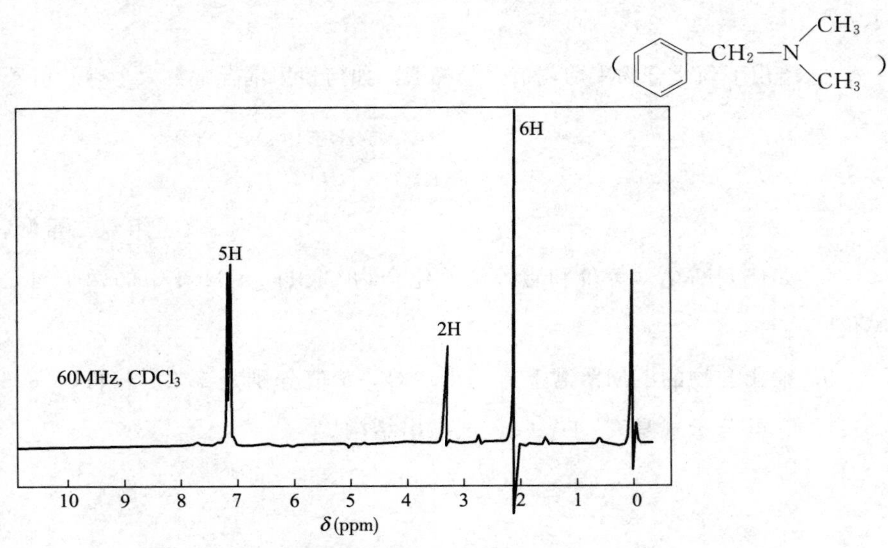

图7-39 $C_9H_{13}N$的^{1}H-NMR谱图

13. 某未知物分子式为 $C_6H_{10}O_2$，有如下核磁共振碳谱数据，试推导其结构。

δ（ppm）	14.3	17.4	60.0	123.2	144.2	166.4
谱线多重性	q	q	t	d	d	s

（ $CH_3—CH_2—O—\overset{O}{\overset{\|}{C}}—CH═CH—CH_3$ ）

14. 某化合物 $C_6H_6O_3$，从红外光谱可知其含有酯基，所测 ^{13}C 谱如图 7-41，推断其结构。

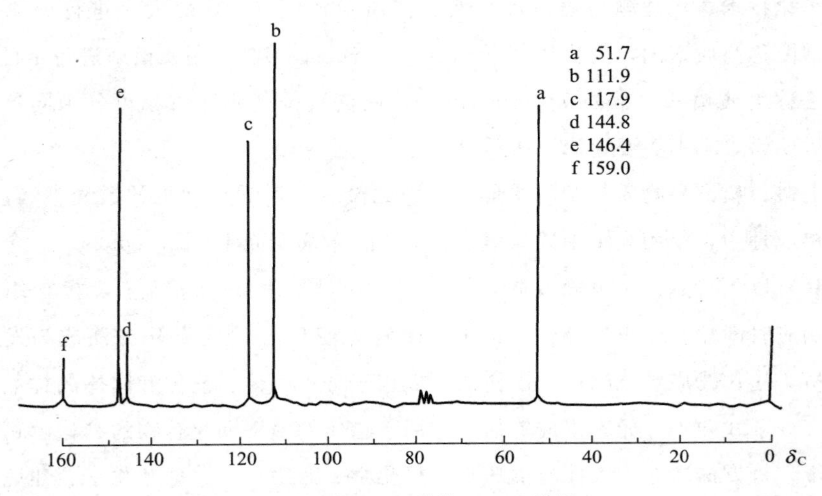

图 7-40　$C_6H_6O_3$ 的 ^{13}C-NMR 谱图

（ 呋喃环—$\overset{O}{\overset{\|}{C}}$—O—$CH_3$ ）

NOTE

第八章　质谱法

利用离子化技术，将被测物质电离，然后按质荷比（m/z）的大小进行分离、检测与记录，得到的谱图称为质谱图，简称质谱（mass spectrum，MS）。用质谱来进行定性、定量和结构分析的方法称为质谱法（mass spectroscopy）。质谱法按其研究对象可分为同位素质谱、无机质谱和有机质谱，本书主要讨论有机质谱。

从本质上讲，质谱是物质粒子的质量谱，因此没有波谱学上常见的透光率和波长等概念，但在仪器结构原理中，使用光学中的聚焦、色散等所谓离子光学（ion optics）概念。

质谱法具有以下特点：①灵敏度高，样品用量小，常用量1mg左右，极限用量只要几微克；②分析响应时间短，分析速度快。以上两个特点使色谱-质谱联用方法成为发展最快、应用最广的分析方法；③应用范围广，质谱法可以用于分析气体、液体和固体的样品。质谱既能提供分子量、分子式和碎片元素组成等信息，用于物质的鉴别和化合物的结构解析，也是选择性较高的定量分析方法之一。因此质谱法是有机化学、药物化学、地球化学、环境化学及毒物化学等领域不可缺少的有力工具，在生命科学领域的应用也备受瞩目。

第一节　基本原理与仪器简介

质谱仪由进样系统、离子源、质量分析器、检测器、数据处理系统及真空系统组成，其原理方框图如图8-1所示。

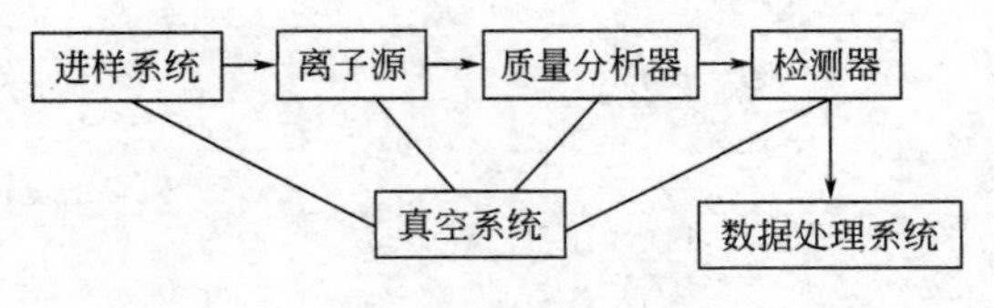

图8-1　质谱仪方框图

样品由进样系统导入离子源，离子源使样品分子电离成分子离子，同时也可断裂为碎片离子。这些离子经过加速电极加速，以一定速度进入质量分析器，按质荷比（m/z）的大小进行分离，依次到达检测器被检测，经过数据处理后以质谱图或表格形式输出。图谱中离子的质量和相对强度反映了样品的性质与结构特点。通过解析质谱即可进行定性、定量和结构分析。

（一）进样系统

进样系统是将样品导入到真空状态的离子源的装置，为适合不同样品进入离子源，可以用不同的进样装置，如样品可以被直接送入电离室中的进样系统称为直接进样装置，它适用于纯品或纯度较高的样品研究。

（二）离子源

离子源的作用有两个方面：一是将被分析的样品电离成离子；二是把正离子引出、加速和聚焦。离子源种类很多，现将主要的离子源介绍如下：

1. 电子轰击离子源（electron impact source，EI）　结构示意如图 8-2 所示。

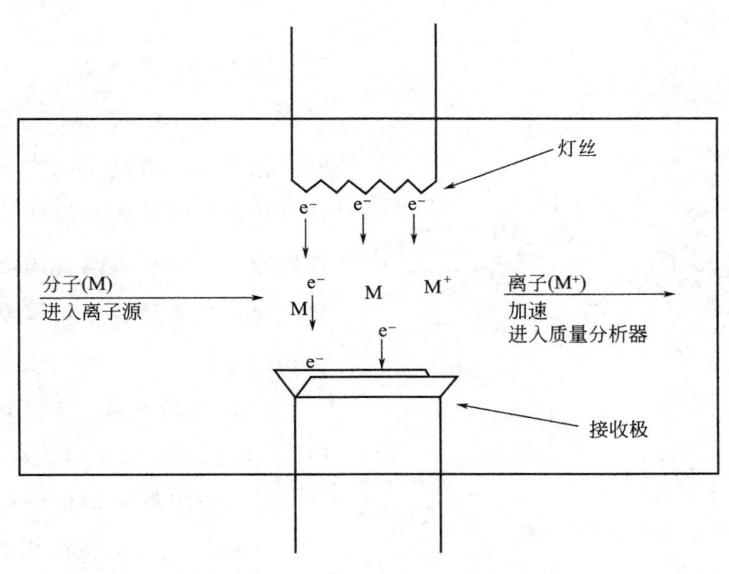

图 8-2　电子轰击离子源

在 EI 源中，气化的样品分子受到炽热灯丝发射的高能电子束的轰击，将导致分子的电离，通常失去一个电子：

$$M + e(\text{高速}) \longrightarrow M^{\overset{+}{\cdot}} + 2e(\text{低速})$$

式中 M 表示分子，$M^{\overset{+}{\cdot}}$ 表示分子离子，分子丢失一个外层电子而形成的带正电荷的离子称为分子离子。轰击电子使有机化合物失去一个电子所需的能量在 10eV 左右，当轰击电子具有较高的能量时（50～100eV，一般为 70eV），除使分子电离为分子离子外，还能使分子离子发生化学键断裂，形成各种低质量数的碎片离子。正离子在一个小的推斥极的作用下进入加速区，被加速和聚集成离子束，并送入质量分析器，负离子和中性碎片未受推斥被真空系统抽走，所以质谱一般是指正离子质谱。

EI 的优点是重现性好，灵敏度高，碎片离子多，能提供丰富的结构信息，因而应用广泛，且方法成熟。缺点是对分子量大或稳定性差的样品，常常得不到分子离子峰，难以测定分子量；样品需加热气化后进行离子化，故不适合难挥发、热不稳定化合物的分析。

2. 化学电离源（chemical ionization source，CI）　化学电离是一种软电离技术，仅仅产生少量的碎片离子，有助于确定分子量。

化学电离是先将反应气电离，形成反应气离子，反应气离子和样品分子碰撞发生离子-分子反应产生离子。常用的反应气有 CH_4、NH_3、N_2 等。

现以甲烷（CH_4）为反应气，简单介绍化学电离过程：

反应气离子的形式：　$CH_4 + e \longrightarrow CH_4^{\overset{+}{\cdot}} + 2e$

$$CH_4^{\overset{+}{\cdot}} \longrightarrow CH_3^{+} + H^{\cdot}$$

NOTE

$$CH_4^{+\bullet} + CH_4 \longrightarrow CH_5^+ + {}^\bullet CH_3$$

反应气离子和样品分子发生离子-分子反应：

$$CH_5^+ + M \longrightarrow CH_4 + [M+H]^+$$

生成的 $[M+H]^+$ 称为准分子离子，通过它可以确定分子量。准分子离子也可进一步断裂提供一些结构信息。

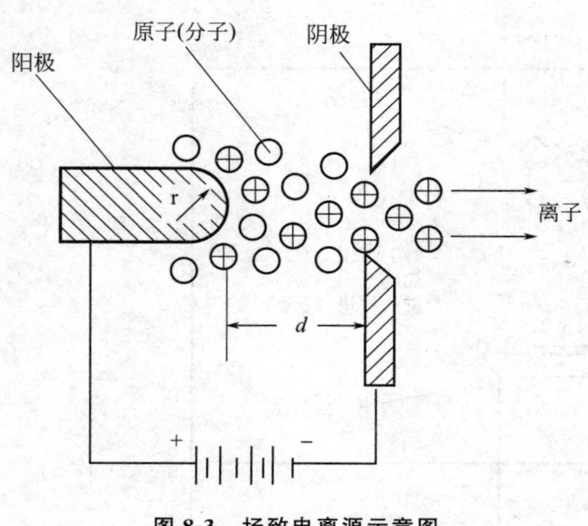

图 8-3　场致电离源示意图

CI 属于软电离方式，产生的准分子离子峰（quasi-molecular ion，QM）（$M\pm1$ 峰）强度大，有助于确定分子量；同时可获得化合物官能团的信息。CI 的缺点是重现性较差，样品也需要加热气化后再进行离子化，故不适合于难挥发、热不稳定化合物的分析。

3. 场致电离源（field ionization source，FI）　FI 结构如图 8-3 所示，在距离很近（d <1mm）的阳极和阴极之间，施加高电压（10～20kV）时，阳极的尖端附近产生强电场，利用这个强电场可将接近尖端的气态样品分子中的电子拉走，形成正离子。

特点：在场致电离时，给予分子离子的能量通常很小，所得到的质谱图简单，分子离子峰强，碎片离子峰较弱，易于辨认分子离子峰。

场致电离适用于气态样品的电离，不适用于不能气化或挥发度低的样品。图 8-4 是 3,3-二甲基戊烷的 EI（a）和 FI（b）质谱。在 EI（a）中，分子离子峰没有出现，但在 FI（b）中出现了较强的分子离子峰（m/z100）。

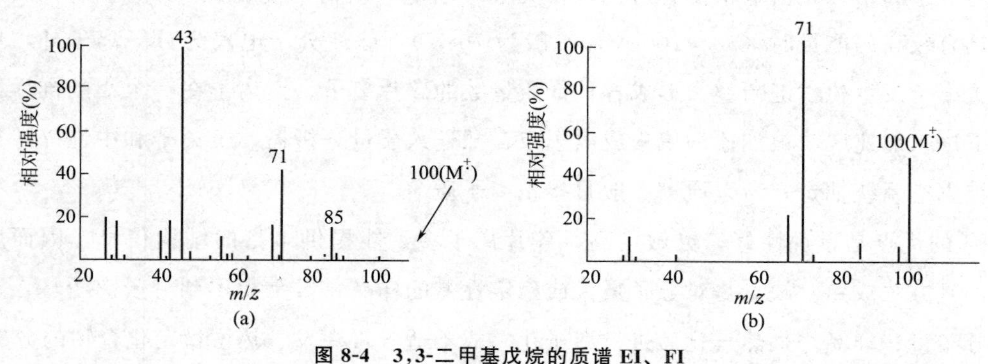

图 8-4　3,3-二甲基戊烷的质谱 EI、FI

（a）EI；（b）FI

4. 场致解吸离子源（field desorption source，FD）　场致解吸是通过浸渍或注射被测样品在场致电离源的阳极表面形成一层液膜而进行的场致电离。该方法能用于电离不挥发或热不稳定的化合物。其缺点是所得到的总离子流比其他电离方法较低。

5. 快原子轰击离子源（fast atom bombardment，FAB）　FAB 是用高动能（数千 eV）的原子束，常为 Xe 原子轰击涂布在金属靶上的样品，引起样品分子的电离。样品需事先分散在甘油、三乙醇胺等基质溶剂中。

NOTE

FAB的突出优点是在离子化过程中样品不需要加热气化，故适用于强极性、大分子量难气化、热稳定性差的化合物的分析；缺点是影响离子化效率的因素较多，图谱重现性差。

此外随着液相色谱-质谱联用技术的发展，电喷雾离子原（ESI）和大气压化学电离源（APCI）等广泛应用，它能用作 HPLC-MS的接口，是一种软电离技术。

（三）质量分析器

质量分析器（mass analyzer）是质谱仪中将不同质荷比（m/z）的离子分离的装置，是质谱仪的一个重要部件。质量分析器种类较多，分离原理也不相同，常用的质量分析器有磁分析器、四极杆分析器、飞行时间质量分析器、离子阱分析器和傅里叶变换离子回旋共振分析器等。

1. 磁分析器　磁分析器分为单聚焦和双聚焦质量分析器两种，单聚焦质量分析器的原理是离子源出来的离子被加速后，具有一定的动能进入质量分析器。

$$\frac{1}{2}mv^2=zV \tag{8-1}$$

式中，m 为离子质量；v 为离子的运动速度；z 为离子的电荷量；V 为加速电压。

在分析器中，离子在磁场中受到磁场力的作用，离子将在与磁场垂直的平面内，作匀速圆周运动，离子受到的磁场力等于离子运动的离心力，即有

$$\frac{mv^2}{R}=Hzv \tag{8-2}$$

式中，H 为磁场强度；R 为离子的偏转半径。其他符号定义同前。
由式（8-1）和（8-2）得到磁分析器的质谱方程式为：

$$\frac{m}{z}=\frac{H^2R^2}{2V} \tag{8-3}$$

由此可知：离子在磁场中运动的偏转半径（R）是由加速电压（V）、磁场强度（H）和离子质荷比（m/z）三者决定的。当加速电压和磁场强度均固定时，不同质荷比的离子有不同的偏转半径，这就是磁场的质量色散作用。当仪器 R 固定时，若保持 H 恒定而连续变化 V（电压扫描）或保持 V 恒定连续变化 H（磁场扫描，常用），可使离子依次按质荷比的大小顺序通过狭缝达到检测器，并被检测。

单聚焦质量分析器如图 8-5 所示，该分析器对离子束仅能实现质量色散和方向聚焦，不能实现能量聚焦，因而分辨率较低。

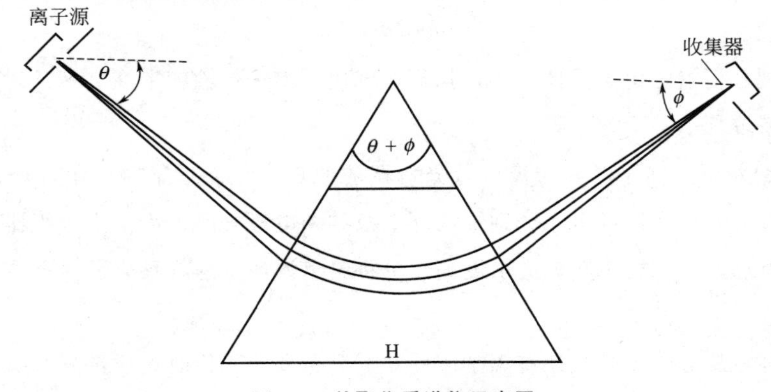

图 8-5　单聚焦质谱仪示意图

双聚焦质量分析器如图 8-6 所示，该分析器能对离子束实现质量色散、方向聚焦和能量聚焦，具有较高的分辨率和高灵敏度。

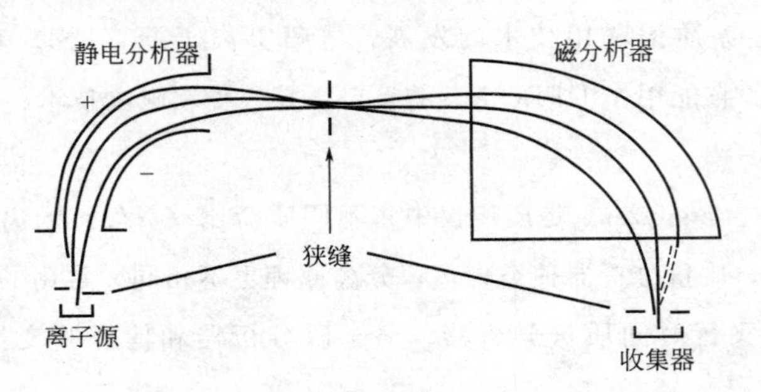

图 8-6　双聚焦质谱仪示意图

2. 四极杆质量分析器　四极杆质量分析器又称四极滤质器，如图 8-7 所示。它由四根平行的圆柱形电极组成，对角电极连接成为两对。在相对方向的四极杆上分别加一定的直流电压和射频电压，射频电压和直流电压产生震荡电场，当离子束进入四极杆时，将受到震荡电场的作用，在一定的直流电压和射频电压以及场半径 R 固定的条件下，只有某一种质荷比的离子能够到达检测器，其他的离子则被滤去。因此，将射频电压的频率固定，而连续改变直流电压和射频电压的大小，称为电压扫描；保持电压不变而连续改变射频电压的频率，称为频率扫描。用这两种方法均可使不同质荷比的离子依次通过四极杆到达检测器，记录到整个质谱图。

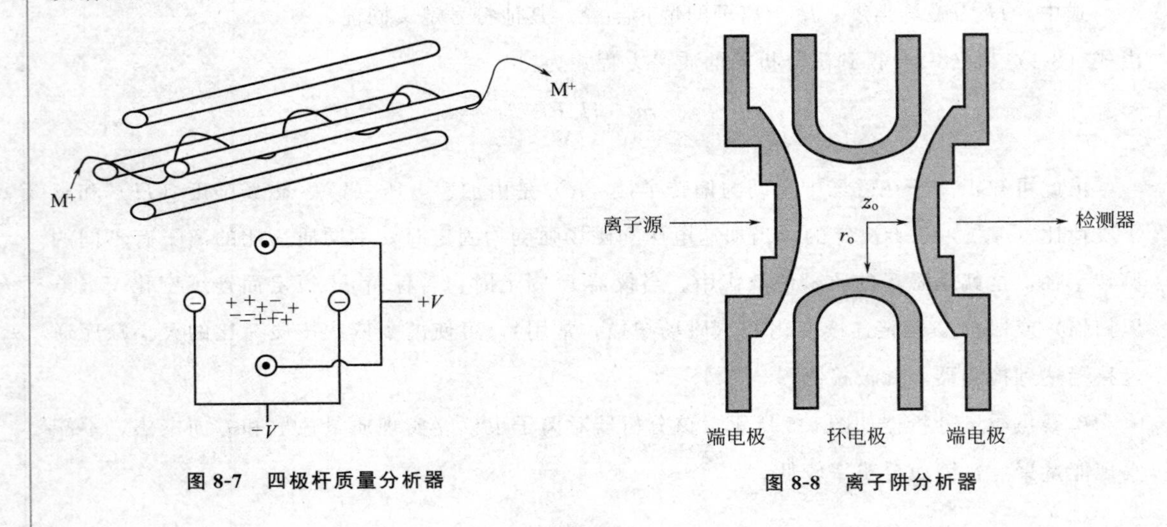

图 8-7　四极杆质量分析器　　图 8-8　离子阱分析器

四极杆质量分析器的优点是体积小，扫描速度快，离子传输频率高。不足之处是质量数范围较窄，分辨率较低。

3. 离子阱分析器　离子阱和四极质量分析器的原理类似。离子阱是由一个环电极和两个端电极组成，直流电压和射频电压分别加在环电极和端电极之间。离子阱分析器结构见图 8-8。

离子阱的特点是：结构小巧、灵敏度高、可将电离源产生的各种离子保存在离子阱中，作多级质谱分析。

除上述几种质量分析器外，还有离子回旋共振分析器、飞行时间质量分析器等。

NOTE

（四）检测器

检测器的作用是将质量分析器分离后的不同质荷比的离子流的信号接收和检测。常用的检测器有电子倍增器和微通道板检测器等。电子倍增器可以记录约 10^{-8} A 的电流，放大信号后送入记录及数据处理系统。

（五）真空系统

高真空系统是质谱仪正常工作的保障系统，离子的产生、分离及检测均是在高度真空状态下进行的，其目的是为了避免离子散射以及离子与残余气体分子碰撞引起能量变化，同时也可以减小本底与记忆效应。质谱仪一般要求在 10^{-6}～10^{-4} Pa 的真空状态下工作，维持真空系统的泵一般使用扩散泵、分子涡轮泵、离子泵等。

一、质谱仪的主要性能指标

（一）质量范围

质量范围（mass range）是指质谱仪可测定的离子质量范围，单位为 amu。四极杆分析器的质量范围在 1000 左右，有的可达 3000，飞行时间质量分析器可达几十万。对于电喷雾源，由于形成的离子带有多电荷，尽管质量范围只有几千，但可以测定的分子量可达 10 万以上。所以，质量范围的大小取决于质量分析器。

（二）分辨率

分辨率（resolution，R）是指仪器分开相邻两质谱峰的能力。若将质量分别为 M 和 $M+\Delta M$ 的两个相邻的强度近似相等的离子峰正好分开，则质谱仪的分辨率 R 可定义为：

$$R=\frac{M}{\Delta M}$$

例 8-1 需分开氮气（28.0062u）和乙烯（28.0313u）两个离子。质谱仪的分辨率应为：

$$R=\frac{M}{\Delta M}=\frac{28.0062}{28.0313-28.0062}=1116$$

所谓两峰刚刚分开，一般是指相邻两峰间的“峰谷”是峰高的 10%（如图 8-9）。

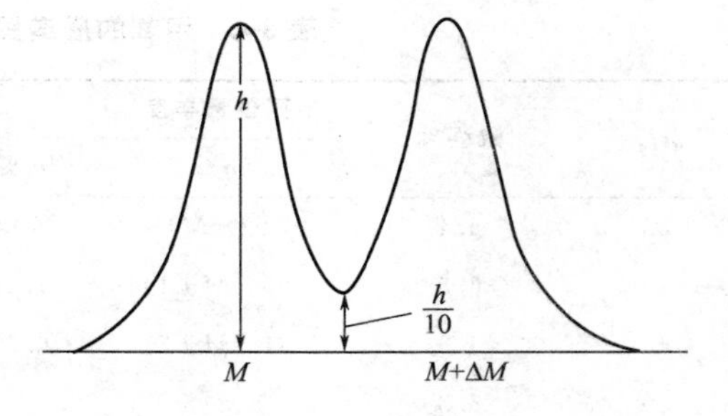

图 8-9 分辨率

分辨率是衡量仪器性能的一个重要指标。根据分辨率的高低可将质谱仪分为低分辨率质谱仪和高分辨率质谱仪两类，分辨率小于 1000 的称为低分辨率质谱仪，分辨率大于 10000 的称为高分辨率质谱仪。

（三）灵敏度

灵敏度（sensitivity）是质谱仪对样品在量的方面的检测的能力，可分为绝对灵敏度和相对灵敏度两大类，有机质谱常采用绝对灵敏度，即在记录仪上得到可检测的质谱信号所需要的样品量。

除上述三项主要性能指标外，还有质量稳定性和质量精密度等。

二、质谱表示方法

（一）峰形图

由质谱仪记录下来的峰形图。

NOTE

（二）棒形图

是经计算和处理后的棒图，图 8-10 是甲苯质谱的棒形图。

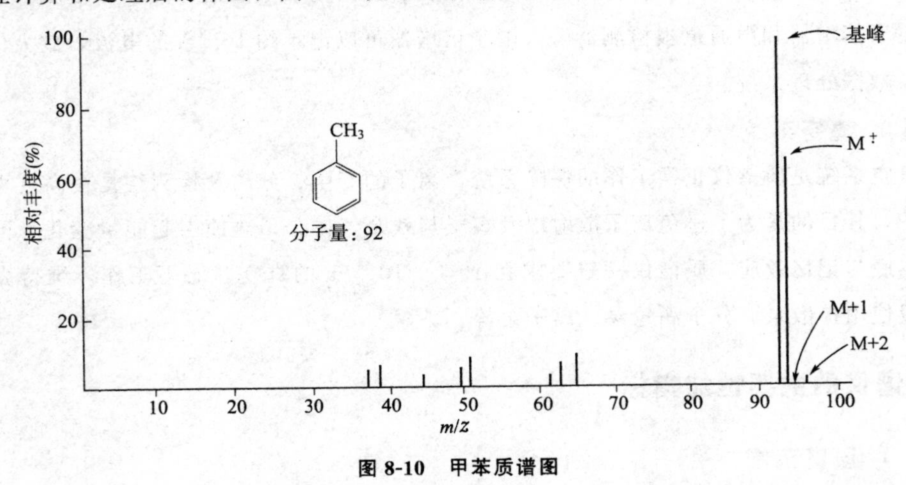

图 8-10　甲苯质谱图

图中，横坐标表示离子的质荷比（m/z），纵坐标表示离子相对丰度（ion abundance）即离子数目的多少，相对丰度（relative abundance）又称为相对强度，即把质谱图中最强峰的强度规定为 100%，并将此峰称为基峰（base peak），其他离子峰的实际强度与最强峰的实际强度的比值（百分数）即为其他离子的相对丰度。

（三）质谱表

把质谱图数据加以归纳，列成以质荷比为序列的表格形式。

表 8-1　甲苯的质谱图（相对丰度＞3%的质谱图）

m/z	峰强%	同位素丰度		m/z	峰强%	同位素丰度	
		m/z	m%			m/z	m%
38	4.4	92（M）	100	63	8.6		
39	5.3	93（$M+1$）	7.23	65	11		
45	3.9	94（$M+2$）	0.29	91	100（基峰）		
50	6.3			92	68（M）		
51	9.1			93	4.9（$M+1$）		
62	4.1			94	0.21（$M+2$）		

第二节　离子的主要类型

有机质谱中主要出现 6 种离子，即分子离子、碎片离子、同位素离子、亚稳离子、重排离子、多电荷离子。各离子形成的质谱峰在质谱解析中各有用途。

一、分子离子

NOTE

分子失去一个电子形成的离子称为分子离子（molecular ion），用 $M^{\dot{+}}$ 表示。“+”表示带一个电子电量的正电荷；“.”表示它有一个未成对电子，是游离基。分子中最易失去电子的是杂原子上的 n 电子，然后依次为 π 电子和 σ 电子。同是 σ 电子 C—C 上的电子又较 C—H 上的容易失去。

$$M+e \longrightarrow M^{\overset{+}{\cdot}}+2e$$

大多数分子易失去一个电子。因此分子离子的质荷比（m/z）值等于分子量，这就是利用质谱仪来确定有机化合物分子量的依据。

分子离子含奇数个电子，一般出现在质谱的最右侧。其相对强度取决于分子离子峰的稳定性。在有机化合物中，分子离子峰的稳定性有如下规律：芳香族化合物＞共轭链烯＞脂环化合物＞烯烃＞直链烷烃＞硫醇＞酮＞胺＞酯＞醚＞酸＞分支烷烃＞醇。

二、同位素离子

有机化合物一般由 C、H、O、N、S、Cl 及 Br 等元素组成，这些元素均有同位素，因此在质谱图上会出现含有这些同位素的离子峰，含有同位素的离子称为同位素离子（isotopic ion），由此产生不同质量的离子峰群称为同位素峰簇，常见的同位素丰度比如表 8-2 所示，表中丰度比是以丰度最大的轻质同位素为 100%计算而得。

表 8-2　常见元素丰度表

元　素	轻同位素	$m+1$	丰　度	$m+2$	丰　度
氢	^{1}H	^{2}H	0.016		
碳	^{12}C	^{13}C	1.08		
氮	^{14}N	^{15}N	0.38		
氧	^{16}O	^{17}O	0.04	^{18}O	0.20
硫	^{32}S	^{33}S	0.80	^{34}S	4.40
硅	^{28}Si	^{29}Si	5.10	^{30}Si	3.35
氯	^{35}Cl			^{37}Cl	32.5
溴	^{79}Br			^{81}Br	98.0

重质同位素峰与丰度最大的轻质同位素峰的峰强比，用 $\frac{M+1}{M}$、$\frac{M+2}{M}$ 表示。其数值由同位素的丰度比及分子中此种元素原子数目决定。

由于 ^{2}H 及 ^{17}O 丰度比太小，可忽略不计，有机物一般含碳原子数较多，故质谱中碳的同位素峰较常见，^{34}S、^{37}Cl 及 ^{81}Br 丰度比较大，因而可以利用同位素峰强度比推断分子中是否含有 S、Cl、Br 及这些原子的数目。举例说明如下：

若分子中含氯及溴原子

① 含一个氯原子　$M : M+2=100 : 32.5 \approx 3 : 1$

② 含一个溴原子　$M : M+2=100 : 98 \approx 1 : 1$　如图 8-11 所示

③ 分子中若含三个氯，如 $CHCl_3$，会出现 $M+2$、$M+4$ 及 $M+6$ 峰。如图 8-12 所示。

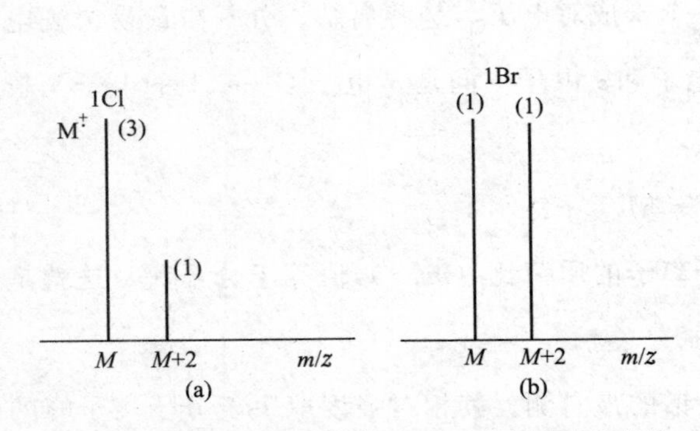

图 8-11 氯化物（a）与溴化物（b）的同位素峰强比

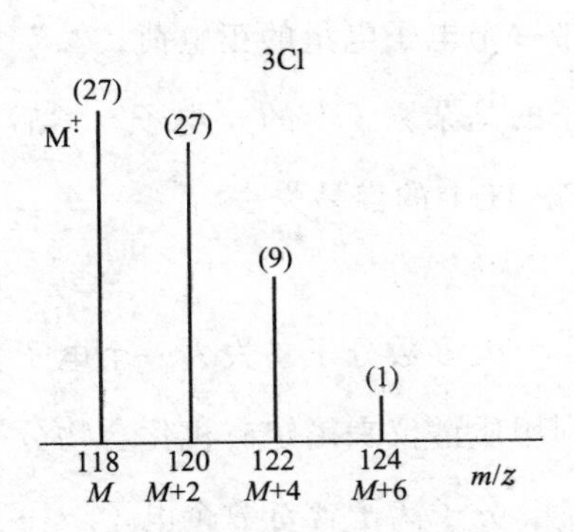

图 8-12 氯仿的同位素峰强比

同位素强度比可用二项式 $(a+b)^n$ 求出。a 与 b 为轻质及重质同位素的丰度比，n 为原子数目。例如分子中含三个氯：$n=3$，$a=3$，$b=1$，代入二项式，既可求出各同位素峰强比为：

$$(a+b)^3=a^3+3a^2b+3ab^2+b^3=27+27+9+1$$

三、亚稳离子

亚稳离子是相对稳定离子和不稳定离子而言的。在离子源中形成，在到达检测器时，都没有碎裂的离子是稳定离子。如果某个离子在离子源中就已经发生碎裂，就是不稳定离子。如果某个离子（m_1^+）在离子源形成，在脱离离子源后并在磁场分离前，在飞行中发生开裂而形成的低质量的离子（m_2^+），这种离子的能量要比在离子源中产生的 m_2^+ 离子的小，所以这种离子在磁场中的偏转要比普通的 m_2^+ 离子大得多，在质谱图上将不出现在 m_2^+ 处，而是出现在比 m_2^+ 低的位置，这种飞行过程中发生裂解的离子称为亚稳离子（metastable ion），常用 m^* 表示。由亚稳离子产生的峰称为亚稳离子峰或亚稳峰。

$$m_1^+ \longrightarrow m^* + \text{中性碎片}$$

亚稳离子峰的特点：峰较钝而小，一般要跨到 2～5 个质量单位；质荷比通常不是整数，与 m_1^+、m_2^+ 离子有以下关系：

$$m^*=\frac{(m_2)^2}{m_1}$$

亚稳离子在谱图上很有用，它可以帮助寻找和判断离子在裂解过程中的相互关系。

例如，对氨基茴香醚产生亚稳离子的裂解。

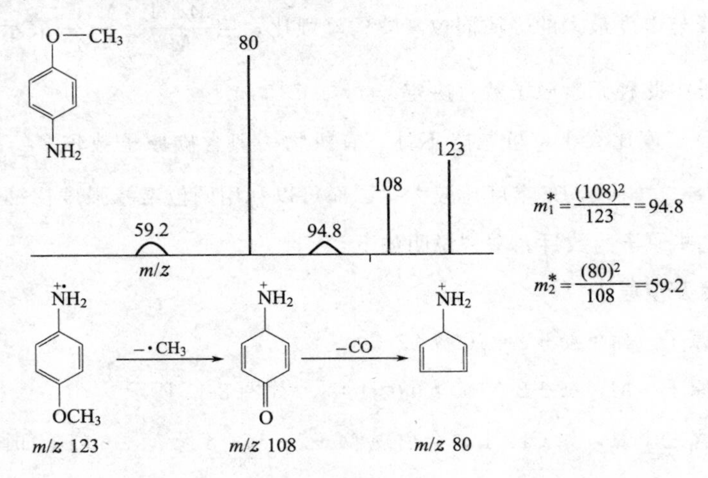

四、碎片离子

在离子源中除了生成分子离子外，当分子在电离源中获得的能量超过分子离子化所需的能量时，又会进一步使某些化学键断裂产生质量数较小的碎片，其中带正电荷的就是碎片离子（fragment ion），由此产生的质谱峰称为碎片离子峰。由于键断裂的位置不同，同一分子离子可产生不同质量大小的碎片离子，而其相对丰度与键断裂的难易与化合物的结构有关，因此，碎片离子的峰位及相对丰度可提供被分析化合物的结构信息。质谱中常见的碎片离子与中性碎片见附录五、附录六。

五、重排离子

在两个或两个以上键的断裂过程中，某些原子或基团从一个位置转移到另一个位置所生成的离子，称为重排离子（rearrangement ion）。重排离子的类型很多，其中最常见的是麦氏重排（Mclafferty rearrangement）（详见第三节）。

六、多电荷离子

分子失去一个电子后，成为单电荷离子。有时分子失去两个或更多的电子，在质量数为 m/nz（n 为失去的电子数）的位置出现多电荷离子（more charge ion）峰。例如，具有 π 电子的芳烃、杂环或高度共轭不饱和化合物就能产生稳定性较好的双电荷离子。

第三节　离子的裂解

当轰击电子的能量较大时，分子离子就会进一步裂解生成各种不同质荷比（m/z）的碎片离子。碎片离子峰的相对丰度与分子中键的相对强度、断裂产物的稳定性及原子和基团的空间排列有关。相对丰度大的碎片离子峰代表分子中易于裂解的部分。所以掌握有机化合物分子的裂解方式和规律，对确定分子的结构非常重要。

一、裂解的表示方法

1. 正电荷表示法　正电荷用“+”或“+·”表示。含偶数个电子的离子称偶电子离子（ion of even electrons，EE）用“+”表示；含奇数个电子的离子称奇电子离子（ion of odd electrons，OE）用“$\overset{+}{\bullet}$”表示。

（1）正电荷一般在杂原子或不饱和化合物的 π 键上，例如：

$$CH_3-\overset{\overset{+\bullet}{O}\,\|}{C}-CH_3 \qquad CH_3-\overset{\overset{+}{O}\,\|}{C} \qquad \overset{+\bullet}{C}H_2-CH-CH_3$$

（2）正电荷的位置不清楚时，可用 $[\quad]^{+\bullet}$、$[\quad]^{+}$ 或 $\urcorner^{+\bullet}$ 或 $\urcorner^{+}$ 表示。例如：

$$[R—CH_3]^{+\bullet} \longrightarrow [R]^+ + {}^{\bullet}CH_3$$

$$[C_6H_5—CH_2R]^{+\bullet} \longrightarrow [C_6H_5—CH_2]^+ + {}^{\bullet}R$$

2. 化学键的断裂与电子转移的表示方法　化学键断裂时，成键的两个电子分别属于生成的两个碎片，为均裂，涉及一个电子的转移，通常用鱼钩状符号“⌒”表示；两个电子同时属于某一个碎片的断裂，即为异裂，用正常的箭头“⌒”表示。

3. 离子的奇偶性与氮规则　奇电子离子含有不成对电子，不太稳定，易于发生碎裂。它们通过简单的一根化学键的断裂（简单断裂）丢掉游离基生成偶电子离子碎片。奇电子离子也可通过重排反应丢掉一个中性小分子，生成奇电子离子碎片。这种重排产生的碎片离子在质谱解析中具有特别重要的意义。偶电子离子碎片比较稳定，发生次级碎裂时，只能生成偶电子离子和中性分子。以上规律可以用示意图表示如下：

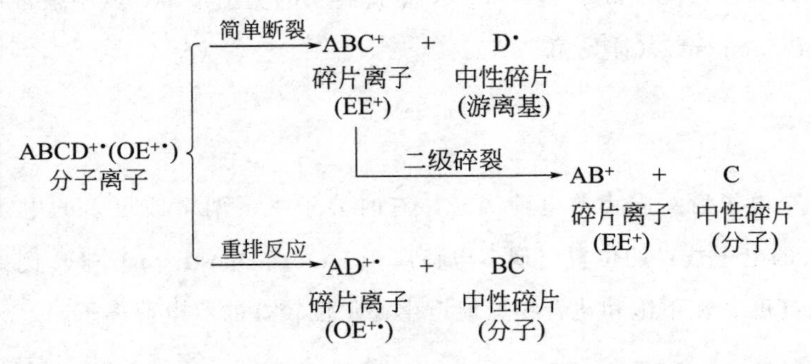

离子所带电子的奇偶性不能从质谱图中直接得到，但可以通过离子质荷比，借助氮规则加以判断。表 8-3 概括了氮规则的主要内容。

表 8-3　氮规则的一般表述

离子组成	奇电子离子（OE⁺•）	偶电子离子（EE⁺）
不含氮或含偶数个氮原子	m/z 为偶数	m/z 为奇数
含奇数个氮原子	m/z 为奇数	m/z 为偶数

二、裂解类型

裂解类型大体上可分为简单裂解、重排裂解、复杂裂解、双重重排裂解四种，前两种在质谱上最为常见。

（一）简单裂解

发生简单裂解时，仅一个键发生断裂，并脱去一个游离基，常见简单裂解有 α-均裂、i-异裂和 σ-半均裂三种。

（1）α-均裂（α-cleavage）：又称 α-裂解，是正电荷官能团与 X-碳原子之间的共价键断裂。这种裂解是由游离基中心引发。α-均裂广泛存在于各类有机化合物质谱碎裂过程中。例如：

$$R'—\overset{\overset{+\bullet}{O}}{\overset{\|}{C}}—R \longrightarrow {}^{\bullet}R' + \overset{\overset{+}{O}}{\overset{\|\|}{C}}—R$$

（2）i-异裂（i-cleavage）：又称 i-裂解，是与正电荷中心相连的键的一对电子全部被正电荷中心吸引而断裂。这种裂解是由正电荷引发。例如：

$$CH_3—CH_2—O^{+\cdot}CH_2—CH_3 \xrightarrow{i} CH_3CH_2^+ + {}^{\cdot}OCH_2CH_3$$

$$R—C\equiv\overset{+}{O} \xrightarrow{i} R^+ + CO$$

（3）σ-半均裂：又称 σ-裂解，是离子化的 σ 键的开裂过程。例如：

$$R—X^{+\cdot} \longrightarrow R^{\cdot} + X^+$$

（二）重排裂解

重排裂解是通过断裂两个或两个以上的化学键，脱去一个中性分子，所以含奇数个电子的离子重排裂解后产生含奇数个电子的离子。而含偶数电子的离子重排裂解后一定产生含偶数个电子的离子。重排裂解得到的离子称为重排离子。重排方式很多，其中最常见、最重要的有 Mclafferty 重排和 RDA 裂解。

1. Mclafferty 重排　当化合物中含有不饱和 C═X（X 为 O、N、S、C）基团，而且与这个基团相连的键上具有 γ 氢原子时，在裂解过程中，γ 氢原子可以通过六元环中间体的过渡转移到 X 原子上，同时，β 键发生断裂，脱掉一个中性分子。这个重排规律性强，所以解析质谱时很有意义。其通式如下：

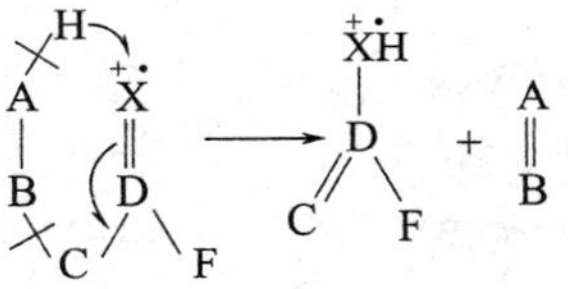

例如：戊酮－2 的麦氏重排反应。

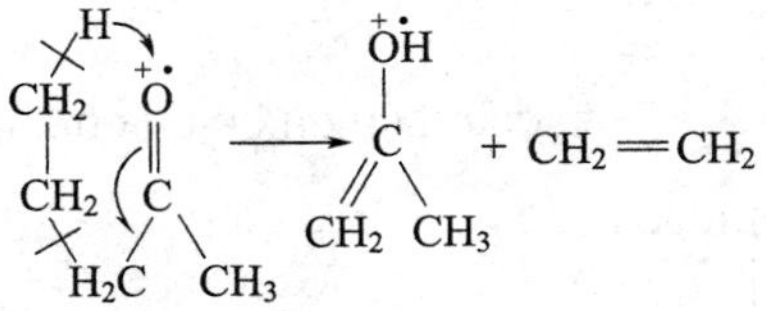

2. RDA 裂解　具有环己烯结构类型的化合物。可以进行 RDA 裂解（retro-diels alder fragmentation）。即一个六元环烯化合物裂解产生共轭二烯离子和一个中性分子。这一特殊的重排裂解称为 RDA 裂解。在脂环化合物、生物碱、萜类、甾体和黄酮等化合物的质谱上，经常可以看到由这种重排产生的离子峰。

例如环己烯和萜二烯-[1,8]（柠檬烯）

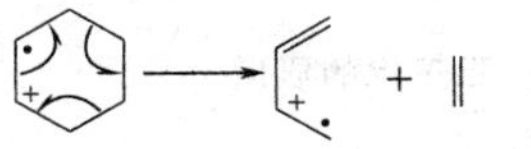

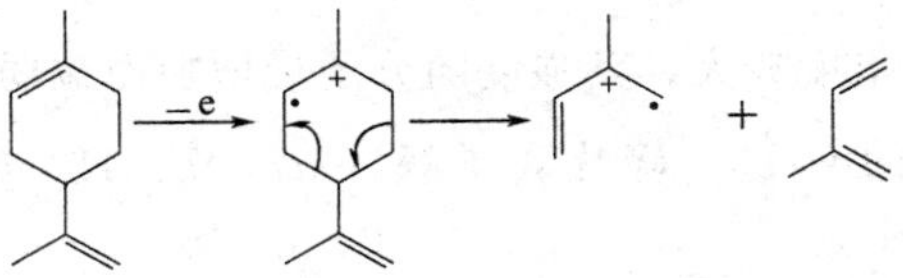

复杂裂解至少必须有两个键断裂，同时还涉及氢原子的转移，在此不作介绍。

三、常见有机化合物的裂解方式和规律

（一）烷烃

1. 分子离子峰较弱，随碳键增长，强度降低以至消失。

2. M－15 峰最弱，因为长链烃不易失去甲基。

3. 直链烷烃出现一系列 m/z 相差 14 的 C_nH_{2n+1} 碎片离子峰（m/z29，43，57…），m/z43（$C_3H_7^+$）或 m/z57（$C_4H_9^+$）峰总是很强（基峰）。此外，在断裂过程中，由于伴随失去一个分子氢，从而在质谱图上有 $C_nH_{2n-1}]^+$的一系列小峰。

4. 支链烷烃裂解容易发生在分支部位，优先失去最大的烷基，形成稳定的仲碳或叔碳阳离子（正离子稳定性顺序 $R_3\overset{+}{C}>R_2\overset{+}{C}H>R\overset{+}{C}H_2>\overset{+}{C}H_3$）。

5. 环烷烃的 M 峰一般较强。环开裂时出现 m/z28 $(C_2H_4)^+$、m/z29 $(C_2H_5)^+$和 M－28，M－29 的峰。

$$CH_3—CH_2^{\cdot +}—C(CH_3)_2—CH_3 \longrightarrow \cdot CH_2CH_3 + {}^{+}C(CH_3)_3$$

m/z 86　　　　m/z 57

$$\text{环己基}^{+\cdot}—CH_3 \longrightarrow \text{环己基}^{+} + \cdot CH_3$$

m/z 98　　　　m/z 83

例：正壬烷的质谱（图 8-13）

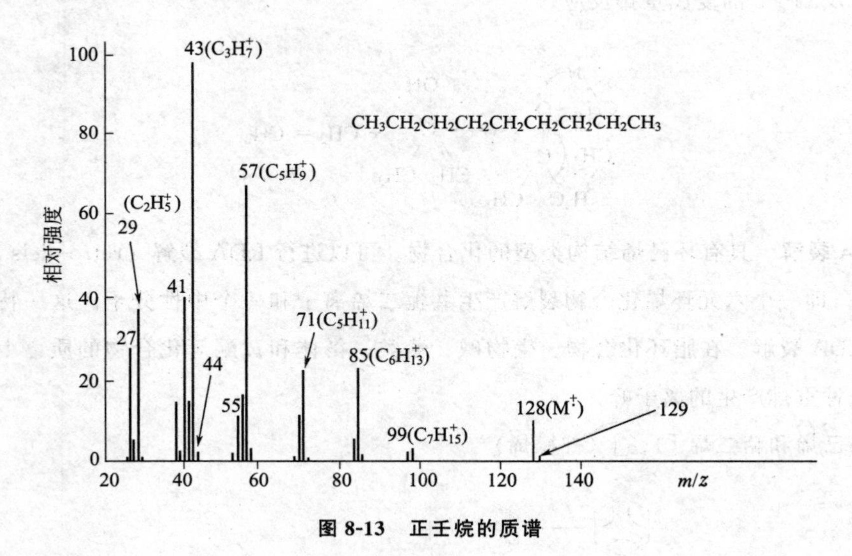

图 8-13　正壬烷的质谱

（二）烯烃

1. 分子离子峰较稳定，丰度较大，其强度随分子量增加而减弱。

2. 生成质量数相差 14 的 C_nH_{2n-1} 碎片离子峰（m/z27、41、55、69…），其中 m/z41 峰较强。

3. 易发生 β-裂解，形成碎片离子，该碎片离子较为稳定：

NOTE

$$CH_2 \overset{+\cdot}{-} CH — CH_2 — CH_2R \longrightarrow CH_2 — CH = CH_2 + \cdot CH_2R$$

$$\updownarrow$$

$$CH_2 = CH — \overset{+}{C}H_2$$

4．如果有 γ-H 存在，易发生 Mclafferty 重排，生成 $C_nH_{2n}\urcorner^{+\cdot}$离子。

5．环状烯烃能发生 RDA 裂解。

$$\longrightarrow + C_2H_4$$

例如：2-甲基戊烯 -1 的质谱（图 8-14）

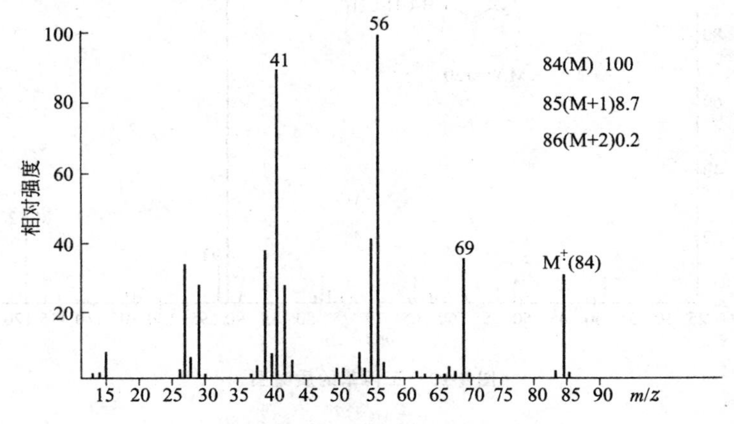

图 8-14　2-甲基戊烯－1 的质谱

（三）芳烃

1．有较强的分子离子峰。

2．烷基取代苯易在 β 位发生裂解产生 m/z 91 离子（$C_7H_8^+$），在质谱图上常是基峰，是烷基取代苯的重要特征。

$$\xrightarrow{-\cdot R} \quad m/z\ 91 \quad \xrightarrow{扩环} \quad (\text{䓬鎓离子})\ m/z\ 91$$

䓬鎓离子可进一步裂解生成环戊二烯及环丙烯离子。

$$C_3H_3^+\ m/z\ 39 \xleftarrow{-2HC\equiv CH} C_7H_7^+\ m/z\ 91 \xrightarrow{-HC\equiv CH} C_5H_5^+\ m/z\ 65$$

3．取代苯也能在 α 位发生裂解，产生 m/z 77 的苯离子。

$$\longrightarrow C_6H_5^+\ 77 + \cdot R$$

苯离子进一步裂解生成环丙烯离子及环丁二烯离子。

$$\xrightarrow{-C_3H_2} C_3H_3^+\ m/z\ 39$$

$$\xrightarrow{-CH=CH} C_4H_3^+\ m/z\ 51$$

NOTE

4. 具有 γ-氢的烷基取代苯，经 Melafferty 重排产生 $C_7H_8^{+\cdot}$ 离子（m/z92）。

$$\text{Ph}^{+\cdot}\text{—}CH_2\text{—}CH_2\text{—}CH(R)\text{—}H \longrightarrow [\text{C}_6\text{H}_6\text{=}CH_2]^{+\cdot}\ (m/z\ 92) + CH_2{=}CHR$$

5. 带有环己烯结构的芳烃也常发生 RDA 裂解。

$$\text{四氢萘}^{+\cdot} \longrightarrow \text{邻亚甲基环己二烯}^{+\cdot} + CH_2{=}CH_2$$

例如：正丙苯的质谱图（图 8-15）

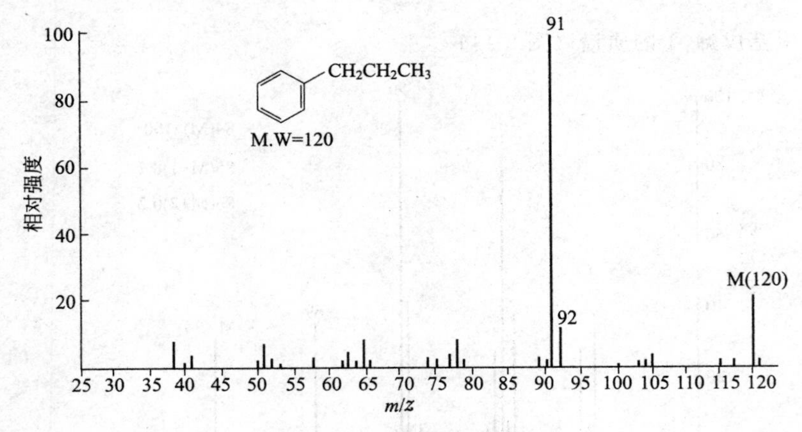

图 8-15　正丙苯的质谱图

（四）醇和醚

1. 脂肪醇

（1）分子离子峰很弱且随碳链的增长而减弱以至消失。

（2）容易发生 α-裂解。

$$R_2\text{—}C(R_1)(R_3)\text{—}\overset{+\cdot}{O}H \longrightarrow R_1^{\cdot} + R_2\text{—}C(R_3){=}\overset{+}{O}H$$

（3）易发生脱水的重排反应，产生 M－18 离子，也可发生脱水、脱烯反应。

$$R\text{—}CH(H)\text{—}CH_2\text{—}CH_2\overset{+\cdot}{O}H \longrightarrow R\text{—}\dot{C}H\text{—}CH_2\text{—}\overset{+}{C}H_2 + H_2O$$

$$R\text{—}CH_2(H)\text{—}CH_2\text{—}CH_2\text{—}CH_2\overset{+\cdot}{O}H \xrightarrow{-H_2O} R\text{—}\dot{C}H\text{—}CHCH_2\text{—}\overset{+}{C}H_2 \longrightarrow R\text{—}\dot{C}H\text{—}\overset{+}{C}H_2 + CH_2{=}CH_2$$

2. 醚

（1）脂肪醚的分子离子峰很弱，芳香醚的分子离子峰较强。

（2）i-裂解，C—O 键发生断裂。

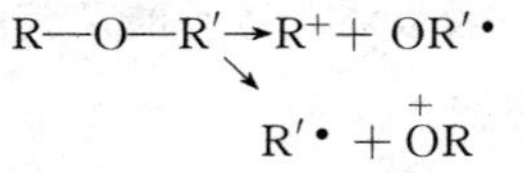

$$R-O-R' \rightarrow R^+ + OR'^{\bullet}$$
$$\searrow R'^{\bullet} + \overset{+}{O}R$$

（3）β-裂解，较大的烷基易脱离。

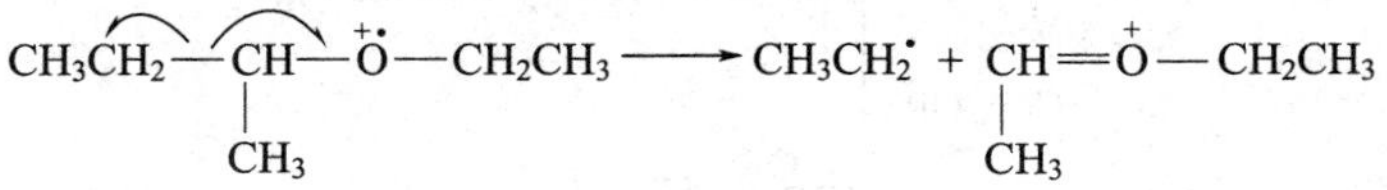

$$CH_3CH_2-\underset{\underset{CH_3}{|}}{CH}-\overset{+\bullet}{O}-CH_2CH_3 \longrightarrow CH_3CH_2^{\bullet} + \underset{\underset{CH_3}{|}}{CH}=\overset{+}{O}-CH_2CH_3$$

生成的碎片离子还可继续裂解。

芳醚、环醚在这里不作介绍。

（五）醛和酮

（1）醛和酮类都有明显的分子离子峰。

（2）醛和酮易发生 α-裂解，也可发生 i-裂解。

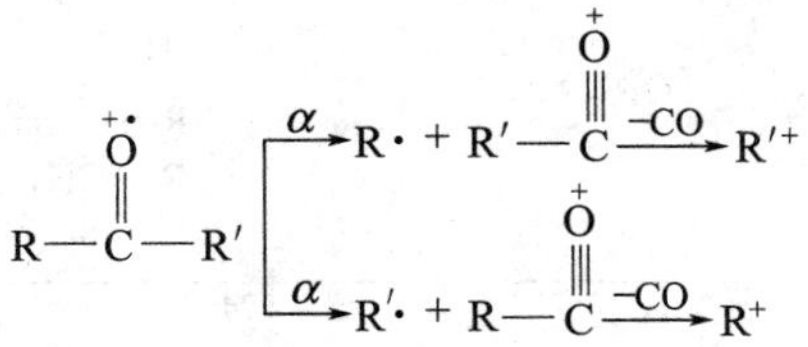

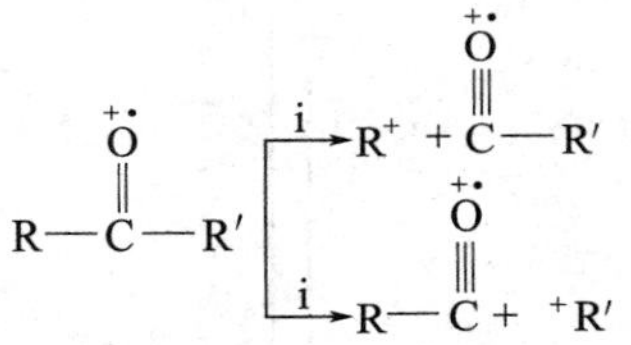

$$R-\overset{\overset{+\bullet}{O}}{\overset{\|}{C}}-R' \begin{cases} \xrightarrow{\alpha} R^{\bullet} + R'-\overset{\overset{+}{O}}{\overset{\|}{C}} \xrightarrow{-CO} R'^{+} \\ \xrightarrow{\alpha} R'^{\bullet} + R-\overset{\overset{+}{O}}{\overset{\|}{C}} \xrightarrow{-CO} R^{+} \end{cases}$$

$$R-\overset{\overset{+\bullet}{O}}{\overset{\|}{C}}-R' \begin{cases} \xrightarrow{i} R^{+} + \overset{\overset{+\bullet}{O}}{\overset{\|}{C}}-R' \\ \xrightarrow{i} R-\overset{\overset{+\bullet}{O}}{\overset{\|}{C}} + {}^{+}R' \end{cases}$$

在醛的质谱图上出现 m/z 29 和 M−1 峰，M−1 峰是醛的特征峰。

（3）具有 γ-H 时发生麦氏重排。（图 8-16）

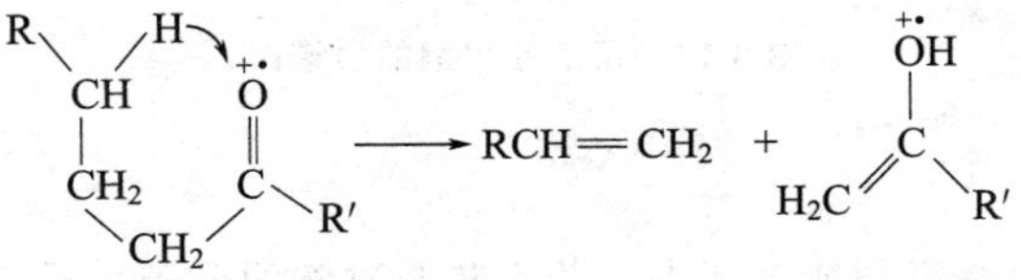

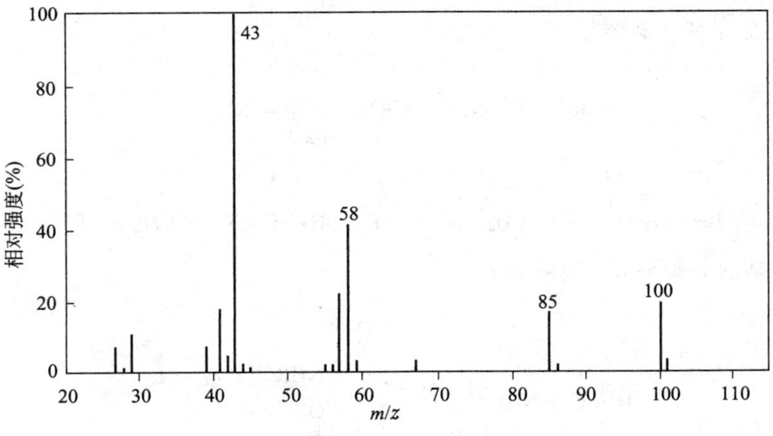

$$\text{R-CH(H)-}CH_2\text{-}CH_2\text{-}C(=\overset{+\bullet}{O})\text{-}R' \longrightarrow RCH=CH_2 + H_2C=C(\overset{+\bullet}{O}H)-R'$$

图 8-16　甲基异丁基酮的质谱图

（六）酸和酯

1. 脂肪酸及其酯的分子离子峰一般很弱，芳香酸及其酯类的分子离子峰强。

2. 易发生 α-裂解，也可发生 i-裂解。

$$R-\overset{\overset{+\bullet}{O}}{\overset{\|}{C}}-OR' \xrightarrow{-R\bullet} \overset{\overset{+}{O}}{\overset{\|}{C}}-OR' \xrightarrow{-CO} \overset{+}{O}R'$$

$$R-\overset{\overset{+\bullet}{O}}{\overset{\|}{C}}-OR' \xrightarrow{-\bullet OR'} R-\overset{\overset{+}{O}}{\overset{\|}{C}} \xrightarrow{-CO} R^{+}$$

3. 含有 γ 氢的酸和酯易发生 Mclafferty 重排，若 α 碳上无取代基时，酸最具特征的峰是 m/z60 的离子峰，甲酯为 m/z 74 离子峰。（图 8-17）

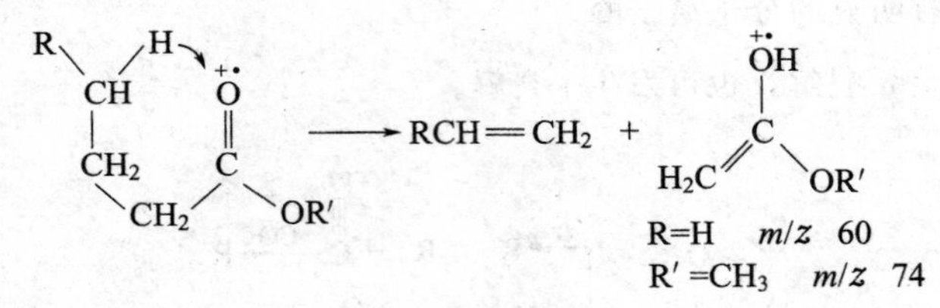

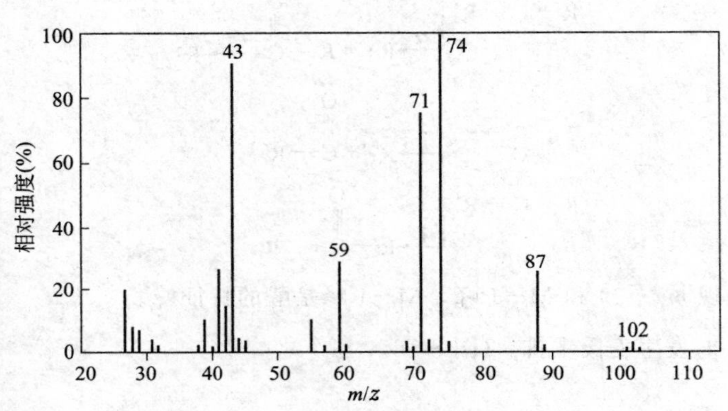

图 8-17 正丁酸甲酯的质谱图

（七）胺和酰胺

1. 脂肪胺的分子离子峰很弱或者消失，芳香胺及酰胺的分子离子峰较强。

2. 对于 N 原子的 β-裂解如下。

$$R-CH_2-\overset{+\bullet}{N}H_2 \longrightarrow R^{\bullet} + CH_2=\overset{+}{N}H_2 \quad (m/z\ 30)$$

$$R-CH_2-\overset{\overset{O}{\|}}{C}-NH-CH_2-R' \longrightarrow R-CH_2-\overset{\overset{O}{\|}}{C}-\overset{+}{N}H=CH_2 + \cdot R'$$

3. 对于羰基的 α-裂解和 i-裂解如下。

$$\left[R\,\vdots_{a}\,\overset{\overset{O}{\|}}{C}\,\vdots_{b}\,NHR\right]^{+\bullet} \xrightarrow{a} \overset{\overset{+}{O}}{\overset{\|}{C}}-NHR \quad 或 \quad R^{+}$$

$$\left[R\,\vdots_{a}\,\overset{\overset{O}{\|}}{C}\,\vdots_{b}\,NHR\right]^{+\bullet} \xrightarrow{b} R-\overset{\overset{+}{O}}{\overset{\|}{C}} \quad 或 \quad \overset{+}{N}HR; \qquad R-\overset{\overset{+}{O}}{\overset{\|}{C}} \xrightarrow{-CO} R^{+}$$

NOTE

4. 有 γ-氢的酰胺常发生 Mclafferty 重排。

$$\mathrm{R\text{-}CH(H)\text{-}CH_2\text{-}CH_2\text{-}C(=\overset{+\bullet}{O})\text{-}NHR'} \longrightarrow \mathrm{RCH{=}CH_2} + \mathrm{CH_2{=}C(\overset{+\bullet}{O}H)\text{-}NHR'}$$

（八）卤化物

1. 脂肪族卤化物的分子离子峰不明显，芳香族卤化物的分子离子峰较强。

2. 易发生 i-裂解，生成 M-X 系列离子。

$$\mathrm{R{-}\overset{+\bullet}{X}} \xrightarrow{\text{异裂}} \mathrm{R^+ + X^\bullet}$$
$$\mathrm{R{-}\overset{+\bullet}{X}} \xrightarrow{\text{均裂}} \mathrm{R^\bullet + X^+}$$

3. 发生 β-裂解。

$$\mathrm{R{-}CH_2{-}\overset{+\bullet}{X}} \longrightarrow \mathrm{R^\bullet + CH_2{=}\overset{+}{X}}$$

4. 失去 HX 的重排裂解。

$$\mathrm{H{-}CH_2{-}(CH_2)_n{-}CH_2{-}\overset{+\bullet}{X}} \longrightarrow \mathrm{XH} + \mathrm{\dot{C}H_2(CH_2)_n\overset{+}{C}H_2}$$

第四节　质谱解析

在结构解析中，质谱主要用于测定分子量、分子式和作为光谱解析的佐证。对一些较简单的化合物，单靠质谱也可确定分子结构。因此，掌握质谱解析的方法是必要的。

一、分子离子峰的确定

在质谱解析中，分子离子峰是测定分子量与确定分子式的主要依据。分子离子应该是质谱图中最高质量的离子，但仍须说明两点：一是所谓高质量的离子是不考虑同位素离子和可能发生离子-分子反应所产生的离子；二是最高质量的离子可能不是分子离子。因此，在判断分子离子峰时，应考虑以下几点：

（1）分子离子应为 $OE^{+\bullet}$，符合氮规则。含 C、H、O 及不含或含偶数个氮的化合物，分子离子峰的质量数是偶数；含奇数个氮，分子离子峰的质量数是奇数。这是因为在组成有机化合物的主要元素 C、H、O、N 与卤素等中，只有氮的化合价是奇数，可质量数是偶数。凡不符合这一规律者，不是分子离子。

（2）分子离子与邻近离子之间的质量数差应合理。如果相差 4～14 个质量单位，则该峰不是分子离子峰。因为分子离子一般不可能直接失去一个亚甲基和失去 3 个以上的氢原子，这需要很高的能量。

（3）注意与 M±1 峰相区别。某些化合物的质谱上分子离子峰很小或根本找不到，而

M+1 峰却强，M+1 峰是由于分子离子在电离碰撞过程中捕获一个 H 而形成的；同样有些化合物如醛、醇或含氮的化合物易失去一个氢出现 M−1 峰。

（4）分子离子的稳定性规律。分子离子的稳定性与分子结构密切相关，各类有机化合物分子离子的稳定性在第二节已作介绍。

二、分子式的确定

质谱的主要用途是用来确定化合物的分子量，并由此得到分子式。通常利用质谱数据决定分子式有两种方法，即同位素丰度法和高分辨质谱所提供的精确分子量推算分子式。

（一）同位素丰度法

分为计算法和查表法，计算法主要依据表 8-2 以及同位素峰的二项式展开式，在此主要介绍查表法。

Beynon 等人根据同位素峰强比与离子的元素组成之间的关系，编制了按离子质量数为序，只含 C、H、O、N 的分子离子的 M+1 和 M+2 与 *M* 的相对强度的数据表，称为 Beynon 表。在使用时只需将质谱所得的 M 峰的质量数，（M+1）%及（M+2）%数据查 Beynon 表即可得出分子式。

例 8-2 某未知化合物 *M* 为 150，（M+1）%＝10.2，（M+2）%＝0.88

查表：质量数为 150 的大组，该组表示的元素组成共 29 个，（M+1）%在 9～11 之间的有 7 个。

分子式	M+1	M+2	分子式	M+1	M+2
$C_7H_{10}N_4$	9.25	0.38	$C_9H_{10}O_2$	9.96	0.84
$C_8H_8NO_2$	9.23	0.78	$C_9H_{12}NO$	10.34	0.68
$C_8H_{10}N_2O$	9.61	0.61	$C_9H_{14}N_2$	10.71	0.52
$C_8H_{12}N_3$	9.98	0.45			

根据 N 规则，分子式中只能是不含氮或含偶数个氮。因此可排除 $C_8H_8NO_2$、$C_8H_{12}N_3$、$C_9H_{12}NO$，在剩余的元素组成式中，$C_9H_{10}O_2$ 的（M+1）%、（M+2）%与未知物最接近，因此可确定此化合物的分子式为 $C_9H_{10}O_2$。

为了判断分子中是否含有 S、Br、Cl 等原子应注意（M+2）%的百分比。由于 Beynon 表仅列出了含 C、H、N、O 的化合物。因此，当化合物中含有上述原子时，应从测得的 M 值中扣除 S、Br、Cl 等元素的质量，另外从 M+1 和 M+2 的百分比中减去它们的百分比，剩余的数值再查 Beynon 表。

例 8-3 某化合物的 M 为 132，（M+1）%＝8.62，（M+2）%＝4.70，试求分子式。

解：因（M+2）%＝4.70>4.4，可知分子中必含一个 S，扣除 S 的贡献

$$M=132-32=100$$

$$(M+1)\%=8.62-0.78=7.84$$

$$(M+2)\%=4.70-4.40=0.30$$

用剩余数查 Beynon 表，分子量为 100 的式子共有 18 个，其中（M+1）%及（M+2）%接近的离子只有四个。

NOTE

元素组成	(M+1)%	(M+2)%
$C_6H_{14}N$	7.09	0.22
C_7H_2N	7.98	0.28
C_7H_{16}	7.82	0.26
C_8H_4	8.71	0.33

其中$C_6H_{14}N$和C_7H_2N含奇数个氮，不符合N律，应排除。剩下的式子中C_7H_{16}的（M+1)%与（M+2)%很接近，所以分子式应为$C_7H_{16}S$。

（二） 高分辨质谱法

高分辨质谱仪可测得小数点后四位甚至更多的数字，可对有机化合物的分子量进行精密测定。若配合其他信息，立即可以从可能的分子式中判断最合理的分子式。

例 8-4 用高分辨率质谱仪得到分子离子峰的 m/z 为 66.0459（测量误差为±0.006)，试确定化合物的分子式。

解： 已知$^{12}C=12.000$ $^{1}H=1.0078$ $^{16}O=15.9949$ $^{14}N=14.0031$ $^{32}S=31.9721$

按照原子量的排列组合计算分子量为 66（±0.006）的可能有下列分子式：$C_3NO=65.9980$，$C_2N=66.0093$，$C_4H_2O=66.0125$，$C_3H_2N_2=66.0218$，$C_4H_4N=66.0343$，$C_5H_6=66.0468$。

从上述六个分子式的分子量来看，$C_5H_6=66.0468$最接近 66.0459（±0.006)，且符合N规则，由此可以确定此化合物的分子式为C_5H_6。

三、质谱解析步骤及示例

（一） 质谱解析步骤

1. 确认分子离子峰，确定相对分子质量。

2. 根据分子离子峰与同位素峰的丰度比，确定是否含有高丰度的同位素元素，如 Cl、Br、S 等；用同位素丰度法或高分辨质谱法确定分子式。

3. 计算不饱和度。

4. 注意分子离子峰相对于其他峰的强度，以此为化合物类型提供线索。

5. 注意观察特征离子碎片和丢失的碎片，确定化合物的类别。

6. 若有亚稳峰存在，要利用$m^*=\frac{(m_2)^2}{m_1}$的关系式，找到m_1和m_2，并推断出$m_1 \rightarrow m_2$的裂解过程。

7. 解析质谱中主要峰的归属，按各种可能方式，连接已知的结构碎片及剩余的结构碎片，提出可能的结构式，并进行确认。

8. 验证。

（二） 示例

例 8-5 某化合物质谱图如 8-18，m^* 显示 $m/z154 \rightarrow m/z139 \rightarrow m/z111$，推测其可能的结构。

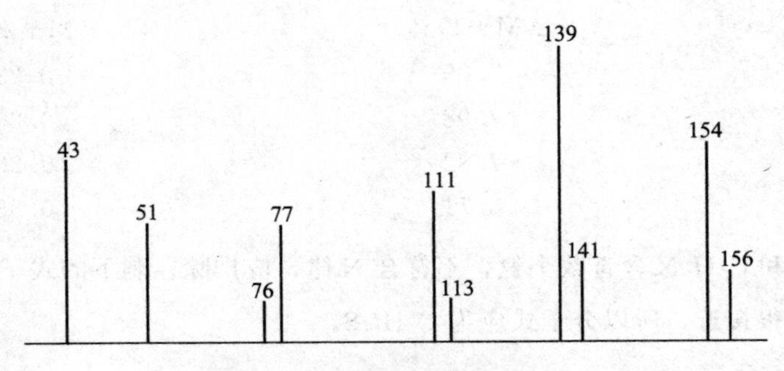

图 8-18　未知化合物的质谱图

解：

(1) M· 的 m/z 为偶数，提示为不含氮或不含奇数氮原子，从同位素峰其丰度比大致为 3∶1，提示含一个 Cl 原子。

(2) m^{*} 提示 $m/z154 \rightarrow m/z139 \rightarrow m/z111$。

$m/z154 \rightarrow m/z139$ 失去—CH_3，表明 $m/z154$ 为分子离子峰。

$m/z139 \rightarrow m/z111$ 失去 CO 或 $CH_2 = CH_2$。

$m/z43$ 峰出现，提示有 $C_3H_7^+$ 或 CH_3CO^+ 存在。

$m/z51$、76、77 表明含苯环。

因此可能的结构为

A：$CH_3-C(=O)-C_6H_4-Cl$

B：$C_3H_7-C_6H_4-Cl$

若为 B 结构，则不可能出现 $m/z139 \rightarrow m/z111$ 的裂解过程，而结构 A 符合此裂解，其裂解过程如下：

$CH_3-C(=O)-C_6H_4-Cl^{+\cdot}$ (m/z 154) $\xrightarrow{-\cdot CH_3}$ $Cl-C_6H_4-C\equiv O^+$ (m/z 139) $\xrightarrow{-CO}$ C_6H_4-Cl (m/z 111)

m/z 154 → C_6H_4-Cl + CH_3CO^+ (m/z 43)

但—Cl 和—$COCH_3$ 彼此处于什么位置需借助于其他光谱才能确定。

例 8-6　一个有机化合物的分子式为 $C_8H_8O_2$，它的 IR 在 3100～3700cm^{-1} 间无吸收，质谱图如图 8-19，试推断其结构式。

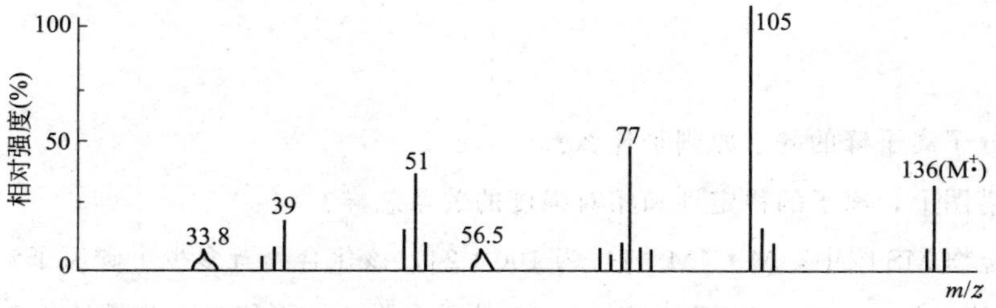

图 8-19　未知化合物的质谱图

解：

（1）m/z136 为分子离子峰

$$\Omega=\frac{2+2n_4+n_3-n_1}{2}=\frac{2+2\times 8-8}{2}=5$$

（2）由 $m^*56.5$　　$\frac{(m_2)^2}{m_1}=\frac{77^2}{105}=56.5$　提示有 $m/z105 \rightarrow m/z77$

$m^*33.8$　　$\frac{(m_2)^2}{m_1}=\frac{(51)^2}{77}=33.8$　提示有 $m/z77 \rightarrow m/z51$

m/z105 查附录五可能是 $C_6H_5CO^+$ 的离子峰，若该结构正确，还应有 m/z77 和 m/z51 的碎片离子峰，质谱图上有这三种离子峰，证明有 $C_6H_5CO^+$ 存在。

（3）剩余的碎片组成为 OCH_3，剩余的碎片可能的结构为—OCH_3 或 CH_2OH。

从 IR 可知在 3100～3700 间无吸收，因此没有—OH，所以只能是—OCH_3。

因此该化合物的结构式为 $C_6H_5COOCH_3$。

验证：$\Omega=5$

碎片离子的归属：

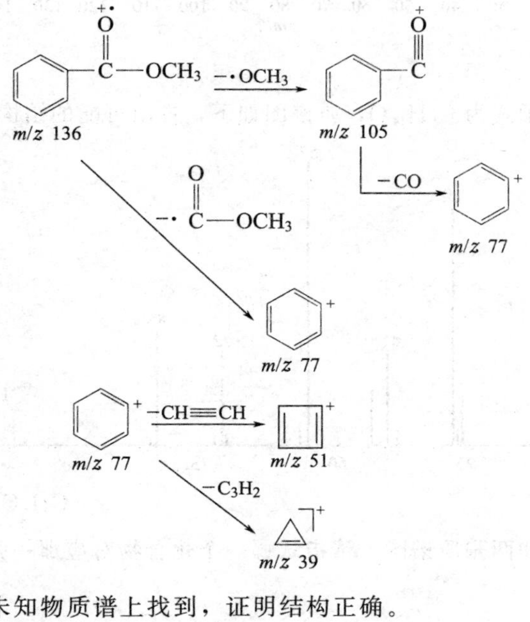

上述各离子均能在未知物质谱上找到，证明结构正确。

习 题

1. 判断分子离子峰的基本原则是什么？

2. 在质谱图上，离子的稳定性和相对强度的关系怎样？

3. 某化合物MS图中，M：(M+1) 为100：24，该化合物有多少个碳原子？ (22)

4. 某芳烃（M=134），MS图上于 m/z 91 处显一强峰，可能为下列哪种化合物？

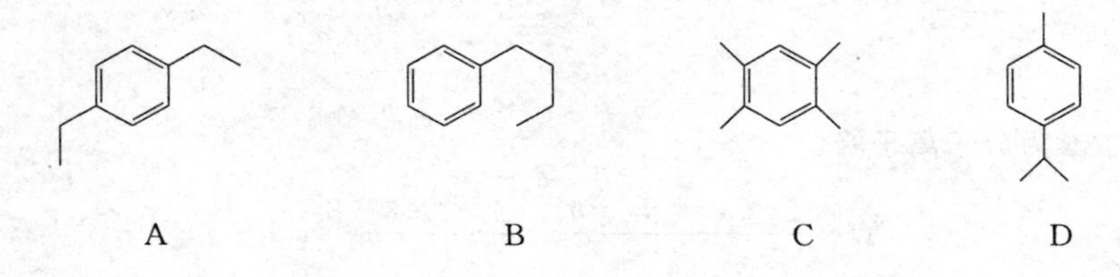

(B)

5. 鉴别下列质谱是苯甲酸甲酯（$C_6H_5COOCH_3$）还是乙酸苯酯（$CH_3COOC_6H_5$），并说明理由及峰归属。

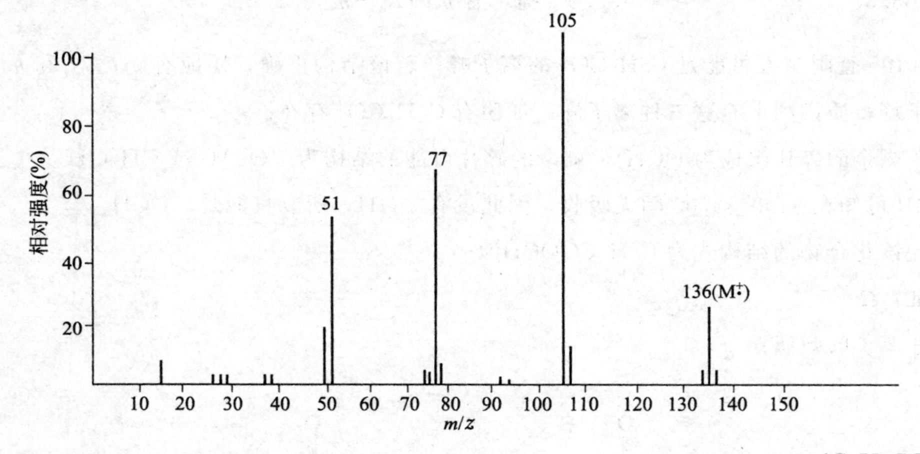

($C_6H_5COOCH_3$)

6. 未知化合物的分子式为 $C_7H_{14}O$，质谱图如下，推出可能的结构。

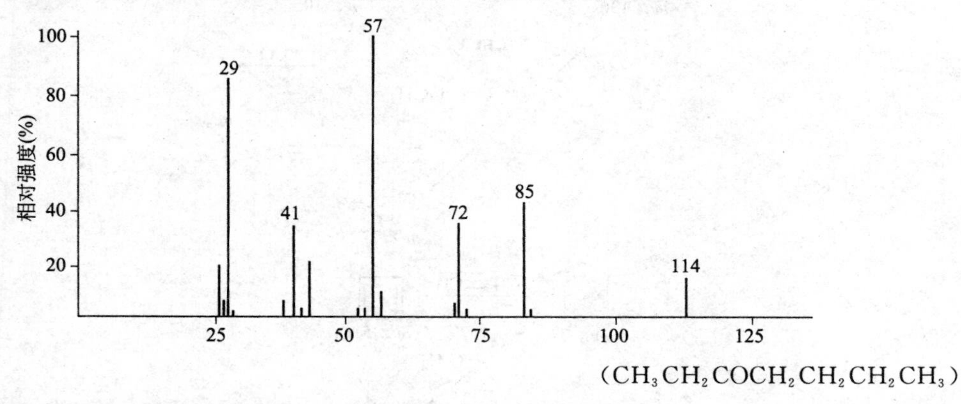

($CH_3CH_2COCH_2CH_2CH_2CH_3$)

7. 下列两个化合物和两张质谱图，请指认哪一个化合物对应那一张谱图，并说明原因。

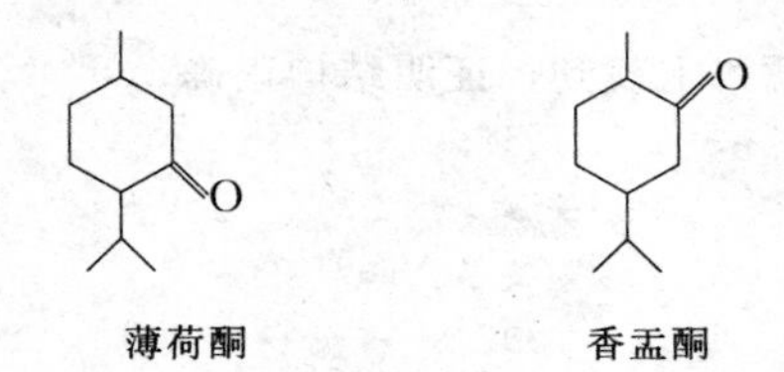

NOTE

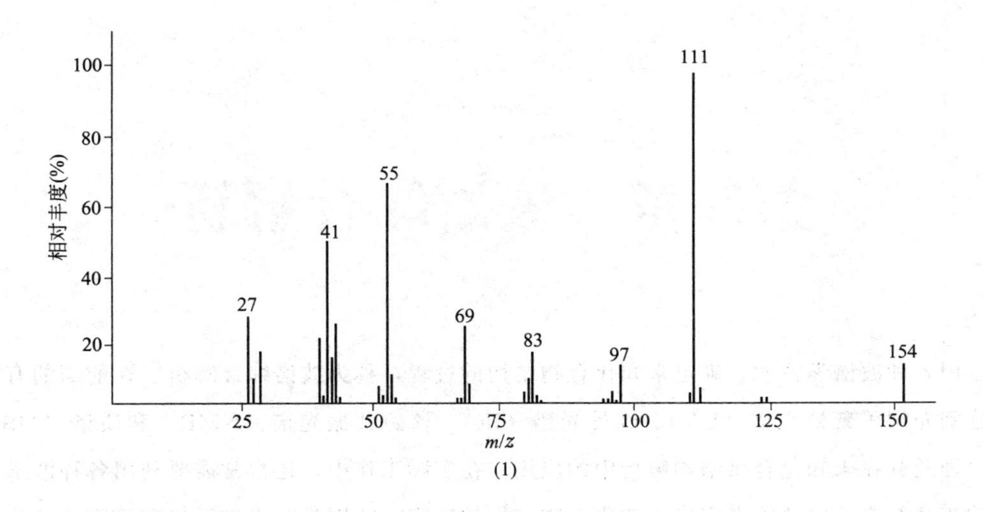

(1)

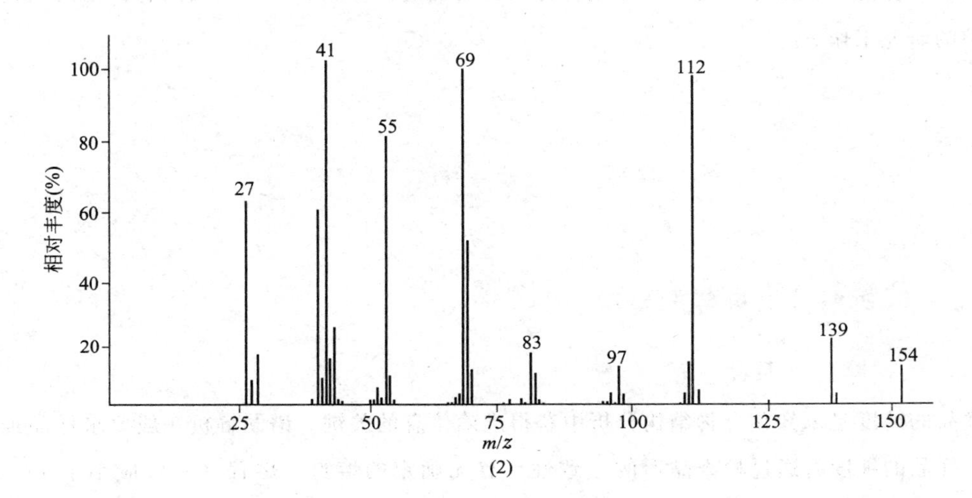

(2)

［（1）香孟酮；（2）薄荷酮］

8. 下图是未知化合物的质谱，根据这个质谱，写出结构式。

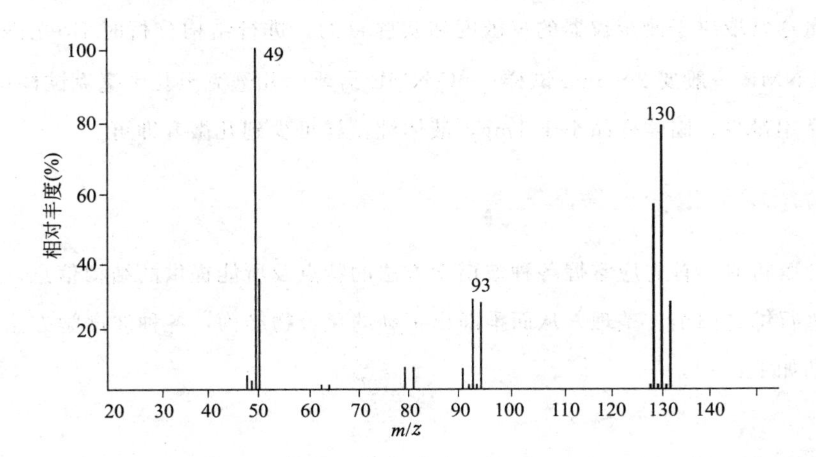

($BrCH_2Cl$)

第九章 波谱综合解析

运用各种波谱学技术，确定未知化合物结构的过程，称为波谱综合解析。在前面的有关章节中分别介绍了紫外光谱（UV）、红外光谱（IR）、核磁共振光谱（NMR）和质谱（MS）的基本原理及其在未知化合物结构解析中的应用。在实际工作中，还常常需要利用各种波谱数据信息的相互补充、验证等来完成未知化合物结构的确定，特别是对未知天然有机物的结构及立体构型的研究工作。

第一节 综合解析方法

一、综合解析对分析试样的要求

（一）试样纯度及其判定

样品的纯度是未知化合物结构分析中获得准确信息的关键。谱图解析一般要求样品纯度＞98%。样品的纯度可通过检查晶形的一致性、有无确定的熔点、熔程（一般应小于1℃）、沸点、色谱等来判断，目前实验室中应用最多的是色谱法，若样品纯度较差，可配合使用重结晶或各种色谱法等手段进行纯化处理。

（二）样品用量

样品用量通常取决于测定仪器的灵敏度和实验目的。进行结构分析时IR光谱需样品量为1～2mg；^{1}H-NMR一般要2～5mg试样；^{13}C-NMR需要十几毫克至几十毫克试样；MS法灵敏度高，故样品用量少，固体样品小于1mg，液体纯试样可少到几微升即可。

二、综合解析中常用的波谱学方法

进行综合解析时，首先应掌握各种波谱学方法的特点及所能提供的结构信息，并对所获得的全部信息进行综合归纳、整理，从而推断出正确的化合物结构，各种波谱学方法所能提供的结构信息归纳如下：

（一）质谱法（MS）

1. 根据分子离子峰（$M^{+\cdot}$）和准分子离子峰确定分子量、分子式。

2. 根据M＋2、M＋4峰的峰强度比，推断结构中是否含Cl、Br等原子。

3. 根据氮律、开裂形式推断是否含氮原子。

4. 由碎片离子推测官能团及可能的结构片段。

（二）紫外光谱法（UV）

1. 判断是否存在共轭体系及芳香结构。

2. 推测生色团种类。

3. 由 Woodward-Fieser 规则估计共轭体系大小及取代基位置。

（三）红外光谱法（IR）

1. 主要提供官能团信息，特别是含氧、氮官能团及芳香环。

2. 判断化学键类型（如 C═O、C—O—C、NH、C≡N、NO_2 等）。

（四）核磁共振氢谱法（^1H-NMR）

1. 根据积分曲线高度计算各类质子个数比，判断分子中质子数目。

2. 根据化学位移值判断官能团质子。

3. 根据自旋-自旋耦合裂分判断基团的连接情况。

4. 加入重水鉴定结构中是否有活泼质子。

（五）核磁共振碳谱法（^{13}C-NMR）

1. 判断碳的个数以及杂化方式（sp^2，sp^3）。

2. 根据 2D-NMR 及 DEPT 谱确定碳的类型（伯、仲、叔、季碳）。

3. ①首先查看未知物全去耦碳谱上的谱线数与分子式中所含碳个数是否相同。若数目相同，说明每个碳的化学环境都不相同，分子无对称性。由此可获得分子对称性的信息。②由偏共振谱确定与碳耦合的氢数。③由各碳的化学位移，确定碳的归属。

4. ①用 DEPT 谱替代偏共振谱，确定碳核的类型（CH_3、CH_2 及 CH）与数目；②用全去耦碳谱确认季碳的归属；③若仍不能确认化学结构，则需再做 COSY 谱确定核间关系。

第二节　综合解析程序

本节主要论述光谱解析的一般程序和方法原则。工作中应结合实际情况，灵活运用各种信息，从而获得正确的结论。

一、分子式的确定

（一）元素分析法

采用元素分析测定出分子中 C、H、O、N、S 等元素的含量，并以此计算出各元素的原子个数比，拟定化学式，再根据分子量确定分子式。

（二）质谱法

由高分辨质谱可以获得化合物精确的相对分子质量，通过计算机很容易算出所含各元素的原子个数，即精确分子量所对应的元素组成是唯一的。目前傅里叶变换质谱仪、双聚焦质谱仪、飞行时间质谱仪等都能给出化合物的元素组成；若采用低分辨质谱，则可采用同位素相对强度法，由 M+1 峰、M+2 峰与 M 峰的相对丰度比，并利用 Beynon 表来确定化合物的分子式。

（三）核磁共振波谱法

^{13}C-NMR 可以提供化合物中碳原子数目，结合^{1}H-NMR 可以方便地推算分子式。对于^{1}H-NMR，峰面积（积分曲线）与氢核数成正比，故分子中氢核总数将是这些峰面积最简比的整数倍，如果已知该化合物的相对分子质量及其他元素信息，即可由下式计算出分子中碳原子数，进而确定分子式。

$$\text{C 原子数}=\frac{\text{相对分子质量}-\text{分子中 H 的质量}-\text{其他原子质量}}{12}$$

二、结构式的确定

（一）计算不饱和度

由分子式计算不饱和度（Ω），即确定化合物结构中环或不饱和键的数目，从而推测未知物的类别。

$$\Omega=\frac{2+2n_4+n_3-n_1}{2}$$

式中，n_4、n_3、n_1 分别代表 4 价、3 价、1 价元素的原子个数。

（二）推断结构单元，确定结构

利用各种波谱的特征信息初步确定结构单元，确定分子中这些结构单元的连接顺序，再结合其他化学分析和理化性质，将简单的结构单元组成完整的结构，并提出一种或数种被测物可能的结构式。

三、验证结构

最后还要通过核对各种谱图对初步推断的结构式进行验证，以做出正确的结论。通常验证方法有：

1. MS 验证　MS 断裂机制是验证分子结构最常用的方法之一，包括：分子离子峰的确认；同位素峰相对强度的大小（可验证分子中是否含有 Br、Cl、S 等）；特征碎片离子是否符合正确的裂解规律。

2. 标准图谱验证　对于确定的分子结构，也可与其他各种方法获得的标准谱图对照（但应注意实验条件应一致），如谱图上峰个数、位置、形状及强弱次序等，必须与标准谱图一致，才能说明所推断的化合物与标准物相同；尚无标准谱图时，可用已知标准品或合成标准样品作图进行对照。

第三节　综合解析示例

例 9-1　某化合物经 TLC 及 HPLC 分析检测，证明其纯度在 98%以上，经 MS 测得 M^+（m/z）的精密质量为 150.0680，UV 光谱在 230～270nm 出现 7 个精细结构峰，其各波谱图分别如图 9-1～图 9-3，质谱图显示峰相对强度 M^+ 峰＝28.7%，M＋1 峰＝2.84%，M＋2 峰＝0.26%，试推测该化合物的结构。

NOTE

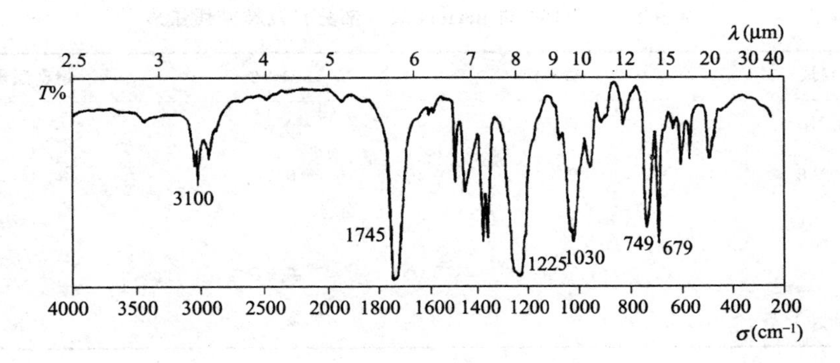

图 9-1　被测化合物的 IR 光谱图

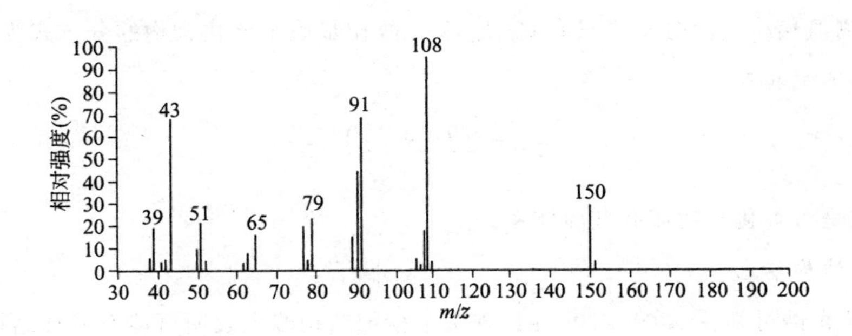

图 9-2　被测化合物的 MS 谱图

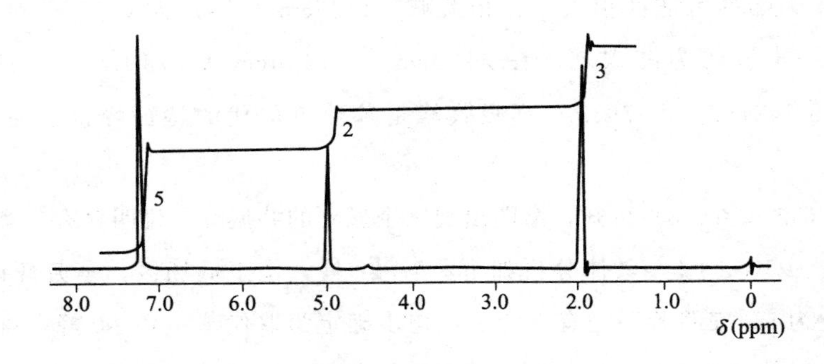

图 9-3　被测化合物的¹H-NMR 谱图

解：

(1) 确定分子式

① 精密质量法：由高分辨质谱测得该未知物分子离子峰的精密质量（m/z）为 150.0680，查精密质量表（表 9-1），得其分子式为 $C_9H_{10}O_2$。

② 同位素强度比法：可采用同位素相对强度比法，由 M＋1 峰，M＋2 峰，与 M^+ 峰相对丰度比估计分子式：

则：(M＋1)/M＝2.84/28.7＝9.89％；(M＋2)/M＝0.26/28.7＝0.9％

由于 ^{13}C 的丰度为 1.09％，则 9.89/1.09＝9，所以分子式中含有 9 个 C 原子。

查 Beynon 表，M＝150，(M＋1) 峰接近 9.9％的分子式共有 5 个，见表 9-1。

NOTE

表 9-1　*m/z*150 的 Beynon 表（部分）及精密质量表

元素组成	M+1	M+2	精密质量（*m/z*）
$C_7H_{10}N_{14}$	9.25	0.38	150.0907
$C_8H_8NO_2$	9.23	0.78	150.0555
$C_8H_{10}N_2O$	9.61	0.61	150.0794
$C_9H_{10}O_2$	9.96	0.84	150.0681
$C_9H_{12}NO$	10.34	0.68	150.0919

由于分子量为偶数，根据 N 规律，上式中含有奇数个 N 的分子式可以排除，其中（M+2）峰亦与实测值相接近的分子式只有 $C_9H_{10}O_2$，故初步确定该化合物的分子式为 $C_9H_{10}O_2$。

（2）计算不饱和度

$$\Omega=\frac{2\times9+2-10}{2}=5$$

表明可能是芳香化合物或有共轭体系。

（3）确定结构单元

① 由 UV 光谱可知在 230～270nm 出现 7 个精细结构峰，表明可能有苯环结构。

② 由 IR 光谱（图 9-1）可见，特征区第一强峰 $1745cm^{-1}$（s）为羰基峰（$\nu_{C=O}$）；其伸缩振动频率较高，为酯的可能性很大，查相关峰，$1225cm^{-1}$（s）为 $\nu_{as(C-O-C)}$ 峰，$1030cm^{-1}$ 为 $\nu_{s(C-O-C)}$ 峰，进一步说明为酯羰基；在 $3100cm^{-1}$、$1450cm^{-1}$、$749cm^{-1}$、$679cm^{-1}$ 为苯环特征吸收峰，而 $749cm^{-1}$、$679cm^{-1}$ 强吸收峰是苯环单取代的特征峰，说明该未知物可能有苯环。

③ ^{1}H-NMR 谱（图 9-3）可知，谱图出现三个孤立的共振峰，说明含有三类不同质子，其积分曲线高度比为 5∶2∶3，具体分析如下：δ7.22 峰，位于低场区，是芳环谱峰出现区域，积分曲线高度比为 5，表明芳环上有 5 个氢，初步确定为取代苯；δ5.00 峰，含有 2 个氢，应为亚甲基，但由于其出现在低场区，显示其可能与苯环相连或同时与其他电负性基团相连接；δ1.96 峰，含有 3 个氢，表明为甲基。

综合上述信息，表明分子结构中含有如下结构单元：—C═O、—CH_2—、—CH_3 及单取代苯环。

（4）考察剩余结构单元，确定结构：用分子式减去已知结构单元，即可得到剩余结构单元。表明氧原子以酯的形式存在于结构式中。

综上，以单取代苯为母核，将已知结构单元与剩余基团相连接，即可初步确定该化合物可能是乙酸苄酯，结构式为：

$$C_6H_5-CH_2-O-\overset{\overset{\displaystyle O}{\|}}{C}-CH_3$$

（5）验证

① 不饱和度：乙酸苄酯的不饱和度为 5，与计算相符。

NOTE

② MS 谱：如图 9-2，*m/z* 150 为分子离子，*m/z* 91 为䓬鎓离子，*m/z* 43 为 CH_3CO^+，

由于䓬𬭩离子的存在，可证明苄基的存在；m/z 43 是—$COCH_3$ 的特征峰，由质谱亦证明该未知物为乙酸苄酯。

③ 标准光谱对照：未知物的 IR、^{1}H-NMR 分别与 Sadtler167K（IR）及 10222M（^{1}H-NMR）一致，证明所提出的结构式是合理的。

例 9-2 某有色液体化合物，bp144℃，已知 UV 光谱 λ_{max}^{EtOH} 275nm 处有一弱吸收，ε_{max} 为 12，其他各波谱图（图 9-4～图 9-7）及数据如下，试推测其结构。

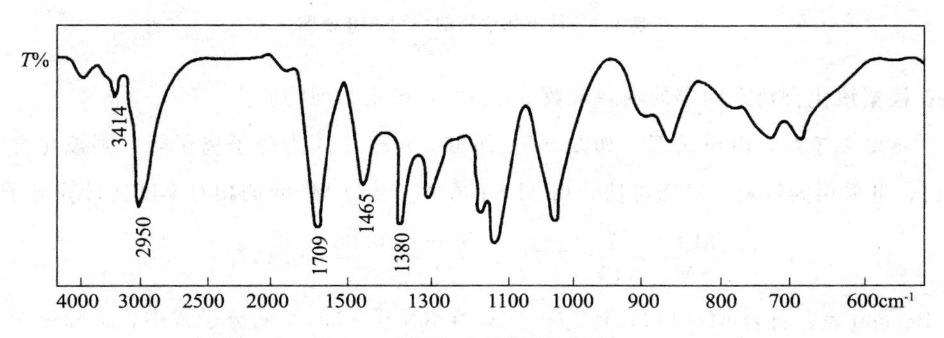

图 9-4　被测化合物的 IR 光谱图

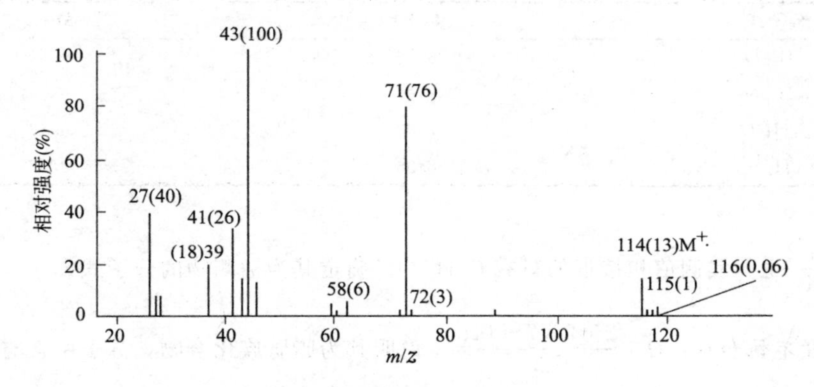

图 9-5　被测化合物的 MS 谱图

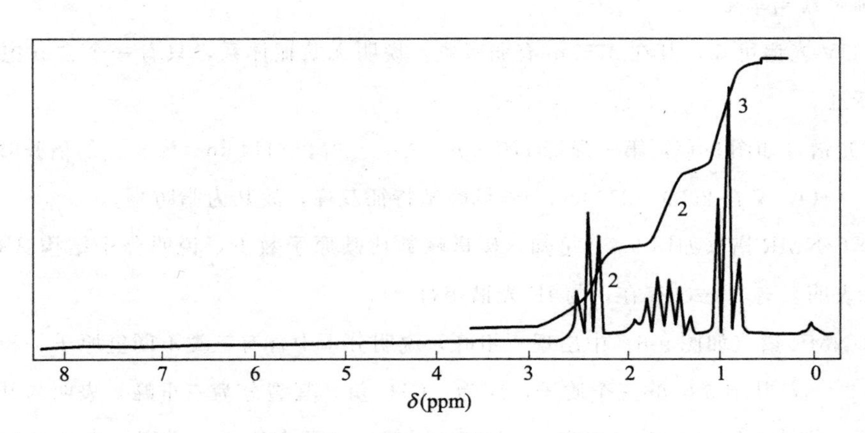

图 9-6　被测化合物的^{1}H-NMR 谱图

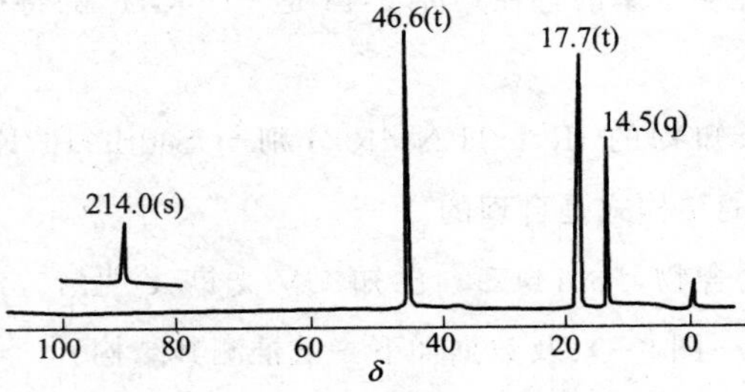

图 9-7　被测化合物的^{13}C-NMR 谱图

解：根据该化合物有固定的物理常数 bp144℃，确定为纯物质。

(1) 确定分子式：由质谱图（如图 9-5）可知，m/z 114 为分子离子峰，则该化合物分子量为 114，可采用同位素相对强度法，由 M＋1 或 M＋2 与 M^+ 峰的相对丰度比计算分子式：

$$\frac{M+1}{M}=\frac{1}{13}=7.7\%,\quad \frac{M+2}{M}=\frac{0.06}{12}=0.46\%$$

查 Beynon 表，符合 $M=114$，且 $M+1/M$ 在 6.7%～8.4%的分子式中，去除三个含奇数氮原子的，剩余 4 个分子式，即：

分子式	M＋1	M＋2
$C_6H_{10}O_2$	6.72	0.59
$C_6H_{14}N_2$	7.47	0.24
$C_7H_{14}O$	7.83	0.47
$C_7H_2N_2$	8.36	0.37

其中$\frac{M+2}{M}$也与实测值相接近的只有 $C_7H_{14}O$。确定其为被测物的分子式。

(2) 计算不饱和度：$\Omega=\frac{2+2\times7-14}{2}=1$ 说明其为脂肪族化合物，分子中含有一个双键或环脂。

(3) 确定结构单元

① 由 UV 光谱可知，其在 275nm 有弱吸收，说明无共轭体系，只有一个含 n 电子发色团的 $n\rightarrow\pi^*$ 跃迁。

② IR 光谱（如图 9-4），第一强峰 1709cm^{-1}为 $\nu_{C=O}$峰，3414cm^{-1}为 $\nu_{C=O}$的倍频峰，说明结构式含有 C＝O，又在 2900～2700cm^{-1}未见醛基特征双峰，故其为脂肪酮。

③ 由^{13}C-NMR 谱（如图 9-7）可知，碳谱峰数比碳原子数少，说明分子结构具有对称性，$\delta_C=214.0$ 表明，有 C＝O 存在，与 IR 光谱相符。

④ ^{1}H-NMR 谱（如图 9-6）中出现三组峰，说明分子中含有三类不同氢原子，积分曲线高度比为 2∶2∶3，其中 δ 0.86三个质子，应为—CH_3 氢，其裂分为三重峰，表明与其相邻基团有两个质子，即为 CH_3—CH_2—结构；δ 2.37三重峰，含两个质子，说明与电负性较强基团相连，可能为—CH_2—CO—结构，裂分为三重峰，说明相邻碳上有两个质子，故结构应为—CH_2—CH_2—CO—；δ 1.37六重峰，含有两个质子，裂分为六重峰，表明相邻碳上有 5 个质子，即结构应为 CH_3—CH_2—CH_2—，又由峰位的化学位移，说明基团距离强电负性基团较

NOTE

近，可推测有如下结构：$CH_3—CH_2—CH_2—CO—$。

（4）考察剩余结构单元，确定结构：从分子式减去已知结构单元得剩余式：$C_7H_{14}O—$或$C_4H_7O═C_3H_7$（$\Omega=0$），其结构只能为正丙基$CH_3—CH_2—CH_2—$或异丙基$CH_3—\overset{|}{C}H—CH_3$，而剩余式中的7个质子应与已知结构单元$CH_3—CH_2—CH_2—$中的7个氢具有相同的化学环境，同时14个氢在^{1}H-NMR中给出三种质子类型，故只可能是对称结构，排除异丙基的可能，这样将已知结构单元与剩余式连接，初步确定该化合物结构式为：

$$CH_3—CH_2—CH_2—\underset{\underset{O}{\|}}{C}—CH_2—CH_2—CH_3$$

（5）验证结构：以质谱数据对结构进行验证，MS图中m/z 43，m/z 71峰是由脂肪酮的α裂解产生：

$$CH_3CH_2CH_2—\overset{\overset{+\bullet}{O}}{\overset{\|}{C}}—CH_2CH_2CH_3 \xrightarrow{\text{均裂}} \underset{m/z\ 71}{CH_3CH_2CH_2—\overset{\overset{O^+}{\|}}{C}} + \dot{C}H_2CH_2CH_3$$

$$CH_3CH_2CH_2—\overset{\overset{+\bullet}{O}}{\overset{\|}{C}}—CH_2CH_2CH_3 \xrightarrow{\text{异裂}} CH_3CH_2CH_2—\overset{\overset{O^\bullet}{\|}}{C} + \underset{m/z\ 43}{{}^+CH_2CH_2CH_3}$$

验证结果说明所提出的结构是合理的，该化合物为庚酮-4。

例9-3　某液体化合物，其IR、MS、^{1}H-NMR及^{13}C-NMR谱图分别如图9-8～图9-11所示，经确认，质谱中$m/z=149$为分子离子峰，M+1（150）峰和M+2（151）峰的相对强度之比分别为11.20%和0.62%，试推断该化合物的分子结构。

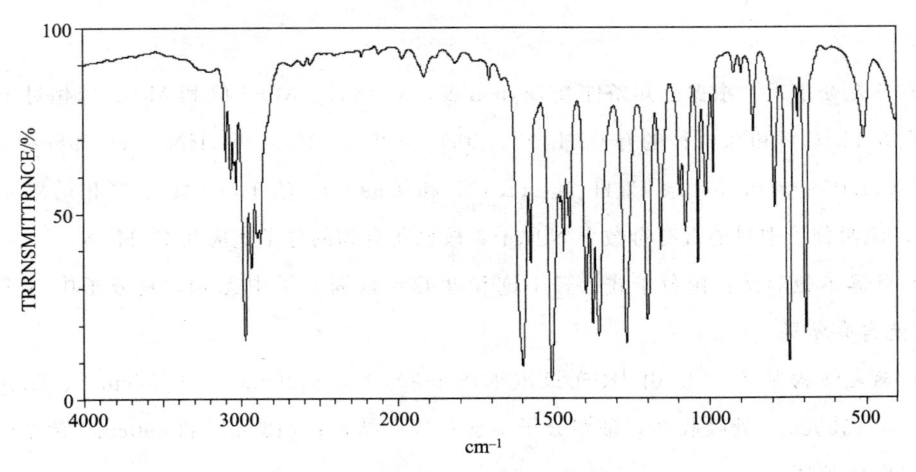

图9-8　被测化合物的IR光谱图

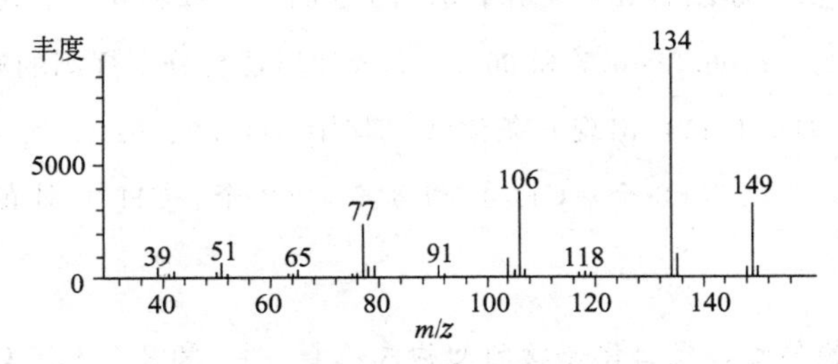

图9-9　被测化合物的MS谱图

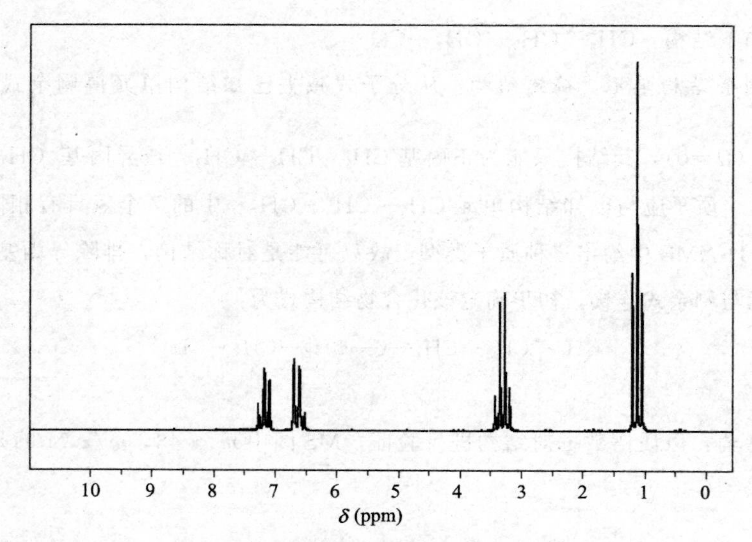

图 9-10　被测化合物的^{1}H-NMR 谱图

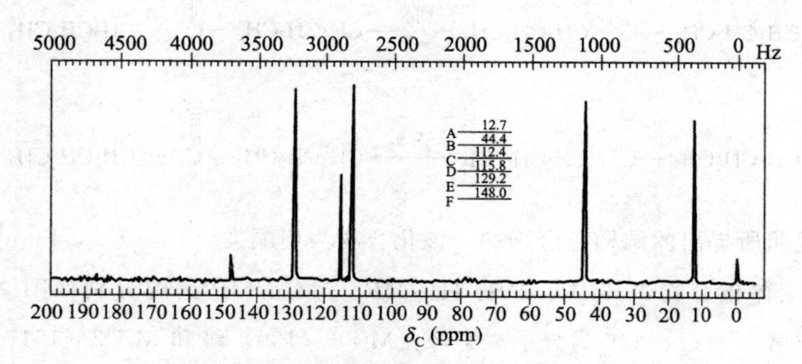

图 9-11 被测化合物的^{13}C-NMR 谱图（$CDCl_3$）

解：

（1）确定分子式：根据已知条件查 Beynon 表，M＝149，M＋1 峰和 M＋2 峰相对于 M 的丰度比分别为 11.30％和 0.62％的有 $C_9H_{13}N_2$（10.69％和 0.52％）、$C_{10}HN_2$（11.59％和 0.85％）、$C_{10}H_{13}O$（11.05％和 0.75％）、$C_{10}H_{15}N$（11.42％和 0.59％）、$C_{11}HO$（11.94％和 0.85％）。由于 M＝149，说明分子中只能含有奇数个 N 原子，故该化合物的分子式应为 $C_{10}H_{15}N$。

（2）计算不饱和度：由分子式计算不饱和度 $\Omega=4$(因分子中无 O，其分子中 N 只能为三价)，可能含有苯环。

（3）确定结构单元：① 由 IR 光谱（如图 9-8）中，3096cm^{-1}、3077cm^{-1}、3030cm^{-1} 和 1592cm^{-1}、1500cm^{-1} 处吸收峰，证明分子中含有苯环结构；742cm^{-1} 和 690cm^{-1} 两个强吸收峰证明为单取代苯环。

② 由^{1}H-NMR 图谱（如图 9-10）可知，δ1.10 处的三重峰和 δ3.27 处四重峰表明分子中含有 2 个相同的 CH_3CH_2—；δ6.3～6.7 和 δ6.8～7.3 处出现裂分不规则的峰属于苯环氢核。

③ ^{13}C-NMR 谱（如图 9-11）出现 6 条谱线，其中 δ115.8、δ112.4、δ129.2、δ148.0 处的 4 条谱线属于苯环碳，δ12.7（2 个—CH_3）和 δ44.4（2 个—CH_2）处的两条谱线属于 2 个 CH_3—CH_2—的碳核。

（4）考察剩余结构单元，提出化合物的结构式：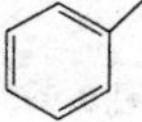 和 2 个 CH_3CH_2—用去 10 个 C 和

NOTE

15 个 H，多一个 N，因其为三价，故该化合物分子结构为

$C_6H_5-N(CH_2CH_3)_2$

（5）以质谱数据对结构进行验证

从以下开裂亦证明所提出的结构式。

$C_6H_5N(CH_2CH_3)_2^{+\cdot}$ (M=149) $\xrightarrow{-\dot{C}H_3}$ $C_6H_5N^+(=CH_2)CH_2CH_3$ (m/z=134) $\xrightarrow{-CH_2=CH_2}$ $C_6H_5N^+H(=CH_2)$ (m/z=106)

$C_6H_5N(CH_2CH_3)_2^{+\cdot}$ (M=149) $\xrightarrow{-N(C_2H_5)_2}$ $C_6H_5^+$ (m/z=77) $\xrightarrow{-CHCH-}$ $C_4H_3^+$ (m/z=51)

例 9-4　已知某化合物的分子式为 $C_{14}H_{14}$，熔点为 50℃～51℃。其溶液的 UV 光谱 λ_{max} = 242.4nm。测得该化合物的 IR、MS、^{1}H-NMR、全去耦共振碳谱及 DEPT 谱图如图 9-12～图 9-16 所示，试推测该化合物的结构。

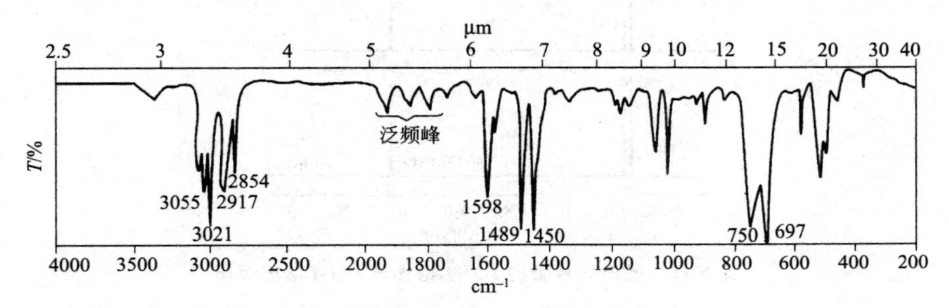

图 9-12　被测化合物的 IR 光谱图

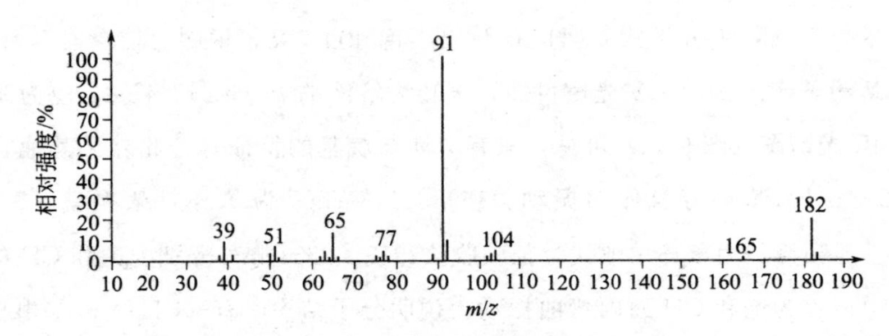

图 9-13　被测化合物的 MS 谱图

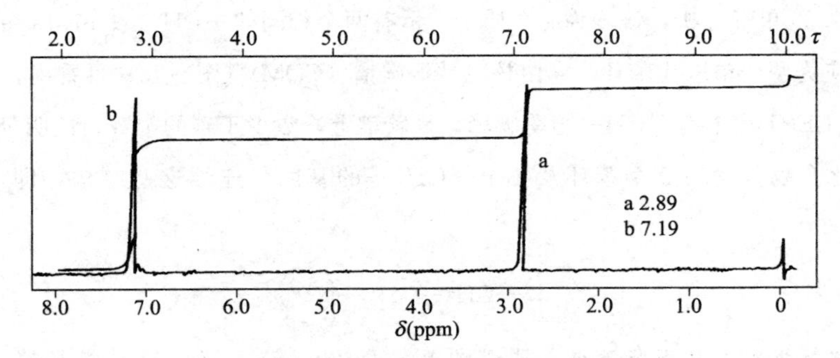

图 9-14　被测化合物的^{1}H-NMR 谱图

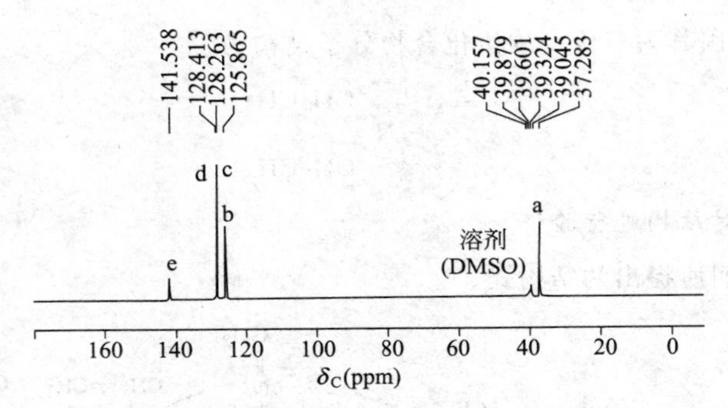

图 9-15 被测化合物的[13]C-NMR 谱图（COM 谱）

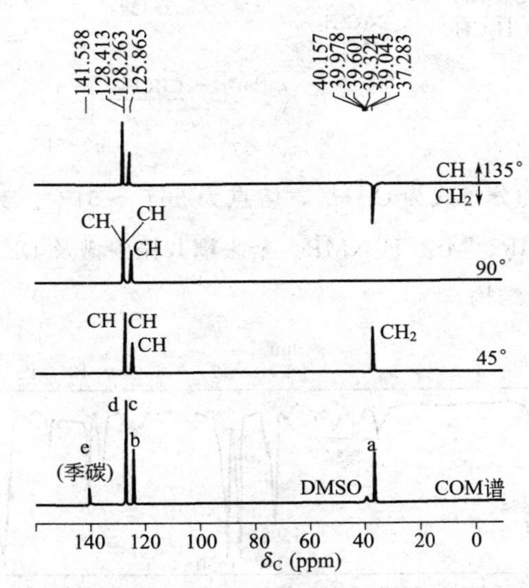

图 9-16 被测化合物的 DEPT 谱图与 COM 谱图对比

解：

（1）计算不饱和度：由分子式 $C_{14}H_{14}$ 计算出不饱和度为 8，说明可能含有苯环。

（2）确定结构单元：①由 UV 光谱可知，未知物溶液的 $\lambda_{max}=242.4nm$。应为苯环 B 带吸收所引起。②由 IR 光谱图（图 9-12）可见，只有苯环与烷基的特征峰，此外无其他官能团的特征峰。3055、3021cm^{-1}为苯环芳氢伸缩振动。1598、1489cm^{-1}为苯环骨架振动。750、697cm^{-1}，2000～1677cm^{-1}泛频峰，为苯环单取代特征吸收。2917、2854cm^{-1}分别为饱和 CH 的反称及对称伸缩振动。1450cm^{-1}为饱和 CH 面内弯曲振动。说明分子结构中有—CH_2—。③由核磁共振氢谱（图 9-14）可知，谱图中出现两类峰，说明分子中含有两类不同质子，积分曲线的高度表明其比值为 4∶10，对 δ 2.89 单峰分析，该峰为 4 个质子，示有两个相同的—CH_2—。δ7.19 单峰分析，该峰为 10 个质子，应为两个单取代苯环。④由核磁共振碳谱（COM）（图 9-15）可看出，分子中有 5 种不同类型的碳。DEPT 谱上有—CH—与季碳峰，且碳谱上峰数少于碳的个数，说明分子有对称性。

综上，该化合物只含有 2 个苯环及 2 个—CH_2—的基团。连结这些结构，即可确定该化合物为：

$$C_6H_5—CH_2—CH_2—C_6H_5$$

（3）以质谱数据对结构进行验证：质谱图上 m/z 39、51、77 为苯环特征峰，m/z91 为苄基特征峰；m/z182 为 m/z91 的 2 倍，而且是分子离子峰，验证结果说明所测结构是正确的。

NOTE

习　题

1. 已知某未知物为纯物质，分子式为 $C_{10}H_{10}O$，分子量是 146.19。试根据其红外吸收光谱、质谱、核磁共振氢谱图（图 9-17～图 9-19），确定该未知物的分子结构。

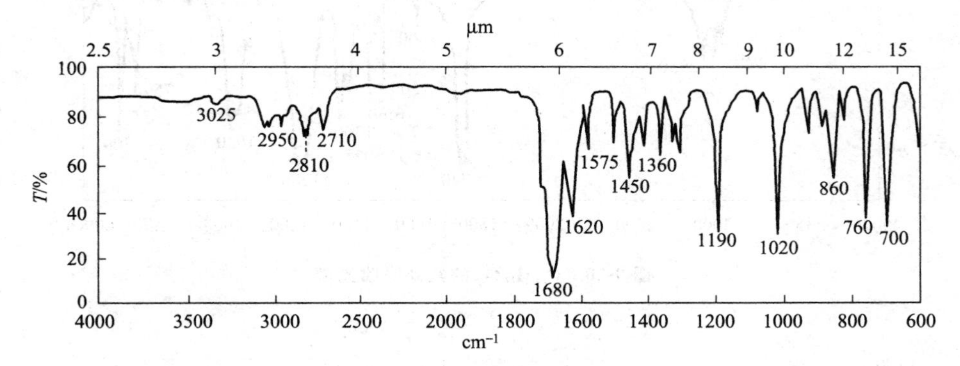

图 9-17　$C_{10}H_{10}O$ 的红外吸收光谱

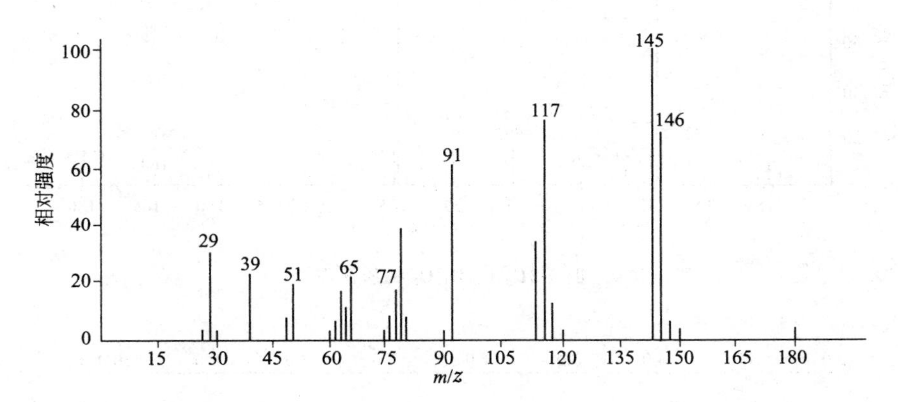

图 9-18　$C_{10}H_{10}O$ 的质谱图

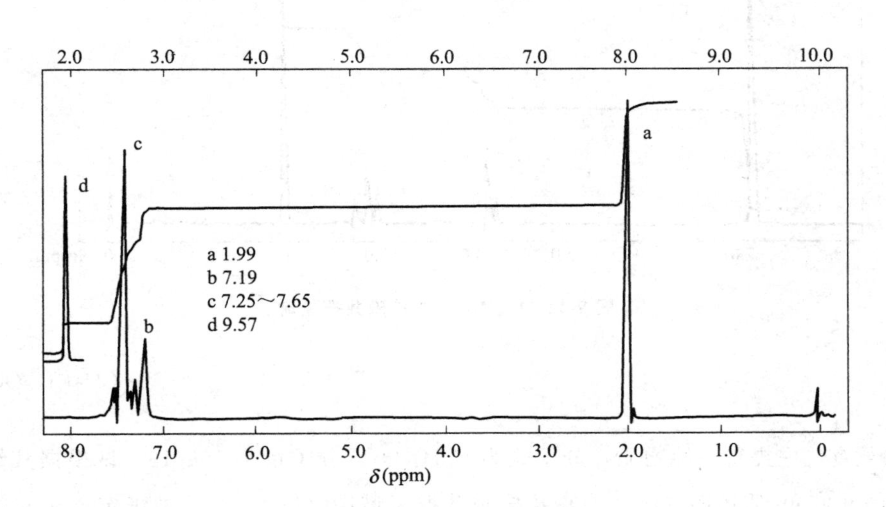

图 9-19　$C_{10}H_{10}O$ 的核磁共振氢谱

（α-甲基肉桂醛 H CHO CH₃ ）

2. 已知某未知化合物为纯物质，分子式为 $C_{10}H_{12}O_2$，分子量是 164.21。试根据其红外光谱、质谱、核磁共振氢谱（如图 9-20～图 9-22）推断其结构。

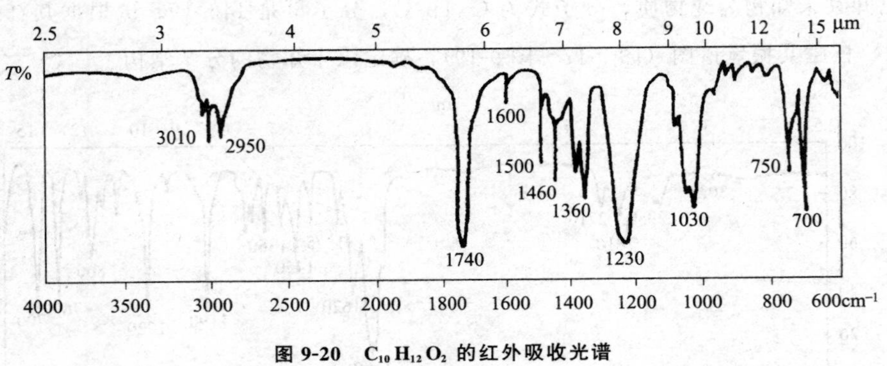

图 9-20　$C_{10}H_{12}O_2$ 的红外吸收光谱

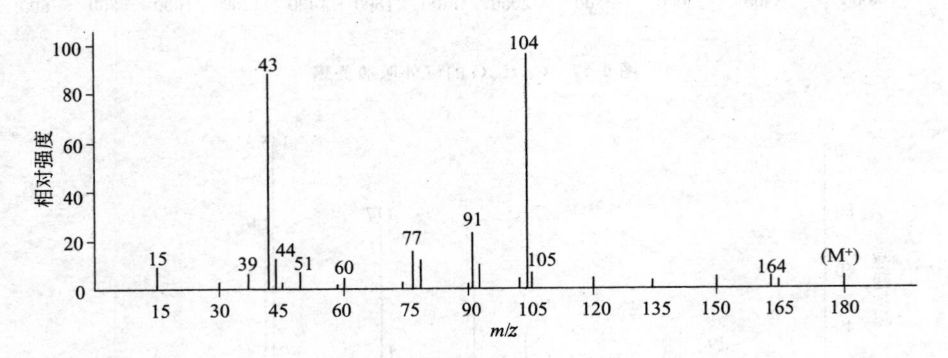

图 9-21　$C_{10}H_{12}O_2$ 的质谱图

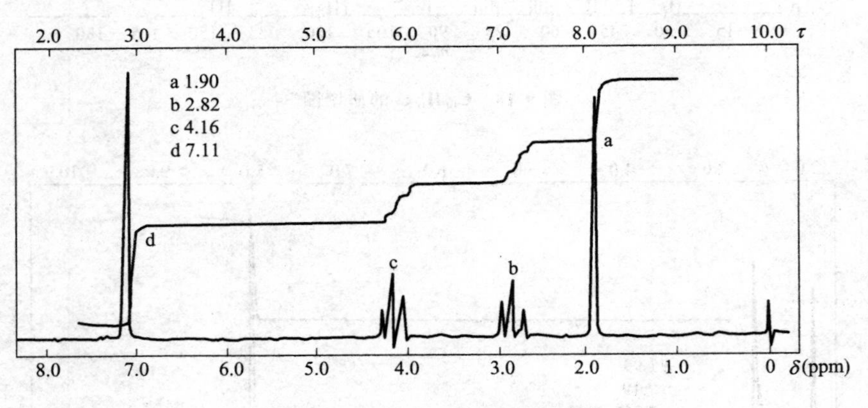

图 9-22　$C_{10}H_{12}O_2$ 的核磁共振氢谱

（ C_6H_5—$CH_2CH_2OCOCH_3$ ）

3. 从苦杏仁中提得一纯物质，分子式为 $C_9H_{10}O_3$，分子量是 166.18。试根据其红外吸收光谱图（图 9-23）、质谱图（图 9-24）及核磁共振氢谱图（图 9-25），试确定该未知物的分子结构。

NOTE

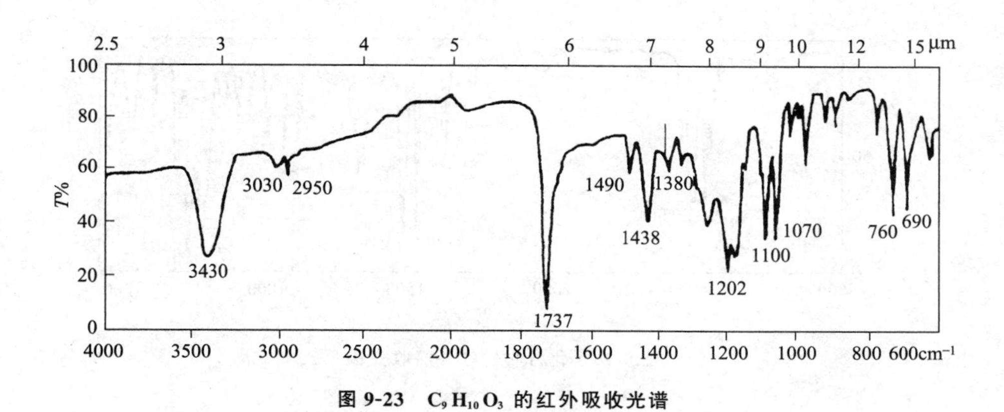

图 9-23　$C_9H_{10}O_3$ 的红外吸收光谱

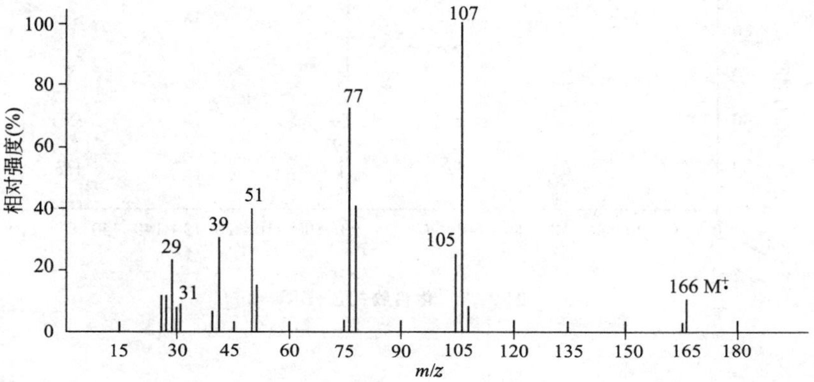

图 9-24　$C_9H_{10}O_3$ 的质谱

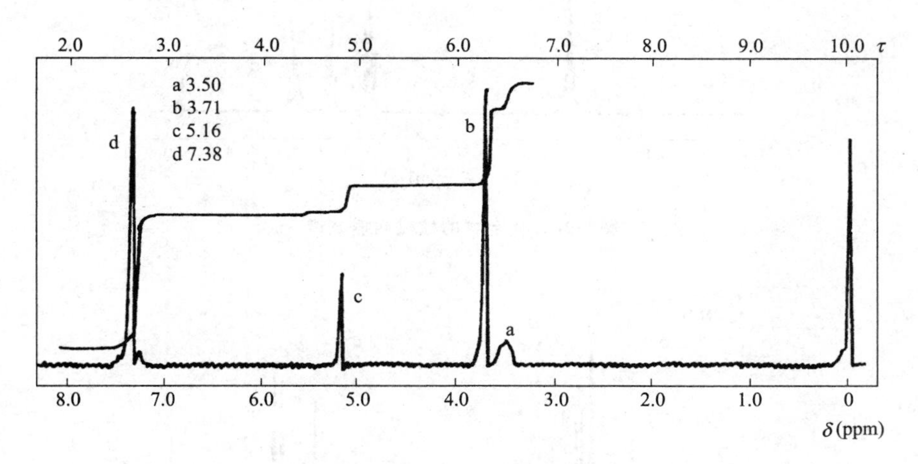

图 9-25　$C_9H_{10}O_3$ 的核磁共振氢谱

［C_6H_5—CH（OH）—$COOCH_3$］

4. 某一纯化合物（M＝154），经元素分析测得 C＝70.13%，H＝7.14%，Cl＝22.72%，测得其 UV 光谱 λ_{max}在 258nm 有一吸收峰，其他波谱信息如图 9-26～图 9-29，试推测其结构。

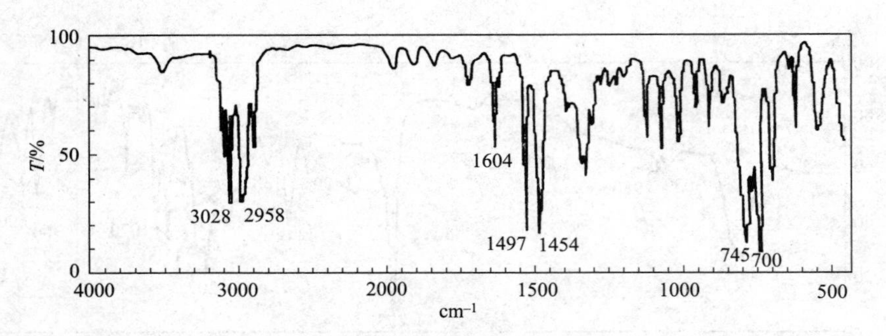

图 9-26 化合物的红外吸收光谱

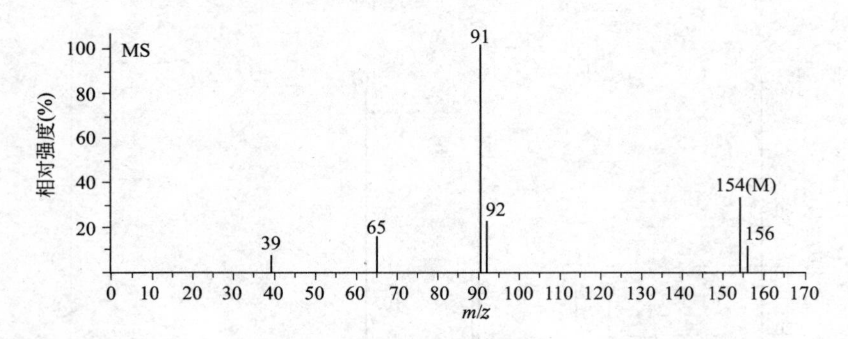

图 9-27 化合物的质谱图

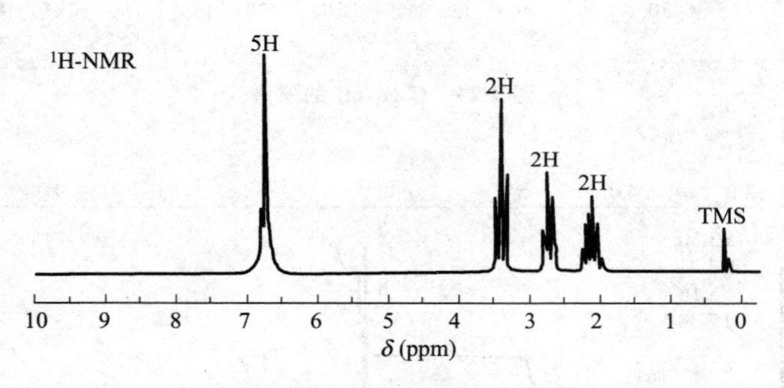

图 9-28 化合物的核磁共振氢谱

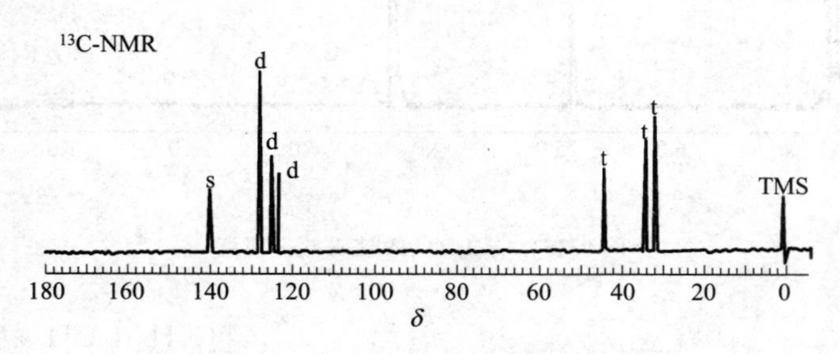

图 9-29 化合物的核磁共振碳谱

（C_6H_5—CH_2—CH_2—CH_2—Cl）

NOTE

5. 某纯化合物（$M=107$）的各波谱图（图 9-30～图 9-33）及数据如下，试推测其结构。

（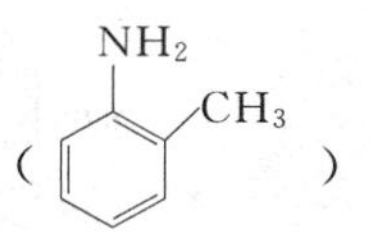）

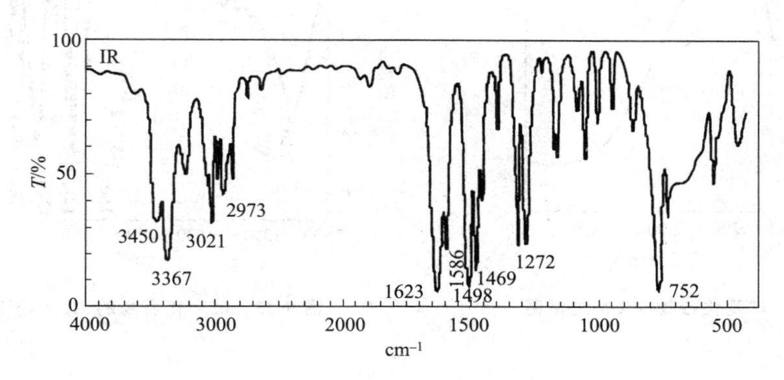

图 9-30　化合物的红外吸收光谱

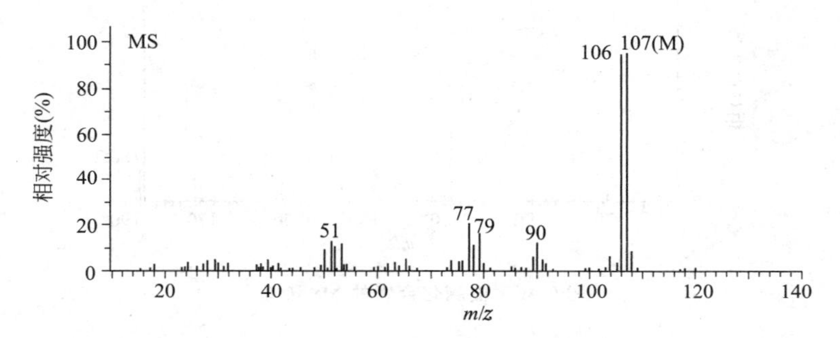

图 9-31　化合物的质谱图

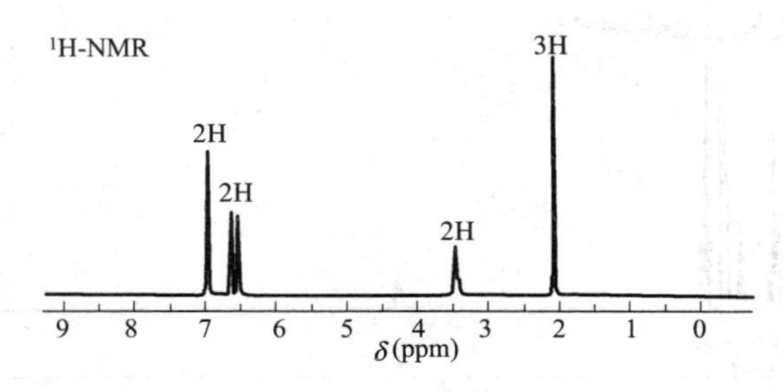

图 9-32　化合物的核磁共振氢谱

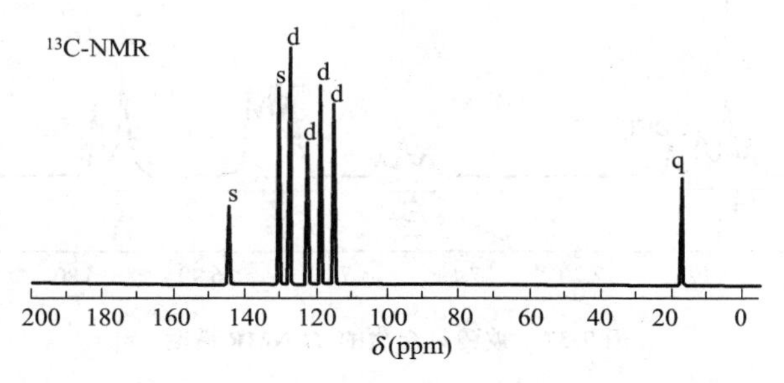

图 9-33　化合物的核磁共振碳谱

NOTE

6. 实验中得到某一低毒的昆虫生长调节剂中间体，测得其分子式为 $C_{12}H_{10}O_2$，各波谱如图 9-34～图 9-38 所示，试推测其化学结构。

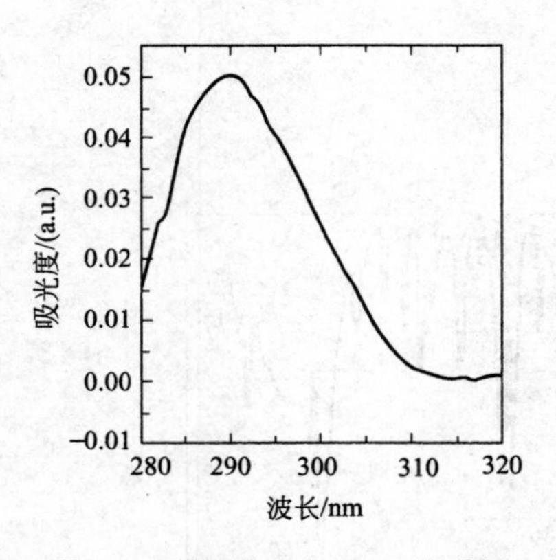

图 9-34　被测化合物的 UV 光谱图

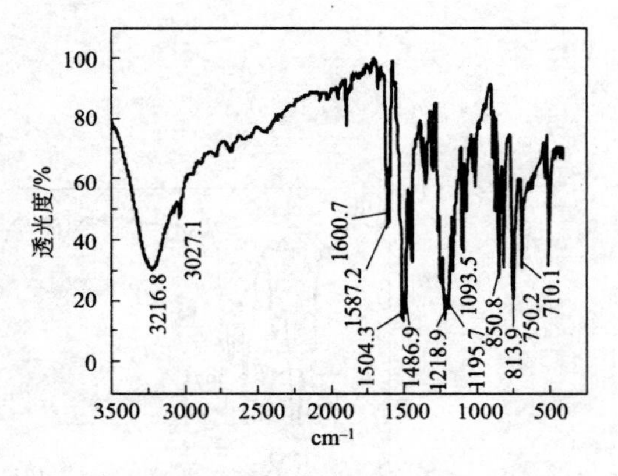

图 9-35　被测化合物的 IR 光谱图

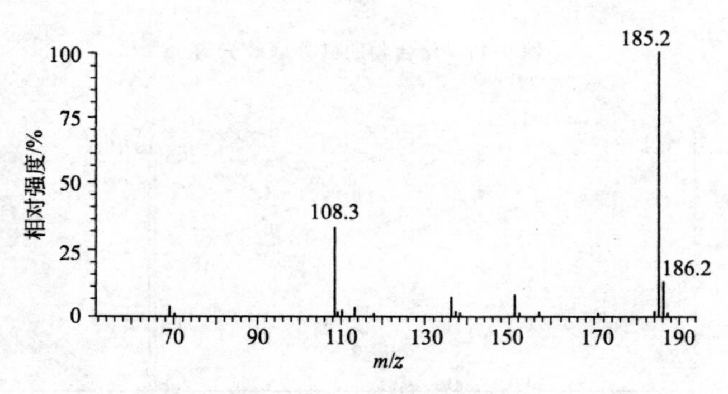

图 9-36　被测化合物的 MS 谱图

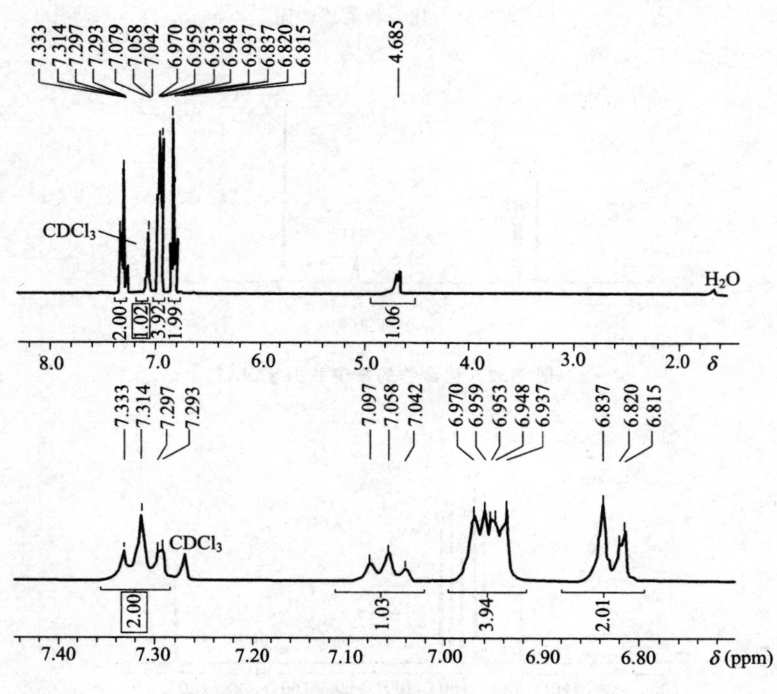

图 9-37　被测化合物的[1] H-NMR 谱图

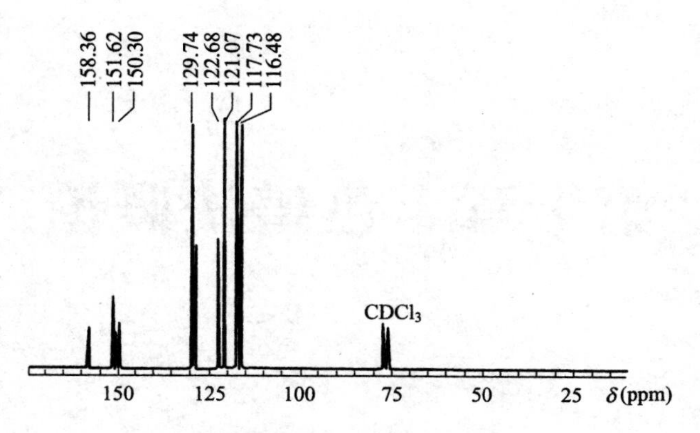

图 9-38　被测化合物的 ^{13}C-NMR 谱图

a b　c d

[(HO—⟨ ⟩—O)—⟨ ⟩e]

NOTE

第十章　色谱法概论

第一节　概　述

色谱法（chromatography）是一种物理或物理化学分离分析方法，与蒸馏、重结晶、溶剂萃取及沉淀法一样也是一种分离技术，特别适宜于分离多组分的试样，是各种分离技术中效率很高和应用最广的一种方法。它是利用各物质在两相中具有不同的分配系数，当两相作相对运动时，这些物质在两相中进行多次反复的分配来达到分离的目的。

一、色谱法的起源和发展

色谱法创始于20世纪初，俄国植物学家M. Tswett于1906年首次提出色谱法。他把植物绿叶的色素混合液加在一根装有碳酸钙颗粒的玻璃长管上端，然后加入石油醚自上而下流过，在石油醚不断冲洗下，色素混合液向下移动，由于色素中各组分与碳酸钙作用力大小不同，逐渐形成了不同颜色的清晰谱带，“色谱”一词由此得名，因此称这种方法为色谱法。以后此法逐渐用于无色物质的分离，“色谱”二字已失去原来的含义，但仍被人们沿用至今。

1940年，英国科学家Martin和Synge提出了液-液分配色谱法（liquid-liqiuid pration chromatography，LLC），即固定相是吸附在硅胶上的水，流动相为某种液体。1941年Martin和Synge提出了用气体作流动相的可能性，11年后James和Martin发表了从理论到实践比较完整的气-液色谱方法（gas-liquid chromatography），即气相色谱法。在此基础上1957年Golay开创了开管柱气相色谱法（open-tubular column gas chromatography），即毛细管柱气相色谱法（capillary column gas chromatography）。从此以后，气相色谱技术才得以广泛应用。到了20世纪60年代，随着人们在气相色谱方面知识的积累，并制作出多种高效微粒填充剂，并与高压输液泵及光学检测器相结合，出现了高效液相色谱法（high performance liquid chromatography，HPLC），大大提高了液相色谱的分离效力，加快了液相色谱的分析速度。20世纪80年代初毛细管柱应用于超临界流体色谱技术中，超临界流体色谱（supercritical fluid chromatography，SFC）兼有气相色谱和液相色谱的优点，目前已成为填补二者之间空白的主要手段。80年代末发展起来的毛细管电泳（capillary electrophoresis，CE），结合了毛细管色谱技术及色谱微量检测方法，解决了DNA及其片断、蛋白质及多肽等一般色谱技术难以解决的分离分析问题。

色谱技术与质谱、光谱检测联用及与计算机、信息理论结合，将大大提高色谱的分析能力。其中发展最早、应用最广的是色谱-质谱（MS）联用仪器。GC-MS、HPLC-MS已成为有

NOTE

关化学、药学等实验室常规分析方法。此外，色谱-傅里叶变换红外光谱（FTIR）、色谱-核磁共振波谱（NMR）、色谱-发射光谱（EM）联用仪也有应用。

目前，气相色谱与液相色谱的发展并驾齐驱、相辅相成，各有其应用的领域，事实上，这些色谱方法已经成了化学家分离分析复杂混合物不可缺少的手段。

二、色谱法的分类

色谱法的分类可有多种不同的方法。

（一）按两相状态分类

以流动相状态分类，用气体作为流动相的色谱法称为气相色谱法（GC），用液体作为流动相的色谱法称为液相色谱法（LC），以超临界流体作为流动相的色谱法称为超临界流体色谱法（SFC）。按固定相的状态不同，气相色谱又可分为气-固色谱法（GSC）和气-液色谱法（GLC）；液相色谱法也可分为液-固色谱法（LSC）和液-液色谱法（LLC）。

（二）按分离机理分类

1. 吸附色谱法（adsorption chromatography） 利用组分在吸附剂（固定相）上的吸附能力强弱不同而得以分离的方法。

2. 分配色谱法（partition chromatography） 利用组分在固定液（固定相）中溶解度（或分配系数）不同而达到分离的方法。

3. 离子交换色谱法（ion exchange chromatography） 利用组分在离子交换剂（固定相）上的亲和力大小不同而达到分离的方法。

4. 尺寸排阻色谱法（size exclusion chromatography） 利用大小不同的分子在多孔固定相中的选择渗透而达到分离的方法。

此外，还有亲和色谱法（affinity chromatography），是利用不同组分与固定相（固定化分子）的高专属性亲和力进行分离的方法。

（三）按操作形式分类

1. 柱色谱法（column chromatography） 将固定相装于柱管内的色谱法，称为柱色谱法。按色谱柱的特点可分为填充柱色谱和毛细管柱色谱。

2. 平面色谱法（plane chromatography）

（1）*纸色谱法*（paper chromatography）：以滤纸为载体，以纸纤维吸附的水分（或吸附的其他物质）为固定相，样品点在滤纸一端，用流动相展开进行分离的色谱方法。

（2）*薄层色谱法*（thin layer chromatography）：将固定相均匀地铺在平板（玻璃板或塑料板）上形成薄层，在此薄层上采用与纸色谱类似的操作进行分离的色谱方法。

（3）*薄膜色谱法*（thin film chromatography）：将分子固定相制成薄膜，采用与纸色谱类似的操作方法。

根据以上所述，色谱法的分类如下表：

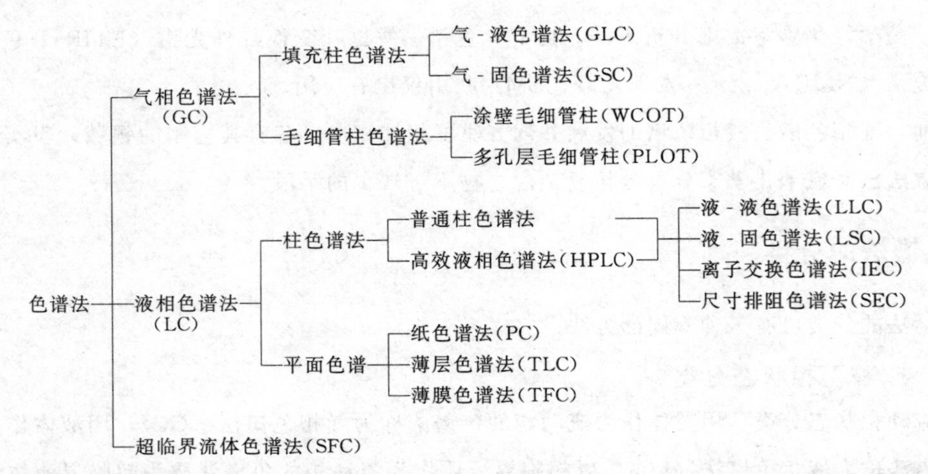

也有按使用仪器不同分为经典色谱法和现代色谱法，如 20 世纪 50 年代以后发展起来的气相色谱法、高效液相色谱法和超临界流体色谱法等都属于现代色谱法。

第二节　色谱过程及有关术语

一、色谱过程

色谱分离体系是由固定相和流动相两相组成，在色谱法中，将填入色谱柱内静止不动的一相（固体或液体）称为固定相（stationary phase），自上而下流动的一相（液体、气体或超临界流体）称为流动相（mobile phase），装有固定相的柱子称为色谱柱（chromatographic column）。以柱色谱为例，色谱过程中流动相以一定速度连续流经色谱柱，被分离试样注入色谱柱柱头，试样各组分在流动相和固定相之间进行连续多次分配，由于组分与固定相和流动相作用力的差别，在两相中分配系数不同。在固定相上溶解、吸着或吸附力大，即分配系数大的组分迁移速度慢，保留时间长，反之组分迁移速度快，保留时间短。结果是试样各组分同时进入色谱柱，而以不同速率在色谱柱内迁移，导致各组分在不同时间从色谱柱流出，实现组分分离。（图 10-1）

不同组分的差速迁移不同主要取决于组分与固定相作用力差异，与组分在两相中分配系数有关。分配系数的大小取决于组分、固定相、流动相三者之间作用力的差异。

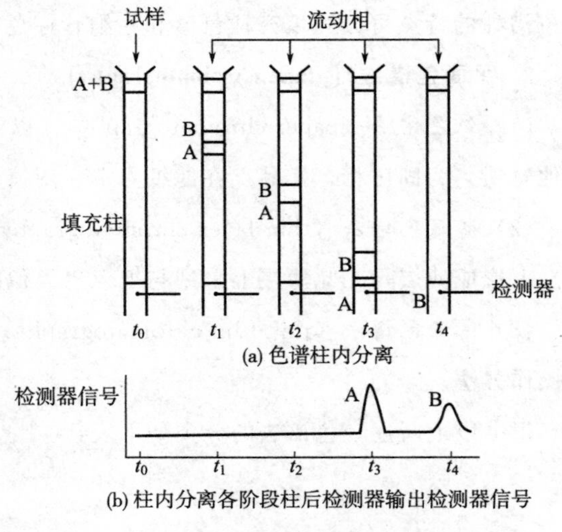

图 10-1　组分 A 和 B 混合物淋洗色谱分离

二、有关术语

（一）色谱图

在色谱法中，当试样加入后，各组分经色谱柱分离，先后流出色谱柱，由检测器得到的信号大小随时间变化形成的色谱流出曲线叫色谱图，也叫色谱流出曲线。如图 10-2 所示，曲线上突起部分就是色谱峰，一般色谱峰是一条高斯分布曲线。

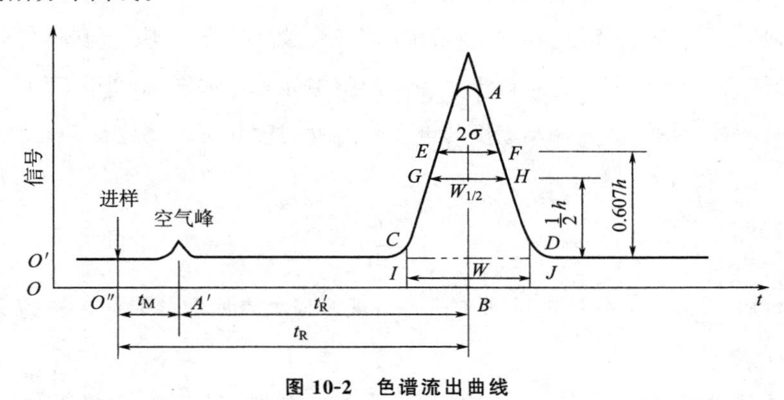

图 10-2 色谱流出曲线

（二）基线

当色谱柱没有组分通过，仅有流动相通过检测器时，仪器记录到的信号称为基线（base line）。它反映了随时间变化的检测器系统噪声，稳定的基线是一条平行于横轴的直线。

（三）峰高

色谱峰顶点与基线之间的垂直距离称为色谱峰高，用 h 表示。如图 10-2 中 BA 段。

（四）峰面积

色谱曲线与基线间包围的面积，用 A 表示。可作为色谱法中定量的依据。

（五）色谱峰区域宽度

色谱峰宽有三种表示方法。

1. 标准偏差（σ） 即 0.607 倍峰高处色谱峰宽度的一半，如图 10-2 中 EF 距离的一半。

2. 半峰宽（$W_{1/2}$） 即峰高一半处对应的宽度，如 10-2 中 GH 间的距离，它与标准偏差的关系为

$$W_{1/2}=2\sigma\sqrt{2\ln 2}=2.355\sigma \qquad (10\text{-}1)$$

3. 基线宽度（W） 即色谱峰两侧拐点上切线在基线上截距间的距离。如图 10-2 中 IJ 距离，它与标准偏差和半峰宽的关系是：

$$W=4\sigma=1.699W_{1/2} \qquad (10\text{-}2)$$

（六）拖尾因子

拖尾因子（tailing factor）又叫对称因子（symmetry factor），用于衡量色谱峰的对称性。拖尾因子的计算公式为：

$$T=\frac{W_{0.05h}}{2d_1} \qquad (10\text{-}3)$$

式中，$W_{0.05h}$ 为 0.05 峰高处的峰宽；d_1 为峰极大至峰前沿之间的距离。T 应在 0.95～1.05 之间，此时色谱峰为对称峰，见图 10-3。

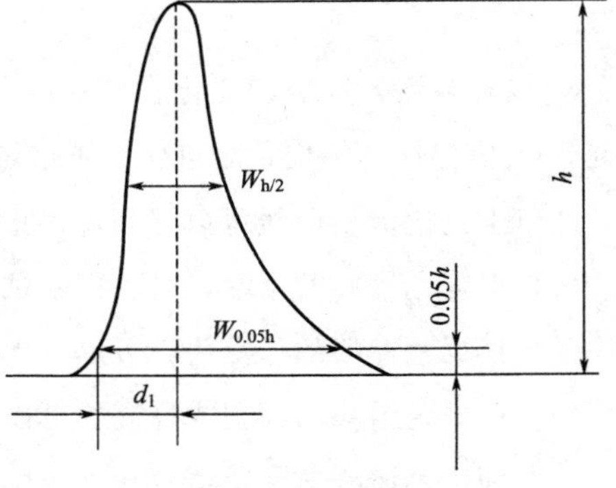

图 10-3 拖尾因子计算示意图

（七）保留值

保留值为试样中各组分在色谱柱中滞留时间的数值，常用时间或将组分带出色谱柱所需流动相的体积来表示。

1. 保留时间

（1）死时间（t_M）：不被固定相吸附或溶解的组分（如空气、甲烷），从进样开始到出现峰极大值所需的时间称为死时间，它正比于色谱柱的空隙体积，如图 10-2 中 $O''A'$。因为这种物质不被固定相吸附或溶解，故其流动速度与流动相流动速度相近。测定流动相平均线速 u 时，可用柱长 L 与 t_M 比值计算，即：

$$u=\frac{L}{t_M} \tag{10-4}$$

（2）保留时间（t_R）：组分从进样到在柱后出现峰极大点所需的时间，称为保留时间，如图 10-2 中 $O''B$。

（3）调整保留时间（t'_R）：某组分的保留时间扣除死时间后，称为该组分的调整保留时间，即

$$t'_R=t_R-t_M \tag{10-5}$$

由于组分在色谱柱中的保留时间 t_R 包含了组分随流动相通过柱子所需的时间和组分在固定相中滞留所需的时间，所以 t'_R实际上是组分在固定相中保留的时间。

保留时间是色谱法定性的基本依据，但同一组分的保留时间常受到流动相流速的影响，因此有时用保留体积来表示保留值。

2. 保留体积

（1）死体积（V_M）：死体积指色谱柱内固定相颗粒间所剩余的空间、色谱仪中管路和连接头间的空间及检测器的空间的总和。当后两项很小可忽略不计时，死体积可由死时间与流动相的流速 F_C（mL/min）计算，即

$$V_M=t_M\cdot F_C \tag{10-6}$$

（2）保留体积（V_R）：指从进样到被测物质在柱后出现浓度极大点所通过的流动相体积。保留体积与保留时间的关系

$$V_R=t_R\cdot F_C \tag{10-7}$$

（3）调整保留体积（V'_R）：某组分的保留体积扣除死体积后，称该组分的调整保留体积。

$$V'_R=V_R-V_M=t'_R\cdot F_C \tag{10-8}$$

3. 相对保留值（$r_{i,s}$） 某一组分 i 的调整保留值与标准物 s 的调整保留值之比，称为组分 i 对标准物 s 的相对保留值 $r_{i,s}$。

$$r_{i,s}=\frac{t'_{Ri}}{t'_{RS}}=\frac{V'_{Ri}}{V'_{Rs}}=\frac{K_i}{K_s} \tag{10-9}$$

$r_{i,s}$仅随柱温及固定相变化。当柱温、固定相不变时，即使柱径、柱长、流动相流速有所改变，$r_{i,s}$值仍保持不变，故可作为色谱定性分析的参数。

从以上色谱流出曲线可以得到许多重要信息：

（1）根据色谱峰的个数，可以判断试样中所含组分的最少个数。

（2）根据色谱峰的保留值，可以对组分进行定性分析。

（3）根据色谱峰的面积或峰高，可以对组分进行定量分析。

（4）利用色谱峰的保留值及区域宽度，可评价柱效。

（5）根据色谱峰间的距离，可评价色谱条件的选择是否合理。

第三节 色谱法基本理论

一、分配系数和保留因子与保留时间的关系

（一）分配系数(K)

组分在固定相和流动相之间发生的吸附、脱附和溶解、挥发的过程，叫做分配过程。色谱分离是基于组分在两相中的分配情况不同，可用分配系数（partition coefficient）描述。分配系数是在一定温度和压力下，组分在固定相和流动相中平衡浓度的比值，用 K 表示：

$$K=\frac{C_s}{C_m} \tag{10-10}$$

式中，C_s 为组分在固定相中的浓度（g/mL），C_m 为组分在流动相中的浓度（g/mL）。

分配系数是由组分、固定相和流动相的热力学性质决定的，它是每一个组分的特征值。它与两相性质和温度有关，与两相体积、柱管特性及所使用仪器无关。同一条件下，如两组分的 K 值相等，则色谱峰重合。若两组分 K 值不同，则 K 小的组分在流动相中浓度大，先流出色谱柱；反之，则后流出色谱柱。

（二）保留因子（k）

保留因子（retention factor）定义为溶质分布在固定相和流动相的分子数或物质的量之比，表示在一定温度和压力下，两相平衡时，组分在两相中的质量比，用 k 表示，过去称容量因子或分配比。

$$k=\frac{m_s}{m_m} \tag{10-11}$$

式中，m_s 为组分在固定相中的质量，m_m 为组分在流动相中的质量。分配系数与保留因子的关系式如下：

$$k=\frac{C_s \cdot V_s}{C_M \cdot V_M}=K \cdot \frac{V_s}{V_m}=\frac{m_s}{m_m} \tag{10-12}$$

$$K=k \cdot \frac{V_m}{V_s}=k \cdot \beta \tag{10-13}$$

式中，V_s 为固定相的体积，V_m 为流动相的体积，β 称为相比率，它是反映各种色谱柱柱型特点的一个参数。例如对填充柱，其 β 值一般为 6～35；对毛细管柱，其 β 值一般为 60～600。

不难理解，组分在两相中的质量比（k）应等于组分在固定相中停留的时间与在流动相中的停留时间之比，即：

$$k=\frac{t_R-t_M}{t_M}=\frac{t_R'}{t_M} \tag{10-14}$$

可见 k 数值可据上式直接由色谱图数据求得。从式(10-14）还可得到：

$$t_R=t_M(1+k) \tag{10-15}$$

式(10-15）表示保留时间与保留因子的关系。可见，组分的保留因子越大，则保留时间越长。

二、保留因子与保留比的关系

对于真正的动态平衡来说，一个样品分子在流动相中出现的几率，即在流动相中停留的时间分数，称为保留比，以 R' 表示。对于大量分子而言，它与存在于流动相中质量数的分数有关。则：

$$R'=\frac{\text{溶质在流动相中分子数}}{\text{溶质分子总数}}$$

当 $R'=1$ 时，溶质全部随流动相前移，不能进入固定相，不被保留；当 $R'=0$ 时，溶质全部在固定相，不随流动相前移。可见 R' 在 0～1 之间，它可以衡量溶质被保留的情况，所以又称保留比（R'）。

$$R'=\frac{C_m V_m}{C_m V_m+C_s V_s}=\frac{V_m}{V_m+\dfrac{C_s}{C_m}V_s}$$

$$=\frac{1}{1+K\dfrac{V_s}{V_m}}=\frac{1}{1+k} \qquad (10\text{-}16)$$

由式（10-15）和（10-16）得：

$$t_R=\frac{t_M}{R'}=t_M(1+k) \qquad (10\text{-}17)$$

此式说明在给定的条件下，保留因子（k）越大，或保留比（R'）越小，溶质的保留时间（t_R）越长。

三、色谱分离的前提条件

设组分 A 与 B 的混合物通过色谱柱，若使二者能被分离，则它们的迁移速度必须不同，即保留时间不等。根据式（10-17）有：

$$t_{R_A}=t_M\left(1+K_A\frac{V_s}{V_m}\right)$$

$$t_{R_B}=t_M\left(1+K_B\frac{V_s}{V_m}\right)$$

两式相减得：

$$\Delta t_R=t_{R_A}-t_{R_B}=t_M(K_A-K_B)\frac{V_s}{V_m}$$

由上式可见，若使 $\Delta t_R\neq 0$，必须使 $K_A\neq K_B$，即分配系数不等是色谱分离的前提。用容量因子表示则为容量因子不等是色谱分离条件的前提。即只有 $k_A\neq k_B$，才有：

$$\Delta t_R=t_M(k_A-k_B)\neq 0$$

四、塔板理论

（一）基本假设

塔板理论是把色谱柱假想成一个精馏塔，由许多塔板组成，在每个塔板上，组分在两相间瞬时达成一次分配平衡。经过多次分配平衡后，各组分由于分配系数不同而得以分离。分配系数小的组分先到达塔顶（相当于先流出色谱柱）。

塔板理论假设：

NOTE

1. 色谱柱由柱内径一致、填充均匀，被称为塔板的若干小段组成，其高度相等，以 H 表示，称为塔板高度。

2. 流动相进入色谱柱不是连续的，而是脉动式的间歇过程，每次进入和从上一个塔板向下一个塔板转移的流动相体积相等，为一个塔板的流动相体积 ΔV_m。

3. 所有组分开始时存在于第 0 号塔板上，而且试样沿轴（纵）向扩散可忽略。

4. 分配系数在所有塔板上是常数，与组分在某一塔板上的量无关。

（二）溶质的分布平衡和迁移过程

塔板理论的假设，实际上是把组分在两相间的连续转移过程，分解为间歇的在单个塔板中的分配平衡过程。

首先考虑单一组分 B（$k_B=0.5$）的分配转移过程。设色谱柱的塔板数为 5（$n=5$），以 r 表示塔板编号，即 $r=0$、1、2、3、…、$n-1$。将单位质量的 B 加到第 0 号塔板上，组分在固定相和流动相间进行分配。由于 $k_B=0.5$，即在 0 号塔板内 $m_s/m_m=0.333/0.667$，当一个塔板体积的新鲜流动相进入第 0 号塔板时，就将原 0 号塔板内的 m_m（0.667）带入第 1 号塔板，而原 0 号塔板内的 m_s（0.333）仍留在第 0 号塔板内，组分在第 0 号塔板内和第 1 号塔板内重新分配。进入 N 次流动相，即经过 N 次转移后，在各塔板内组分的质量分布符合二项式 $(m_s+m_m)^N$ 的展开式。

如 $N=3$，$k=0.5$ 时，$m_s=0.333$，$m_m=0.667$，展开式为：

$$(0.333+0.667)^3=0.037+0.222+0.444+0.296$$

所计算出的四项数分别是第 0、1、2 及 3 号塔板中的溶质分数。转移 N 次后第 r 号塔板中的质量 ^Nm 可由下述通式求出：

$$^Nm_r=\frac{N!}{r!\,(N-r)!}\cdot m_s^{\,N-r}\cdot m_m^r$$

例如，$N=3$，$r=3$ 时，即转移 3 次后，在第 3 号塔板内的溶质分数为：

$$^3m_3=\frac{3!}{3!\,(3-3)!}\times 0.333^{(3-3)}\times 0.667^3=0.296$$

按上述分配过程，随着进入柱中流动相体积的增加（N 增加），组分分布在各塔板内的质量见表 10-1。由表中数据可见，对于五个塔板组成的色谱柱，在五个塔板体积的流动相进入后，组分就开始流出色谱柱，进入检测器产生信号。而且，当 $N=6$ 和 7 时，柱出口产生 B 的浓度最大点，即组分的保留体积为 6～7 个塔板体积。

表 10-1　两组分 A（$K_A=1$）、B（$K_B=0.5$）在 $n=5$ 的色谱柱内的分布

r	0		1		2		3		4		柱出口	
N	A	B	A	B	A	B	A	B	A	B	A	B
0	1	1	0	0	0	0	0	0	0	0	0	0
1	0.5	0.333	0.5	0.667	0	0	0	0	0	0	0	0
2	0.25	0.111	0.5	0.444	0.25	0.445	0	0	0	0	0	0
3	0.125	0.037	0.375	0.222	0.375	0.444	0.125	0.296	0	0	0	0
4	0.063	0.012	0.250	0.099	0.375	0.269	0.250	0.395	0.063	0.198	0	0
5	0.032	0.004	0.157	0.041	0.313	0.164	0.313	0.329	0.157	0.329.	0.032	0.132
6	0.016	0.001	0.095	0.016	0.235	0.082	0.313	0.219	0.235	0.329	0.079	0.219
7	0.008	0	0.056	0.006	0.165	0.038	0.274	0.128	0.274	0.256	0.118	0.219
8	0.004	0	0.032	0.002	0.111	0.017	0.220	0.068	0.274	0.170	0.137	0.170
9	0.002	0	0.018	0	0.072	0.007	0.166	0.033	0.247	0.102	0.137	0.114
10	0.001	0	0.010	0	0.045	0.002	0.094	0.016	0.207	0.056	0.124	0.068

如果加到第 0 号塔板上的是单位质量的 B 和单位质量的 A 的混合物，考察两者的分离情况。设 $k_A=1$，按上述方法处理，所得 A 的质量分布也列于表 10-1 中。由表中数据可见，A 在 $N=8$ 和 9 时，柱出口处达到浓度最大点，即其保留体积为 8～9 个塔板体积。由此可见，仅经过五个塔板数，两组分便开始分离，k 小的组分 B 先出现浓度极大值。

上述仅仅分析了 5 块塔板的分离结果。事实上，一根色谱柱的塔板数为 10^3～10^6 以上，因此组分有微小的分配系数差别，即能获得良好的分离效果。

$$t_{R_A}=t_M\left(1+K_A\frac{V_s}{V_m}\right)$$

$$t_{R_B}=t_M\left(1+K_B\frac{V_s}{V_m}\right)$$

$$\Delta t_R=t_{R_A}-t_{R_B}=t_M(K_A-K_B)\frac{V_s}{V_m}$$

$$\Delta t_R=t_M(k_A-k_B)$$

（三）色谱流出曲线方程

在实际色谱柱中 n 很大，约 10^3～10^6，此时的流出曲线趋于正态分布。色谱流出曲线（色谱峰）可用正态分布方程表示：

$$C=\frac{C_0}{\sigma\sqrt{2\pi}}\cdot e^{-\frac{(t-t_R)^2}{2\sigma^2}} \tag{10-18}$$

式中，C 为时间 t 时组分的浓度；C_0 为进样浓度（相当于色谱峰面积）；t_R 为保留时间；σ 为标准偏差。

当 $t=t_R$ 时，此时浓度最大，用 C_{max} 表示。

$$C_{max}=\frac{C_0}{\sigma\sqrt{2\pi}} \tag{10-19}$$

C_{max} 即流出曲线上的峰高，也可用 h_{max} 表示。将 h_{max} 及 $W_{1/2}=2.355\sigma$ 代入（10-19）得

$$C_0=\frac{\sqrt{2\pi}}{2.355}\cdot W_{1/2}\cdot h_{max} \tag{10-20}$$

式中，C_0 即为色谱峰面积 A。

$$A=1.065\times W_{1/2}\times h_{max} \tag{10-21}$$

（四）塔板数和塔板高度

假设色谱柱长为 L，每达成一次分配平衡所需的柱长为 H（塔板高度），则理论塔板数（n）为

$$n=\frac{L}{H} \tag{10-22}$$

由上式看出，当柱长 L 固定时，每次平衡所需的理论塔板高度 H 愈小，或者说峰宽越小（σ 小），则理论塔板数（n）就愈大，柱效率就愈高。理论塔板数的表达式为

$$n=\left(\frac{t_R}{\sigma}\right)^2=5.54\left(\frac{t_R}{W_{1/2}}\right)^2=16\left(\frac{t_R}{W}\right)^2 \tag{10-23}$$

NOTE

由上式可知，组分保留时间越长，峰形愈窄，理论塔板数愈大。因而 n 或 H 可作为描述

柱效能的指标，高柱效有大的 n 值和小的 H 值。

若考虑到死时间的影响，n 和 H 不能确切地反映柱效，因此用 t'_R 代替 t_R 算出的理论塔板数称为有效理论塔板数（$n_{有效}$），理论塔板高度为有效理论塔板高度（$H_{有效}$）。

$$n_{有效}=\left(\frac{t'_R}{\sigma}\right)^2=5.54\left(\frac{t'_R}{W_{1/2}}\right)^2=16\left(\frac{t'_R}{W}\right)^2 \tag{10-24}$$

$$H_{有效}=\frac{L}{n_{有效}} \tag{10-25}$$

塔板理论在解释流出曲线的形状、浓度极大点的位置及计算评价柱效等方面都取得了成功。但塔板理论是半经验性理论，它的某些假设不完全符合色谱的实际过程。例如，纵向扩散是不能忽略的，色谱过程也不可能达到真正的平衡状态。因此，它只能定性地给出塔板高度的概念，不能找出影响塔板高度的因素，也不能解释峰形展宽（扩张）的原因。

五、速率理论

1956 荷兰学者 Van Deemter 等在研究气液色谱时，提出了色谱过程动力学理论——速率理论。

他们吸收了塔板理论中板高的概念，并充分考虑了影响塔板高度的动力学因素，导出了塔板高度 H 和载气线速度 u 的关系。Van Deemter 方程（或称速率方程）的数学简化式为：

$$H=A+B/u+Cu \tag{10-26}$$

式中，u 为载气的线速度；A、B、C 为常数，分别代表涡流扩散项系数、分子扩散项系数、传质阻力项系数。从速率方程及图 10-4 可清楚地看到流速对柱效的影响，当 u 小时，B/u 项大，Cu 项小；当 u 大时，B/u 项小，Cu 项大，因此，只有 u 最佳，才能使 H 较小。

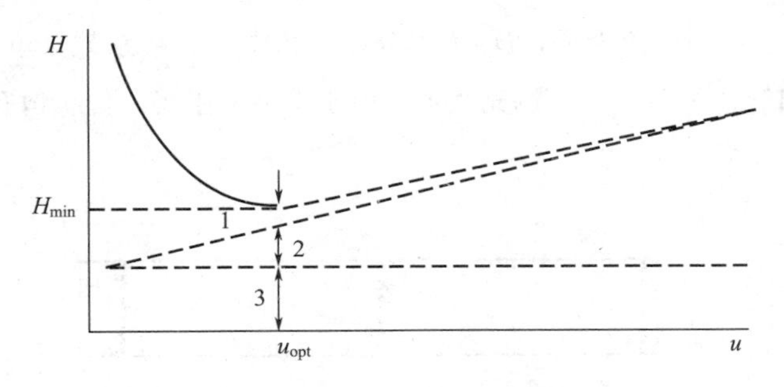

图 10-4 塔板高度-流速曲线

1. B/u；2. Cu；3. A

从式（10-26）和图 10-4 还可以看出，当 u 为最佳时，要使 H 足够小，还与 A、B、C 三项中各参数有关，只有 A、B、C 较小时，H 才能小，柱效才会高。

最小塔板高度 H_{min} 和最佳线速 u_{opt} 可通过对式（10-26）微分，并令其等于 0，求得：

$$\frac{d_H}{du}=-\frac{B}{u^2}+C=0$$

则 H 的极小值为：

$$H_{min}=A+2\sqrt{BC} \tag{10-27}$$

此时的载气最佳流速 $$u_{opt}=\sqrt{\frac{B}{u}} \tag{10-28}$$

（一）涡流扩散项

涡流扩散项（A）亦称多径项，它是因气流碰到填充物颗粒时，不断改变流动方向，使组分在流动相中形成紊乱的类似涡流的流动。由于填充物颗粒大小的不同及填充物的不均匀性，使组分在流动相中路径长短不一，因此，同时进入色谱柱的组分到达柱出口所用的时间也不相同，使谱峰扩张，如图 10-5 所示。

$$A=2\lambda d_p \tag{10-29}$$

式中，λ 为常数项，称为填充不规则因子，与填料颗粒均匀度及填充均匀性有关；d_p 为填充物的平均颗粒直径（cm）。

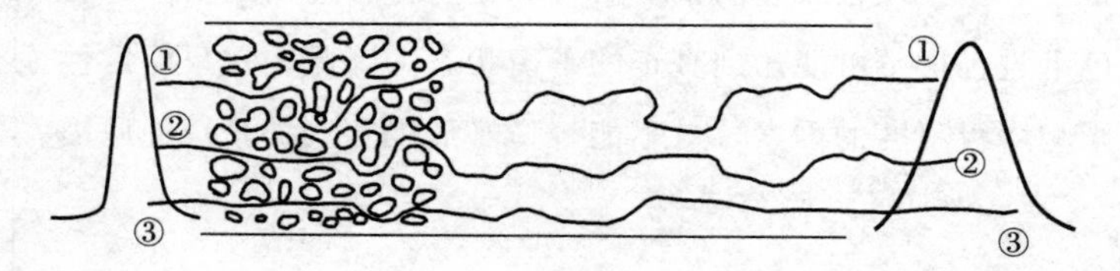

图 10-5 涡流扩散对峰扩张的影响

A 与 λ、d_p 有关，一般用较小颗粒填料比用较大颗粒易得到均匀的填充。填充均匀性与柱内径大小也有关，用中等内径（2～5mm）柱易获得均匀柱床。A 与载气性质、线速度和组分性质无关。

对于空心毛细管柱，因无填充物，不存在涡流扩散，故 $A=0$。

（二）分子扩散项

分子扩散项（B/u）亦称纵向扩散项，其中 B 为分子扩散系数。它使谱带展宽的情况如图 10-6 所示。

$$B=2rD_g \tag{10-30}$$

式中，r 为气相色谱的弯曲因子，D_g 为组分在气相中的扩散系数（单位为 cm/s）。r 与填充物有关，空心毛细管柱中，$r=1$；填充柱中，由于填料的阻碍，使扩散程度降低，$r<1$。硅藻土担体，$r=0.5$～0.7。

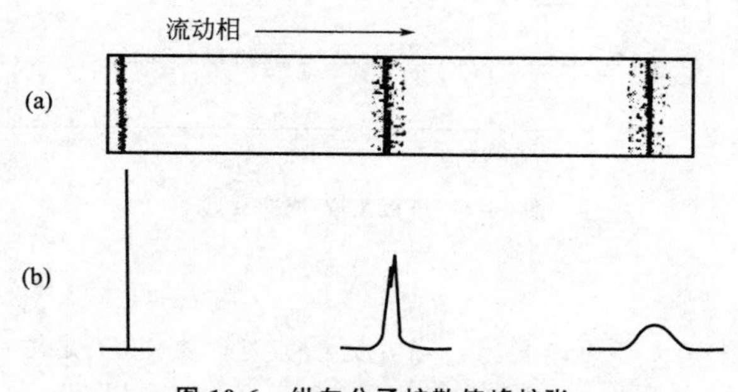

图 10-6 纵向分子扩散使峰扩张

（a）柱内组分浓度分布；（b）相应的色谱峰形

由于组分被载气带入色谱柱后，是以“塞子”的形式存在于色谱柱中。由于塞子前后存在着纵向浓度梯度，从而使组分沿纵向产生扩散。

D_g 与组分的性质、载气的性质、温度、压力等有关。D_g 与载气分子量的平方根成反比；温度升高，D_g 增大。因此，为了减小分子扩散项，可采用较高的载气流速，使用相对分子量较大的载气，控制较低的柱温。

（三）传质阻力项

传质阻力项（Cu）包括气相传质阻力和液相传质阻力。

$$C=C_g+C_l \tag{10-31}$$

式中，C 为传质阻力系数，C_g 为气相传质阻力系数，C_l 为液相传质阻力系数。

1. 气相色谱　气相传质过程是指试样组分从气相移动到固定相的过程，这一过程中试样组分将在两相间进行质量交换，即进行浓度分配。有的分子还来不及进入两相界面，就被气相带走；有的则进入两相界面又来不及返回气相，这样使得试样在两相界面上不能瞬间达到分配平衡，引起滞后现象，由此引起色谱峰扩张。对于填充柱气相传质阻力系数（C_g）为

$$C_g=\frac{0.01k^2}{(1+k)^2}\cdot\frac{d_p^2}{D_g} \tag{10-32}$$

由上式可知，气相传质阻力与填充物粒度 d_p 的平方成正比，与组分在载气中的扩散系数 D_g 成反比。因此，为了减小 C_g，提高柱效，可选用粒度小的填充物及分子量小的气体作载气。与气相传质阻力一样，在气液色谱中，液相传质阻力也会引起色谱峰的扩张。液相传质阻力是指组分分子从气液界面到液相（固定相）内部并发生质量交换，达到分配平衡，然后又返回气液界面的传质过程，此过程需一定时间。与此同时，气相中组分随载气不断向柱出口方向运动，引起峰形扩张。见图 10-7，液相传质阻力系数 C_l 为

$$C_l=\frac{2}{3}\cdot\frac{k}{(1+k)^2}\cdot\frac{d_f^2}{D_l} \tag{10-33}$$

式中，d_f 为固定相液膜厚度；D_l 为组分在液相的扩散系数。

由上式可见，减小固定液膜厚度 d_f，增大组分在液相中的扩散系数 D_l，可以降低 C_l，但 k 随之变小，又会使 C_l 增大。当固定液含量一定时，液膜厚度随载体的比表面积增加而降低。因此，常采用比表面积较大的载体来降低液膜厚度。但比表面积太大，由于吸附会造成拖尾峰，也不利于分离。虽然提高柱温可增大 D_l，但会使 k 减小。为了保持适当的 C_l 值，应控制适宜的柱温。应当指出的是，当固定液含量较多、液膜较厚、载气又在中等的线速下时，H 主要受 C_l 的影响。此时 C_g 数值很小，可以忽略。然而，当采用低固定液含量柱和载气高线速进行分析时，气相传质阻力就会成为影响 H 的重要因素。

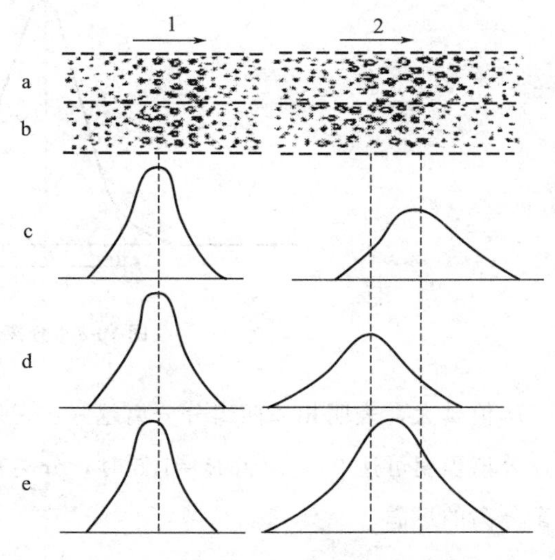

图 10-7　传质阻抗对色谱峰展宽的影响

1. 无液相传质阻抗；2. 有液相传质阻抗

a. 流动相；b. 固定相；c. 流动相中组分的分布；d. 固定相中组分的分布；e. 色谱峰扩张

2. 液液分配色谱　传质阻抗项是传质阻抗系数与流动相流速之积。传质阻抗系数在 HPLC 中与在 GC 不同，在 HPLC 中传质阻抗

系数由 3 个系数组成：

$$C=C_m+C_{sm}+C_s \qquad (10\text{-}34)$$

式中，C_m、C_{sm}及 C_s 分别是组分在流动相、静态流动相和固定相中的传质阻抗系数。由于通常都采用化学键合相，它的“固定液”是键合在载体表面固定液官能团的单分子层。因此，固定液的传质阻抗可以忽略。于是：

$$C=C_m+C_{sm} \qquad (10\text{-}35)$$

由此得到 HPLC 最常见的 Van Deemter 方程式的表现形式：

$$H=A+C_m u+C_{sm} u \qquad (10\text{-}36)$$

此式说明 HPLC 色谱柱的理论塔板高度，主要由涡流扩散项、流动相传质阻抗项和静态流动相传质阻抗项三项所构成。

由 Van Deemter 方程式所获得的降低板高提高柱效的方法可概括为：①采用小粒度、窄分布的球形固定相，首选化学键合相；②采用低黏度流动相，低流量（1mL/min）；③柱温以 25～30℃为宜。太低，则使流动相的黏度增加，温度高易产生气泡。

由上述情况可以得出：速率方程对于分离条件的选择具有指导意义。它可以说明，色谱柱填充均匀程度、担体粒度、载气种类、流速、柱温和固定液膜厚度等对柱效、峰扩张的影响。

六、分离度

分离度是指相邻两组分保留时间之差与两组分基线宽度平均值的比值，用 R 表示。

$$R=\frac{t_{R_2}-t_{R_1}}{1/2(W_1+W_2)}=\frac{2(t_{R_2}-t_{R_1})}{W_1+W_2} \qquad (10\text{-}37)$$

式中，t_{R_1}、t_{R_2} 分别为相邻两组分的保留时间，W_1、W_2 分别为两组分峰宽，如图 10-8。

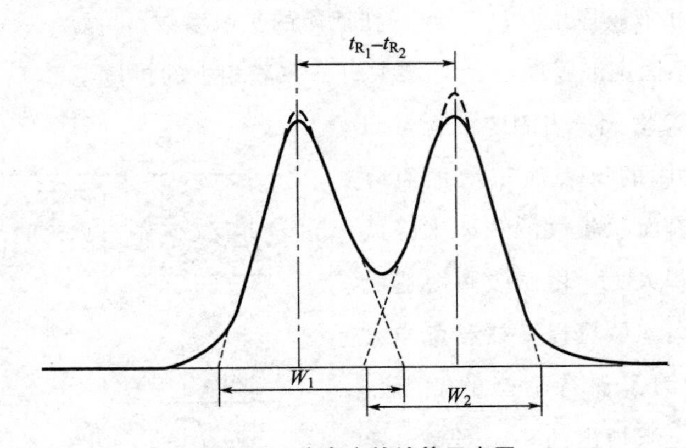

图 10-8　分离度的计算示意图

R 值越大，表明相邻两组分分离越好。一般来说，当 $R<1$ 时，两峰有部分重叠；当 $R=1$ 时，分离程度可达 98%；当 $R=1.5$ 时，分离程度达 99.7%。通常用 $R=1.5$ 作为相邻两组分完全分离的标志。

七、色谱分离方程式

分离度 R 的定义并没有反映影响分离度的因素。实际上，分离度还受柱效（n）、选择因子（α）和保留因子（k）三个参数的控制，换言之，此三项都可以影响到分离度。选择因子是

NOTE

指难分离物质调整保留值之比。

$$\alpha=\frac{t'_{R_2}}{t'_{R_1}}=\frac{k_2}{k_1}=\frac{K_2}{K_1} \tag{10-38}$$

对于难分离物质对，由于它们的分配系数差别小，可合理地近似 $k_1 \approx k_2 = k$，$W_1 \approx W_2 = W$。

由式（10-37）得：

$$R=\frac{2(t'_{R_2}-t'_{R_1})}{W_1+W_2}=\frac{t'_{R_2}-t'_{R_1}}{W}$$

$$W=\frac{(t'_{R_2}-t'_{R_1})}{R} \tag{10-39}$$

将式（10-39）代入式（10-24），并用式（10-38）代入，得：

$$n_{有效}=16\left(\frac{t'_{R_2}\cdot R}{t'_{R_2}-t'_{R_1}}\right)^2=16R^2\left(\frac{\alpha}{\alpha-1}\right)^2 \tag{10-40}$$

从式（10-23）和（10-24）可得：

$$n_{有效}=\left(\frac{k}{1+k}\right)^2\cdot n \tag{10-41}$$

从上式整理后得色谱分离基本方程式：

$$R=\underset{(a)}{\frac{\sqrt{n}}{4}}\cdot\underset{(b)}{\left(\frac{\alpha-1}{\alpha}\right)}\cdot\underset{(c)}{\left(\frac{k}{k+1}\right)} \tag{10-42}$$

或

$$R=\frac{\sqrt{n_{有效}}}{4}\cdot\left(\frac{\alpha-1}{\alpha}\right) \tag{10-43}$$

在式（10-42）中，(a) 项为柱效项，(b) 项为柱选择项，(c) 项为保留因子项，分离度与(a)、(b)、(c) 三项有关。

（一）分离度与柱效的关系

分离度与 n 的平方根成正比，增加柱长可改进分离度，即：

$$\left(\frac{R_1}{R_2}\right)^2=\frac{n_1}{n_2}=\frac{L_1}{L_2} \tag{10-44}$$

可见用较长的柱可以提高分离度，但延长了分离时间，将引起峰扩张，因此提高分离度的好方法是制备出一根性能优良的柱子，通过降低板高来提高分离度。

分离度可全面反映柱选择性和柱效，图 10-9 说明柱效和选择性对分离度的影响。图中 (a) 两组分的保留值相差大，表示固定相相对它们有足够的选择性，但柱效差，色谱峰宽。(b) 中两色谱峰窄，柱效高，但距离相差小，说明固定相的选择性差，α 小。(c) 中两色谱峰窄，又有一定的距离，柱效和选择性都好。

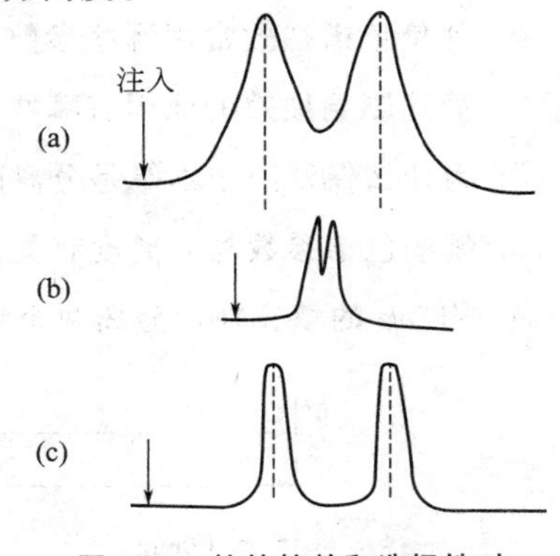

图 10-9　柱的柱效和选择性对分离度的影响

（二）分离度与选择因子的关系

由基本色谱方程式判断，当 $\alpha=1$ 时，$R=0$，两组分是无法分离的。显然 α 大，选择性好，两组分容易分离。如 α 值为 1.10 时，获得分离度为 1.0 的色谱柱的有效理论

塔板数为 1900，但是 α 增至 1.15，在同一柱上的分离度就可超过 1.5 以上。一般通过改变固定相和流动相性质和组成或降低柱温，来有效增大 α 值。

（三）分离度与保留因子的关系

保留因子 k 值增大时，对 R 有利。当 $k>10$ 时，$k/(k+1)$ 的改变不大，对 R 改进不明显，故 k 值最佳范围是 $1<k<10$，这样，既可得到较大的 R 值，又可减少分析时间和峰的扩展。对于 GC，通过改变柱温，可选择合适的 k 值，以改进分离度。而对于 LC，只要改变流动相的组成，就能有效控制 k 值，从而改善分离度。

在实际中，基本色谱方程式是很有用的公式，它将柱效、选择因子、分离度三者的关系联系起来了，知道其中两个指标，就可计算第三个指标。

例 10-1　有一根 1m 长的柱子，分离组分 1 和 2，色谱图数据为：$t_M=50$ 秒，$t_{R_1}=450$ 秒，$t_{R_2}=490$ 秒，$W_1=W_2=50$ 秒。若欲得到 $R=1.5$ 的分离度，有效塔板数应为多少？色谱柱要加多长？

解：

选择因子
$$\alpha=\frac{t_{R_2}}{t_{R_1}}=\frac{490-50}{450-50}=1.1$$

分离度
$$R=\frac{2(t_{R_2}-t_{R_1})}{W_1+W_2}=\frac{2\times(490-450)}{50+50}=0.8$$

由式（10-24）求有效塔板数

$$n_{有效}=16\left(\frac{t_{R_2}}{W}\right)^2=16\times\left(\frac{490-50}{50}\right)^2=1239\text{（块）}$$

由式（10-40）得

$$n_{有效}=16\times R^2\times\left(\frac{\alpha}{\alpha-1}\right)^2=16\times(1.5)^2\times\left(\frac{1.1}{0.1}\right)^2=4356\text{（块）}$$

因此，欲使分离度达到 1.5，需要有效塔板数 4356 块，

则所需柱长为
$$L=\frac{4356}{1239}\times1=3.52\text{（m）}$$

习　题

1. 色谱法中，哪些参数可用于定性？哪些参数可用于定量？
2. 评价色谱柱效常用哪些参数？
3. 简述影响柱效的原因有哪些？
4. 为什么保留因子不等是分离的前提？
5. 哪些色谱参数与分离度有关？如何改善分离度？
6. 用 3m 的填充柱，分离两个组分的色谱图如下：

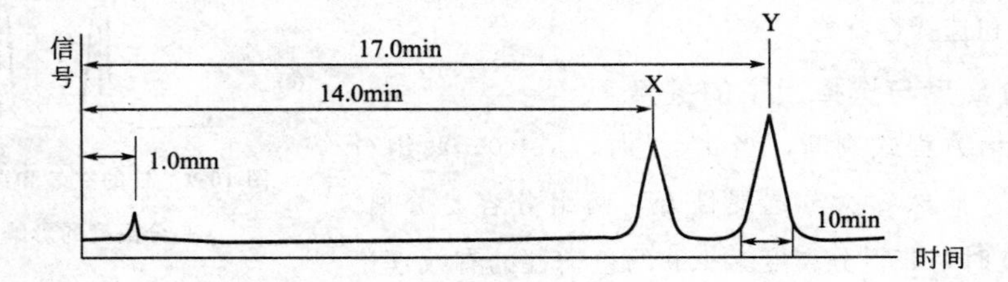

NOTE

(1) 用组分 2 计算色谱柱的理论塔板数 n 及塔板高度 H。

(2) 计算 t'_{R_X} 及 t'_{R_Y}。

(3) 计算组分 Y 的有效理论塔板数及有效塔板高度。

(4) 使两组分分辨率为 1.5，柱子长度最短需多少？

[(1) 4624，6.49×10^{-2}cm；(2) 16.0 分钟，13.0 分钟；(3) 4096，7.32×10^{-2}cm；(4) 75.0cm]

7. 在一根理论塔板数为 8100 的色谱柱上，测得异辛烷和正辛烷的调整保留时间为 800 秒钟和 815 秒钟，设 $(k+1)/k\approx1$，试问：

(1) 上述两组分在此柱上的分辨率是多少？

(2) 假定调整保留时间不变，使 $R=1.5$，所需要的塔板数是多少？

[(1) 0.414；(2) 106277 块]

8. 某色谱柱长为 1m，已知某组分在此柱上峰的底宽为 40 秒钟，保留时间为 400 秒钟，计算此柱的理论塔板数及塔板高度。

(1600 块，0.625mm)

9. 某色谱柱长 100cm，流动相流速为 0.1cm/秒，已知组分 A 的洗脱时间为 40 分钟，求 t_M 及组分 A 的 k 为多少？

(16.67 分钟，1.40)

10. 在某气液色谱柱上组分 A 流出需 15.0 分钟，组分 B 流出需 25.0 分钟，而不溶于固定相的物质 C 流出需 2.0 分钟，计算：

(1) B 组分对于 A 组分的相对保留时间是多少？

(2) A 组分对于 B 组分的相对保留时间是多少？

(3) 组分 B 在柱中的容量因子是多少？

[(1) 1.77；(2) 0.57；(3) 11.5]

11. 在某色谱分析中得到下列数据：保留时间（t_R）为 5.0 分钟，死时间（t_M）为 1.0 分钟，固定相体积（V_s）为 2.0mL，柱出口载气流速（F_c）为 50mL/min，试计算

(1) 保留因子 k。

(2) 死体积 V_m。

(3) 分配系数 K。

(4) 保留体积 V_R。

(5) 调整保留体积 V_R。

[(1) 4.0；(2) 50mL；(3) 100；(4) 250mL；(5) 200mL]

NOTE

第十一章　经典液相色谱法

经典液相色谱法是在常温、常压下依靠重力和毛细管作用输送流动相的色谱方法。按分离原理的不同可分为吸附色谱法、分配色谱法、离子交换色谱法、分子排阻色谱法、聚酰胺色谱法等。按操作形式的不同又可分为柱色谱法、薄层色谱法、纸色谱法。近年来，虽然由经典液相色谱为基础而发展起来的现代色谱法（气相色谱法、高效液相色谱法等）已在药物的研制、生产、检验中得到了广泛的应用，但是由于经典液相柱色谱具有设备简单，上样量大等优点，目前在国内仍然是中草药（包括天然药物）有效部位、有效成分的筛选分离及标准品（包括对照品）制备的主要方法；薄层色谱法所需设备简单，直观性强，快速灵敏，分辨率高，并且同时具有分离和分析功能，在药物的研制、生产、检验中仍有广泛的应用。纸色谱法因其对极性较大的化合物，如氨基酸、单糖等有其独特的分离效果，在中草药（包括天然药物）研究中仍有一定的应用价值。

第一节　吸附色谱法

吸附色谱法是以吸附剂作为固定相的色谱方法。

一、常用的吸附剂及其性质

某些固体物质，具有使溶液中的溶质在它的表面上集中浓缩的作用，一般称这种作用为吸附作用，而将这些固体物称为吸附剂。吸附色谱中常用的吸附剂是硅胶和氧化铝。

（一）硅胶

色谱用硅胶常以 $SiO_2 \cdot xH_2O$ 表示，是多孔性的硅氧（ —Si—O—Si— ）交链结构。

其骨架表面的硅醇（ —Si—OH ）基，能吸附大量水分，这种表面吸附水称为“结合水”，加热至 105～110℃能除去，除去的水分越多，吸附能力越强。硅胶的活性与含水量有关，“结合水”高达 17%以上时，吸附能力降低。硅醇基有两种形式，一种是游离羟基（Ⅰ），另一种是键合羟基（Ⅱ）。当硅胶加热到 200℃以上时，失去水分，使表面羟基变为硅醚结构（Ⅲ），后者为非极性，不再对极性化合物有选择性保留作用而失去色谱活性。

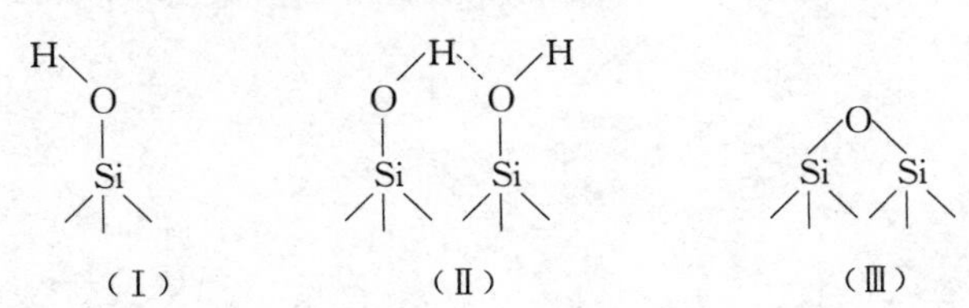

由于硅胶具有弱酸性，所以选择性地保留胺类和其他碱性化合物。

（二）氧化铝

色谱用氧化铝有碱性、中性和酸性三种。

碱性氧化铝（pH9～10）适用于碱性和中性化合物的分离。

中性氧化铝（pH7.5）适用范围广，凡是酸性、碱性氧化铝可以使用的，中性氧化铝也都适用。尤其适用于分离生物碱、挥发油、萜类、甾体、蒽醌以及在酸碱中不稳定的苷类、酯、内酯等成分。

酸性氧化铝（pH5～4）适用于分离酸性化合物。如有机酸、酸性色素、某些氨基酸、酸性多肽类以及对酸稳定的中性物质。

（三）吸附剂的活性

吸附剂的活性是指吸附剂的吸附能力。吸附剂的活性和含水量有一定的关系。含水量愈高，其吸附活性愈低，活性级别愈大，吸附力就愈弱，反之亦然，如表 11-1 所示。故吸附剂使用前必须先经过活化处理。在一定温度下，加热除去水分以增强活性的过程称之为活化。反之，加入一定量水分便可使其活性降低，亦称为失活或减活。

表 11-1 硅胶、氧化铝含水量与活性级别的关系

硅胶含水量（%）	活性级别	氧化铝含水量（%）
0	Ⅰ	0
5	Ⅱ	3
15	Ⅲ	6
25	Ⅳ	10
38	Ⅴ	15

同一种吸附剂，如果制备和处理方法不同，吸附剂的吸附性能相差较大，使分离结果的重现性也较差。因此应尽量采用相同的批号与同样方法处理的吸附剂。

二、基本原理

（一）吸附作用产生的主要原因

吸附是一种表面现象，它只发生在界面上。作为吸附剂的固体物质内部，每个分子对其周围的分子都有吸引力，这些力在任何方面都是均衡的、对称的，故可相互抵消。但处于表面上的分子则情况不同，它除受到固体内部的引力外，又受到外界溶液或气体分子的吸引。这种力是不平衡的，来自固体内部的力较大，因此固体表面总带有一定的剩余引力。这种力常把界面外的分子拉到界面上来。这就是固体表面能产生吸附作用的主要原因。对于某一吸附剂来说，它的吸附能力随着吸附表面的增加而增加，所以吸附比表面积愈大，被吸附的粒子就愈多。

（二）吸附平衡

吸附是吸附剂、溶质、溶剂分子三者之间的复杂相互作用。对每一种溶质而言，在给定的色谱条件（吸附剂、洗脱剂、温度）下，洗脱过程是洗脱剂分子与被吸附的溶质分子发生竞争吸附的过程，存在着一个吸附和解吸的动态平衡，即有一吸附平衡常数 K。K 值表示溶质在固定相和流动相中的浓度比：

$$K=\frac{\text{溶质在固定相中的浓度}}{\text{溶质在流动相中的浓度}}=\frac{C_s}{C_m} \tag{11-1}$$

不同的溶质有不同的 K 值，一个组分的色谱特性完全由吸附平衡常数 K 决定。K 值大说明该物质被吸附得牢，在固定相中停留时间长，在柱中移动速度慢；如果 $K=0$，就意味着溶质不能被固定相吸附而随流动相迅速流出。要使混合物中各个组分实现相互分离，则它们的 K 值相差必须足够大，且 K 值相差越大，各组分越容易彼此分离。因此，根据被分离物质的化学结构和性质（极性）选择适当固定相和流动相，就可以使混合物中各组分完全分离。

（三）吸附等温线

吸咐等温线（adsorption isotherm）是指在一定温度下，某一组分在固定相和流动相之间达到平衡时，以组分在固定相中的浓度 C_s 为纵坐标，以组分在流动相中的浓度 C_m 为横坐标得到的曲线。等温线的形状是重要的色谱特性之一，它有三种类型：线型、凸型和凹型。通常在低浓度时，每种等温线均呈线型，而高浓度时，等温线则呈凸型或凹型。

1. 线型吸附等温线　当吸附平衡常数 K 一定时，其吸附等温线为线型，即达到平衡时，组分在固定相中的浓度 C_s 与其在流动相中浓度 C_m 成正比（$C_s=KC_m$），直线的斜率为 K。线型吸附等温线是理想的等温线，在特定的色谱条件下，每一种溶质的平衡常数 K 与溶液的浓度无关。线型吸附等温线具有的基本色谱特性是流出曲线呈对称形。如图 11-1A 所示。

必须指出，只有当流动相中溶质浓度极小，或在无限稀释的理想情况下，吸附等温线才呈线型。保留值参数（如 t_R、V_R 或 K）和塔板高度 H 不受样品量的影响。

2. 非线型吸附等温线　在几乎所有的实际情况下，吸附等温线都有些弯曲而呈非线型。一般液 - 固吸附色谱系统大多呈现凸形吸附等温线。

吸附等温线呈非线型的原因很复杂，其中主要原因之一是固体吸附剂表面的不均一性。例如硅胶表面上有几种吸附能力不同的吸附点位，不同溶质在不同的吸附点位上的吸附平衡常数不同，溶质分子总是先占据强的吸附点位（K 值大）。所以 K 值总是在强吸附点位被饱和后随着溶质浓度的增加而逐渐减小，从而使吸附等温线多数呈凸型，如图 11-1B 所示，即随着流动相中溶质浓度的增大相对吸附量缓慢减小，t_R 变小，而色谱流出峰的极大值向组分谱带的前沿移动，导致峰型拖尾。

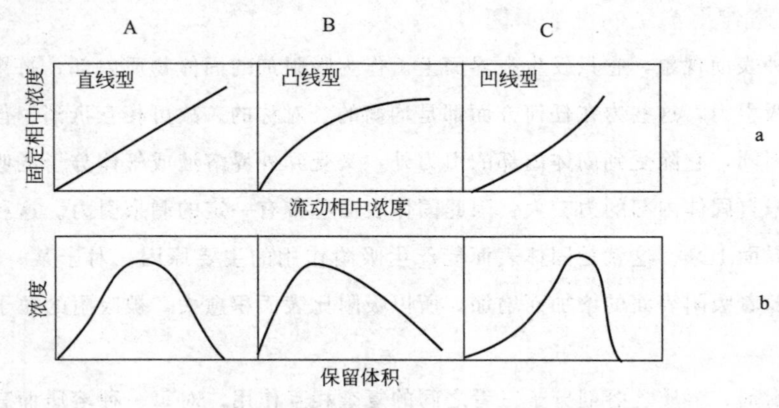

图 11-1　吸附等温线的形状和色谱峰形

A. 线型；B. 凸型；C. 凹型

a. 吸附等温线；b. 相应的洗脱峰型

NOTE

凸型吸附等温线表明溶质的吸附能力较强，并易于取代吸附剂表面上所吸附的溶剂。有时会见到溶质在低浓度不易被吸附，到一定浓度后则吸附能力明显增强，此时吸附等温线呈凹型，如图 11-1C 所示。

因此，为了保证流出曲线的对称性，防止拖尾，在色谱分析中就应该控制溶质的量，每种色谱方法有一定的线性范围，超出了这一范围，不对称峰就会出现。

三、色谱条件选择

对于混合物的分离，要寻找合适的吸附色谱条件，主要就是要选合适的吸附剂和合适的洗脱剂。一个吸附色谱条件的建立必须考虑 3 个方面的因素，即混合物组分的性质（极性等因素）、吸附剂的吸附活性大小和洗脱剂洗脱作用的强弱。其中混合物组分的极性大小是首要的决定性因素，根据这个因素再去考虑选择什么吸附剂和洗脱剂。一个混合物能否用吸附柱色谱成功分离，以及分离方法是否简便易行，吸附剂和洗脱剂的选择是关键的因素。

流动相的洗脱作用实质上是流动相分子与被分离的组分分子竞争占据吸附剂表面活性吸附中心的过程。强极性的流动相分子占据吸附活动中心的能力强，而具有强的洗脱作用。非极性的流动相竞争占据吸附活动中心的能力弱，洗脱作用就弱。因此，为了使样品中吸附能力稍有差异的各组分得到分离就必须根据样品的性质、吸附剂的活性选择适当极性的流动相。

（一）被分离组分的极性及被分离混合物的相对极性

1. 被分离组分的极性　被分离组分的结构不同，其极性也不同，在吸附剂表面的吸附力也不同。一般规律是：

① 饱和碳氢化合物为非极性化合物，一般吸附作用较弱。

② 基本母核相同的化合物，分子中引入的取代基的极性越强，则整个分子的极性越强，吸附能力越强；极性基团越多，分子极性越强（但要考虑其他因素的影响）。

③ 不饱和化合物比饱和化合物的吸附力强，分子中双键数越多，则吸附力越强。

④ 分子中取代基的空间排列对吸附性也有影响，例如羟基处于能形成分子内氢键的位置时，其吸附能力降低。常见化合物的极性（吸附能力）有下列顺序：

烷烃＜醚＜硝基化合物＜二甲胺＜酯＜酮＜醛＜胺＜酰胺＜醇＜酚＜羧酸

2. 被分离混合物的相对极性　被分离混合物的相对极性是指被分离混合物中包含的所有被分离组分的极性大小范围。被分离混合物的相对极性大小可由提取溶剂的极性大小来估计。例如，某种中药材的水提取物的相对极性要大于石油醚提取物的相对极性。被分离混合物的相对极性的概念是非常重要的；因为在选择吸附剂和洗脱剂时，实际上是将被分离混合物的相对极性大小作为选择依据的。

（二）洗脱剂的极性

洗脱剂的洗脱能力主要由其极性决定，强极性洗脱剂占据吸附中心的能力强，其洗脱能力强，使组分的 K 值变小，保留时间短。常用洗脱剂的极性顺序是：

石油醚＜环已烷＜二硫化碳＜三氯乙烷＜苯＜甲苯＜二氯甲烷＜氯仿＜乙醚＜乙酸乙酯＜丙酮＜正丁醇＜乙醇＜甲醇＜吡啶＜酸

如果由单一溶剂构成的洗脱剂洗脱效果不理想时，可以用混合溶剂构成的洗脱剂。常用的混合溶剂极性大小的次序是：苯＜苯-氯仿（1∶1）＜氯仿＜环已烷-乙酸乙酯（8∶2）＜氯

仿 - 丙酮（95：5）＜苯 - 丙酮（9：1）＜苯 - 乙酸乙酯（8：2）＜氯仿 - 乙醚（9：1）＜苯 - 甲醇（95：5）＜苯 - 乙醚（6：4）＜环己烷 - 乙酸乙酯（1：1）＜氯仿 - 乙醚（8：2）＜苯 - 丙酮（8：2）＜氯仿 - 甲醇（99：1）＜苯 - 甲醇（9：1）＜氯仿 - 丙酮（85：15）＜苯 - 乙醚（4：6）＜苯 - 乙酸乙酯（1：1）＜氯仿 - 乙醚（6：4）＜环己烷 - 乙酸乙酯（2：8）＜乙酸丁酯＜氯仿 - 甲醇（95：5）＜氯仿 - 丙酮（7：3）＜苯 - 乙酸乙酯（3：7）＜乙酸丁酮 - 甲醇（99：1）＜苯 - 乙醚（1：9）＜乙醚＜乙醚 - 甲醇（99：1）＜乙醚 - 二甲基甲酰胺（99：1）＜乙酸乙酯＜乙酸乙酯 - 甲醇（99：1）＜苯 - 丙酮（1：1）＜氯仿 - 甲醇（9：1）＜二氧六环＜丙酮＜甲醇＜二氧六环 - 水（9：1）。

（三）吸附剂和流动相的选择原则

以硅胶或氧化铝为吸附剂色谱分离极性较强的物质时，一般选用活性较低的吸附剂和极性较强的流动相，使组分能在适宜的分析时间内被洗脱和分离。如果被分离的物质的极性较弱，则宜选用活性较高的吸附剂和极性弱的流动相，使组分有足够的保留时间。选择色谱分离条件时，必须从吸附剂、被分离物质、流动相三方面综合考虑，可用图 11-2 来表示这三者之间的关系。

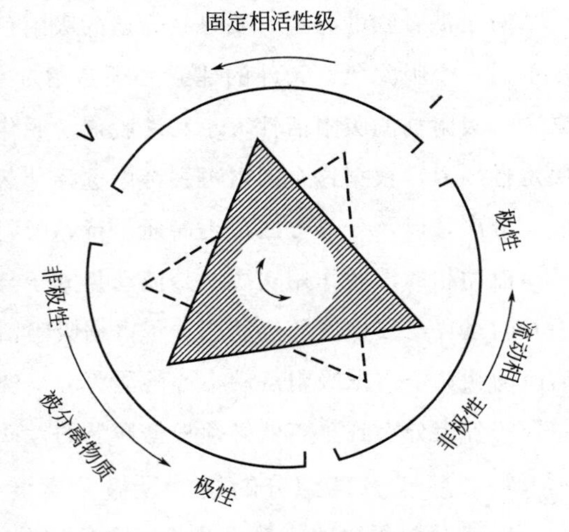

图 11-2　被分离组分、固定相、流动相关系图

上述仅为一般原则，最后的色谱条件还需要通过预实验来确定。

四、应用

吸附色谱法主要用于亲脂性样品的分离和分析，柱色谱法主要用于制备性分离，薄层色谱法主要用于样品的定性定量分析。

第二节　分配色谱法

分配色谱法是利用被分离组分在固定相和流动相中的溶解度不同，因而在两相间分配系数不同而实现分离的色谱法。

一、常用载体

在分配色谱法中载体只起负载固定相的作用。对它的要求是惰性，没有吸附能力，能吸留较大量的固定相液体。载体必须纯净，颗粒大小均匀，大多数的商品载体在使用之前需要精制、过筛。常用的载体有：

（1）硅胶：它可以吸收相当于本身重量的 50% 以上的水仍不显湿状。但其规格不同，往往使分离结果不易重现。

（2）硅藻土：是现在应用最多的载体，由于硅藻土中氧化硅性质较为致密，几乎不发生吸附作用。

NOTE

（3）纤维素：是纸色谱的载体，也是分配柱色谱常用的载体。

此外，还有淀粉。近几年还有采用有机载体，如微孔聚乙烯粉等。

二、基本原理

分配色谱是将某种溶剂涂布在吸附剂颗粒表面或纸纤维上，形成一层液膜，称为固定相，吸附剂颗粒或纸纤维称为支持剂（solid support）或载体、担体（carrier）。溶质就在固定相和流动相之间发生分配。各组分因分配平衡常数（K）的不同而获得分离。

$$K=\frac{C_s}{C_m} \tag{11-2}$$

三、色谱条件的选择

（一）固定相及其选择

分配色谱根据固定相和流动相的相对极性，可以分为两类：一类称为正相分配色谱，其固定相的极性大于流动相，即以强极性溶剂作为固定相，而以弱极性的有机溶剂作为流动相；另一类为反相分配色谱，其固定液具有较小的极性，而流动相则极性较大。

在正相分配色谱法中，固定相有水、各种缓冲溶液、稀硫酸、甲醇、甲酰胺、丙二醇等强极性溶剂及它们的混合液等等。按一定的比例与载体混匀后填装于色谱柱，用被固定相饱和的有机溶剂作为洗脱剂进行分离。被分离成分中极性大的亲水性成分移动慢，而极性小的亲脂性成分移动快。

在反相分配色谱中，常以硅油、液体石蜡等极性较小的有机溶剂作为固定液，而以水、酸（碱）水溶液或与水混合的有机溶剂为流动相。此时，被分离成分的移动情况与正相分配色谱相反，即亲脂性成分移动慢，在水中溶解度大的成分移动快。

（二）流动相及其选择

一般正相色谱法常用的流动相有石油醚、醇类、酮类、酯类、卤代烷类、苯等或它们的混合物。反相色谱法常用的流动相则为正相色谱法中的固定液如水、各种水溶液（包括酸、碱、盐及缓冲液）、低级醇类等。

固定相与流动相的选择，要根据被分离物中各组分在两相中的溶解度之比即分配系数而定。可先使用对各组分溶解度大的溶剂为洗脱剂，再根据分离情况改变洗脱剂的组成，即在流动相中加入一些别的溶剂，以改变各组分被分离的情况与洗脱速率。

四、应用

分配色谱法主要用于强极性样品的分离、分析，分配柱色谱法主要用于强极性样品的制备性分离，纸色谱法主要用于强极性物质的定性鉴别。

第三节　离子交换柱色谱法

以离子交换剂为固定相，用水或与水混合的溶剂作为流动相，利用它在水溶液中能与溶液中离子进行交换的性质，根据离子交换剂对各组分离子亲合力的不同而使其分离的方法称为离

子交换色谱法（ion exchange chromatography，IEC）。离子交换剂可分为无机离子交换剂和有机离子交换剂，其中以有机离子交换剂在分离分析中应用最广泛，种类也较多，目前国内生产和应用最多的是离子交换树脂（ion exchange resin）。

一、离子交换树脂及其特性

（一）离子交换树脂

离子交换树脂主要由高分子聚合物的骨架和活性基团所组成，它的骨架具有特殊的网状结构。依据树脂合成时所用的原料不同，目前的树脂可分为酚醛型、聚苯乙烯型、环氧型和丙烯酸型，其中以聚苯乙烯型比较普遍，化学性质稳定，交换容量大。又根据树脂所含活性基团的性质，以及所交换离子的电荷可分为阳离子交换树脂和阴离子交换树脂。

1. 阳离子交换树脂　以阳离子作为交换离子的树脂叫阳离子交换树脂，它们含有—SO_3H、—COOH、—OH、—SH、—PO_3H_2 等酸性基团，其中可电离的 H^+ 离子与溶液中某些阳离子进行交换。当树脂上可交换的离子是 H^+ 时，称为氢型树脂；若为某金属离子时，称为盐型树脂，商品一般为钠型。依据其酸性强度，又可分为强酸型阳离子交换剂和弱酸型阳离子交换剂。树脂的酸性强度一般按下列次序递减：R—SO_3H＞HO—R—SO_3H＞R—PO_3H_2＞R—COOH＞R—OH。

苯乙烯树脂是由苯乙烯和二乙烯苯经聚合、磺化而成，是最常用的阳离子交换树脂，结构如图 11-3 所示。

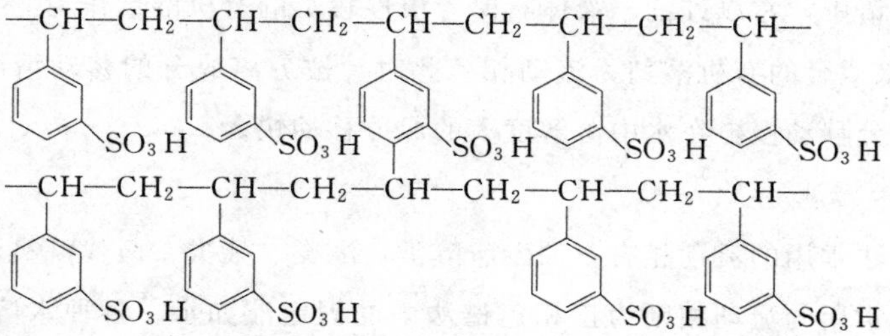

图 11-3　磺化苯乙烯树脂的结构

这类树脂的热稳定性较高，不溶于水和许多有机溶剂，化学性质稳定，即使在 100℃也不与强酸、强碱、氧化剂和还原剂作用，是一类应用最普遍的离子交换树脂。

因磺酸基离解度大，磺酸型阳离子交换树脂属于强酸型阳离子交换树脂，其上的氢离子可与溶液中的阳离子交换，例如与 NaCl 溶液交换的反应为：

$$R—SO_3H + Na^+ + Cl^- \rightleftharpoons R—SO_3Na + H^+ + Cl^-$$

Na^+ 交换到树脂上，而溶液中是以 Na^+ 离子交换下来的 H^+，离子交换树脂变为钠型，需要用酸进行处理再生，再变为氢型继续应用。

2. 阴离子交换树脂　树脂的母体和苯乙烯型树脂相同，但在母体上连接—NH_2、—NHR、—NR_2 或—$N^+R_3X^-$ 等活性基团。含有季铵者为强碱性，含有—NH_2、═NH、≡N 等基团者为弱碱性。此类树脂在水溶液中形成羟基型，商品一般为氯型。

强碱性阴离子交换树脂在酸、碱和有机溶剂中较稳定，可在酸性、碱性和中性溶液中进行阴离子交换，其交换容量不随溶液的 pH 值而变。

NOTE

弱碱性阴离子交换树脂对 HO^- 离子的亲合力大，故只能在酸性介质中与阴离子交换，它的交换容量随溶液的 pH 值而改变。含有≡N 基团的碱性较强，含＝NH 或—NH_2 基团的碱性较弱。

（二）离子交换树脂的特性

选择离子交换树脂进行色谱分离时，对树脂的颗粒大小、比重、机械强度、多孔性、溶胀特性、交换容量和交联度等因素均应考虑。

1. 交联度（degree of cross-linking） 交联度表示离子交换树脂中交联剂的含量，通常以重量百分比来表示，即在合成树脂时，二乙烯苯在原料中所占总重量的百分比。例如，上海树脂厂生产的聚苯乙烯型强酸性阳离子交换树脂，产品牌号为 732（强酸 1×7），其中 1×7 表示交联度为 7%。

高交联度树脂呈紧密网状结构，网眼小，刚性较强，能承受一定的压力；孔穴较多；溶胀较小，吸水量少。低交联度的树脂虽具有较好的渗透性，但存在着易变形和耐压差等缺点。在选用时，除考虑这些情况外，主要应根据分离对象而定。例如分离氨基酸等小分子物质，则以 8%树脂为宜，而对多肽等分子量较大的物质，则以 2%～4%树脂为宜。

2. 交换容量（exchange capacity） 是指每克干树脂中真正参加交换反应的基团数。常用单位为 mmol/g，也有用 mmol/mL 表示的，即每 1mL 干树脂中真正参加交换反应的基团数。

对于离子交换色谱而言，交换容量是一个重要的实验参数，它表示离子交换树脂进行离子交换的能力大小。交换容量的大小取决于合成树脂时引进到母体骨架上的酸性或碱性基团的数目，这在合成时就可以预知。但实际上并非如此，因为交换容量还和交联度、溶胀性、溶液的 pH 值以及分离对象等因素有关。所以，通常是以实测为准。例如溶液的 pH 值对电离度较小的弱酸、弱碱型树脂有较大的影响，它们的交换容量将随溶液的 pH 值而变化；又如对某一选定交换树脂，其交换大分子量物质与小分子量物质的交换容量也不同。

3. 溶胀（swelling） 树脂存在着大量的极性基团，具有很强的吸湿性。因此，当将树脂浸入水中后，有大量水进入树脂内部，引起树脂膨胀，此现象称为溶胀。溶胀的程度取决于交联度的高低，交联度高，溶胀小；反之，溶胀大。一般说来，1g 树脂最大吸水量为 1g，溶胀程度还与所用树脂是氢型或盐型有关，例如弱酸性阳离子交换树脂，在氢型时吸水量不大，当氢型转变为盐型时，将吸入大量的水，使树脂溶胀。

4. 粒度 离子交换树脂的颗粒大小，一般是以溶胀状态所能通过的筛孔来表示。交换纯水常用 10～50 目树脂，分析用树脂常用 100～200 目。颗粒小，离子交换达到平衡快，但洗脱流速慢，在实际操作时应根据需要选用不同粒度的树脂。

二、基本原理

（一）离子交换平衡

离子交换反应可用下式表示：

$$R^-A^+ + B^+ \rightleftharpoons R^-B^+ + A^+$$

树脂的离子交换反应是可逆的，完全符合化学计量原则和质量作用定律。当达到平衡时，其平衡常数：

$$K_{A/B}=\frac{[R^-B^+][A^+]}{[R^-A^+][B^+]} \tag{11-3}$$

$[R^-A^+]$、$[R^-B^+]$ 分别表示在树脂相中 A^+、B^+ 的离子浓度，$[A^+]$、$[B^+]$ 分别表示

NOTE

A^+、B^+离子在溶液中的浓度。当各离子强度和树脂的填充状况一定时，$K_{A/B}$为常数，或称平衡常数。$K_{A/B}$是树脂对A^+、B^+两种离子的相对选择性系数，亦称交换系数。

若$K_{A/B}>1$，说明树脂对B比对A有更大的亲合力，离子交换色谱的保留行为和选择性受被分离离子、离子交换剂、流动相的性质等影响，实验证明，多电荷比单电荷离子有较高保留值，对给定电荷的基团，基团间亲合力差异与水合离子半径有关，随水合离子半径的增加而减小，离子在水溶液中是水合的，离子的水合程度与其离子的裸半径成反比。因而离子的相对亲合力将随水合离子半径的增加和电荷的减小而降低。

各种离子在大多数交换体系中其交换能力的顺序基本一致，根据已有的研究成果，可以总结出以下经验规律：

①常温下，在低浓度水溶液中。阳离子的交换亲和力随其电荷的升高而增大。如：$Th^{4+}>Al^{3+}>Ca^{2+}>Na^+$。

②常温下，在低浓度水溶液中，等价阳离子的交换亲合力随水合离子半径增大而变小，随其裸离子半径增大而变大。$Cs^+>Rb^+>K^+>Na^+>Li^+$；$Ra^{2+}>Ba^{2+}>Sr^{2+}>Ca^{2+}>Mg^{2+}>Be^{2+}$。

在强酸性阳离子交换树脂中，一价阳离子的亲合力顺序为：$Ag^+>Tl^+>Cs^+>Rb^+>K^+>NH_3^+>Na^+>H^+>Li^+$。二价阳离子的亲合力顺序为：$Ba^{2+}>Pb^{2+}>Sr^{2+}>Ca^{2+}>Ni^{2+}>Cd^{2+}>Cu^{2+}>Co^{2+}>Zn^{2+}>Mg^{2+}>UO_2^{2+}$。

稀土元素的亲合力随原子序数增大而减小，这是由于镧系收缩现象所致，其亲合力顺序为：$La^{3+}>Ce^{3+}>Pr^{3+}>Nd^{3+}>Sm^{3+}>Eu^{3+}>Gd^{3+}>Tb^{3+}>Dy^{3+}>Y^{3+}>Ho^{3+}>Ev^{3+}>Tm^{3+}>Yb^{3+}>Lu^{3+}>Sc^{3+}$。

③ 阴离子的亲合力受阴离子的电荷数、离子的大小、交换离子的浓度，以及树脂的性质所影响。

在强碱性阴离子交换树脂中，阴离子的亲合力顺序为：柠檬酸根$>PO_4^{3-}>SO_4^{2-}>C_2O_4^{2-}>I^->HSO_4^->NO_3^->CrO_4^{2-}>Br^->CN^->NO_2^->Cl^->HCOO^->CH_3COO^->OH^->F^-$。

在弱碱性阴离子交换树脂中，OH^-离子的亲合力变为最大，其顺序为：$OH^->SO_4^{2-}>CrO_4^{2-}>$柠檬酸根$>$酒石酸根$>NO_3^->AsO_4^{3-}>PO_4^{3-}>MnO_4^{2-}>CH_3COO^-=I^->Br^->Cl^->F^-$。

④ 在高浓度的水溶液中和常温下，由于离子失去水合分子，其交换亲和力的差异可能变小或顺序颠倒。因此，分离工作在稀溶液中进行较为有利。

⑤ 在高温和非水溶液中，同价离子对树脂的亲合力并不随其离子半径增大而增大，而是彼此相似，甚至变小。

⑥ H^+离子和OH^-离子的亲合力随树脂交换基团的性质不同而有很大的差异，这取决于H^+离子和OH^-离子与交换基团所形成的酸和碱的强度，酸碱强度愈大，其亲合力愈小。故H^+离子对弱酸性树脂，OH^-离子对弱碱性树脂具有最大的亲合力。

⑦ 高分子量的有机离子和金属配离子，对树脂有较大的亲合力。

⑧ 能与树脂的交换基团生成配合物或难溶化合物的离子都对树脂具有较大的亲合力。

（二）分离方式

NOTE

1. 利用样品组分的选择性系数不同而进行分离 如上所述，各种离子对离子交换树脂的亲合力不同，当两种或两种以上的离子共存时，可以利用它们的选择性系数的不同，从而在离子交换柱上进行洗脱时，它们的移动速度也不同，达到分离的目的。但这种分离机理主要用于金属离子的分离。

2. 利用各组分离解度的差别而进行分离　对于弱酸性组分而言，当 pH 值高于该组分的 pK_a 值时，则以离子形式出现。而对碱性组分而言，则恰与上述情况相反。故适当地调整流动相的 pH 时，即可使组分中的各个不同成分或以离子型或以游离型的不同形式出现。由于游离型（中性分子）成分不被交换树脂所吸附，而和离子型成分相分离。例如用强酸性树脂来分离氨基酸即利用此原理。在色谱柱中有中性、酸性及碱性氨基酸混合组分，用 pH5.25（0.35mol/L）的缓冲溶液作为流动相，中性和酸性氨基酸很快被洗脱出柱。然后是不同碱性的氨基酸、赖氨酸、组氨酸及精氨酸依次被洗脱并获得分离。

3. 形成配离子后进行离子交换分离　对于选择性系数相同的两个组分，如 A 与 B，可使其与适当的配合剂形成络离子，然后利用不同配离子与离子交换树脂的亲合力不同而进行分离。如胺类、氨基酸、氨基糖等，均可用 Zn^{2+}、Cu^{2+} 及 Ni^{2+} 等处理过的离子交换树脂来进行分离。又如糖为中性分子，在通常情况下不能与离子交换树脂发生离子交换而被滞留，但在硼酸溶液中可形成糖的硼酸配离子，不同结构的糖其硼酸配离子的稳定性不同，从而在阴离子交换树脂上获得分离。

三、应用

离子交换色谱法分离设备简单，操作方便，而且树脂可以再生，因而获得了广泛应用。例如，除去干扰离子、测定盐类含量、微量元素的富集、有机物或生化溶液脱盐等，并在药物生产、抗生素及中草药的提取分离和水的纯化等方面已广泛应用。

第四节　分子排阻柱色谱法

分子排阻色谱法（size exclusion chromatography）是 20 世纪 60 年代发展起来的一种色谱分离方法。又称为凝胶色谱法（gel chromatography）、尺寸排阻色谱法（molecular exclusion chromatography）、凝胶过滤色谱法（gel filtration chromatography）、分子筛色谱法（molecular sieve chromatography）和凝胶渗透色谱法（gel permeation chromatography）等，是液相色谱的一种。主要用于大分子物质如蛋白质等的分离。固定相凝胶为化学惰性、具有多孔网状结构的物质，凝胶每个颗粒的结构，尤如一个筛子，小的分子可以进入胶粒内部，而大的分子则排阻于胶粒之外，从而达到分离的目的。

一、常用的凝胶及其性质

凝胶是分子排阻色谱的核心，是产生分离作用的基础。商品凝胶是干燥的颗粒状物质，只有吸收大量溶剂溶胀后方称为凝胶。吸水量大于 7.5g/g 的凝胶，称为软胶，吸水量小于 7.5g/g 的凝胶，称为硬胶。常用凝胶主要有以下几种：

（一）葡聚糖凝胶

葡聚糖凝胶是常用凝胶，由葡聚糖和交联剂甘油通过醚桥（—O—CH_2—CHOH—CH_2—O—）相互交联而形成的多孔性网状结构，如11-4所示。

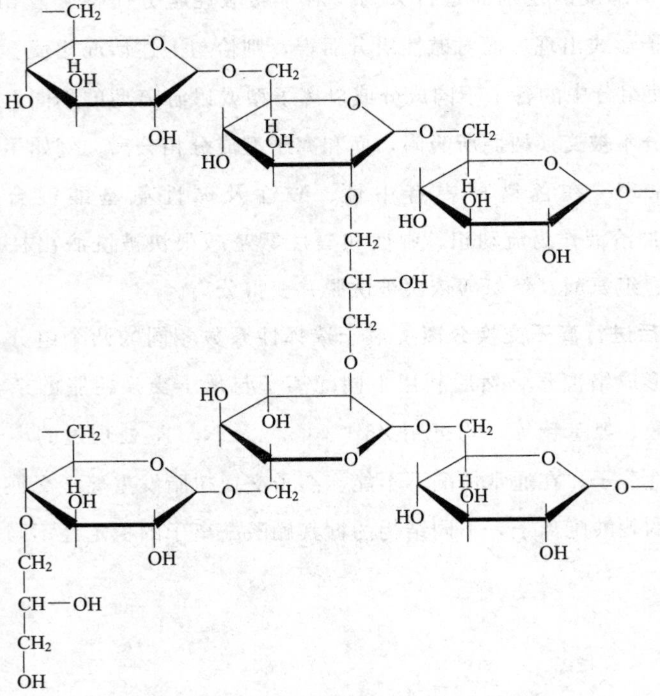

图 11-4　葡聚糖凝胶的立体网状结构

早期产品颗粒为无定形，近年来为均匀球珠形，商品名是 Sephadex。控制交联剂和葡聚糖的量，可以得到不同程度的交联度和多孔性。由于分子内含有大量羟基而具有极性，在水和其他极性溶剂如乙二醇、甲酰胺、二甲基酰胺、二甲亚砜等中溶胀成凝胶颗粒，因醚键的不活泼性，故具有较高的稳定性。交联度大的孔隙小，吸液膨胀也少，可用于小分子量物质的分离。交联度小的孔隙大，吸液膨胀也大，则适用于大分子量物质的分离。交联度可用吸水量或膨胀重量来表示，即用每克干凝胶所吸收的水分重量来表示。商品凝胶的型号，多用吸水量的10倍数字来表示，例如，每克干凝胶吸水量为2.5g，则其型号为G-25。葡聚糖凝胶在水、盐溶液、弱酸及弱碱溶液中稳定性较好，但长期与强酸及强氧化剂接触胶粒会被破坏。微生物可使其降解，要注意防止发霉。

（二）聚丙烯酰胺凝胶

聚丙烯酰胺凝胶是由丙烯酰胺与 N,N'-亚甲基-二丙烯酰胺交联聚合而成。其化学结构如图11-5所示。

聚丙烯酰胺的商品名为生物凝胶-P（Bio-P），商品以颗粒状干粉供应。用时需溶胀。它与葡聚糖凝胶使用情况相似，但最大的弱点是不耐酸，遇酸时酰胺键水解会产生羧酸，使凝胶带有一定的离子交换作用，因此使用的范围是pH2～11。它可用于分离蛋白质、核酸及多糖等物质。

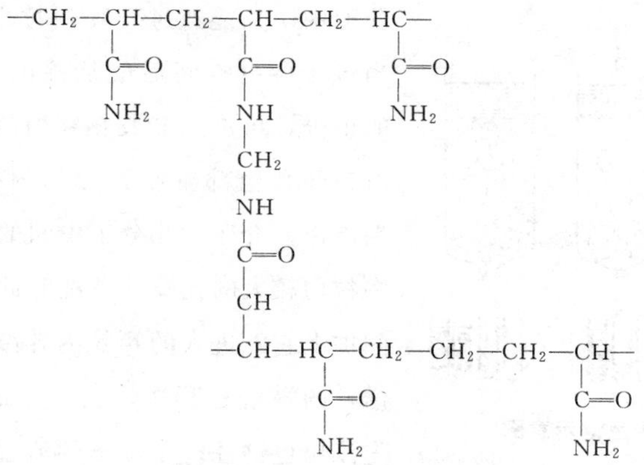

```
—CH2—CH—CH2—CH—CH2—HC—
      |          |          |
      C=O        C=O        C=O
      |          |          |
      NH2        NH         NH2
                 |
                 CH2
                 |
                 NH
                 |
                 C=O
                 |
                 CH
                 |
               —CH—HC—CH2—CH2—CH2—CH—
                     |                 |
                     C=O               C=O
                     |                 |
                     NH2               NH2
```

图 11-5　聚丙烯酰胺的化学结构

（三） 琼脂糖凝胶

琼脂来源于一种海藻，为乳糖的线性多聚体。在热水中易溶解，低温时则凝固成胶状。琼脂糖凝胶是琼脂经过分级沉淀除去了带电荷的琼脂胶，留下不带电荷的琼脂糖产品，然后再在油相中分散成球。由于链状琼脂糖分子相互以氢键交联，所以使用条件较严，一般在 0～40℃、pH4～9 使用。但它的优点是分子量的使用范围宽，最大分子量可达 10^8。

琼脂糖凝胶商品有瑞典的 Sepharose、美国的 Bio-GelA、英国的 Sagavc、丹麦的 Gelarose 等，使用时参看商品说明书。

（四） 聚苯乙烯凝胶

上述三种凝胶都是亲水性凝胶，适宜于分离水溶性样品。对于一些难溶于水或有一定程度的亲脂性样品，则可用亲脂性凝胶分离。聚苯乙烯凝胶是一种应用很广的亲脂性凝胶，它是由苯乙烯和二乙烯苯聚合而成。

商品为 Styragel，可在有机溶剂中溶胀，机械性能好，孔隙分布比较宽，因此分子量工作范围较大，多应用于合成高分子材料的分离和分析。

（五） 葡聚糖凝胶 LH-20

另一种亲脂性凝胶，是在葡聚糖凝胶 G-25 分子中引入羟丙基以代替羟基的氢，成醚键结合状态，$R—OH \rightarrow R—O—CH_2—CH_2—CH_2—OH$，因而具有了一定程度的亲脂性，在许多有机溶剂中也能溶胀。适用于分离黄酮、蒽醌、色素等有机物。

（六） 无机凝胶

作为无机凝胶有多孔性硅胶和多孔性玻璃。由于这些无机凝胶不会溶胀或收缩，不论什么溶剂均可使用；并且有精确的孔径大小，机械性能好，选择性高。但因吸附较大，在处理极性大的样品时需加注意。

二、基本原理

（一） 分子筛效应

分子排阻色谱是根据溶质分子大小的不同即分子筛效应而进行分离的。图 11-6 表示分子排阻色谱分离示意图。在一根长的玻璃柱中填充用适当溶剂溶胀的凝胶颗粒，这些凝胶颗粒内部充满着孔隙，孔隙大小不一，孔径有一定的范围。把几种分子大小不同的混合溶液加到色谱柱的顶部，然后用溶剂进行淋洗。此时溶液中分子量大的溶质组分完全不能进入凝胶颗粒内的

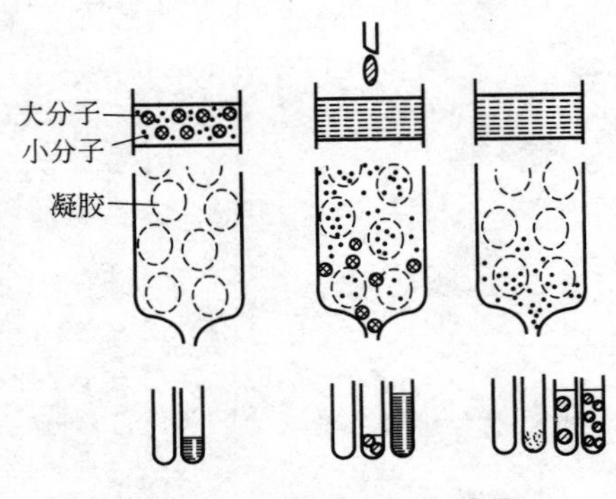

图 11-6　分子排阻色谱示意图

孔隙中，只能经过凝胶颗粒之间的孔隙随溶剂移动，当流完自由空间后就从柱的下端流出。而分子量小的组分，可渗入凝胶颗粒内的孔隙中，因此在流完自由空间和全部凝胶颗粒的内孔隙之后，才从柱的下端流出。介于大小分子中间的组分，只能进入一部分颗粒内较大的孔隙，淋洗时此组分是流过全部自由空间加上它能进入的颗粒内孔隙。由此可见，在这一色谱柱的淋洗过程中，大分子的流程短，移动速度快，先流出色谱柱；小分子的流程长，移动速度慢，后流出色谱柱；而中等分子居两者之间。这种现象叫分子筛效应。多孔性的凝胶就是分子筛。各种凝胶的孔隙大小分布有一个范围，有最大极限和最小极限。分子直径比最大孔隙直径大的，这种分子就全部被排阻在凝胶颗粒以外，此情况叫做全排出，两种或两种以上这样的分子即使大小不同，也不能有分离效果。直径比最小孔隙直径小的分子能进入凝胶颗粒的全部孔隙，如果两种或两种以上这样的小分子都能进入全部孔隙，它们即使分子大小不同，也无分离效果。而某些分子大小适中，能进入凝胶颗粒孔隙中孔径大小相应部分，进入的部分因分子大小各异，利用分子筛效应，这些大小不同的分子就能进行分离。

（二）分配系数

色谱方程式 $V_R=V_m+KV_s$ 同样适用于分子排阻色谱。在分子排阻色谱中，是以凝胶颗粒孔隙内的液相作为固定相的，其体积用 V_i 表示，称之为内水体积；而以凝胶颗粒之间的液体作为流动相，其体积用 V_0 来表示，称之为外水体积，因此，保留体积为：

$$V_R=V_0+KV_i \tag{11-4}$$

如果溶质分子足够小，能自由进出凝胶颗粒内部，而且对凝胶的内水和外水亲合力相等，此时 $K=1$，洗脱体积就等于外水体积和内水体积之和。即 $V_R=V_0+V_i$；如果溶质分子足够大，以致完全排阻于凝胶颗粒之外，此时 $K=0$，洗脱体积就等于外水体积。即 $V_R=V_0$，在通常的工作范围内，对一切溶质来说，K 是一个常数（$0\leqslant K\leqslant 1$）。由于 $K=0$ 的分子洗脱体积就等于外部溶剂的体积，即 $V_R=V_0$；$K=1$ 的分子则 $V_R=V_0+V_i$。因此在 V_0 和 V_0+V_i 之间一切分子均可洗脱，如图 11-7。

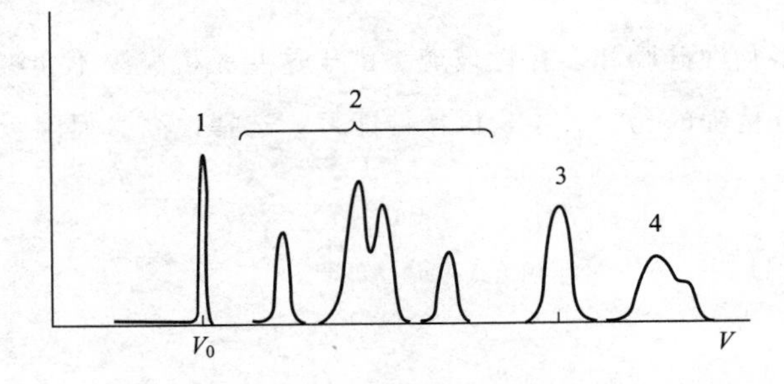

图 11-7　分子排阻色谱的洗脱顺序

1. $V_R=V_0$，完全不能进凝胶颗粒内部的物质。2. 不同程度进入凝胶颗粒内部的物质。3. $V_R=V_0+V_i$，能自由进出颗粒内部的物质。4. $V_R>V_O+V_i$，具有特殊吸附作用的物质。

NOTE

三、凝胶的选择

分子排阻色谱法对所用凝胶有下列基本要求：化学性质惰性，不与溶质发生任何作用，可以反复使用而不改变其色谱性质；尽可能不带电荷以防止发生离子交换作用；颗粒大小均匀，机械强度尽可能高。

除以上基本要要求外，可根据分离对象和分离要求选择适当型号的凝胶。

1. 组别分离　即从小分子物质（$K=1$）中分离大分子物质（$K=0$）或从大分子物质中分离小分子物质，即对于分配系数有显著差别的分离叫组别分离。如制备分离中的脱盐大多采用硬胶（G-75 型以下），既容易操作，又可得到满意的流速，常选用葡聚糖凝胶 G-25、G-50；对于小肽和低分子量物质（1000～5000）的脱盐可采用葡聚糖凝胶 G-10、G-25 及聚丙烯酰胺凝胶 P-2 和 P-4。

2. 分级分离　当被分离物质之间分子量比较接近时，根据其分配系数的分布和凝胶的工作范围，把某一分子量范围内的组分分离开来，这种分离称之为分级分离。分级分离的分辨率比组别分离高，但流出曲线之间容易重叠。例如，将纤维素部分水解，然后用葡聚糖凝胶 G-25 可以分离出 1～6 个葡萄糖单位纤维糊精的低聚糖，它们的分子量范围从 180～990，恰在葡聚糖 G-25 的工作范围（100～5000）之内。

分级分离常用于分子量的测定。分级分离根据分离要求选用凝胶。这种分离要使物质完全分离是比较困难的。

3. 亲脂性有机化合物的分离　可选用亲脂性凝胶，如黄酮、蒽醌、色素等的分离可选用葡聚糖凝胶 LH-20。

在选用凝胶型号时，如果几种型号都可使用，就应根据具体情况来考虑。例如要从大分子蛋白质中除去氨基酸，各种型号的葡聚糖凝胶均可使用，但最好选用交联度大的 G-25 或 G-50，因为这样易于装柱且流速快，可缩短分离时间，如果想把氨基酸收集于一较小体积内，并与大分子蛋白质完全分离，最好选用交联度小的凝胶，如 G-10、G-15，这样可以避免由于吸附作用而使氨基酸扩散。由此可见，从大分子物质中除去小分子物质时，在适宜的型号范围内选用交联度大的型号为好；反之，如果欲使小分子物质浓缩并与大分子物质分离，则在适宜型号范围内，以选用交联度较小的型号为好。

四、应用

分子排阻色谱法由于能解决一般方法不易分离的问题，而得到了广泛的应用。它已广泛地应用于各个领域或各个学科。主要用于分离、脱盐、浓缩、混合物的分离和纯化、缓冲液的转换及分子量的测定。还应用于放射免疫测定、细胞学研究、蛋白质和酶的研究等。它不仅在分离大分子物质方面卓有成效，而且在分离小分子物质方面也取得了进展。

大分子物质分子量的测定是分子排阻色谱法的重要应用之一，特别是蛋白质的分子量。分子量在 3500～820000 之间，洗脱体积与分子量的对数之间有线性关系，可用下式表示：

$$V_R = K_1 - K_2 \lg M \qquad (11\text{-}5)$$

式中 K_1 和 K_2 为常数，M 为分子量。

测定时，先用同类型不同分子量的化合物，在适当的凝胶上找出洗脱体积和分子量之间的关系，绘出工作曲线，由此曲线根据其洗脱体积求出未知样品的分子量。

第五节　聚酰胺色谱法

以聚酰胺为固定相的色谱法叫做聚酰胺色谱法。

一、聚酰胺的结构与性质

聚酰胺是由酰胺聚合而成的一类高分子化合物。既可装柱又可制成薄膜。聚己内酰胺的结构可用下式表示：

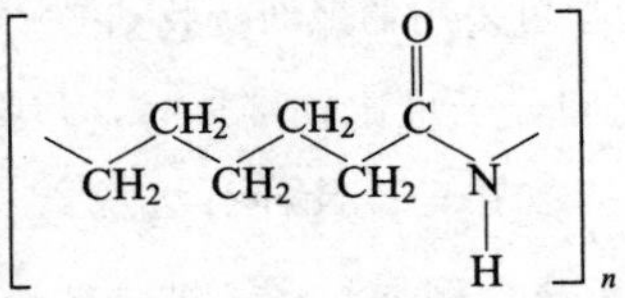

$$\left[\text{—}CH_2\text{—}CH_2\text{—}CH_2\text{—}CH_2\text{—}CH_2\text{—}\overset{O}{\overset{\|}{C}}\text{—}\underset{H}{\underset{|}{N}}\text{—} \right]_n$$

聚己内酰胺是由己内酰胺聚合而成，又称为锦纶-6。锦纶-66又称之为聚己二酸己二胺，是由己二酰氯（或己二酸）与己二胺聚合而成：

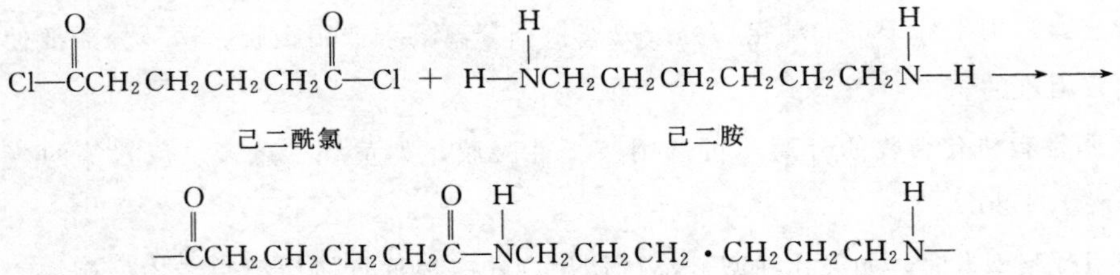

$$Cl\text{—}\overset{O}{\overset{\|}{C}}CH_2CH_2CH_2CH_2\overset{O}{\overset{\|}{C}}\text{—}Cl + H\text{—}\overset{H}{\overset{|}{N}}CH_2CH_2CH_2CH_2CH_2CH_2\overset{H}{\overset{|}{N}}\text{—}H \longrightarrow\longrightarrow$$

己二酰氯　　　　己二胺

$$\text{—}\overset{O}{\overset{\|}{C}}CH_2CH_2CH_2CH_2\overset{O}{\overset{\|}{C}}\text{—}\overset{H}{\overset{|}{N}}CH_2CH_2CH_2\cdot CH_2CH_2CH_2\overset{H}{\overset{|}{N}}\text{—}$$

锦纶-66

锦纶-6和锦纶-66是两种最为常用的色谱用聚酰胺，它们的亲水亲脂性能都好，是当前一种既能分离极性物质，又能分离非极性物质，应用广泛的色谱材料。聚酰胺除了上述两种之外，还有锦纶-46、锦纶-11、锦纶1010等。

用聚酰胺色谱法可分离的物质有黄酮类、酚类、醌类、有机酸、生物碱、萜类、甾体、苷类、糖类、氨基酸衍生物、核苷类等。尤其对黄酮类、酚类、醌类等物质的分离，要比其他方法优越，其特点是：对黄酮类等物质的分离是可逆的，分离效率高，可分离性质极相近的类似化合物。方法简便，速度快，且样品容量大，适于制备色谱。

锦纶-6和锦纶-66可溶于浓盐酸、甲酸，微溶于乙酸、苯酚等溶剂，不溶于水、甲醇、乙醇、丙酮、乙醚、氯仿、苯等常用溶剂。对碱较稳定，对酸特别是无机酸稳定性差，温度高时更敏感。分子量的大小对聚酰胺的理化性质及色谱性能有影响。锦纶-6和锦纶-66的分子量在16000～20000较好。其熔点在200℃以上。

二、基本原理

关于聚酰胺色谱的机理目前有两种解释。

（一）氢键吸附

聚酰胺分子内有许多酰胺键，可与酚类、酸类、醌类、硝基化合物形成氢键，因而对这些物质产生了吸附作用。如图11-8所示。吸附能力的大小与形成氢键能力的强弱有关。例如酚

NOTE

类（包括黄酮类、鞣质等）和酸类是羟基或羧基与酰胺键的羰基形成氢键。芳香硝基化合物（包括 DNP-氨基酸）和醌类是由硝基（或醌基）与酰胺键的游离氨基形成氢键。

形成氢键的能力与溶剂有关，在水中形成氢键的能力最强，在有机溶剂中较弱，在碱性溶液中最弱，在水溶剂系统中各种化合物与聚酰胺形成氢键的能力有下列规律：

（1）形成氢键的基团数越多，吸附力越强，如：

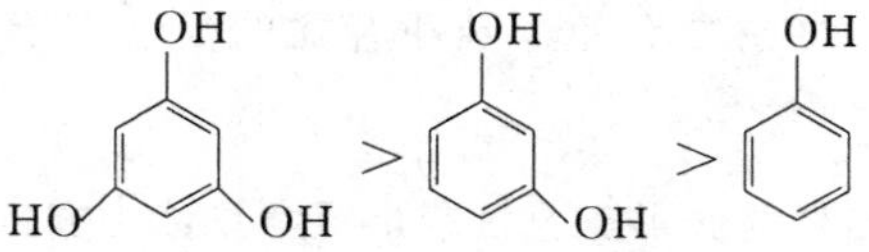

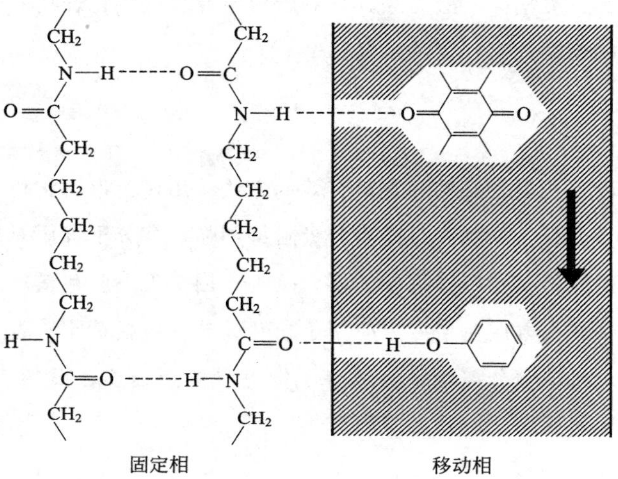

固定相　　移动相

图 11-8　聚酰胺吸附作用

（2）形成氢键的能力与形成氢键的基团的位置有关，例如间位、对位酚羟基使吸附力增大，邻位使吸附力减小。

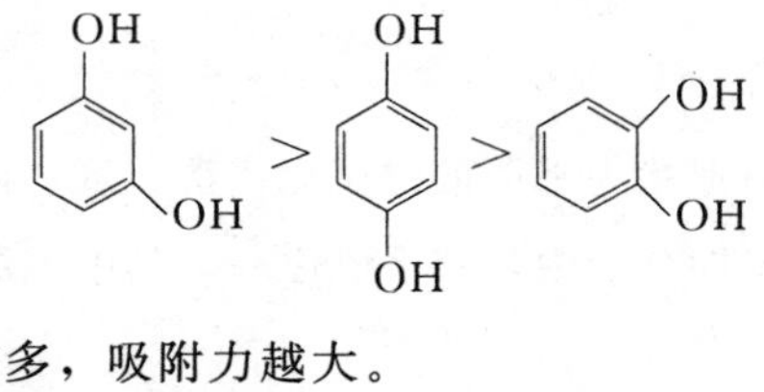

（3）芳香核、共轭双键越多，吸附力越大。

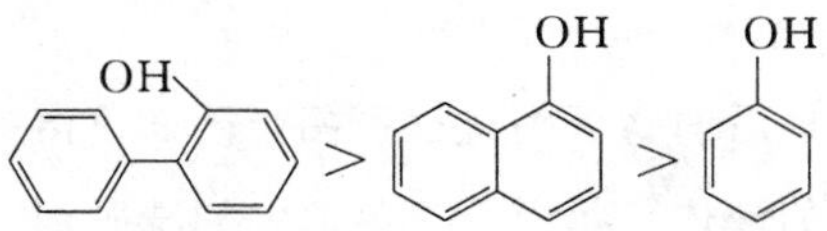

（4）分子内氢键的形成使化合物吸附力减小。

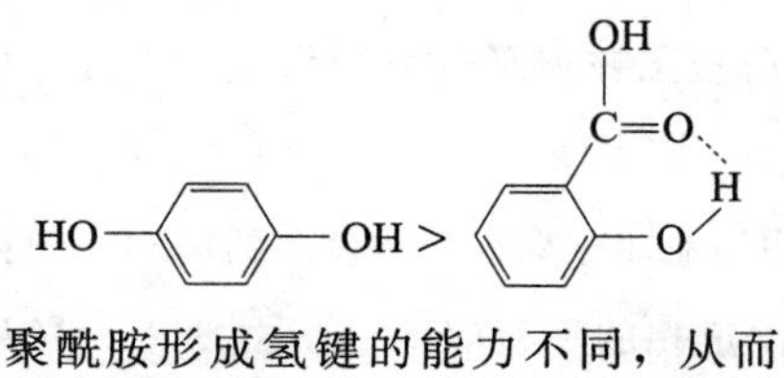

不同结构的化合物由于与聚酰胺形成氢键的能力不同，从而聚酰胺对它们的吸附力不同，用适当的溶剂洗脱或展开，将它们分离开来。

（二）双重层析

随着聚酰胺色谱应用的发展，有许多现象难以用氢键吸附解释，如对萜类、甾类、生物碱

等也可以用聚酰胺分离；又如黄酮苷元与苷的分离，若以甲醇-水作洗脱剂，黄酮苷比其苷元先被洗脱，而用非极性溶剂作洗脱剂，结果恰恰相反。

聚酰胺分子中既有亲水基团又有亲脂基团，当用极性溶剂（如含水溶剂）作流动相时，聚酰胺中的烷基作为非极性固定相，其色谱行为类似于反相分配色谱，因黄酮类苷的极性大于苷元，所以黄酮苷比苷元容易洗脱；当用非极性流动相（如氯仿-甲醇）时，聚酰胺则作为极性固定相，其色谱行为类似于正相分配色谱。黄酮苷元的极性小于黄酮苷，因而黄酮苷易被洗脱。此即聚酰胺色谱的双重层析。

但双重层析只适用于难与聚酰胺形成氢键或形成氢键能力弱的化合物，如萜类、甾体、生物碱、糖类、某些酚类、黄酮类、酸类等。它对于指导寻找这些化合物的聚酰胺色谱溶剂系统及推测这些化合物的结构特征有一定的意义。

三、应用

聚酰胺色谱是分离黄酮类及某些酚类最有效的方法。用柱色谱可将植物粗提物中的黄酮与非黄酮、黄酮苷元与苷分开。聚酰胺对鞣质的吸附特别强，高分子鞣质对聚酰胺的吸附是不可逆的，因此可利用聚酰胺将植物粗提物中的鞣质除去。用于聚酰胺色谱的溶剂有含水溶剂系统和非极性溶剂系统。聚酰胺薄层色谱广泛应用于酚性成分，包括黄酮、香豆素以及氨基酸衍生物的分离。展开时间短且图谱分离清晰，适合于微克量的蛋白质、肽的N端氨基酸的分析与测定，亦可用来测定中药制剂中的微量游离氨基酸。

第六节　经典液相色谱法的操作

一、平面色谱

平面色谱包含固定相的几何形状为平面的薄层色谱法、纸色谱法和薄膜色谱法等，因为操作简便、方法可靠等优点，是定性分析中常用手段之一。其中薄层色谱法的应用更为广泛。

常用术语有：

（1）*原点*：点样位置。

（2）*展开*：流动相通过点样后的薄板的过程；相当于柱色谱中的洗脱。

（3）*展开剂*：作为流动相的液体；相当于柱色谱中的洗脱剂。

（4）*展开剂前沿*：展开结束后，展开剂在薄板上所达到的最后位置。

（5）*斑点*：待分离样品在薄板上被展开分离后形成的斑点，如图11-9中的A。

（一）薄层色谱法

薄层色谱法是指将固定相均匀地铺在具有光洁表面的玻璃、塑料或金属板上，形成厚为0.2～0.3mm左右的薄层，这样具有固定相的平板叫薄层板或薄板；样品溶液点于薄层板上，在展开容器内用展开剂展开，使供试品所含成分分离，所得色谱图与适宜的标准物质按同法所得的色谱图对比，可用于鉴别、检查或含量测定。薄层色谱法按分离机理可分为吸附、分配、离子交换、分子排阻色谱等；按薄板的分离效能，又可分为经典薄层色谱法（TLC）及高效薄层色谱法（high performance thin layer chromatography，HPTLC）两类。本节主要讨论应用最为广泛的吸附薄层色谱法。

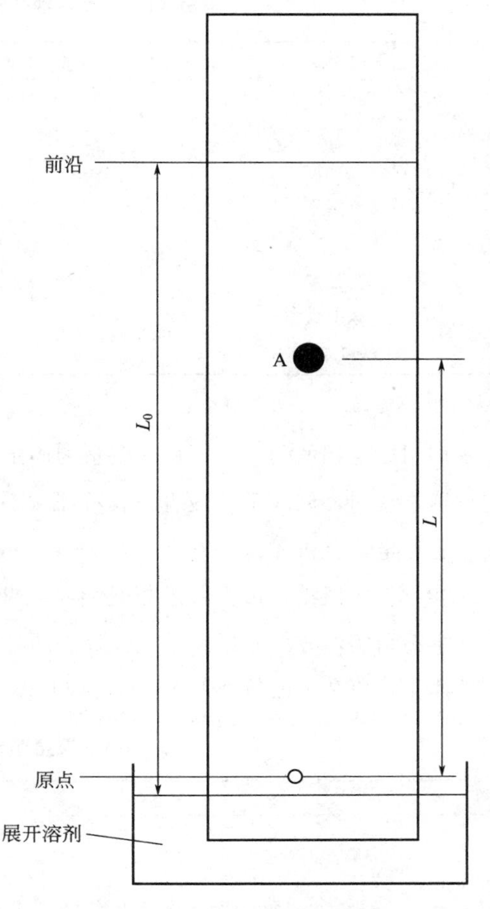

图 11-9　薄层色谱常用术语示意图

1. 薄层色谱的特点　①展开时间短，一般只需几十分钟即可获得结果；②分离能力较强；③灵敏度高，通常使用的样品量为几至几十微克；④显色方便，与纸色谱比较，TLC 可直接喷洒腐蚀性的显色剂进行显色（用淀粉和纤维素作黏合剂者除外）；⑤所用仪器简单，操作方便；⑥既能分离大量样品，也能分离微量样品。

2. 操作方法　薄层色谱的操作一般主要包括四步：薄层板的制备，点样，展开，检出。

（1）*薄层板的制备*

①手工制板：手工制板一般分为不含黏合剂的软板及含黏合剂的硬板两种。软板疏松，操作不方便，目前很少使用，故在此不作介绍。

手工制板所用的玻璃板，除另有规定外，一般为 10cm×10cm，10cm×15cm，20cm×10cm 或 20cm×20cm 的 2mm 厚规格，要求板面平整，洗净后放置在薄层板放置架上备用。然后用手动或自动涂布器将已调好的固定相均匀地涂铺在玻璃板上。手动涂布器常因推进速度的不同，使薄层厚度不均匀，因此最好用自动涂布器。手动简易涂布器见图 11-10。

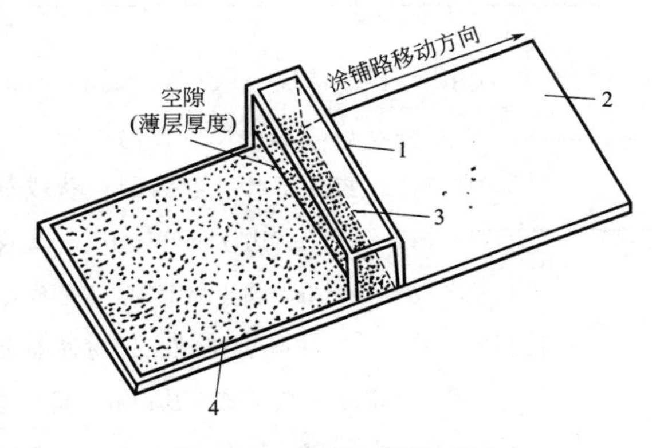

图 11-10　简易涂布器示意图

1. 涂铺器；2. 玻璃板；3. 含黏合剂或不含黏合剂的吸附剂；4. 涂铺过吸附剂的薄层

薄层自动铺板器集匀浆、制板功能为一体，可铺制不同规格的薄层板，制板厚度一般为 0.2～0.3mm。

制备含黏合剂的硬板，要先制备固定相的匀浆，由于固定相及黏合剂类型不同，匀浆时加水量也不同。不同类别薄层制备时用水量及活化条件见表 11-2。

表 11-2　各类薄层制备时的用水量及活化条件

薄层类别	固定相（g）：加水量（mL）	活化条件
硅胶 G	1∶2～1∶3	80℃、110℃，30min
硅胶（CMC-Na*）	1∶3（0.2%～0.5%CMC-Na 水溶液）	80℃、110℃，30min
硅胶 G（CMC-Na）	1∶3（0.2%CMC-Na 水溶液）	80℃、110℃，30min
氧化铝 G	1∶2～1∶2.5	110℃，30min
氧化铝-硅胶 G（1∶2）	1∶2.5～1∶3	80℃　30min，110℃　30min
硅胶-淀粉	1∶2	105℃，30min
硅藻土 G	1∶2	110℃，30min
纤维素	1∶5	

注：CMC-Na*：羧甲基纤维素钠。

调制固定相的匀浆时可将一定量的固定相按上表比例加入适量水或黏合剂，在研钵中或在匀浆器中调匀，倒入手动或自动涂布器中涂布。将涂铺好的薄层板置室温下阴干，活化后备用。定性定量分析时薄层厚度为 0.2～0.3mm，制备薄层厚度为 0.5～2mm。

②市售薄层板：市售薄层板是由工厂生产出来的商品板，使用方便，涂布均匀，薄层光滑，牢固结实，分离效果及重现性好。品种繁多，规格齐全，能满足不同的分析要求。常见的市售薄层板包装上的符号及含义见表 11-3。

表 11-3　薄层预制板包装上的符号及含义

符　号	含　义	符　号	含　义
G	石膏为黏合剂	C	薄层已被分成条带
H	无外加黏合剂	RP	反相
$F_{254、365}$	荧光指示剂激发波长	RP-8、RP-18	C-8、C-18 烷基改性
F_{254S}	抗酸性荧光指示剂	NH_2	氨基改性亲水层
40、60…	吸附剂平均孔径（Å）	CN	氰基改性固定相
R	特别纯化的	CHIR	手性固定相
P	制备用	W	水可湿性的

（2）点样：点样体积一般为 1～10μL，样品浓度一般在 0.01%～1.00%范围内，点样量大会造成斑点拖尾或分离不好。

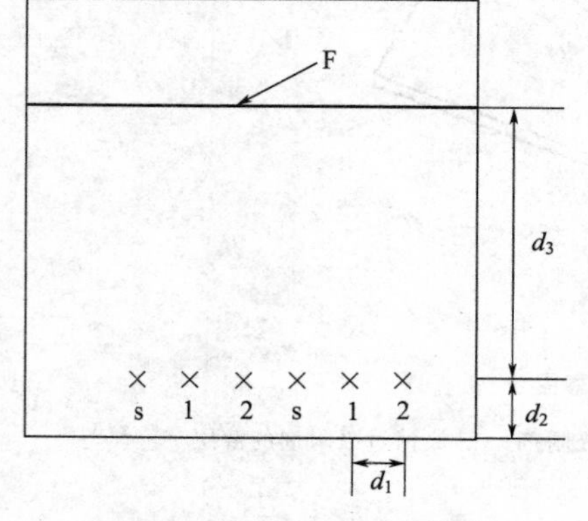

图 11-11　薄层点样示意图

S—对照品溶液；1、2—样品溶液；×—原点；d_1—点间距离；d_2—原点与板底边距离；d_3—展距；F—溶剂前沿

点样形状一般为圆点状或窄细的条带状，点样基线一般距底边 10～15mm，高效板的基线一般离底边 8～10mm，圆点状直径一般不大于 4mm，高效板一般不大于 2mm。接触点样时注意勿损伤薄层表面。条带状宽度一般为 5～10mm，高效板条带宽度一般为 4～8mm，用专用半自动或自动点样器械喷雾法点样。点间距离可视斑点扩散情况以相邻斑点互不干扰为宜，一般不少于 8mm，高效板供试品间隔不少于 5mm。

常用的点样器具为定量毛细管（0.5、1、2、3、4、5 和 10μL），或手动、半自动、全自动点样器材。用手工点样时常用定量毛细管。薄层点样示意图见图 11-11。

（3）展开：点样后的薄层，置密闭的玻璃槽（见图

NOTE

11-12）中，用合适的展开剂展开。展开剂浸入薄层下端高度不应超过 0.5cm。点样处不可接触展开剂，一般上行展开 8～15cm，高效薄层板上行展开5～8cm。溶剂前沿达到规定的展距，取出薄层板，晾干。对于样品成分复杂的混合物，可采用双向展开法，此法所用的薄层板是方形的，在薄层板的相邻两边分别划一条底线，相交于一点为原点，将试样溶液点于此原点，见图 11-13，先用一种溶剂沿着一个方向展开（A 方向），完毕后取出。吹干展开剂。将薄层板转 90°（B 方向），再放在另一种展开剂中进行第二次展开，这样对某些成分复杂的混合物可获得满意的分离结果。

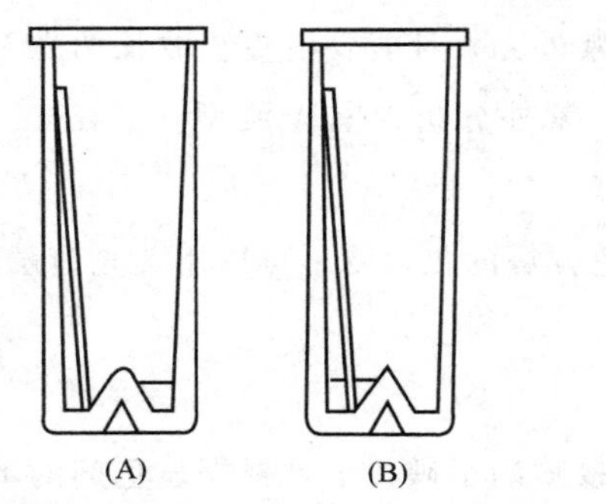

图 11-12　双底展开槽（上行展开）

A. 饱和；B. 展开

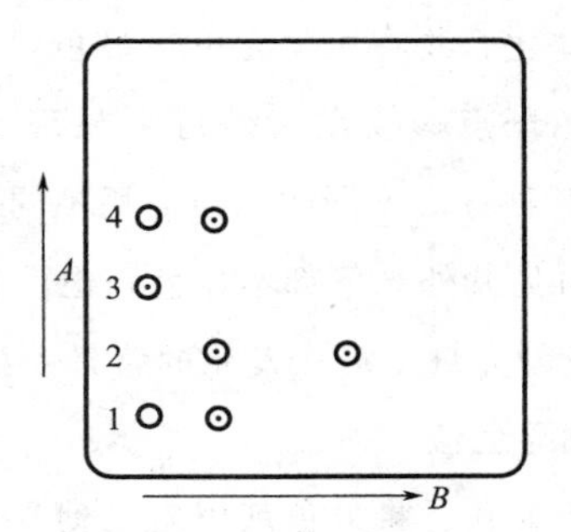

图 11-13　双向展开

点于同一薄层的同一物质的斑点，在色谱展开过程中，常出现靠薄层边缘处斑点的 R_f 值大于中心区域斑点的 R_f 值的现象，此称边缘效应，如图 11-14 所示。

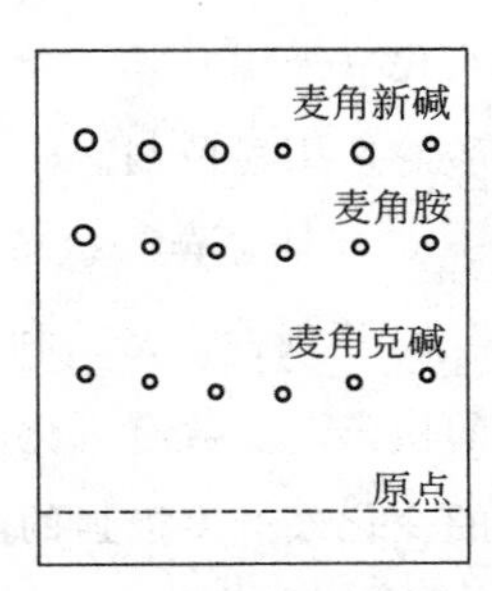

图 11-14　边缘效应

边缘效应多数出现在极性强弱不等的混合溶剂展开系统中，用单一组分展开剂，边缘效应较为少见。薄层置于不饱和箱中时，如果薄层板较大，展开时间较长，而展开剂挥发的速率不同，即当混合展开剂在薄层上移行时，由于被吸附剂吸附较弱的弱极性溶剂或沸点较低的溶剂，在薄层边缘较易挥发，从而使边缘部分溶剂极性比中心区大，因此，边缘斑点的 R_f 值大于中间的，又因薄层背面蒸气较稀薄，致使边缘处蒸气向背面移动，而边缘处蒸发掉的溶剂，由溶剂贮存器得到补充，边缘与中心区相比，有更多的展开剂沿边缘移动，溶质斑点也因此移动得高些。饱和及未饱和展开箱示意图见图 11-15。

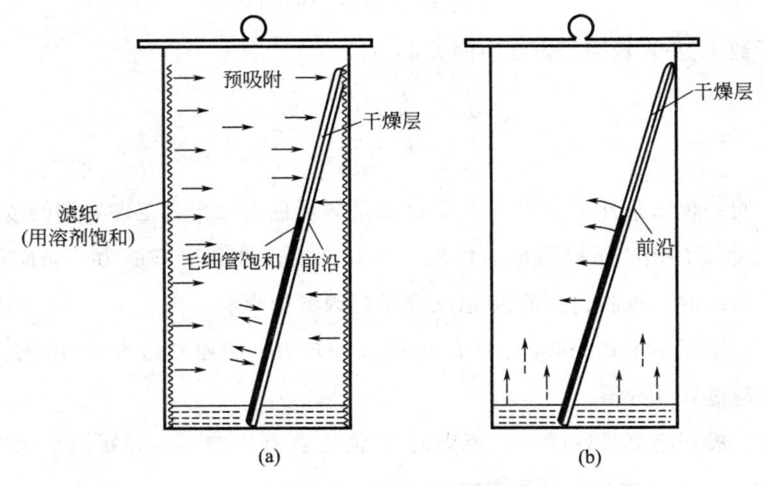

图 11-15　薄层展开时气相的影响

（a）饱和室；（b）不饱和室

为了减少边缘效应，可采取下列办法：①最好用较小体积的展开缸或将薄层在缸内放置一定时间，待溶剂蒸气达到饱和后再行展开；②在展开缸内壁贴上浸湿展开剂的滤纸条；③如采用3cm以下的狭小薄板，只点2～3个点时，也会减小边缘效应。

（4）斑点的检出

①光学检出法

a. 化合物本身有色，在自然光下可直接观察斑点。

b. 有些化合物在可见光下不显色，但可吸收紫外光，且能发射更长波长的光而显示不同颜色的荧光斑点，故在紫外灯下显现不同颜色。紫外分析仪有短波型（254nm）和长波型（365nm）两种灯。不同的物质需用不同的检测波长。

c. 在可见紫外光下都不显色，也没有合适显色方法的化合物，可以用荧光薄层进行分离。化合物在紫外光灯下可在发亮的背景上显示暗斑。

②试剂显色法

a. 喷雾显色：将显色剂用电动薄层喷雾器直接喷洒于硬板上，根据显色剂的不同，可直接显色或加热显色。一般选择能与被测化合物有专属性反应的各种试剂作为显色剂。如三氯化铁乙醇液、茚三酮试液等有些化合物如果没有较灵敏的反应，也可以喷以10%硫酸乙醇使斑点炭化（采用CMC-Na黏合薄层时不适用）显色，或者碘的三氯甲烷溶液、碱性高锰酸钾和磷钼酸等通用显色剂。

b. 浸渍显色：也可用浸渍法处理薄层，使生成颜色稳定、轮廓清楚、灵敏度高的色斑。

c. 蒸气检出法：利用某些物质的蒸气与样品作用生成不同颜色或产生荧光，也可用于斑点的检出。多数有机化合物能吸附碘蒸气而显示黄色斑点。有些化合物遇碘蒸气后发生紫外吸收的变化或产生极强的荧光。挥发性的酸、碱，如盐酸、硝酸、浓氨水、乙二胺等蒸气也常用于斑点的检出。

3. 定性定量分析

（1）定性分析：在薄层色谱法中，常用比移值 R_f 来表示各组分在色谱中的位置。比移值 R_f（R_f 与 R' 具有相同的含义）的定义为：

$$R_f=\frac{\text{原点至斑点中心的距离}}{\text{原点至溶剂前沿的距离}} \tag{11-6}$$

R_f 与分配系数 K 及容量因子 k 之间的关系为：

$$R_f=\frac{1}{1+K\dfrac{V_s}{V_m}}=\frac{1}{1+k} \tag{11-7}$$

相同物质在同一色谱条件下的 R_f 相同，这就是薄层色谱法作为定性鉴别的依据。

影响 R_f 值最重要的因素是吸附剂的性质与展开剂的极性和溶解能力。当应用同一种吸附剂和同一种展开系统时，被测物质的 R_f 值又受下列因素的影响：

①薄层厚度：层厚小于0.2mm时对 R_f 值的影响较大，层厚超过0.2mm时则可以认为没有影响，但不能超过0.35mm。

②展开距离：展开距离最好固定，否则对 R_f 值也会有影响。展开距离加大时，有些物质的 R_f 值会稍有增大，而有些物质又稍有减小。

③展开容器中展开剂蒸气的饱和度：如果展开容器中没有被展开剂的蒸气饱和，就可能产

生边缘效应，影响 R_f值。

④点样量：点样量过多时，会使斑点变大，甚至拖尾，R_f值也会随之变化。

⑤薄层含水量：特别是黏合薄层板，如干燥不均匀，或其他原因使薄层各部分含水量不一致，就会影响 R_f值。

⑥温度和相对湿度：温度和相对湿度都可能影响 R_f值，有些样品的成分受温度和相对湿度变化影响大，这类成分展开时要严格控制温度和相对湿度。

为了解决 R_f值重现性差，定性困难的问题，常采用相对比移值 R_{st}来定性。

相对比移值 R_{st}（relative R_f value）的定义为：

$$R_{st}=\frac{\text{原点至样品斑点中心的距离}}{\text{原点至参考物斑点中心的距离}} \tag{11-8}$$

R_{st}值是相对 R_f值，是样品与参考物移动距离之比，可消除许多系统误差。参考物可另外加入，也可以直接以样品中某一组分作为参考物。R_{st}值可以大于 1。

（2）定量分析：薄层定量方法目前常用薄层扫描仪直接测量板上被分离化合物斑点的吸收光、反射光、荧光等进行定量，称为薄层扫描法。该法快速、简便，适用于多组分物质和微量组分的定量。它是用一束长宽可以调节、一定波长、一定强度的光线，按照一定的方式照射到薄层板上，对整个斑点进行扫描，用仪器记录通过斑点时光束强度的变化，从而达到定量的目的。根据测光方法和扫描模式，薄层扫描仪可分为不同的类型。根据光源不同，可分为吸收测定法和荧光测定法两种。其光学系统构造如图 11-16 所示。

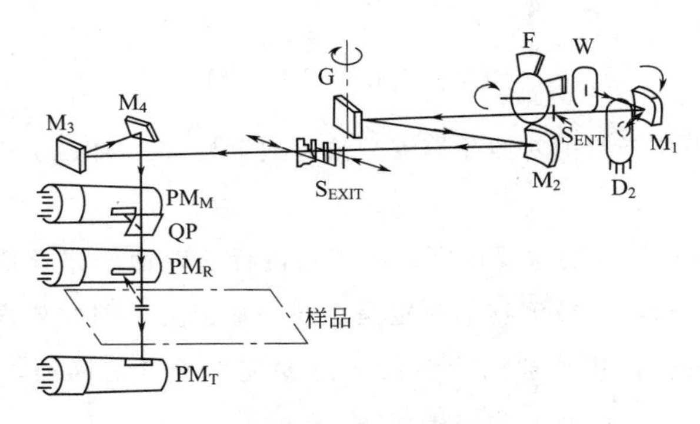

图 11-16　薄层扫描仪光学系统结构示意图

W 为钨灯；D_2 为氘灯；G 为光栅；S_{ENT}为入口狭缝；S_{EXIT}为出口狭缝；M_1 为光源转换镜；M_2 为分光器准直镜；M_3 为凹面镜；M_4 为平面镜；F 为截止滤波器；QP 为石英平板；PM_M 为监测用光电倍增管；PM_T 为透射测量用光电倍增管；PM_R 为反射测量用光电倍增管

薄层定量方法常采用外标法，其次为内标法。

①外标法：外标法又可分为外标一点法和外标二点法。

a. 外标一点法：标准曲线通过原点（截距为零）时可用外标一点法定量，如图 11-17。且需点一种浓度的对照品溶液。

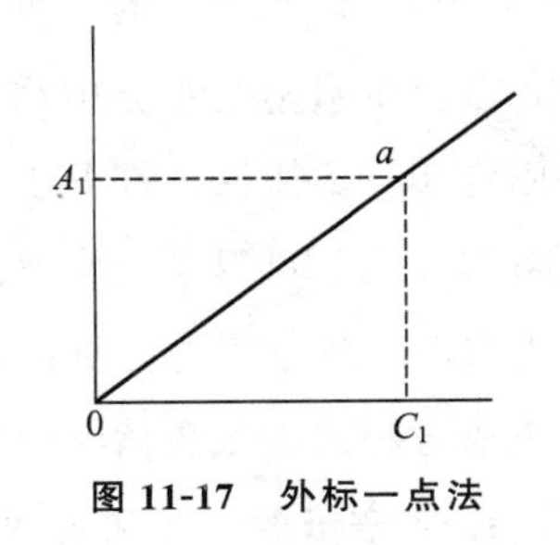

图 11-17　外标一点法

对照品溶液与样品液同板展开，测定各自峰面积，计算组分含量，计算公式为：

$$C=F_1 \cdot A \tag{11-9}$$

式中，C 为样品的浓度或重量，A 为样品的峰面积，F_1为直线的斜率或比例常数，可通过测量对照品的峰面积和对照品的浓度求出。

b. 外标二点法：标准曲线不通过原点时，只能用外标二点法定量，至少要点在同一薄层板上两种不同浓度（每个浓度可点 2～4 个点，取平均值）的对照品溶液（或一种浓度两种点样量），才能决定一直线，如图 11-18 所示。

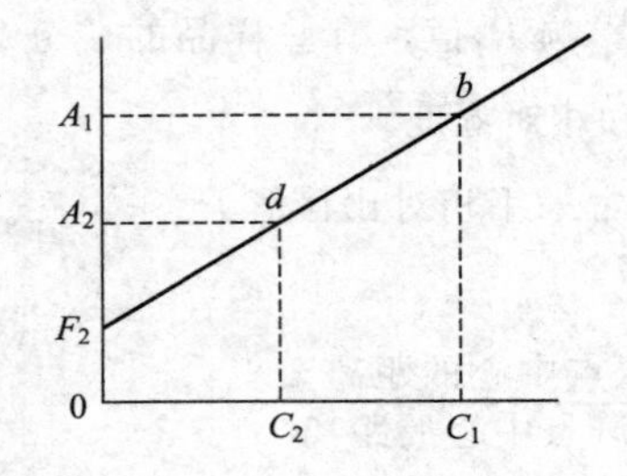

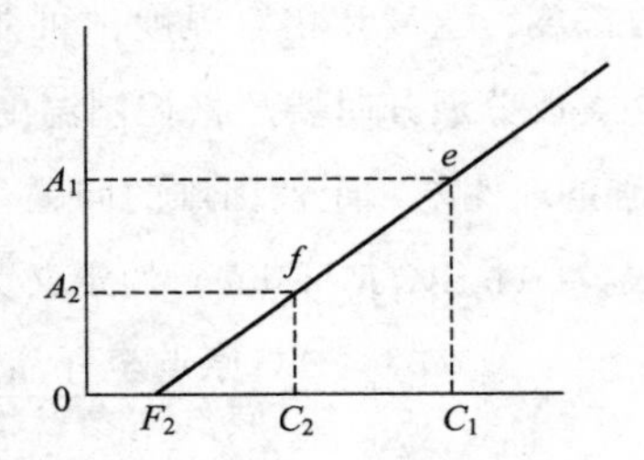

图 11-18　外标二点法

其计算公式为：

$$C=F_1A+F_2 \tag{11-10}$$

式中，F_2 为直线与纵坐标或横坐标的截距。

由

$$C_1=F_1A_1+F_2 \tag{11-11}$$

$$C_2=F_1A_2+F_2 \tag{11-12}$$

可以导出

$$F_1=\frac{C_1-C_2}{A_1-A_2} \tag{11-13}$$

$$F_2=\frac{1}{2}(C_1-C_2)-\frac{1}{2}F_1(A_1-A_2) \tag{11-14}$$

F_1 和 F_2 都是通过测量随行的对照品溶液的浓度或重量（C_1 和 C_2）和峰面积（A_1 和 A_2）求出。

②内标法：本法与外标法的主要区别，在于用内标法时面积累计值为被测样品和内标物的面积之比。由于内标物与被测物的测定是在同一通道上，因此要求内标物的吸收波长接近被测物质的吸收波长，并与被测物质的斑点要完全分开。因而，内标物的选择比较困难。

随着科技的发展，薄层定量分析方法应用已较少。

（二）纸色谱法

纸色谱法（paper chromatography）是以滤纸作为载体，以构成滤纸的纤维素所结合水分为固定相，以水饱和的有机溶剂为展开剂的色谱分析方法。构成滤纸的纤维素分子中有许多羟基，被滤纸吸附的水分中约 6% 与纤维素上的羟基以氢键结合成复合态，这一部分水是纸色谱的固定相。由于这一部分水与滤纸纤维结合比较牢固，所以流动相既可以是与水不相混溶的有机溶剂，而且可以是与水混溶的有机溶剂如乙醇、丙醇、丙酮甚至水。流动相借毛细管作用在纸上展开。除水以外，纸纤维也可以吸留其他物质如甲酰胺等作为固定相。在分配色谱中介绍的色谱方程式在纸色谱法中也适用。

1. 色谱纸的选择和处理

（1）滤纸的选择：纸色谱使用的滤纸应具备以下条件：①滤纸的质地要均匀，厚薄均一，纸面必须平整；②具有一定的机械强度，被溶剂润湿后仍能悬挂；③具有足够的纯度，

某些滤纸常含有 Ca^{2+}、Mg^{2+}、Cu^{2+}、Fe^{3+} 等杂质，必要时需进行净化处理；④滤纸有厚型和薄型、快速和慢速之分，要选择纤维松紧适宜，厚薄适当，展开剂移动的速度适中的滤纸。

（2）滤纸的处理：有时为了适应某些特殊化合物分离的需要，可对滤纸进行处理，使滤纸具有新的性能。有些化合物受 pH 值的影响而有离子化程度的改变，例如多数生物碱在中性溶剂系统中分离，往往产生拖尾现象，如将滤纸预先用一定 pH 值的缓冲溶液处理就能克服。有时将滤纸上加有一定浓度的无机盐类借以调整纸纤维中的含水量，改变分配两相间量的比例，促使混合物相互分离，如某些混合生物碱类的分离可采用此法。

（3）反相纸色谱：将亲脂性液层固定在滤纸上作为固定相，水或亲水性液层为流动相，即为反相纸色谱。适用于一些亲脂性强、水溶性小的化合物的分离。操作时先须制备疏水性滤纸，以改变滤纸的性能，使适合水或亲水性溶剂系统的展开。另一种方法是将滤纸纤维经过化学处理使其产生疏水性。例如，乙酰化滤纸是比较常用的一种。

2. 点样　纸色谱的点样方法与薄层色谱相似，这里不再赘述。

3. 展开剂的选择　纸色谱最常用的展开剂是水饱和的正丁醇、正戊醇、酚等。此外，为了防止弱酸、弱碱的解离而引起拖尾，常加少量的弱酸或弱碱，如乙酸、吡啶等。有时加入一定比例的甲醇、乙醇等以增加水在正丁醇中的溶解度，使展开剂极性增大，增强它对极性化合物的展开能力。如用正丁醇-乙酸作流动相，应当先在分液漏斗中把它们与水振摇，分层后，分离被水饱和的有机层使用。流动相如果没有预先被水所饱和，则展开过程就会把固定相中的水夺去，使分配过程不能正常进行。

4. 展开　在展开前，先用展开剂蒸气饱和容器内部，或用浸有展开剂的滤纸条贴在容器内壁，下端浸入展开剂中，使容器尽快地被展开剂所饱和。然后再将滤纸浸入溶剂中进行展开。

纸色谱的展开方式，通常采用上行法，如图 11-19，让展开剂借毛细管效应自下向上移动。若要同时进行较多样品的色谱分离，可在方形滤纸一端每隔 2～2.5cm 点样，然后缝成圆筒形，在圆形缸中展开。上行法操作简便，但溶剂渗透较慢，对于 R_f 值相差较小的组分分离困难，故上行法一般用于分离 R_f 值相差较大的物质。

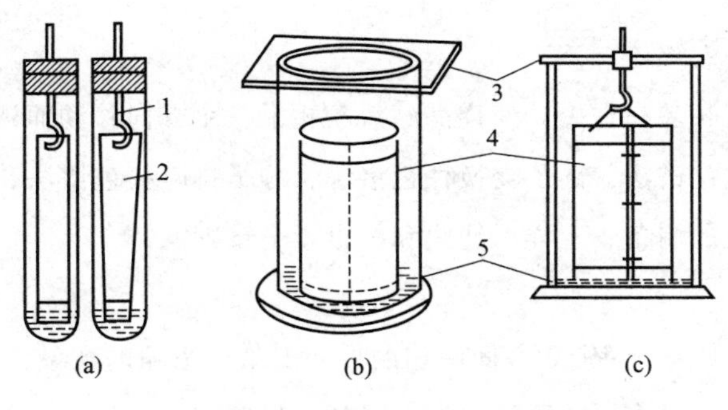

图 11-19　上行展开装置

1. 悬钩；2. 滤纸条；3. 玻璃盖；4. 滤纸条；5. 展开剂

对于 R_f 值较小的样品，可以用下行法，借助于重力使溶剂由毛细孔向下移动，这样斑点移动距离大，可使不同组分获得较好的分离。

NOTE

5. 检出 纸色谱的检出方法和 TLC 基本相同，但纸色谱不能用腐蚀性显色剂如硫酸等，对有抗菌作用的成分，可应用生物检定法，此法是将纸色谱加到细菌的培养基内，经过培养后，根据抑菌圈出现的情况，来确定化合物在纸上的位置。也可以用酶解方法，例如无还原性的多糖或苷类在纸色谱上经过酶解，生成还原性的单糖，就能应用氨性硝酸银试剂显色。也可以利用化合物中所含有的示踪同位素来检识化合物在纸色谱上的位置。

（三）聚酰胺薄膜色谱

聚酰胺薄膜是将锦纶在涤纶片基或玻璃片上涂一层薄膜而制成，涂在涤纶片基上便于操作和保存。国内有聚酰胺薄膜成品出售。聚酰胺薄膜色谱操作方法与薄层色谱相同。聚酰胺薄膜色谱常见的展开剂见表 11-4

表 11-4 聚酰胺色谱常用的展开剂

化合物类别	溶剂系统
黄酮苷元	氯仿-甲醇（94：6 或 96：4），氯仿-甲醇-丁酮（12：2：1），苯-甲醇-丁酮（90：6：4 或 84：8：8），氯仿-甲醇-甲酸（60：38：2），氯仿-甲醇-吡啶（70：22：8），氯仿-甲醇-苯酚（64：28：8）
黄酮苷	甲醇-醋酸-水（90：5：5），甲醇-水（4：1），乙醇-水（1：1），丙酮-水（1：1），异丙醇-水（3：2），30%～60%醋酸，醋酸乙酯-95%乙醇（6：4），氯仿-甲醇（7：3），正丁醇-乙醇-水（1：4：5），氯仿-甲醇-丁酮（65：25：10）
酚类	丙酮-水（1：1），苯-甲醇-醋酸（45：8：4），环己烷-醋酸（93：7），10%醋酸
醌类	10%醋酸，正己烷-苯-醋酸（4：1：0.5），石油醚-苯-醋酸（10：10：5）
糖类	醋酸乙酯-甲醇（8：1），正丁醇-丙酮-水-醋酸（6：2：1：1）
生物碱类	环己烷-醋酸乙酯-正丁醇-二甲胺（30：2.5：0.9：0.1），水-乙醇-二甲胺（88：12：0.1）
氨基酸类衍生物	苯-醋酸（8：2 或 9：1），50%醋酸，甲酸-水（1.5：100 或 1：1），醋酸乙酯-甲醇-醋酸（20：1：1），0.05M 磷酸三钠-乙醇（3：1），二甲基甲酰胺-醋酸-水-乙醇（5：10：30：20），氯仿-醋酸（8：2）
甾体萜类	己烷-丙酮（4：1），氯仿-丙酮（4：1）
甾体苷	甲醇-水-甲酸（60：35：5），醋酸乙酯-甲醇-水-甲酸（50：20：25：5）

二、经典柱色谱

柱色谱法是将固定相装在柱内，使样品随流动相沿一个方向移动而达到分离的方法。包括吸附柱色谱法、分配柱色谱法、离子交换柱色谱法、分子排阻柱色谱法、聚酰胺柱色谱法。柱色谱的操作包括色谱柱的制备、上样、洗脱和检出 4 个步骤。

常用术语如下。

（1）吸附：是指溶质在液-固或气-固两相的界面上集中浓缩的现象。

（2）吸附剂：具有吸附作用的固体叫做吸附剂，如硅胶、氧化铝。

（3）溶剂：溶解样品的液体。

（4）洗脱剂：作为流动相的液体叫做洗脱剂。

（5）洗脱液：从色谱柱末端留出来的液体称为洗脱液。

（6）洗脱：使流动相通过色谱柱的操作叫做洗脱。

（一）吸附柱色谱法

1. 色谱柱的制备　常用的柱体为玻璃。其规格根据被分离物质的情况而定，内径与柱长的比例，一般在1∶10～1∶20，如有特殊需要，为了提高分离效率可采用细长型色谱柱。

固定相通常采用直径为0.07～0.15mm的颗粒；根据使用目的不同，分别选用不同的固定相及其用量。如：氧化铝用量为样品重量的20～50倍，对于难分离化合物氧化铝用量可增加至100～200倍，硅胶作固定相其比例一般为1∶30～1∶60，如为难分离化合物，可高达1∶500～1∶1000。

填装的要求是填装均匀，且不能有气泡，若松紧不一致则分离物的移动速度不规则，影响分离效果。装柱时首先将玻璃柱垂直地固定于支架上（管下端塞有少量棉花或带有垂熔滤板），以保持一个平整的表面，有助于分离。填装时分为干法填装和湿法填装。

（1）干法：将准备好的适量固定相连续倒入色谱柱中，然后轻轻振动管壁使其均匀下沉，然后沿管壁缓缓加入洗脱剂；也可在色谱柱内加入适当的洗脱剂，旋开活塞使洗脱剂缓缓滴出，然后自管顶缓缓加入吸附剂，使其均匀地润湿下沉，在管内形成松紧适度的吸附层。操作过程中应保持有充分的洗脱剂留在吸附层的上面。

（2）湿法：吸附剂与洗脱剂混合，搅拌除去空气泡，打开下端活塞，缓缓倾入色谱柱中，然后加入洗脱剂将附着在管壁的吸附剂洗下，使色谱柱面平整。待平衡后，关闭下端活塞，操作过程中应保持吸附层上方有一定量的洗脱剂。

2. 加样　加样前让多余洗脱剂从色谱柱中流下，至液面和柱表面相平时，即可加样。加样的方法有3种：

（1）被分离物溶于开始洗脱时使用的洗脱剂中，再沿管壁缓缓加入，注意勿使吸附剂翻起；

（2）被分离物溶于适当的溶剂中，与少量吸附剂混匀，再使溶剂挥发去尽使呈松散状，加在已制备好的色谱柱上面；

（3）如被分离物在常用溶剂中不溶，可将被分离物与适量的吸附剂在乳钵中研磨混匀后加入。

3. 洗脱　在洗脱时，通常按洗脱剂洗脱能力大小，按递增方式变换洗脱剂的品种与比例让洗脱剂连续不断地流入色谱柱，并保持一定高度的液面。收集洗脱液通常有两种方式，一是等份收集（亦可用自动收集器），二是按变换洗脱剂收集。洗脱过程中应保持有充分的洗脱剂留在吸附层的上面。

4. 检出　将收集液用薄层色谱、化学反应或高效液相色谱定性检查，根据检查结果，将成分相同的洗脱液合并，回收溶剂，得到某一单一成分。如为几个成分的混合物，可再用其他方法进一步分离。

（二）分配柱色谱法

操作方法和吸附柱色谱基本一致。装柱前，先将固定液溶于适当溶剂中，加入适宜载体，混合均匀，待溶剂完全挥干后分次移入色谱柱中并用带有平面的玻棒压紧；被分离物可溶于固定液，混以少量载体，加在预制好的色谱柱上端。洗脱剂需先加固定液混合使之饱和，以避免洗脱过程中固定液的流失。

（三）离子交换柱色谱法

离子交换柱色谱通常采用湿法装柱，离子交换树脂在装柱前必须经过处理，以除去杂质并使其全部转变为所需要的型式。如阳离子交换树脂一般在使用前将其转变为氢型，阴离子交换树脂通常将其转变为氯型或羟基型。

具体操作：先将树脂浸于蒸馏水中使其溶胀，然后用5%～10%盐酸处理阳离子交换树脂使其变为氢型；对阴离子交换树脂用10%NaOH或10%NaCl溶液处理，使其变为羟基型或氯型。最后用蒸馏水洗去多余的酸或碱并洗至中性，即可使用。已用过的树脂可使其再生，恢复交换能力反复使用。再生的方法是将用过的树脂用适当的酸或碱、盐处理。其余操作方法和吸附柱色谱基本一致。

（四）分子排阻柱色谱法

1. 装柱 分子排阻柱色谱法通常采用湿法装柱，固定相凝胶在装柱前需要充分溶胀，即将所需的干凝胶浸入相当于其吸水量10倍的溶剂中，缓慢搅拌使其分散在溶剂中，防止结块，但不能用机械搅拌器，避免颗粒破碎。溶胀时间依交联度而定，交联度小的吸水量大，需要时间长，也可加热溶胀。所制备的凝胶匀浆不宜过稀，否则装柱时易造成大颗粒下沉，小颗粒上浮，致使填充不均匀。

在分子排阻色谱中，影响分离度的柱参数中最重要的是柱长度、颗粒直径及填充的均匀性。虽然理论上认为用足够长的柱可以获得不同程度的分离度，柱长加倍，分离度增加40%，但流速至少降低50%，在分子排阻色谱中原来就存在着分离速度较慢的缺点，因此很少应用长于100cm的柱。当分离K值较接近的组分时，柱长确需超过100cm时，则可采用几根短柱串联。填充时不应有气泡，填充后用同一种洗脱剂以2～3倍总体积使柱平衡。

2. 加样 分子排阻色谱的上样量可比其他色谱形式大些，如果是组别分离，上样量可以是柱床体积的25%～30%；如果分离K值相近的物质，上样量为柱床体积的2%～5%。柱床体积指每克干凝胶溶胀以后在柱中自由沉积所成床的体积。

3. 洗脱 在分子排阻色谱中，洗脱剂的作用原则上没有其他液相色谱要求严格，因为样品的分离并不依赖溶剂和样品间的相互作用力。一般要求洗脱剂应与浸泡溶胀凝胶所用的溶剂相同，因为如果换溶剂，凝胶体积会发生变化，从而影响分离效果。除非含有较强吸附的溶质，一般洗脱剂用量也仅需一个柱体积。完全不带电荷的物质可用纯溶剂如蒸馏水洗脱，若分离物质有带电基团，就需要用具有一定离子强度的洗脱剂如缓冲溶液等，浓度至少0.02M。

（五）聚酰胺柱色谱法

1. 装柱 将聚酰胺颗粒研磨成小于100目的细粉，并预先将聚酰胺粉混悬于溶剂（常用水）中湿法装柱。若用含水溶剂系统洗脱，常用水装柱；以非极性溶剂系统洗脱时，常以溶剂系统中极性低的组分装柱。若以氯仿装柱，加样时应将柱底端的氯仿层放出，并立即加样，加样后顶端以棉花塞紧。洗脱完毕时应将顶端多余氯仿液放出。

2. 加样 聚酰胺的样品容量较大。每100mL聚酰胺粉可上样1.5～2.5g。若利用聚酰胺除去鞣质，样品上柱量可大大增加。通常观察鞣质在柱上形成橙色色带的移动，当样品加到该色带移至柱的近底端时，停止加样。样品常用洗脱剂溶解，浓度在20%～30%，不溶样品可用甲醇、乙醇、丙酮、乙醚等易挥发性溶剂溶解，拌入聚酰胺干粉中，拌匀后将溶剂减压蒸

NOTE

去，以洗脱剂浸泡装入柱中。

3. 洗脱　聚酰胺色谱的洗脱剂常用水、由稀至浓的乙醇液（10%、30%、50%、70%、95%），或三氯甲烷、三氯甲烷-甲醇（19∶1、10∶1、5∶1、2∶1、1∶1），依次洗脱。若仍有物质未洗脱，可采用3.5%的氨水洗脱。洗脱剂的更换，溶剂性质改变不宜太快，一般根据洗脱液的颜色，当颜色变为很淡时更换下一种溶剂。以适当体积分瓶收集，分瓶浓缩。各瓶浓缩液以聚酰胺薄膜色谱检查其成分，成分相同者合并，以适当溶剂结晶，即可得到晶体。

习　题

1. 问答题

（1）经典液相色谱中最常用的吸附剂有哪些？其最适于分离哪类物质？

（2）混合物样品用吸附柱色谱分离时，出柱顺序能否预测？哪种组分最先出柱？

（3）以吸附剂氧化铝为固定相，含25%苯的石油醚为流动相，分离顺、反偶氮苯，哪种化合物先出柱？为什么？

（4）已知吗啡、可待因和蒂巴因的 R_f 值各为0.07、0.51和0.67，试问在吸附色谱分离中何者的平衡常数最大和最小？

（5）在吸附薄层色谱中，固定相和展开剂的选择要点是什么？

（6）什么是正相色谱？什么是反相色谱？

（7）什么是比移值（R_f）？影响 R_f 值的因素有哪些？

（8）什么是离子交换色谱法？

（9）试说明凝胶色谱的分离机理及其与吸附色谱分离机理的区别。

（10）何谓聚酰胺色谱中的氢键吸附和双重层析？

2. 计算题

（1）在吸附色谱柱上分离麻黄碱与d-伪麻黄碱时，已知洗脱剂流出色谱柱的时间为1分钟，麻黄碱与d-伪麻黄碱的容量因子各为500和600，试求两者的保留时间各为若干？何者有大的 K 值？

（2）有两种性质相似的组分A和B，共存于同一溶液中。用纸色谱分离时，它们的比移值分别为0.45和0.63. 欲使分离后两斑点中心间距离为2cm，问滤纸条至少应为多长（起始线距底边为2cm）？　　（13.1）

（3）X、Y、Z三组分混合物，经色谱柱分离后，其保留时间分别为：$t_{R(X)}=5$ 分钟，$t_{R(Y)}=7$ 分钟，$t_{R(Z)}=12$ 分钟，不滞留组分的洗脱时间 $t_M=1.5$min。试求：①Y对X的相对保留值是多少？②Z对Y的相对保留值是多少？③Y组分在色谱柱中的容量因子是多少？④X对Y的容量因子之比是多少？　　（①1.57；②1.91；③3.67；④0.64）

（4）混合酸经纸上层析后，知原点到柠檬酸斑点中心的距离为6.5cm，原点至溶剂前沿的距离为10cm，当分配系数 $K=0.4$ 时，消耗展开剂的体积为8mL，求在此条件下纸上固定液的体积为多少毫升？柠檬酸的保留体积为多少毫升？　　（10.77mL；12.32mL）

（5）3.000g黄连提取液，定容为10.00mL，取2μL点于硅胶H板上，在同一块板上，点浓度为2.00μg/μL的小檗碱标准液2μL，经层析展开后，在薄层扫描仪上测得 $A_{标}=$

58541.8AU，$A_{检}$=78308.3AU。已知工作曲线通过原点，求黄连中小檗碱的含量？

(8.92mg/g)

(6) 硅胶A的薄层板上，以苯：甲醇=1：3为溶剂系统，喹唑啉的 R_f 值为0.5，在硅胶B的薄层板上，用同样的溶剂系统，同一喹唑啉样品的 R_f 值为0.4，哪一种硅胶样品活性较大？

(7) 在某给定的凝胶柱上，蔗糖和蓝色葡聚糖的洗脱体积分别为55.5mL和9mL。①若某物的 K=0.4，求其洗脱体积。②若某物的洗脱体积为25.0mL，求其 K 值。(27.6mL；0.34)

(8) 组分A在薄板上从样品原点迁移7.6cm，溶剂前沿迁移至样品原点以上16.2cm，试求：①组分A的 R_f 值；②在相同的薄板上，溶剂前沿移动到样品原点以上14.3cm，组分A的斑点应在此薄板上何位置？

(①0.47cm；②6.7cm)

(9) 对一根特定的凝胶色谱柱，蔗糖分子足够小，能够完全进入凝胶孔内，高分子量化合物蓝色葡萄糖，其分子量大于凝胶的排阻极限，细胞色素C在该柱上的分配系数为0.81，如果蔗糖的保留体积为195mL，蓝色葡萄糖的保留体积为39mL，计算细胞色素C的保留体积。

(165mL)

(10) 已知物质A和B在一个30.0cm柱上的保留时间分别为16.40和17.63分钟。不被保留组分通过该柱的时间为1.30分钟，A和B的峰宽为1.11和1.21分钟，计算：①柱的分辨率；②柱的平均塔板数；③塔板高度；④达到1.5的分辨率所需的柱长度。

(①1.06；②3445；③$8.71\times10^{-3}$cm；④60.1cm)

NOTE

第十二章　气相色谱法

气相色谱法（gas chromatography，GC）是以气体为流动相的柱色谱法。气相色谱分离中气体流动相亦称为载气，所起作用较小，主要基于溶质与固定相作用。按固定相所处的两种状态可分为气-固色谱（GSC）和气-液色谱（GLC）；按色谱柱的直径和填充情况可分为填充柱色谱和毛细管柱色谱；按分离原理可分为吸附色谱和分配色谱；按用途可分为分析型色谱和制备型色谱。一般气-固色谱属于吸附色谱，气-液色谱属于分配色谱。

用气体作流动相，主要优点是：由于气体的黏度小，而在色谱柱内流动的阻力小，同时，扩散系数大，因此组分在两相间的传质速率快，有利于高效快速分离。特别是高选择性色谱柱的研制、高灵敏度检测器及微处理机的广泛应用，使气相色谱具有分离选择性好、柱效高、速度快、检测灵敏度高、试样用量少、应用范围广等许多特点。使之成为当代最有效的多组分混合分离分析方法之一。已广泛应用于石油化工、环境监测、医药卫生、生物化学、食品科学等领域。在药学与中药学领域已成为药物含量测定、杂质检查、中药挥发油分析、溶剂残留分析、体内药物分析等的一种重要手段。

气相色谱也有一定的局限：在没有纯试样条件下，对试样中未知物的定性和定量测定较为困难，往往需要与红外光谱、质谱等结构分析仪联用；对沸点高、热稳定性差、腐蚀性和反应活性较强的物质，气相色谱分析也比较困难。

第一节　气相色谱仪

一、气相色谱仪的基本流程

气相色谱仪的基本流程如图 12-1 所示。在分析样品前，先把由气源提供的载气经降压、净化后调节到所需的流速。把气化室、色谱柱和检测器调至最佳工作状态。用微量进样器或气体进样阀把被分析样品注入进样器气化室后，立即被气化并由载气带入色谱柱进行分离。不同组分先后从色谱柱中流出进入检测器，检测器将各组分的浓度（或质量）信号转变成可测的电信号，经数据处理后，得到峰型色谱图。

NOTE

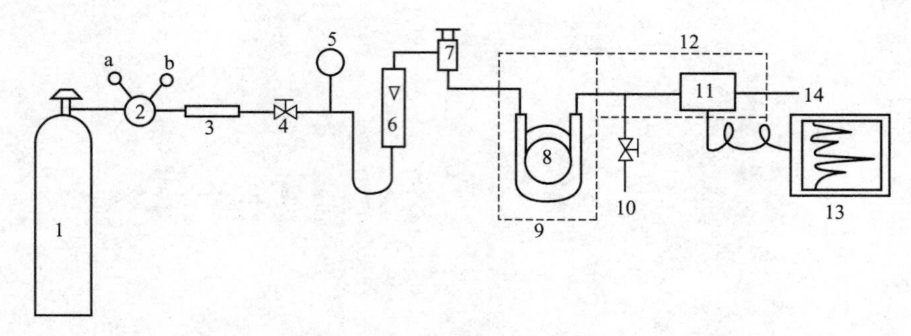

图 12-1　气相色谱仪示意图

1. 载气瓶；2. 压力调节器（a. 瓶压；b. 输出压力）；3. 净化器；4. 稳压阀；5. 柱前压力表；6. 转子流量计；7. 进样器；8. 色谱柱；9. 色谱柱恒温箱；10. 馏分收集口（柱后分馏阀）；11. 检测器；12. 检测器恒温箱；13. 记录器；14. 尾气出口

二、气相色谱仪的基本结构

由于仪器结构、功能或用途不同，气相色谱仪有多种类型，其设计基本原理相同，结构大同小异。现代气相色谱仪主要包括气路系统、进样系统、分离系统、检测系统、温度控制及数据处理系统和计算机控制系统。

1. 气路系统　气相色谱仪的气路系统是一个载气连续运行的密闭管路系统，包括载气和检测器所需气体的气源、气体净化、气体流速控制装置。气相色谱中常用的载气有高纯氢气、氮气、氦气和氩气，这些气体一般由高压钢瓶供给，氢气、氮气也可由气体发生器供给。载气通常都要经过净化装置除去载气中的水分、氧及烃类杂质。载气的纯度、流速和稳定直接影响色谱柱效、检测器灵敏度及仪器整机稳定性，是获得可靠色谱定性、定量分析结果的重要条件。

2. 进样系统　进样系统包括进样装置和气化室。进样方式可采用溶液直接进样或顶空进样，一般采用微量注射器量取样品从进样口注入。样品进入气化室在适当温度下瞬间气化后被载气快速定量带入分离系统。顶空进样是取样品基质（液体或固体）上方的气相部分进行气相色谱分析。1962 年就有顶空进样器商品，现已成为一种普遍使用的气相色谱分析技术。静态顶空气相包括手动进样装置和自动进样装置。

（1）手动进样装置：需要有一个控温精确的恒温槽（水浴或油浴），将装有样品的密封容器置于恒温槽中，在一定温度下达到平衡后，就可应用气密注射器从容器中抽取顶空气体样品，注入气相色谱仪进样口。手动顶空进样由于在取样和进样过程中很难保证压力的控制以及注射器温度的一致性，分析重现性较差。

（2）自动进样装置：目前商品化的顶空自动进样器有多种设计，现常用的按原理可分为两类：①压力平衡顶空进样系统，如 PE 公司的 HS-100 型顶空自动进样器；②压力控制定量管进样系统，如 Agilent7694E。分析重现性高于手动进样装置。

3. 分离系统　分离系统由色谱柱和柱温箱组成，是气相色谱仪的关键部分。

4. 检测系统　检测器是将载气中被分离组分的浓度或质量信号转变成易于测量的电信号，由记录仪记录成色谱图，供定性、定量分析用。

5. 温度控制系统　温控系统是用来设定、控制、测量气化室、色谱柱室和检测器室三处的温度，直接影响色谱柱的选择性、分离效率以及检测器的灵敏度和稳定性。

NOTE

6. 数据处理及计算机系统 色谱数据系统是采集数据，显示色谱图，直至给出定性定量结果。包括记录仪、数字积分仪、色谱工作站等。现代色谱工作站是色谱仪专用计算机系统，还具有色谱操作条件选择、控制、优化乃至智能化等多种功能。

商品化的气相色谱仪包括填充柱、毛细管柱和制备气相色谱仪三种。先进的气相色谱仪往往兼具填充柱、毛细管柱及分析、制备等多种功能。

第二节 色谱柱

色谱柱由柱体和柱内的固定相组成，是气相色谱仪的心脏部分。气相色谱分析中，样品中各组分能否完全分离主要取决于色谱柱的效能和选择性。按色谱柱的柱内径和固定相填充方式可分为填充柱和毛细管柱等。填充柱是指将固定相填充在内径约 3～6mm 的螺旋柱管内而制成的色谱柱。毛细管柱是内径只有 0.2～0.5mm 的高效能色谱柱。

一、固定相

固体固定相包括吸附剂、高分子多孔微球、化学键合固定相等。它们大多数有在高温下使用的优点，用于分析永久性气体及其他气体混合物、高沸点混合物或极性较强的物质。

液体固定相大多为高沸点的有机化合物，在操作条件下呈液态，称为固定液。将固定液涂渍在一种称为载体（或担体）的颗粒状固体表面上，制成固定相。液体固定相应用远比固体固定相广泛。

（一） 固体固定相

1. 吸附剂 常用吸附剂有强极性的硅胶、非极性的活性碳与石墨化碳黑、中极性的氧化铝和特殊吸附作用的分子筛。分子筛是一种强极性的特殊吸附剂，具有良好的孔穴结构和吸附性能。在永久性气体和烃类的碳数族组成分析中，占有重要的地位。

分子筛是合成的硅铝酸的钠盐或钙盐，化学元素组成是 $MO \cdot Al_2O_3 \cdot xSiO_2 \cdot yH_2O$。其中，M 为 Na、K、Li 等一价阳离子，或为 Ca、Ba、Sr 等两价阳离子。气-固色谱中常用的是 Na 型（4A，13X）和 Ca 型（5A，10X）分子筛。

2. 高分子多孔微球 高分子多孔微球（GDX）是气相色谱中用途最广泛的固定相。如国外的 Chromosorb 系列、Porapok 系列、Haysep 系列，国内 GDX 系列以及 400 系列有机载体等。这种固定相主要以苯乙烯和二乙烯基苯交联共聚制备，亦或引入极性不同的基团，可获得具有一定极性的聚合物。

3. 化学键合固定相 这种固定相一般采用硅胶为基质，利用硅胶表面的硅羟基与有机试剂经化学键合而成。其特点是：使用温度范围宽；抗溶剂冲洗；无固定相流失；寿命长；传质速度快。在很高的载气线速下使用时，柱效下降很小。这类固定相，不仅用于气相色谱中，而且更广泛地用作高效液相色谱固定相。

（二） 液体固定相

1. 固定液

（1）对固定液的基本要求：①蒸气压低，热稳定性和化学稳定性好。操作温度高于固定液

最低使用温度时呈液体，低于固定液最高使用温度时不流失、不分解。不与载体、载气、组分发生化学反应。②对样品中各组分溶解度大，选择性高。即对样品中各组分的分配系数有较大的差别，对难分离的物质对有较高的分离能力。③能在载体表面形成均匀液膜，以获得较高的柱效。

（2）固定液的分类：可用作固定液的化合物已达数百种之多，常按固定液极性和化学结构分类。

① 按相对极性分类：1959 年罗胥耐得（Rohrschneider）提出用相对极性（P）标定固定液的分离特性。规定非极性固定液角鲨烷的相对极性为 0，强极性固定液 β,β′-氧二丙腈相对极性为 100。选取一对物质，苯与环己烷（或正丁烷与丁二烯），分别测定它们在以上选定的两种固定液和被测固定液上的相对保留值的对数，即：

$$q=\lg\frac{t'_{R(苯)}}{t'_{R(环己烷)}}\quad 或\quad q=\lg\frac{t'_{R(丁二烯)}}{t'_{R(正丁烷)}} \tag{12-1}$$

再将其代入下式计算相对极性 P_x：

$$P_x=100-100\frac{q_1-q_x}{q_1-q_2} \tag{12-2}$$

式中 q_1、q_2 和 q_x 分别为苯和环己烷在 β,β′-氧二丙腈、角鲨烷和待测固定液上的 q 值。

将按上述方法计算得的固定液相对极性从 0～100 分成 5 级（5 级分度法），每隔 20 分为 1 级。P 在 0～20 为非极性固定液，在 21～40 为弱极性固定液，41～60 为中等极性固定液，61～100为强极性固定液。

常用固定液的性质见表 12-1。

表 12-1　常用固定液的极性数据

固定液	P	级别	固定液	P	级别
角鲨烷	0	+1	聚乙二醇 20000（PEG-20M）	68	+3
SE-30，OV-1	13	+1	己二酸二乙二醇聚酯（DEGA）	72	+4
阿皮松	7～8	+1	聚乙二醇-600（PEG-600）	74	+4
DC-550	20	+2	双甘油	89	+5
己二酸二辛酯	21	+2	β,β′-氧二丙腈	100	+5
邻苯二甲酸二壬酯 DNP	25	+2	聚苯醚 OS-124	45	+3
邻苯二甲酸二辛酯 DOP	28	+2	XE-60	52	+3

②按化学结构分类：为了增大组分的分配系数，依据“相似相溶”的原则，选择性质与组分有某些相似的固定液，常将具有相同官能团的固定液排列在一起，即化学分类法。表 12-2 列出了按化学结构分类的各种固定液。

③ 按选择性常数分类：色谱工作者还按某些常数将固定液进行分类，其中最有价值的是按麦氏常数进行分类。在实际工作中，通常选出 12 种最常用的固定液如表 12-3 所示。一般说，麦氏常数和越大者，该固定液的极性越强。

NOTE

表 12-2　按化学结构分类的固定液

固定液的结构类型	极　性	固定液举例	分离对象
烃类	最弱极性	角鲨烷、石蜡油	分离非极性化合物
硅氧烷类	应用范围广，从弱极性到强极性	甲基硅氧烷、苯基硅氧烷、氟基硅氧烷、氰基硅氧烷	不同极性化合物
醇类和醚类	强极性	聚乙二醇	强极性化合物
酯类和聚酯	中强极性	苯甲酸二壬酯	应用较广
腈和腈醚	强极性	氧二丙腈、苯乙腈	极性化合物
有机皂土			分离芳香异构体

表 12-3　12 种常用固定液

序号	固定液名称	型　号	麦氏常数	最高使用温度（℃）
1	角鲨烷	SQ	0	150
2	甲基硅油或甲基硅橡胶	* SE-30，OV-101 SP-2100，SF-96	205～229	350
3	苯基（10%）甲基聚硅氧烷	OV-3	423	350
4	苯基（20%）甲基聚硅氧烷	OV-7	592	350
5	苯基（50%）甲基聚硅氧烷	* OV-17，DC-710，SP-2250	827～884	375
6	苯基（60%）甲基聚硅氧烷	OV-22	1075	350
7	三氟丙基（50%）甲基聚硅氧烷	* QF-1，OV-210，SP-2401	1500～1520	275
8	β-氰乙基（25%）甲基聚硅氧烷	XE-60	1785	250
9	聚乙二醇-20000	* PEG-20M	2308	225
10	聚己二酸二乙二醇酯	DEGA	2764	200
11	聚丁二酸二乙二醇酯	* DEGS	3504	200
12	1，2，3-三（2-氰乙氧基）丙烷	TCEP	4145	175

注：* 为使用概率大者。

（3）固定液的选择：样品中组分已知时，固定液选择的依据是使最难分离的物质达到要求的分离度，同时又有适宜的分析时间。在选择固定液时，一般按“相似相溶”的规律来选择，另外还可以从以下几方面考虑。

① 对于非极性组分，一般选非极性固定液。如在非极性固定液上，无论样品是非极性或极性的，它们之间作用力主要是色散力。在这类固定液上，组分基本按沸点顺序出柱。低沸点的先出柱，高沸点的后出柱。

② 对于中等极性的组分，一般选用中等极性固定液。这类固定液分子中含有极性和非极性基团。与组分分子间作用力为色散力与诱导力，没有特殊的选择性，基本按沸点顺序出柱。但对沸点相同的极性和非极性组分，则诱导力起主要作用，非极性组分先出柱。如苯与环己烷在 DNP 柱上，环己烷先出柱，并与苯完全分离。

③ 对于强极性组分，选用强极性固定液。这类固定液分子中含有强极性基团，组分与固定液分子间作用力主要为定向力，而诱导力与色散力处于次要地位。样品中各组分按极性顺序出柱。非极性与弱极性组分先出柱，极性组分后出柱。

④ 对于能形成氢键的组分，如醇、酚、胺和水等的分离一般可选用极性或氢键型固定液。

样品中各组分流出顺序按与固定液分子间形成氢键的能力大小，不易形成氢键的先流出，易形成氢键的后流出。

⑤ 当选择的固定液分子所具有的化学官能团与组分分子的官能团相同时，则相互作用力最强，选择性高。如分析酯类化合物时，选用酯或聚酯类固定液；分析醇类化合物时，可选用聚乙二醇等醇类固定液。

⑥ 按主要差别选择。如果样品中各组分之间以沸点差别为主时，选用非极性固定液；以极性差别为主时，可选用极性固定液。

⑦ 使用混合固定液。在分析一些复杂样品或异构体时，使用一种固定液有时达不到分离的目的，往往需要采用混合固定液。混合固定液是指两种或两种以上极性不同的固定液，按一定比例混合后，涂布于载体上（混涂），或将分别涂有不同固定液的载体，按一定比例混匀装入一根管柱中（混装），或将不同极性的色谱柱串联起来使用（串联），以使难分离的组分得到很好的分离。

⑧ 按指定固定液进行选择。从最常用的固定液中进行实验测定，即先用固定液为 SE-30（＋1）、OV-17（＋2）、QF-1（＋3）、PEG-20M（＋3）、DEGS（＋4）的五根色谱柱，用尝试法选择。样品分别在五根色谱柱上，在适当的操作条件下进行初步分离，观察未知物色谱图的分离情况，适当调整或改换固定液的极性，或调整实验条件至分离度合乎要求，选择出较好的一种固定液。

2. 载体　载体又称担体，为化学惰性多孔性固体颗粒。作用是提供一个大的化学惰性表面使固定液能在表面形成一均匀薄层液膜。对载体的要求是：有足够大的比表面积和良好的孔穴结构，化学惰性，不与样品和固定液起化学反应，不具吸附性，但对固定液应有较好的浸润性；形状规则，大小均匀，具有一定的机械强度。粒度范围为 60～80 目或80～100 目。

气相色谱常用的载体种类很多。按化学成分可分为两大类：硅藻土型载体与非硅藻土型载体。常用载体为硅藻土型载体，硅藻土型载体根据制造方法不同又可分为红色载体和白色载体。

（1）*红色载体*：将硅藻土与黏合剂在 900℃煅烧后，粉碎、过筛而成。因煅烧时，硅藻土中所含的铁形成氧化铁，使载体呈淡红色，称红色载体，如 6201、201、202 等。机械强度高，比表面积大（约 $4m^2/g$），吸附性和催化性较强，特别是对强极性化合物。适于作非极性固定液的载体，分析非极性化合物如烃类等。

（2）*白色载体*：将硅藻土与 20％的碳酸钠（作助溶剂）混合煅烧而成。硅藻土中的氧化铁在高温下与碳酸钠作用，生成铁硅酸钠配合物，而呈白色，称白色载体，如 101、102 等。比表面积小（约 $1m^2/g$），机械强度低，吸附、催化性弱，适宜作极性固定液载体，分析极性化合物。

（3）*载体的表面处理*：理想的载体表面，应该对组分和固定液均是惰性的。但硅藻土型载体由于表面存在硅醇基团（—Si—OH），它与极性组分形成氢键，从而引起色谱峰的拖尾。此外，硅藻土型载体由于含有矿物杂质，如氧化铝、氧化铁等，可能使组分或固定液发生催化降解作用以及对酸性或碱性化合物产生很严重的吸附作用。为此，常用酸碱洗法、硅烷化法、釉化法等方法对硅藻土型载体进行表面处理，使其表面钝化，以降低其吸附性而减少拖尾现象，提高效率。

NOTE

① 酸洗法：酸洗可除去载体表面大部分 Al、Fe 等无机杂质，表面吸附能力显著下降。酸洗的载体适用于作分析酸性和酯类化合物。

② 碱洗法：碱洗主要是除去 Al_2O_3 等杂质。适于分析碱性化合物。

③ 硅烷化法：硅烷化法是除去载体表面硅醇基最有效的方法之一。它是使载体表面的硅醇基与硅烷化试剂发生反应，生成硅醚，去掉了形成氢键的硅醇基，从而消除了形成氢键的能力。主要用于分析易形成氢键的组分如醇、酸和胺类等。

④ 釉化法：釉化法是在载体表面产生一玻璃状的"釉层"，这一釉层屏蔽或惰化了载体的吸附极性中心，因而降低了色谱峰的拖尾，也增加了载体的机械强度。

二、毛细管色谱柱

毛细管柱具有柱效高和分析速度快的特点，是目前最常用的色谱柱。常用商品柱见表 12-4。这类色谱柱为内径只有 0.2～0.5mm，固定液的厚度 0.3～1.5μm，而柱长达数米、数十米甚至上百米的金属管、玻璃管或弹性熔融石英管。理论塔板数可达 10^6，因而柱效极高，大大提高了气相色谱法对复杂物质的分离能力。毛细管柱按制备方法可分为开管柱和填充色谱柱，开管柱又称空心毛细管柱，较常用。开管柱示意图见图 12-2。

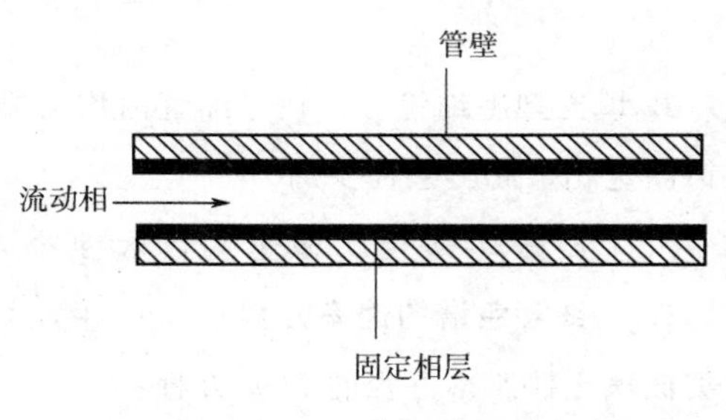

图 12-2 开管柱示意图

表 12-4 目前常用的商品气相色谱柱

产品名称	产品类别	产品型号	内径/mm	长度/m	膜厚/μm
除草剂分析柱	弹性石英毛细管柱	OV-1701	0.20	30	0.3
中性分析柱	弹性石英毛细管柱	XE-60	0.20	30	0.3
药物分析柱	弹性石英毛细管柱	OV-17	0.20	30	0.3
农药残留专业色谱柱	弹性石英毛细管柱	SE-30	0.20	30	0.3
挥发油有机物专业分析柱	弹性石英毛细管柱	TVOC	0.20	30	0.3
汽油分析专业柱	弹性石英毛细管柱	SE-52/54	0.20	30	0.3
香精油分析柱	弹性石英毛细管柱	PEG-20M	0.20	30	0.3
白酒分析专业柱	弹性石英毛细管柱	FFAP	0.20	30	0.3

（一）毛细管柱的分类

1. 开管型毛细管柱

（1）*涂壁开管柱*（wall coated open tubular column，WCOT）：内壁直接涂渍固定液。由于管柱内容量小，固定液涂渍量有限，因而分离能力低；容量因子小，样品容量小，不适合痕量分析。由于表面张力，玻璃对许多固定液，特别对极性固定液是非浸润型的，易造成固定液涂渍不均匀，使柱效下降。

（2）*多孔层开管柱*（porous layer open tubular column，PLOT）：在管壁上涂一层多孔性吸附剂，如分子筛、氧化铝及高分子多孔小球等，不再涂固定相，此为气-固色谱开管柱，可使

非极性与极性化合物都可很好分离，应用广泛。

(3) 涂载体开管柱 (support coated open tubular column，SCOT)：先在毛细管内壁涂布多孔颗粒，再涂渍上固定液，液膜较厚，柱容量较 WCOT 高，但柱效略低。

开管柱类型示意图见图 12-3。

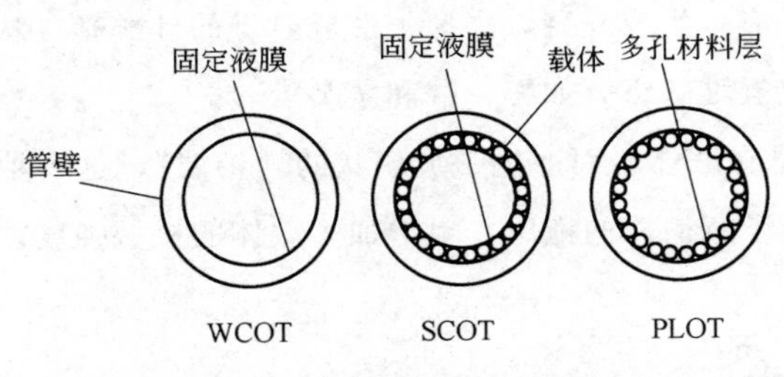

图 12-3 开管柱类型示意图

2. 填充型毛细管柱 在毛细管内均匀紧密填充色谱载体或吸附剂，或均匀但较松地填充色谱固定相，此类型柱少用。

(二) 毛细管气相色谱的基本理论

1. 毛细管色谱的速率方程 1958 年，戈雷 (Golay) 提出了毛细管色谱的速率理论，并导出类似填充柱速率方程的 H-u 方程：

$$H=\frac{B}{u}+(C_g+C_l)u$$

$$H=\frac{2D_g}{u}+\frac{1+6k+11k^2}{24(1+k)^2}\cdot\frac{r^2}{D_g}u+\frac{2k}{3(1+k)^2}\cdot\frac{d_f^2}{D_l}u \tag{12-3}$$

式中，$\frac{B}{u}$为分子扩散项 (纵向扩散项)，B 为纵向扩散系数；D_g 为溶质在气相中的扩散系数。$C_g u$ 为气相传质项，C_g 为气相传质项系数；$C_l u$ 为液相传质项，C_l 为液相传质项系数。

毛细管色谱理论和填充柱色谱理论基本相同，对于开口毛细管柱，其 A 项为零。毛细管柱的操作条件，可从速率理论导出。

2. 毛细管色谱柱效 毛细管色谱柱具有柱的容量小、柱效能高、分离效能高、重现性和稳定性好等特点。毛细管色谱柱理论塔板数和有效塔板数与分离度 (R)、容量因子 (k) 和毛细管柱内径 (r) 分别有下列关系：

$$n=16R\left(\frac{k+1}{k}\right)^2\cdot\left(\frac{1}{r-1}\right)^2$$

$$n_{\text{eff}}=n\left(\frac{k}{1+k}\right)^2 \tag{12-4}$$

毛细管柱的容量小，在同样条件下分析同一物质时，毛细管柱的理论塔板数和有效塔板数比填充柱要高很多，其理论塔板数一般比填充柱高 10～100 倍。采用毛细管柱可分离复杂多组分混合物和难分离的样品。

(三) 毛细管色谱操作条件的选择

1. 载气流速 毛细管柱的最佳流速可表示为：

$$u_{\text{opt}}=\sqrt{\frac{B}{C_m}} \tag{12-5}$$

NOTE

由上式计算出的 u_{opt} 很小，分析时间需要很长，在实际操作时载气流速要高于最佳流速。

当 $u>u_{opt}$ 时毛细管柱柱效降低不多。在选择载气流速时也应注意兼顾柱效。载气流速一般约1～3mL/min。

2. 柱内径　柱内径的选择要注意柱效、分析速度和柱容量等因素。理论上，柱内径越小越好，但柱内径太小，柱渗透性差，固定液涂渍量降低，柱容量小，操作不便。使用时一般均大于0.25mm。

3. 液膜厚度　液膜厚度（d_f）是毛细管柱最重要的柱参数。降低液膜厚度是提高柱效的重要方法。液膜厚度的选择要注意柱效、柱容量、柱稳定性、分离度和分析时间等因素。WCOT柱液膜厚度一般是0.1～1μm，SCOT柱液膜厚度一般是0.8～2μm。

4. 柱温　柱温的选择要尽可能在较低的柱温下操作，兼顾柱效、柱选择性、柱稳定性、分离度和分析时间等各方面。降低柱温分配系数增加，对既定分离所需的塔板数会降低。提高柱温有利于提高柱效，缩短分析时间，但也降低了柱的选择性和总分离效能，还加剧了纵向分子扩散，需要适当提高载气流速加以改善。另外，由于开管柱中空，内径小，传热性能好，十分有利于作程序升温气相色谱。

5. 进样量与进样方法　毛细管柱内径细、柱容量小，进样量必须小。毛细管色谱的进样方法包括分流进样和无分流进样。分流进样法，可分为动态法和静态法，目前多用动态法。由分流器完成分流，即在气化室出口处分成两路，一路将绝大部分气样放空；另一路将极微量的气样引入毛细管柱中，这两部分的比例称为分流比。分流比由分流器的放空处所接的毛细管阻力装置调节。无分流进样指试样注入进样器后全部迁移进入毛细管柱进行分析，该方法特别适用于痕量分析。

第三节　检测器

检测器是将流出色谱柱的载气中各组分的浓度或质量的变化转变成可测量的电信号（电流、电压等）的一种装置。气相色谱法的检测器按检测特性可分为浓度型检测器和质量型检测器。浓度型检测器的响应值与载气中组分浓度成正比。如热导检测器（thermal conductivity detector，TCD）、电子捕获检测器（electron capture detector，ECD）等。质量型检测器的响应值与单位时间内进入检测器的组分质量成正比。如氢焰离子化检测器（flame ionization detector，FID）、火焰光度检测器（flame photometric detector，FPD）、氮磷检测器（nitrogen phosphorous detector，NPD）等。按对组分检测的选择性又可分为通用型和选择性型，如热导检测器属于通用型，电子捕获检测器、火焰光度检测器等属于选择性型。

一、热导检测器

热导检测器是利用被测组分与载气之间热导率的差异来检测组分浓度的变化的通用型检测器。

1. 结构与原理　热导池是由池体和热敏元件两部分组成，有两臂（见图12-4）和四臂两种型号，四臂常用。池体由不锈钢制成，有四个大小相同，形状完全对称的孔道，内装长度、直径及电阻完全相同的热敏元件铂丝或钨丝合金，池体与热敏元件绝缘。

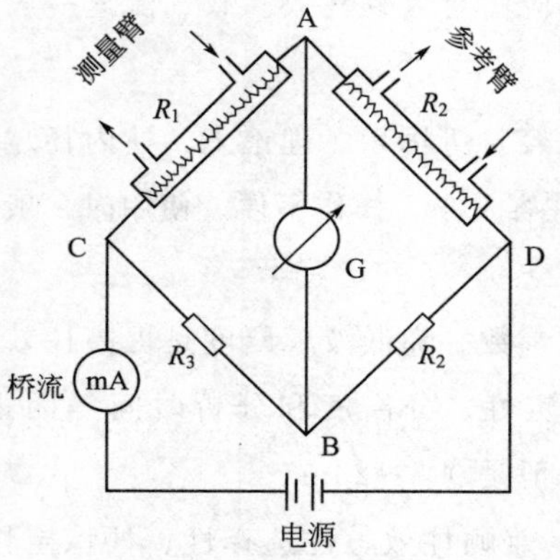

以四个热敏元件组成的惠斯登电桥测量线路说明柱测原理（图 12-5 所示）。其中两臂为试样测量臂（R_1、R_4），另两臂为参考臂（R_2、R_3）。在没有试样的情况下，只有载气通过，池内产生的热量与被载气带走的热量之间建立起热动态平衡，测量臂和参比臂热丝温度相同，电阻值相同。$R_1 \times R_4 = R_2 \times R_3$，电桥处于平衡状态，无信号输出，记录仪显示的是一条平滑直线。进样后，载气和试样组分混合气体的热导系数与载气的热导系数不同，测量臂的温度发生变化，热丝的电阻值也随之变化，此时参比臂和测量臂的电阻值不再相等，$R_1 \times R_4 \neq R_2 \times R_3$，电桥平衡被破坏，产生输出信号，记录仪上出现色谱峰。混合气体与纯载气的热导系数相差越大，输出信号也就越大。

图 12-4 双臂热导池检测器原理

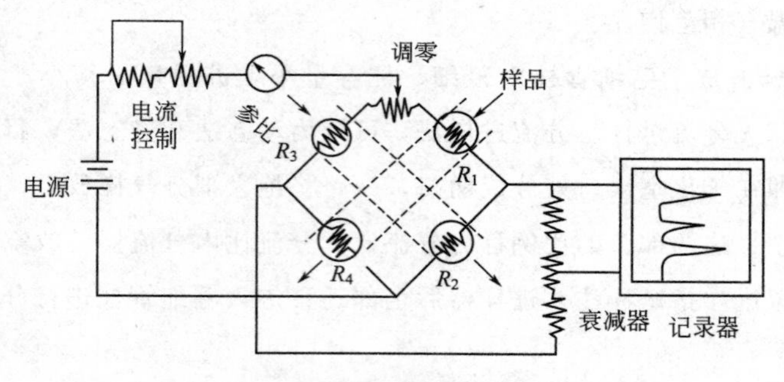

图 12-5　四臂热导池测量线路

2. 特点　热导检测器构造简单，性能稳定，对无机物和有机物都有响应，通用性好，是应用最广泛的气相检测器之一。但其缺点是灵敏度较低。

3. 载气的选择　在热导池体温度与载气流速等实验条件恒定时，检测器的灵敏度决定于载气与组分热导率之差 $\Delta\lambda$，两者相差越大，电阻 R_1 改变越大，越灵敏。若 $\lambda_{组分} = \lambda_{载气}$，则不产生信号。几种物质的热导率见于表 12-5。

表 12-5　几种气体与有机物液体蒸气在 373K（100℃）的热导率

化合物	λ（×10²）	化合物	λ（×10²）
氢气	22.36	乙烯	3.10
氦气	17.42	丙烷	2.64
空气	3.14	苯	1.84
氮气	3.14	乙醇	2.22
甲烷	4.56	丙酮	1.76

由表 12-5 可知，若用氮气为载气，样品为空气，因为 $\lambda_{N_2} = \lambda_{空气}$，则空气不出峰。氮气的热导率比较小，与多数有机物的热导率［一般小于 3×10^{-2} W/(m·K)］相差较小，因此用氮气为载气时，灵敏度低，有时出倒峰。例如，一个混合物中含有甲烷及丙烷，用氮气为载气。因 $\lambda_{甲烷} > \lambda_{N_2}$ 和 $\lambda_{丙烷} < \lambda_{N_2}$，因此，分离后丙烷为正峰（$\Delta\lambda > 0$），甲烷为倒峰（$\Delta\lambda < 0$）。选氢气为载气，与其他载气相比，检测灵敏度最高，而且不出倒峰，并可用空气测定死时间，但必须

NOTE

注意安全。氦气较理想，但价格较贵。

二、氢焰离子化检测器

氢焰离子化检测器（hydrogen flame ionization detector，FID）简称氢焰检测器，是以氢气和空气燃烧的火焰作为能源测定分子类有机物的专属检测器。这类检测器由收集极（阳极）与极化环（阴极）及点火线圈组成（图 12-6）。

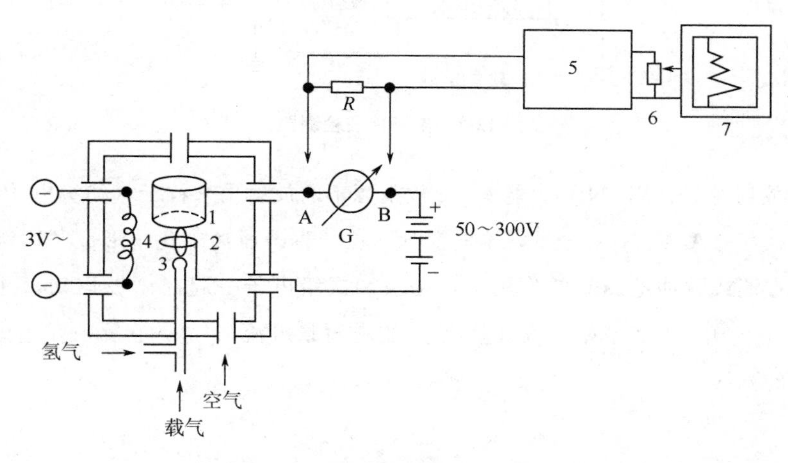

图 12-6　氢焰检测器检测原理示意图

1. 收集极；2. 极化环；3. 氢火焰；4. 点火线圈；5. 微电流放大器；6. 衰减器；7. 记录仪

有机化合物进入氢火焰，在燃烧过程中直接或间接产生离子。检测器的收集极（阳极）与极化环（阴极）间加有电压，使离子在收集极与极化环间作定向流动而形成离子流。离子流强度与进入检测器中组分的质量及分子中的含碳量有关，因此在组分一定时，测定电流（离子流）强度可以对物质进行定量。

在没有有机物通过检测器时，氢气燃烧，在电场作用下，也能产生极微弱的离子流，一般只有 10^{-12}～10^{-11} A，此电流称为检测器的本底。在有微量有机物引入检测器后，电流急剧增加，可达到 10^{-7} A。电流大小与有机物引入的质量成正比。当电流产生微小的变化时，则在高电阻上产生很大的电压变化，再经放大器放大后由记录器（电子电位差计）记录电压随时间的变化，而得到色谱流出曲线（*V-t* 曲线）。

氢焰检测器不仅可应用在恒定柱温的色谱分析中，对那些宽沸程、多组分的混合物，使用程序升温时氢焰检测器仍可使用，并有效地控制基线漂移，提高仪器的稳定性。

氢焰检测器具有灵敏度高、响应快、线性范围宽等优点，是目前最常用的检测器之一。但这种检测器是专属型检测器，一般只能测定含碳有机物，而且检测时样品被破坏。FID 操作条件下需注意载气、氢气、空气的流量比，一般为 1∶1∶10。

三、其他检测器

（一）电子捕获检测器

电子捕获检测器（electron capture detector，ECD）是一种用 ^{63}Ni 或 ^{3}H 作放射源的离子化检测器，属于浓度型专属性检测器，结构见图 12-7。

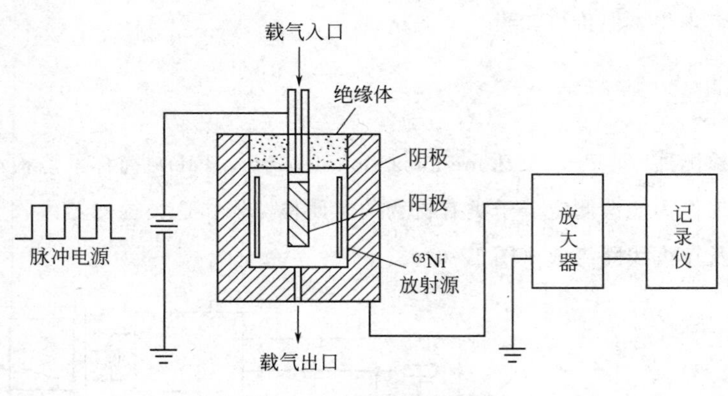

图 12-7 电子捕获检测器

ECD以β放射源（常用^{63}Ni）为能源。β放射源不断放射出β粒子（初级电子）。当载气进入检测器时，载气（Ar或N_2）分子，不断受到β粒子轰击而离子化，形成了次级电子和正离子。在电场（直流或脉冲电压）的作用下，初级和次级电子一起向阳极运动，并为阳极所收集，产生约10^{-9}～10^{-8}A的基始电流（基流），也称背景电流（I_0），它反映在色谱仪的记录器上是一条平直的基线。

$$N_2 \xrightarrow{\beta} N_2^+ + e^-$$

当含有电负性元素的组分AB进入检测器后，就会捕获电子而生成稳定的负离子：

$$AB + e^- \longrightarrow AB^-$$

生成的负离子又与载气正离子复合成中性化合物，并被载气带出检测器：

$$AB^- + N_2^+ \longrightarrow N_2 + AB$$

由于被测组分捕获电子，结果导致基流下降，产生负信号而形成倒峰，被测组分的电负性越强，捕获电子的能力越大，使基流下降越快倒峰也就越大。被测组分浓度越大，捕获电子概率越大，倒峰越大。

电子捕获检测器是目前分析痕量电负性有机化合物最有效的检测器。它对含卤素、硫、氮、硝基、羰基、氰基、共轭双键体系、多核芳烃、甾族化合物和一些有机金属化合物等均有很高的检测响应值，但对烷烃、烯烃和炔烃等的响应值很低。它是一种高选择性、高灵敏度、对痕量电负性有机物最有效的检测器，已广泛应用于农药残留分析。缺点是线性范围窄，其测定结果重现性受操作条件和放射性污染的影响较大。

（二）氮磷检测器

氮磷检测器（nitrogen phosphorous detector，NPD）是一种热离子化检测器，属质量型检测器。适用于分析痕量含氮和含磷有机物。具有高灵敏度、高选择性、线性范围宽的特点。

氮磷检测器的结构基本与氢焰离子化检测器相似，但在其火焰喷嘴附近与收集极之间，放置了碱盐源。碱盐源铷珠是含硅酸铷烧结而成的玻璃或陶瓷珠，用铂金丝作支架并与铷珠加热器相连。铷珠能增加含氮或含磷化合物所生成的离子从而使电信号增强。产生的信号经放大后送到记录和数据处理系统。

氮磷检测器有NP型和P型操作方式，前者用于含氮或含磷化合物的测定，后者则只用于测定含磷化合物。

NOTE

在中药农药残留量测定研究中用于含氮、含有机磷农药残留量的测定。

（三）火焰光度检测器

火焰光度检测器（flame photometric detector，FPD）属于质量型检测器，是对微量硫、磷化合物具有专用高选择性和高灵敏度的检测器，因此又称为“硫磷检测器”。它对磷的敏感度可达 1.7×10^{-12} g/s，对硫达 2.0×10^{-12} g/s。主要用于检测大气痕量污染物、水、有机硫和有机磷农药残留量的测定。火焰光度检测器的缺点是线性范围较窄，测磷为 10^5，测硫为 $10^1\sim10^2$。

检测原理是在富氢火焰中，含硫或磷化合物燃烧均生成化学发光物质，并产生特征波长的光（磷最强光波长为 526nm，硫最强光波长为 394nm），投射到光电倍增管上产生电流，经放大器放大后记录下来。通过特征波长光强度的测量，可计算出含硫或磷化合物的量。

四、检测器的性能指标

1. 灵敏度（sensitivity，S）　又称响应值或应答值。常用两种方法表示。

（1）浓度型检测器灵敏度（S_C）：它是以 1mL 载气中含有 1mg 的某组分通过检测器时，所产生的电信号值（mV）表示。S_C 常用于固体或液态样品，单位为 mV·mL/mg。气体样品时单位为 mV·mL/mL。计算公式为：

$$S_C=\frac{F_0A}{W}=\frac{h}{C}\tag{12-6}$$

式中，A 为色谱峰面积（mV·min）；h 为色谱峰高（mV）；C 为物质在流动相中的浓度（mg/mL）；F_0 为校正检测器温度和大气压时的载气流速，即色谱柱出口流速（mL/min）；W 为进样量（mg）。

（2）质量型检测器灵敏度（S_m）：以每秒钟有 1g 的某组分，被载气携带通过检测器时所产生的电信号值（mV 或 A）表示。单位为 mV·s/g。它的计算公式为：

$$S_m=\frac{A}{W}\tag{12-7}$$

式中 A、W 含义同前。

2. 检测限（detectability，D）　检测限又称敏感度。检测器性能的优劣只用灵敏度来说明是不够的，因为它不能反映出检测器噪音水平的高低。

检测限是以检测器恰能产生 3 倍噪音信号（峰高、毫伏）时，单位时间引入检测器的组分量或单位体积载气中所含的组分量来表示的，记为 D。由于低于此限的某组分的色谱峰，将被淹没在噪音中，无法检出，故称为检测限。计算式为：

$$D=\frac{3N}{S}\tag{12-8}$$

式中，N 为检测器的噪音，指由各种因素引起的基线波动的响应数值（单位为 mV）；S 为检测器的灵敏度。D 值越小，说明仪器越敏感。

3. 线性范围（liner range）　指检测器的响应信号强度与被测物质浓度（或质量）之间成线性关系的范围，并以线性范围内最大浓度与最小浓度（或最大进样量与最小进样量）的比值来表示的。良好的检测器其线性相关系数 r 接近 1，线性范围宽。线性范围与定量分析有密切关系。

总之，一个理想的检测器应具有灵敏度高，检测限小，响应快，线性范围宽，稳定性好的性能。

第四节　色谱条件的选择

选择色谱条件是为了提高组分间的分离选择性，提高柱效，使分离峰的个数尽量多，分析时间尽可能短，充分满足分离分析要求。选择的主要依据是分离度方程和 Van Deemter 方程式。

一、色谱柱的选择

固定液的配比与样品性质有关，高沸点化合物样品，最好采用低配比。采用低配比，可使用较低的柱温，使固定液的选择受“最高使用温度”的限制较少，可供选择的固定液数目增加。低配比时若保留时间仍过长，可再适当减少。但过低配比，固定液不易涂渍均匀，常会造成色谱峰拖尾。低沸点化合物样品，宜用高配比，以便在分配系数很小的情况下，只有通过增加固定液的量（V_S）来增加 R 值，以达到良好的分离。

色谱柱为填充柱和毛细管柱，关于色谱柱柱长对分离度的影响可从分离度方程$(R_1/R_2)^2=L_1/L_2$中看出。柱长加长，分离度提高，但分析时间也随之延长，峰宽加大。气相色谱填充柱长度一般为 2～4m，柱内径为 2～4mm。毛细管柱长一般 5～60m，柱内径一般为 0.25、0.32 或 0.53mm。柱内径增大可增加柱容量、有效分离的试样量增加。但径内扩散路径也会随之增加，导致柱效下降。内径小有利于提高柱效，但渗透性会随之下降，影响分析速度。

二、柱温的选择及程序升温

柱温是改善分离度的重要参数，主要在于影响分配系数（K）、容量因子（k）、组分在流动相中的扩散系数（D_m）和组分在固定相中的扩散系数（D_s），从而影响分离度和分析时间。降低柱温的好处是：增大 K 值，增加固定相的选择性。降低 D_m，从而降低了组分在流动相中的纵向扩散。减少固定液的流失，延长柱寿命和降低检测器的本底。降低柱温的缺点是：由于 D_s 减小，增大了传质阻抗，造成峰展宽；保留时间变长，分析时间延长。

柱温选择的原则是使难分离物质在达到要求的分离度条件下，尽可能采用低柱温。

程序升温是指在一个分析周期中色谱柱温度由程序升温控制器按预先设定的程序随时间呈线性或非线性增加，这样混合物中所有组分将在其最佳柱温下流出色谱柱，从而得到良好的分离效果。

气相色谱法中常遇到宽沸程多组分样品，选择恒定柱温常不能兼顾不同沸点组分的分离。低沸点组分因柱温太高，色谱峰出柱过快，峰窄而相互重叠；而高沸点组分，又因柱温太低，出柱慢，峰宽而平，有的组分甚至不能流出。因而要采用程序升温法进行分离。程序升温方式及分离效果见图 12-8、图 12-9。

程序升温气相色谱法应根据样品的性质、组分的保留温度、初期冻结现象、沸点的间隔选择升温方式、起始温度、升温速率、终止温度等程序升温色谱条件，设定适合的升温程序。

NOTE

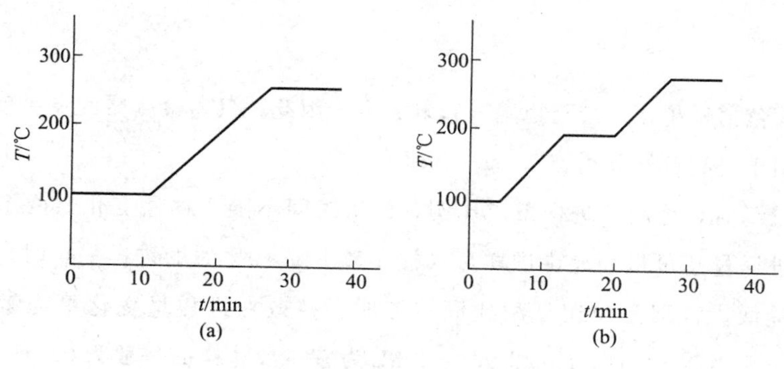

图 12-8　程序升温方式

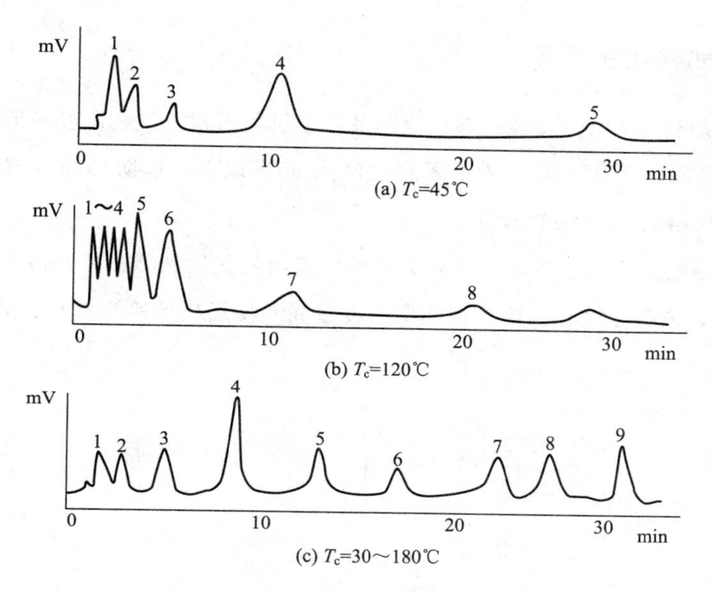

图 12-9　恒温和程序升温色谱比较

1. 丙烷（−42℃）；2. 丁烷（−0.5℃）；3. 戊烷（36℃）；4. 己烷（68℃）；5. 庚烷（98℃）；6. 辛烷（126℃）；7. 溴仿（150.5℃）；8. 间氯甲苯（161.6℃）；9. 间溴甲苯（183℃）

三、载气及流速的选择

选择载气主要从三个方面考虑：对柱效、柱压降和检测器灵敏度的影响。当载气流速比较低时，分子扩散占主导地位，为提高柱效，宜用分子量较大的载气，如氮气；当流速高时，传质阻抗占主导地位，宜用低分子量的载气，如氢气或氦气。用低分子量载气，有利于提高线速，实现快速分析。对于较长的色谱柱，由于在柱上会产生较大的压力，此时宜用氢气作载气，因其黏度较小，柱压降低。考虑对检测器灵敏度的影响时，用热导检测器，应选用热导系数大的氢气或氦气；对氢焰检测器，一般用相对分子质量大的氮气；电子捕获检测器常用 99.999%的高纯度氮气或氩气作载气。毛细管柱色谱常用载气为氦气、氢气和氮气。

为缩短分析时间，一般载气流速稍高于最佳流速，而柱效下降很少，却节省很多分析时间。常用的载气流速为 20～80mL/min。

NOTE

四、进样量

进样量越大色谱峰越宽，甚至拖尾，影响分离。因此，只要检测器的灵敏度足够高，进样量越小，越有利于得到良好分离。

当进样量较小时，峰高与进样量成比例，保留时间不随进样量变化，两组分分离情况也保持不变。当进样量超过最大允许进样量（柱板数下降10%时的进样量）时，即色谱柱已超载，柱效大大降低。特别是使用低配比固定液时，柱效对进样量变化更为敏感。对于填充柱，气体样品一般为0.1～10mL，以0.5～3mL为宜，液体样品一般为0.1～10μL，以0.1～2μL为宜。

五、气化温度和检测室温度

气化温度取决于样品的挥发性、沸点范围及进样量等因素。气化温度一般选择样品沸点或高于沸点，以保证瞬间气化。但一般不要超过沸点50℃以上，以防样品分解。对一般色谱分析，气化温度比柱温高30～50℃即可。

检测室温度一般需要高于柱温，可避免色谱柱流出物在检测器中冷凝污染检测器。一般高于柱温20～50℃，或等于气化温度。检测室温度过高，使用热导检测器时，灵敏度降低。

第五节　定性定量分析

一、定性分析

气相色谱定性主要是指鉴定试样中已知组分即色谱峰代表的是何种化合物，不能提供分子结构特征而难以对未知物直接定性，近年来，与其他方法（如质谱、波谱）联用，为未知物定性提供了有力的手段，可获得比较可靠的定性结果。

1. 已知物对照法　依据同一种物质在同一根色谱柱上，相同的色谱操作条件下，具有相同的保留值来定性。将已知的标准物质加入样品中，对比加入前后的色谱图，若某色谱峰相对增高，则该色谱峰所代表的组分与标准物质可能为同一物质。但由于使用的色谱柱不一定适合于标准物质与待定性组分的分离，虽为两种物质，色谱峰也可能产生相互叠加的现象。为此，可采用双柱定性，选一只与上述色谱柱极性差别较大的色谱柱，在相同的色谱条件下分析。若在两个柱子上均产生叠加现象，才可认定待测物与标准物是同一物质。

2. 保留值定性法　相对保留值乃是指任一组分（i）与标准物质（s）的调整保留值的比值，即

$$r_{is}=\frac{t'_{R(i)}}{t'_{R(s)}}=\frac{V'_{R(i)}}{V'_{R(s)}}=\frac{K_i}{K_s} \tag{12-9}$$

由式(12-9)可以看出，相对保留值r_{is}仅取决于它们的分配系数。而分配系数又取决于组分性质、柱温与固定液的性质。它与固定液的用量、柱长、柱填充情况及载气流速等无关。因此在气相色谱手册中，可以查找到某物质的相对保留值，进行定性分析。

NOTE

利用此法定性，可根据手册规定的实验条件及所用标准物质进行实验。将规定的标准物质加入被测样品中，混匀，进样，求算出 r_{is}，再与手册数据对比定性。

也可将此法与已知物对照法相结合，用此法缩小定性物质范围，再用已知物进行对照，进一步确认。

3. 联用仪器定性法　由于气相色谱仪对未知化合物的定性和结构识别能力有限，质谱仪和其他波谱仪如红外光谱仪、核磁共振仪等对化合物的结构阐明特别有效，因此将气相色谱仪与这些仪器联用，组成气相色谱-质谱（GC-MS）、气相色谱-傅立叶红外（GC-FITR）、气相色谱-核磁共振波谱（GC-NMR）等联用仪器。用质谱仪（MS）和傅里叶变换红外光谱仪（FITR）等代替了常用的气相色谱检测器，并可对色谱峰进行结构鉴定。

二、定量分析

在定量分析时，需要对检测器的输出信号进行校正。定量分析的依据是组分的量（W_i）或其在载气中的浓度与检测器的响应信号（色谱图上的峰面积或峰高）成正比，即 $m_i=f'_iA_i$。要准确进行定量分析，必须准确地测量峰面积 A_i 和比例常数 f_i（又称校正因子）。

（一）定量校正因子

1. 绝对校正因子　色谱定量分析的基础是以被分析组分的重量、质量或其在载气中的浓度与检测器的响应信号成正比。即物质的量正比于色谱峰面积或峰高。依据峰面积进行定量计算时，为使面积值（A_i）与其物质的质量（m）相对应，须将面积乘上一个校正因子或除以一个响应值：

$$m=f'_iA_i \text{ 或 } m=A_i/S_i \tag{12-10}$$

f'_i为比例常数，称为绝对校正因子，其物理含义为单位峰面积（或峰高）所代表的某组分的量。S_i 为单位物质的面积响应值，简称响应值。f'_i、S_i 称为绝对定量校正因子，单位相同时两者互为倒数：

$$f'_i=1/S_i \tag{12-11}$$

f'_i、S_i 是以峰面积作为定量依据的。峰高作为定量时，需求出峰高校正因子（F_i 或 S_i^h），则

$$m=h_iF_i \tag{12-12}$$

绝对定量校正因子是由仪器的灵敏度及色谱条件而决定的，缺乏通用性。在实际工作中，一般以相对定量校正因子代替绝对定量校正因子。

2. 相对定量校正因子　相对定量校正因子指某物质与标准物质绝对定量校正因子之比。标准物质的选择取决于所用检测器的类型。文献手册中，热导检测器用苯作标准物质；氢焰检测器用正庚烷作标准物质。

常用面积相对重量校正因子。面积相对重量校正因子简称为重量校正因子或相对校正因子。

（1）重量校正因子

$$f_w=\frac{f'_{w_i}}{f'_{w_s}}=\frac{W_i/A_i}{W_s/A_s}=\frac{A_sW_i}{A_iW_s} \tag{12-13}$$

式中 f_w 称为相对重量校正因子；A_i、A_s、W_i 和 W_s 和分别代表被测物质 i 和标准物质 s

的峰面积和重量。

相对重量校正因子因使用比较方便，在定量分析中应用较多，具有实用价值；而相对响应值特别是相对摩尔响应值（S'_M），其数值大小直观反映组分响应信号大小，并与分子量、碳原子数间有线性关系，具有理论价值。

热导与氢焰检测器的重量校正因子可查手册。一般手册中的校正因子，原则上是一个通用常数，其数值与检测器的类型有关（热导检测器与氢焰检测器的校正因子不同），而与检测器具体结构及色谱操作条件（柱温、流速、固定液性质等）无关。

（2）*校正因子的测定与计算*：取待测校正因子的物质 i 的纯品，另取一种标准物质 s，准确称量这两种物质，并配成一溶液。取一定体积的溶液，进样，得到两个色谱峰面积 A_i 与 A_s，则待测物质的重量校正因子 f_i 可按（12-11）和下式求得

$$f_w=\frac{f_{w_i}}{f_{w_s}} \tag{12-14}$$

氢焰检测器的校正因子与载气性质无关；热导检测器当用氢气或氦气作载气时，其重量校正因子可以通用，误差不超过 3%，但用氮气为载气时，其重量校正因子相差很大，不能通用。

（二）定量分析方法

1. 外标法

以试样的标准品作对照物质，与对照物质对比求算试样含量的方法称为外标法。

（1）*标准曲线法*：准确量取等体积一系列浓度不同的标准溶液分别进样，以峰面积 A 对 C 作标准曲线，或求出回归直线方程。在完全相同的条件下，准确量取等体积进样，以样品的峰面积 A 作图或代入回归直线方程计算样品的含量。

（2）*外标一点法*：当标准曲线过原点，即曲线的截距为零时，可采用外标一点法（直接比较法）定量。用一种浓度的 i 组分的标准溶液，进样一次或同样体积进样多次，取峰面积平均值，与样品溶液在相同条件下进样，所得峰面积用下式计算含量：

$$m_i=\frac{A_i}{(A_i)_s}(m_i)_s \tag{12-15}$$

式中 m_i 与 A_i 分别代表在样品溶液进样体积中所含 i 组分的重量及相应的峰面积。$(m_i)_s$ 与 $(A_i)_s$ 分别代表 i 组分纯品标准溶液，在进样体积中所含 i 组分的重量及相应的峰面积。

外标一点法简便易行，但要求进样量准确及实验条件恒定。为降低误差，应尽量使配制的标准溶液的浓度与样品中 i 组分的浓度相近，进样体积也最好相等。若进样体积相等，则上式也可写成：

$$C_i=\frac{A_i}{(A_i)_s}(C_i)_s \tag{12-16}$$

式中 C_i 与 $(C_i)_s$ 分别为样品中 i 组分的浓度及标准溶液的浓度。

外标法的优点是不需要知道校正因子，被测组分出峰、无干扰、保留时间适宜，即可进行定量分析。缺点是进样量必须准确和操作条件要稳定，否则定量误差大。

（3）*外标两点法*：当标准曲线不过原点，即截距不等于零时，说明存在系统误差，须采用外标二点法。即用两种浓度标准溶液，相同进样体积（或一种浓度标准溶液，两种进样体积）与样品溶液对比的定量方法。

NOTE

在标准曲线线性范围内，样品溶液的浓度或含量可用下式计算。

$$(C_i)_{样}=b(A_i)_{样}+a \quad 或 \quad (m_i)_{样}=b(A_i)_{样}+a \tag{12-17}$$

$(A_i)_{样}$ 为样品溶液中 i 组分的峰面积，C_i 与 m_i 分别为样品中 i 组分的浓度和含量，a 为截距，b 为斜率，a 和 b 可由标准溶液峰面积和标准溶液的进样浓度或进样量求得。

2. 内标法 当样品的所有组分不能都流出色谱柱，或检测器不能对每个组分都产生信号或只需测定样品中某几个组分含量时，可采用内标法。

将一定量的内标物加入到样品中，经色谱分离，根据样品重量（m）和内标物重量（m_s）以及待测组分峰面积 A_i 和内标物的峰面积 A_s，就可求出待测组分（m_i）的含量。

$$\frac{m_i}{m_s}=\frac{A_i f_i}{A_s f_s} \quad C_i\%=\frac{m_i}{m}\times 100\%=\frac{A_i f_i m_s}{A_s f_s m} \tag{12-18}$$

对内标物的基本要求：内标物应为样品中所不含有的组分；内标物的保留时间应与待测组分的保留时间相近，但彼此能完全分开，否则无法准确测定各自的面积；内标物应为纯物质。

内标法只要求待测组分与内标物出峰即可，因此，适合药物或复方药物中某些有效成分的含量测定以及药物中微量杂质的测定。

但是，内标法的缺点是样品配制比较麻烦，有时内标物不易寻找。使用内标法可减小仪器稳定性差，进样不准确等带来的误差。常见的内标测定方法如下：

（1）标准曲线法：标准曲线法是在待侧组分各种浓度的标准溶液中，同体积加入相同量的内标物，进样，分别测量标准物与内标物峰面积（或峰高），以其峰面积比 A_i/A_s 对 $(C_i)_s$ 绘制标准曲线，或求出回归方程。

样品的测定方法同上，将与上述相同量的内标物加至样品溶液中，用相同方法处理后，进样，分别测量标准物与内标物峰面积（或峰高），以两者峰面积之比由标准曲线查出或用回归方程计算样品中待侧组分的含量。

（2）内标对比法：这是在不知道校正因子时，内标法的一种应用。在药物分析中，校正因子多是未知的，就可利用此法进行测定。

先称取一定量的内标物，加入到标准品溶液中，组成标准品溶液。然后将相同量的内标物，加入到同体积样品溶液中，组成样品溶液。将两种溶液分别进样，由下式计算出样品溶液中待测组分的含量。

$$\frac{(A_i/A_s)_{样品}}{(A_i/A_s)_{标准}}=\frac{(C_i\%)_{样品}}{(C_i\%)_{标准}}$$

$$(C_i\%)_{样品}=\frac{(A_i/A_s)_{样品}}{(A_i/A_s)_{标准}}\times(C_i\%)_{标准} \tag{12-19}$$

式中 $(A_i/A_s)_{样品}$、$(A_i/A_s)_{标准}$ 为样品溶液和标准品溶液中，待测组分（i）与内标物（s）峰面积的比。$(C_i\%)_{样品}$ 与 $(C_i\%)_{标准}$ 分别为待测组分（i）在样品溶液中和组分标准品在标准溶液中的百分含量。

配制标准品溶液的目的实际上是用来测定校正因子。对于正常峰，可用峰高 h 代替峰面积 A 计算含量，即

$$(C_i\%)_{样品}=\frac{(h_i/h_s)_{样品}}{(h_i/h_s)_{标准}}\times(C_i\%)_{标准} \tag{12-20}$$

NOTE

3. 归一化法　如果样品中所有组分都能流出色谱柱，且在检测器上均可得到相应的色谱峰，同时已知各组分的校正因子时，可按下式求出各组分的含量：

$$C_i\%=\frac{m_i}{m}\times 100\%=\frac{A_i f_i}{A_1 f_1+\cdots+A_i f_i+\cdots+A_n f_n}\times 100\% \tag{12-21}$$

上式为校正面积归一化法。若样品中各组分的定量校正因子相近，可将校正因子消去，直接用面积进行归一化计算，即

$$C_i\%=\frac{A_i}{A_1+\cdots+A_i+\cdots+A_n}\times 100\%=\frac{A_i}{\sum_{i=1}^{n}A_n}\times 100\% \tag{12-22}$$

归一化法的特点是：简便、准确，当操作条件略有变动，或进样量控制得不十分准确时，对分析结果影响很小。缺点是要求所有组分均要产生色谱峰，一般还需要知道各组分的校正因子。

若操作条件稳定，在一定进样量范围内，峰的半宽度不变，可进一步简化为峰高归一化法：

$$C_i\%=\frac{h_i F_i}{h_1 F_1+\cdots+h_i F_i+\cdots+h_n F_n}\times 100\%=\frac{h_i F_i}{\sum_{i=1}^{n}h_n F_n}\times 100\% \tag{12-23}$$

式中 F_i 为峰高定量校正因子。

利用峰高进行定量，快速、方便，甚至对分离在半峰宽以上的组分也能定量。一般出峰早、半峰宽窄的组分宜用峰高定量。但以峰高定量时，应注意峰高与组分量之间的线性关系比峰面积与组分量之间的线性关系窄，以及操作条件要保持恒定等。峰高定量校正因子与峰面积定量校正因子不能互相通用，需另外测定。

4. 应用实例

(1) 薄荷醇的含量测定（内标法）：色谱条件：5% Carbowax-20M，101 白色担体 80～100 目，色谱柱 2m×ϕ3mm。以癸醇为内标物，测定桑菊感冒丸中的薄荷醇。氢焰离子化检测器，柱温 85℃，氮气 30mL/min，氢气 57mL/min，空气 300mL/min。

①标准曲线的绘制

a. 内标溶液的制备：精密称取癸醇 15mL，置 5mL 容量瓶中，用四氯化碳稀释至刻度，浓度为 3mg/mL，备用。

b. 对照品溶液的制备：精密称取薄荷醇 10、8、6、4、2、1mg，各置 10mL 容量瓶中，分别加入 1mL 的内标溶液，用四氯化碳稀释至刻度，使定容后的内标物浓度为 0.30mg/mL。

每份溶液分别进样 1μL，共进样 4 次，以薄荷醇量与癸醇量之比（W_i/W_s）和薄荷醇峰面积与癸醇峰面积之比（A_i/A_s）作图，得一通过原点的直线。

②内标校正因子的测定：该标准曲线经过原点，故采用单点校正法求内标物校正因子，该单点测定次数不少于 6 次，测定结果平均值 $F_i/F_s=0.8778$（F_i 和 F_s 表示薄荷醇标准品和内标的重量校正因子）。

③样品测定：精密称取样品 2.5g，于索氏提取器中用二氯甲烷在水浴上提取 3 小时，浓缩。定量转移至 10mL 容量瓶中，同时加入内标癸醇 3mg，用四氯化碳稀释至刻度，摇匀，用脱脂棉过滤，作供试品溶液用。精密吸取供试品溶液 1μL，在上述气相色谱条件下进行测定，

NOTE

用内标法计算样品中薄荷醇的含量。

（2）无水乙醇中微量水分的测定

①样品配制：准确量取被测无水乙醇 100mL，称量为 79.37g。用差减法加入无水甲醇（内标物）约 0.25g，精密称定为 0.2572g，混匀待用。实验条件　色谱柱：上试 401 有机载体（或 GDX-203）；柱长：2m；柱温：120℃；气化室温度：160℃；检测器：热导池；载气：H_2；流速：40～50mL/min。实验所得色谱图如图 12-10 所示。

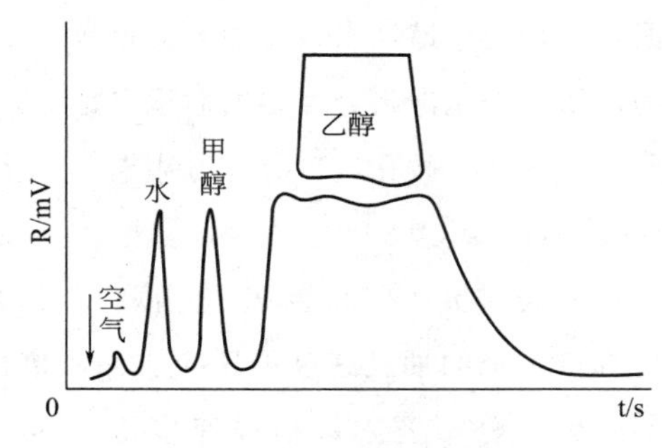

图 12-10　无水乙醇中微量水分测定

②测得数据：水：$A=0.637\text{mV}\cdot\text{s}^{-1}$；甲醇：$A=0.856\text{mV}\cdot\text{s}^{-1}$。

以相对质量校正因子 $f_{水}=0.70$，$f_{甲醇}=0.75$ 进行计算。

③计算：质量百分含量

$$H_2O\%=\frac{0.70\times0.637}{0.75\times0.856}\times\frac{0.2572}{79.37}\times100\%=0.23\%$$

第六节　气相色谱 - 质谱联用技术简介

气相色谱联用技术中，气相色谱仪可视为其他谱仪的进样和分离装置，而其他谱仪则可视为气相色谱仪的检测器。目前气相色谱 - 质谱联用（GC-MS）以及气相色谱 - 傅里叶变换红外光谱联用（GC-FITR）最为成功。激光拉曼光谱、光声光谱以及原子发射光谱等与气相色谱联用的研究也很活跃。

一、气相色谱 - 质谱联用的特点

气相色谱 - 质谱（GC-MS）联用发挥了两种方法的长处。把气相色谱从多组分混合物中分离出的单组分，以“在线”方式直接逐一地送入质谱仪，用质谱法进行定性分析。GC-MS 是利用气相色谱分离能力强、分析速度快的优点和质谱鉴别能力强、灵敏度高、响应速度快的长处，对复杂混合物进行定性、半定量的测定。它适合于做多组分混合物中未知组分的定性鉴定，可以判断化合物分子结构；准确地测定未知组分的分子量；修正色谱分析的错误判断；利用多离子检测技术，可以检定出部分分离甚至未分离开的色谱峰。

二、气相色谱 - 质谱联用仪的基本结构

气相色谱 - 质谱联用仪由色谱单元、中间装置（接口）、质谱仪三部分组成，用计算机控制仪器和进行综合数据处理。

1. 色谱单元　为适应气 - 质联用的特点对色谱仪部分的柱型、固定液、载气、样品量、接口温度等条件有所要求。应注意选择适当的填充柱或毛细管柱；选择适合的固定液，并要求其流失不得干扰质谱检测；选择电离电位较高的氦气或氢气做载气；接口温度应略低于柱温，保持接口整体各部位温度均匀等。

NOTE

2. 中间装置 中间装置亦称接口，是气相色谱-质谱联用仪的关键技术，其功能主要有两方面，一是使色谱柱出口压力与质谱仪离子源的压力相匹配，二是排除大量载气和过量色谱流出物，使色谱流出组分经浓缩后适量地进入离子源。常用的中间装置有分子分离器（包括喷射式分子分离器、微孔玻璃分子分离器、硅橡胶膜分子分离器）、开口分流分离器和用毛细管直接连接三种。

3. 质谱单元 气相色谱-质谱联用仪对质谱仪部分，要求灵敏度应与色谱系统匹配；质谱仪真空系统的抽气速度能适应进入质谱仪的载气流量，不应使仪器的真空度严重下降；分辨率应满足分析要求，扫描速度应与色谱峰流出速度相适应；质谱系统不应有任何记忆效应。

三、气相色谱-质谱联用仪工作原理

多组分混合样品先经色谱单元，分离后的各单一组分按其不同的保留时间和载气一起流出色谱柱，经中间装置进入质谱仪的离子源。有机分子在高真空下，受电子流轰击或强电场作用，离解成各具特征质量的碎片离子和分子离子，这些带正电荷的离子具有不同质荷比（即相对离子质量与电荷之比），在磁场中被分离。收集、记录这些离子的信号及强度，可得总离子流色谱图和各组分的质谱图。由质谱图可获得有关质量与结构方面的信息。气相色谱-质谱联用还可以给出色谱保留值、质量色谱图、选择离子监测图等。

四、数据的采集与分析

（一）数据的采集

在 GC-MS 联用分析中，只要设定好分析器的扫描范围和扫描时间，计算机可控制仪器的运行，将获得的各种数据存于硬盘中，并经分析处理后可给出多种信息。

1. 总离子流色谱图 总离子流色谱图（total ion current chromatogram，TIC）相当于色谱图，但以总离子流强度代替色谱仪器检测器的输出（横坐标为时间，纵坐标为离子流强度）。它与一般色谱图的区别在于使用质谱仪作为检测器。总离子流色谱图也可以用三维图表示（见图 12-11），x 轴表示质荷比（m/z），y 轴表示时间，z 轴表示丰度。

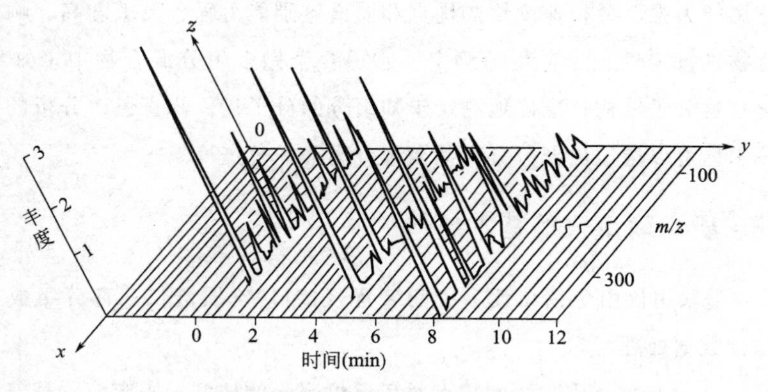

图 12-11 某混合物的总离子流色谱图的三维显示

NOTE

2. 质量色谱图 总离子流色谱图是将每个质谱的所有离子加合得到的色谱图。同样，由质谱中任何一个质量的离子也可以得到色谱图，即质量色谱图（mass chromatogram，MC）。由于质量色谱图是由一个质量的离子得到的，因此，质谱中不存在这种离子化合物就不会出现色谱峰，一个样品只有几个甚至一个化合物出峰。也可以通过选择不同质量的离子做离子质量色谱图，使不能分开的两色谱峰实现分离，以便进行定量分析，见图 12-12。

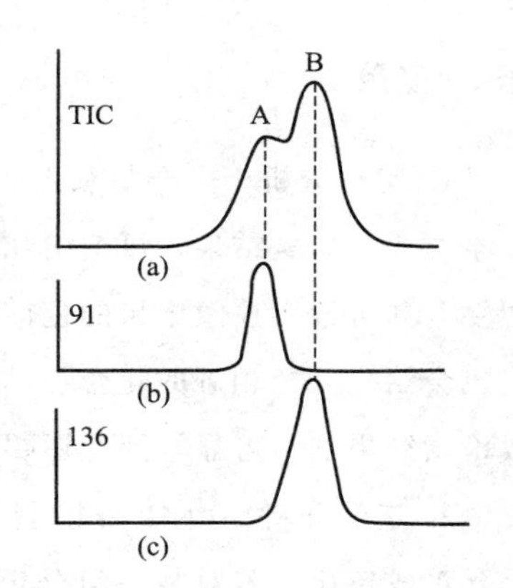

图 12-12 利用质量色谱图分开重叠峰

(a) 总离子流色谱图；(b) 以 m/z91 所作的质量色谱图；(c) 以 m/z136 所作的质量色谱图

3. 选择离子监测图（selective ion monitoring，SIM） 对预先选定的特征质量峰进行检测，而获得的质荷比的离子流强度随时间的变化曲线。它可以测定一种离子，也可以测定多种离子。前者称单离子检测，后者为多离子检测。这种方法灵敏度高，并可消除其他组分对待测组分的干扰，是进行微量成分定量分析常用的检测方式。

4. 质谱图 由总离子流色谱图可以得到任一组分的质谱图。一般情况下，为了提高信噪比，通常由色谱峰顶处得到相应的质谱图。

（二）数据分析

1. 定性分析 目前 GC-MS 联用技术最主要的定性方式是库检索。将在标准电离条件下得到的各种化合物的标准质谱图存贮在计算机中，作为质谱谱库，然后将在相同条件下得到的未知化合物的质谱图与质谱谱库中的标准质谱按一定的程序进行比较，检出匹配度（相似度）高的化合物，给出其名称、相对分子质量、分子式、结构式和匹配度等，这个过程称为质谱数据检索。由总离子色谱图可以得到任一组分的质谱图，由质谱图可以利用计算机在数据库中检索。检索结果，可以给出几种最可能的化合物，包括化合物名称、分子式、分子量、基峰及可靠程度等。利用计算机进行库检索是一种快速、方便的定性方法。

2. 定量分析 GC-MS 定量分析方法类似于色谱法定量分析。由 GC-MS 得到的总离子色谱图或质量色谱图，其色谱峰面积与相应组分的含量成正比，若对某一组分进行定量测定，可以采用色谱分析法中的归一化法、外标法、内标法等不同方法进行。

与色谱法定量不同的是，GC-MS 法可以利用总离子色谱图进行定量之外，还可以利用质量色谱图进行定量分析，这样可以最大限度的去除其他组分的干扰。值得注意的是，质量色谱图由于是用一个质量的离子做出的，它的峰面积与总离子色谱图有较大差别，在进行定量分析过程中，峰面积和校正因子等都要使用质量色谱图。

为了提高检测灵敏度和减少其他组分的干扰，在 GC-MS 定量分析中质谱仪经常采用选择离子扫描方式。对于待测组分，可以选择一个或几个特征离子，而相邻组份不存在这些离子。这样得到的色谱图，待测组份就不存在干扰，同时有很高的灵敏度。用选择离子得到的色谱图进行定量分析，具体分析方法与质量色谱图类似。但其灵敏度比利用质量色谱图会高一些，这是 GC-MS 定量分析中常采用的方法。

五、应用

1. 定性分析 主要是利用所得到的质谱数据，与气-质联用仪的数据库中标准质谱图进行检索对比。检索结果，可给出几种最可能的化合物，包括名称、分子式、分子量、基峰及符合程度。并可给出检索结果的色谱图。但应注意，当未知物是数据库中没有的化合物时，检索结果也会给出几个相近的化合物，而且一些结构相似的化合物其质谱图也相似，这些都有可能造成检索结果的不可靠，因此还要配合其他方法，才能最终给出定性结果。

2. 定量分析 由 GC-MS 得到的总离子流色谱图或质量色谱图，其色谱峰面积与相应的组分含量成正比，若对某一组分定量，可以采用与色谱法类似的定量方法，如归一化法、内标法、外标法等进行。与色谱方法不同的是，当利用质量色谱图进行定量时，可排除其他成分的干扰。也可以采用选择离子检测进行定量。

3. 应用实例 苍术超临界 CO_2 萃取物气质联用（gas chromatography-mass spectrometer，GC-MS）分析

（1）样品制备：精密称取苍术的各超临界 CO_2 萃取物 50.00mg，以无水乙醇-正己烷（1∶1）为溶剂，配制成 50mg/mL 的溶液。

（2）GC-MS 分析：色谱柱为 DB1301 毛细管柱（0.25μm×0.25mm×30m），柱温 80℃（1 分钟）以，2℃/min 升至 180℃，再以 10℃/min 升至 250℃（10 分钟）；进样口 250℃，FID 检测温度 250℃，载气 N_2，进样量 1μL，分流比 1∶20，载气为 He。质谱条件：载气为 He；离子源 EI；源温 200℃；电子能量 70eV，扫描范围 50～350mAu；其他条件均为常规。

（3）结果：根据气相色谱-质谱系统分析得到的各组分质谱图，用计算机检索，结合人工解析和文献辅助确定化合物名称。以质谱离子峰面积归一化法测得这些成分各自的相对百分含量，总离子流色谱图和结果见图 12-13 和图 12-14。

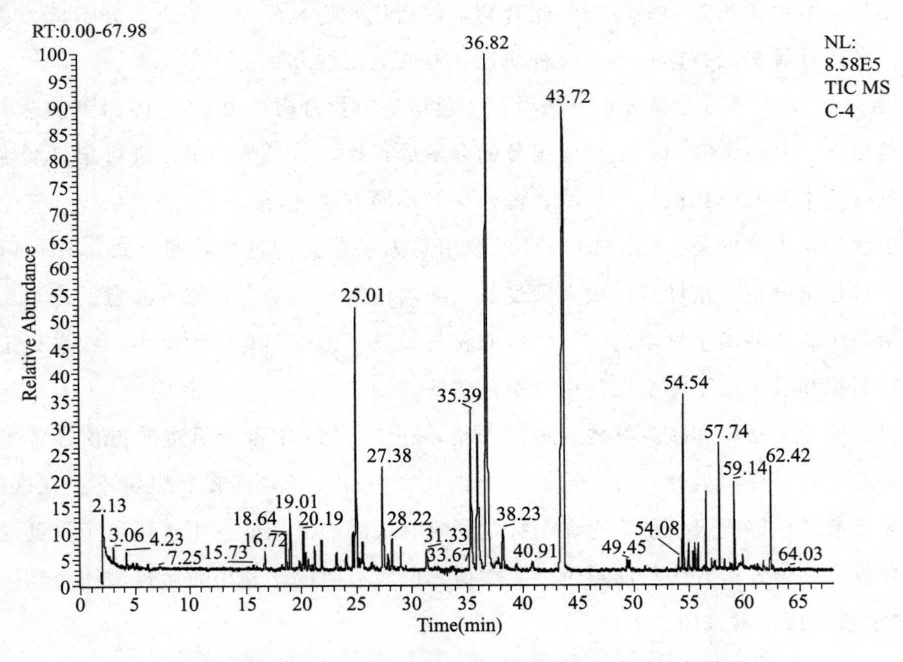

图 12-13 北苍术生品超临界 CO_2 萃取物的总离子流色谱图

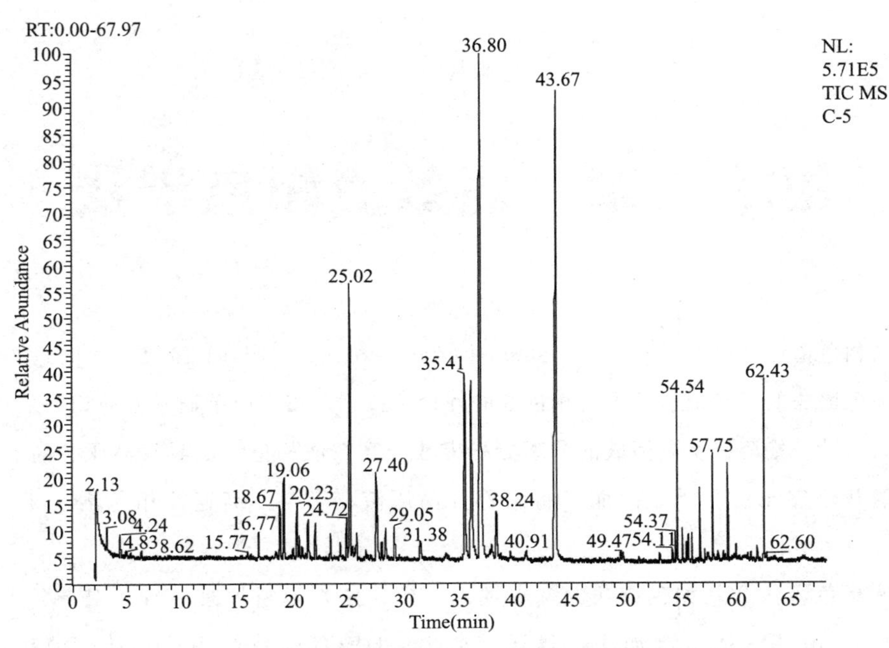

图 12-14 北苍术麸炒品超临界 CO_2 萃取物的总离子流色谱图

习 题

1. Van Deemter 方程对我们选择哪些实验条件有指导意义？

2. 固定液的选择原则是什么？

3. 气相色谱检测器的分类有哪几种？

4. 热导池检测器基本结构和基本原理是什么？

5. 氢焰离子化检测器的基本结构和原理是什么？

6. 什么是归一化法？采用该法的条件是什么？

7. 什么是内标法定量？其优缺点是什么？

8. 采用气相色谱法中的归一化法测定冰片中龙脑和异龙脑的含量，其中龙脑峰面积 234568 和异龙脑峰面积 245637。试计算龙脑和异龙脑的含量。

（龙脑：48.85%，异龙脑：51.15%）

9. 分析某样品中 E 组分的含量，先配制已知含量的正十八烷内标物和 E 组分标准品混合液作气相色谱分析，按色谱峰面积及内标物 E 组分标准品的量计算得到相对重量校正因子 $f_{E/S}=f_E/f_S=2.4$，然后精密称取含 E 组分样品 8.6238g，加入内标物 1.9675g。测出 E 组分峰面积为 72.2cm^2，内标物峰面积为 93.6cm^2。试计算该样品中 E 组分的百分含量。

（42.24%）

10. 用热导检测器分析仅含乙二醇、丙二醇和水的某试样，测得结果如下，求各组分的质量分数。

组分	乙二醇	丙二醇	水
峰高（mm）	87.9	18.2	16.0
相对校正因子（f'_i）	1.0	1.16	0.826

（乙二醇 0.719；丙二醇 0.173；水 0.108）

第十三章 高效液相色谱法

高效液相色谱法（high performance liquid chromatography，HPLC）是20世纪60年代在经典液相柱色谱法的基础上引入了气相色谱的理论和技术，用高压泵输送流动相，采用高效固定相以及高灵敏度检测器发展而成的分离分析方法。高效液相色谱法具有高压、高效、高速、高灵敏度这几个突出的特点。因而又将它称为高压液相色谱、高速液相色谱、高效能液相色谱。

高效液相色谱法和气相色谱法的基本理论一致，定性定量原理一样，其不同点为：①流动相不同：GC用气体做流动相，载气种类少；HPLC以液体为流动相，液体种类多，可供选择范围广。②固定相差别：GC常用毛细管柱，固定相多为液膜，HPLC多为键合相色谱，且固定相粒度小。③HPLC使用范围更广：GC主要用于挥发性、热稳定性好的物质的分析，而这些物质只占有机物总数的15%～20%；HPLC可分析高极性、难挥发、热稳定差、离子型的化合物，只要被测样品能够溶解于溶剂中并可以被检测，就可以进行分析。

高效液相色谱法和经典液相色谱法相比，其主要优点为：①用高压泵输送流动相，流速快，分析速度快；②固定相粒度小而均匀，分离效率高；③采用高灵敏度检测器，提高了检测灵敏度。

高效液相色谱法已广泛用于药物的分离分析中，随着高效液相色谱的改进，以及LC-MS、LC-NMR、LC-IR等联用技术的不断发展，高效液相色谱的应用范围将越来越广泛。

第一节 高效液相色谱仪

高效液相色谱仪一般由高压输液系统、进样系统、色谱分离系统、检测系统、数据记录与处理系统组成。图13-1是典型高效液相色谱仪的结构示意图。

溶剂储器1中的流动相经混合室2混匀，被泵3吸入，导入进样器5。样品用注射器6由进样器注入，随流动相通过预柱7、色谱柱8进行分离，然后进入检测器9被检测，检测信号经过数据记录与处理系统10处理，记录色谱图。若是制备色谱，可以使用馏分收集器11。复杂样品采用梯度洗脱（借助于梯度控制器4），使样品各组分均得到最佳分离。

NOTE

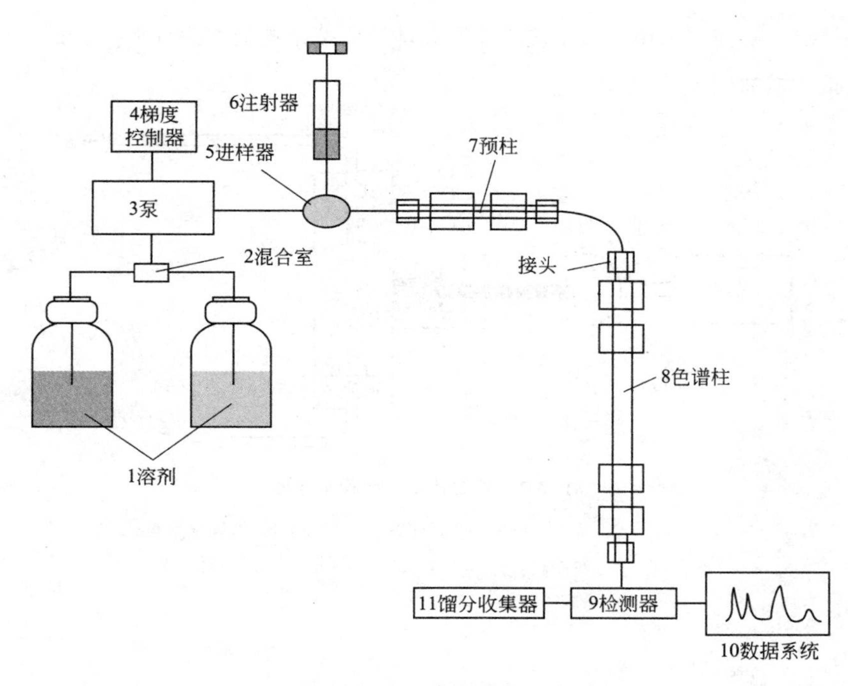

图 13-1　HPLC 仪器结构示意图

一、输液系统

（一）流动相储器与流动相处理

1. 流动相储器　流动相储器俗称贮液瓶，一般是玻璃或塑料瓶，容量约为 0.5～2.0L，若流动相需避光，应选棕色瓶。贮液瓶放置位置要高于泵体，以便保持一定的输液静压差，在泵启动时易于让残留在溶剂和泵体中的微量气体通过放空阀排出。使用过程贮液瓶应注意防止溶剂蒸发引起流动相组成的改变，防止空气中的 O_2、CO_2 重新溶解于已脱气的流动相中。

2. 流动相处理　流动相在装入贮液瓶之前必须经过 0.45μm 滤膜过滤，以除去流动相中的机械杂质。因此，流动相储器的溶剂导管入口处装有过滤器，以进一步除去溶剂中灰尘或微粒残渣，防止损坏泵、进样阀或堵塞色谱柱。流动相在使用之前必须进行脱气处理，目的是除去其中溶解的气体。因为气体在洗脱过程中可能形成气泡，使基线不稳，仪器不能正常工作。常用的脱气方法有超声波振动、抽真空、加热回流、吹氦和真空在线脱气等，其中超声波振动脱气较简单、常用。

（二）高压输液泵

高压输液泵是高效液相色谱仪的关键部件之一。泵的性能好坏直接影响到整个系统的质量和分析结果的可靠性。高效液相色谱仪对泵的要求是：流量稳定、流量范围宽、耐高压、耐腐蚀及适于梯度洗脱等。

高压泵的种类很多，按输液性能可分为恒流泵和恒压泵，目前用得最多的是恒流泵中的柱塞往复泵。结构示意图如图 13-2 所示，工作时由电动机带动凸轮转动，使柱塞在泵腔内往复运动，当柱塞被推入泵腔，出口单向阀打开，流动相从泵腔输出，流向色谱柱，当柱塞从泵腔中往外拉时，流动相从贮液瓶中吸入泵腔。如此前后往复运动，将流动相源源不断地输送到色谱柱中。这种泵的泵腔容积小，容易清洗及更换流动相，特别适合梯度洗脱。但它的输液脉动

性较大是其缺点。目前多采用双泵系统来克服脉动性。按泵连接方式分为并联式与串联式，后者较多，连接方式如图 13-3 所示。

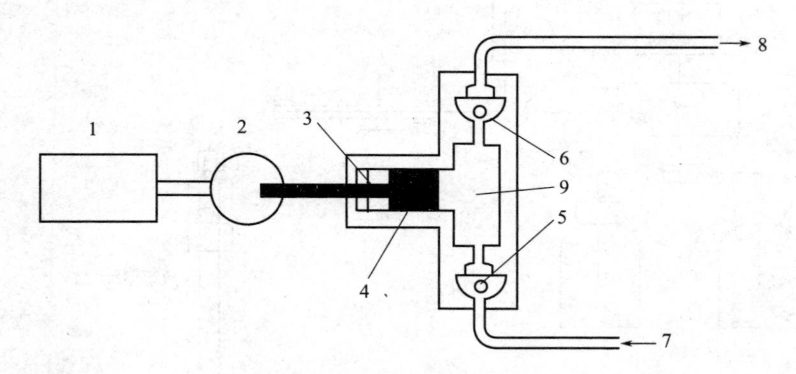

图 13-2　柱塞往复泵结构示意图

1. 电动机；2. 转动凸轮；3. 密封垫；4. 柱塞；5. 入口单向阀；6. 出口单向阀；7. 流动相入口；8. 接柱；9. 泵腔

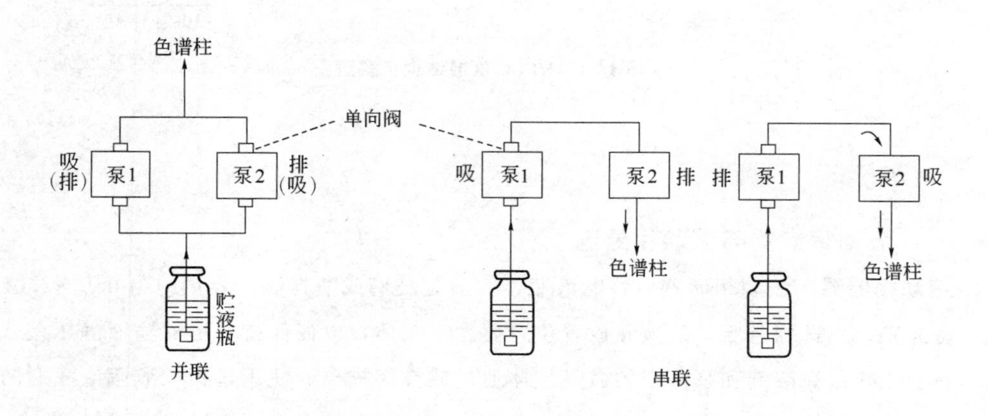

图 13-3　柱塞往复泵的两种连接方式

串联式中的泵 2 无单向阀

串联式双柱塞往复泵泵 1 的柱塞行程比泵 2 大一倍，两者的柱塞运动方向相反，当泵 1 吸液时，泵 2 排液；当泵 1 排液时，泵 2 吸取泵 1 输液的 1/2，另一半被直接输入色谱柱。泵 2 弥补了在泵 1 吸液时的压力下降，消除了输液脉冲。

（三）梯度洗脱装置

高效液相色谱洗脱方式有等度洗脱和梯度洗脱两种。等度洗脱是在同一分析周期内流动相组成保持恒定，适合于组分数目较少，性质差别不大的样品。梯度洗脱是指在一个分析周期内，按一定程序改变流动相组成（如极性、pH 值或离子强度等），使所有组分都能在适宜条件下获得分离，适用于分析组分数目多、性质差异较大的复杂样品。采用梯度洗脱可以缩短分析时间，提高分离度，改善峰形，提高检测灵敏度，但是常常引起基线漂移和降低重现性。

梯度洗脱有两种实现方式，即低压梯度和高压梯度。高压梯度洗脱是流动相用高压输液泵各吸一种溶剂增压后输入梯度混合室，混合后送入色谱柱，混合比由两个泵的速度决定。其主要优点是，只要通过梯度程序控制器控制每个泵的输出，就能获得任意形式的梯度曲线，而且精度很高，其结构示意图见图 13-4。其主要缺点是必须至少使用两个高压输液泵，因此仪器价格比较昂贵，故障率也相对较高。

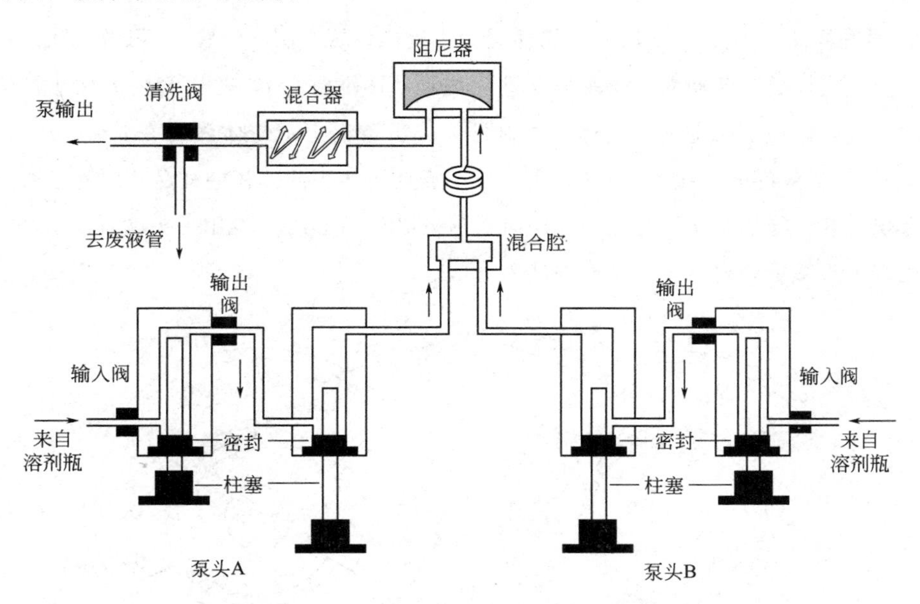

图 13-4　二元泵（高压梯度）结构示意图

低压梯度洗脱是在常压下用比例阀将各种溶剂按比例混合后，再用高压输液泵输入色谱柱。以四元泵为例，其特点是只需一个高压输液泵，由计算机控制四元比例阀来改变溶剂的比例，即可实现二元～四元梯度洗脱，成本低廉、使用方便；由于溶剂在常压下混合，易产生气泡，故需要良好的在线脱气装置。其结构示意图见图 13-5。

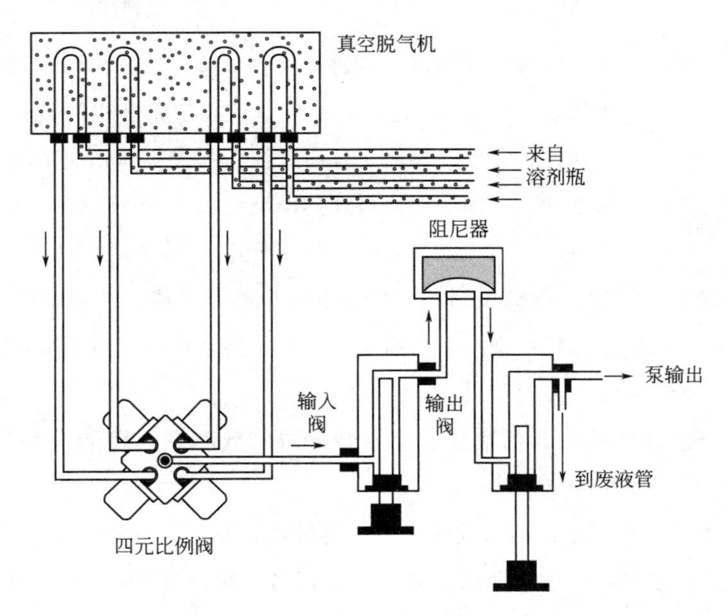

图 13-5　四元泵（低压梯度）结构示意图

二、进样和色谱分离系统

（一）进样器

进样器的作用是将样品引入色谱柱，装在色谱柱的进口处。常用进样器为六通进样阀及自动进样装置。

1. 六通进样阀　如图 13-6 所示。先使阀处于进样位置（图 a 位置），用微量注射器将样品注入贮样管。进样后，转动六通阀手柄至进柱位置（图 b 位置），贮样管内的样品被流动相带入色谱柱。进样体积是由定量管的体积控制的，分析色谱定量管体积为 0.5～100μL，常见的体积是 20μL，制备色谱为 0.1～5mL，可以根据需要更换不同体积的样品环。六通阀进样器具有进样重现性好、能耐高压的特点。使用时要注意必须用 HPLC 专用平头微量注射器，不能使用气相色谱尖头微量注射器，否则会损坏六通阀。

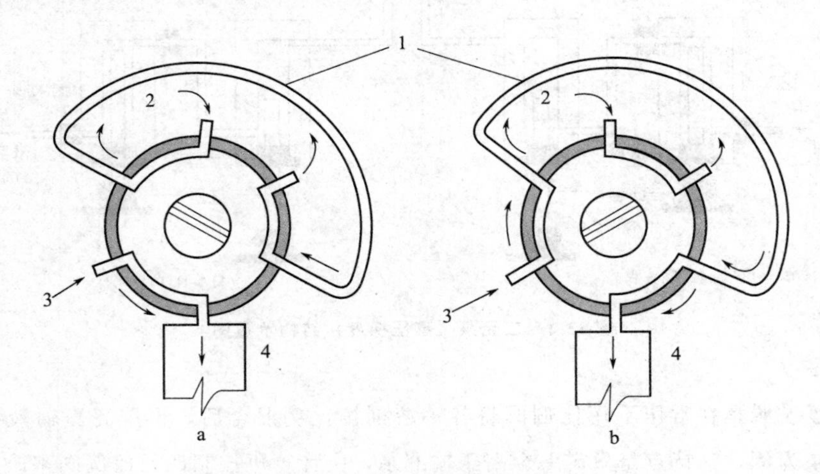

图 13-6　六通进样阀示意图

a. 进样位置（样品入定量管）；b. 进样位置（样品导入色谱柱）

1. 贮样管或定量管；2. 样品注入口；3. 流动相进口；4. 色谱柱

六通进样阀的进样方式有满阀进样和不满阀进样两种，应注意：①用满阀进样时，注入的样品体积应不小于定量环体积的5～10 倍，这样才能完全置换定量环内的流动相，消除管壁效应，确保进样的准确度及重现性；②用不满阀进样时，注入的样品体积应不大于定量环体积的 50%，并要求每次进样体积准确、相同。此法进样的准确度和重现性决定于注射器取样的熟练程度。

2. 自动进样装置　采用计算机控制，可自动进行取样、进样、清洗等一系列操作。操作者只需把样品按一定次序放入样品架上，然后输入程序，启动设备将自动进样。

（二）色谱分离系统

色谱分离系统包括保护柱、色谱柱、恒温装置等。分离系统性能的好坏是色谱分析的关键。

1. 保护柱　为挡住来源于样品和进样阀垫圈的微粒，保护分析柱，常于分析柱的入口端，装上与分析柱相同固定相的短柱，即保护柱。保护柱是一种消耗性柱，一般只有 1～5cm，在使用一段时间后需要换新的柱芯。

2. 色谱柱　色谱柱为高效液相色谱仪的最重要部件，由柱管和固定相组成。柱管通常为内壁抛光的不锈钢直形管，以减少管壁效应。色谱柱按用途可分为分析型和制备型，它们的规格也不同。常规分析柱内径 2～5mm，柱长 10～30cm；窄径柱内径 1～2mm，柱长10～20cm；毛细管柱内径 0.2～0.5mm；实验室用制备柱内径 20～40mm，柱长 10～30cm；HPLC 色谱柱在装填固定相时是有方向性的，使用时流动相的方向应与柱的箭头标示的填充方向一致。

3. 柱温箱 柱温是液相色谱的重要参数，精确控制柱温可提高保留时间的重复性。提高柱温有利于降低流动相的黏度和提高样品溶解度，改变分离度。

4. 色谱柱的评价 色谱柱的好坏必须以一定的指标进行评价，色谱柱的评价应给出色谱柱的基本参数，如色谱柱长度、内径、固定相的种类及粒度、柱效、不对称度和柱压降等。常用色谱柱评价的样品及其操作条件如下：

（1）硅胶柱：苯、萘、联苯及菲为样品；流动相：正己烷，检测波长为254nm。

（2）烷基键合相柱：苯、萘、联苯及菲为样品；流动相为甲醇-水（83∶17，*V/V*）；检测波长为254nm。

三、检测系统

检测器是高效液相色谱仪的重要部件之一，其作用是把洗脱液中组分的量（或浓度）转变为电信号。检测器按用途可分为通用型和选择性两大类。通用型检测器检测的一般是物质的某些物理参数，属于通用型的有蒸发光散射和示差折光检测器等。选择性检测器对被检测物质的响应有特异性，属于选择性的有紫外检测器和荧光检测器等。检测器应满足灵敏度高、线性范围宽、稳定性好、响应快、噪音低、漂移小等要求。

（一）紫外检测器

紫外检测器（ultraviolet detector，UVD）是HPLC中应用最普遍的检测器，具有灵敏度高、线性范围宽、不破坏样品、对温度及流速波动不甚敏感等优点，可用于等度和梯度洗脱。缺点是不适用于对紫外光无吸收的样品，流动相选择有限制（流动相的截止波长必须小于检测波长）。

紫外检测器的测定原理是Lambert-Beer比尔定律，目前的仪器常用的有可变波长检测器及二极管阵列检测器。

1. 可变波长检测器 可变波长检测器是目前配置最多的检测器。一般采用氘灯为光源，选择组分的最大吸收波长为检测波长，以提高检测灵敏度。但由于光源发出的光是通过单色器分光后照射到样品上，单色光强度相应减弱。因此，这种检测器对光电转换元件及放大器要求都较高。这种检测器的光路系统和紫外分光光度计相似。

2. 光电二极管阵列检测器 光电二极管阵列检测器（photodiode array detector，PDAD）是20世纪80年代出现的一种光学多通道检测器。它采用光电二极管阵列（阵列由几百至上千个光电二极管组成）作为检测元件，一次色谱操作可获得色谱-光谱的三维图，同时提供定性定量信息。其检测原理是由光源发出紫外或可见光通过流通池，被组分选择性吸收后，经过光栅分光后照射到二极管阵列上同时被检测（图13-7），用电子学方法及计算机技术对二极管阵列快速扫描采集数据，经计算机处理后得到三维色谱-光谱图（图13-8）。光谱图可用于组分的定性，色谱峰面积可用于定量。此外，可对色谱峰的指定位置（如峰前沿、峰顶、峰后沿）实时记录吸收光谱图并进行比较，可判断色谱峰的纯度和分离情况。

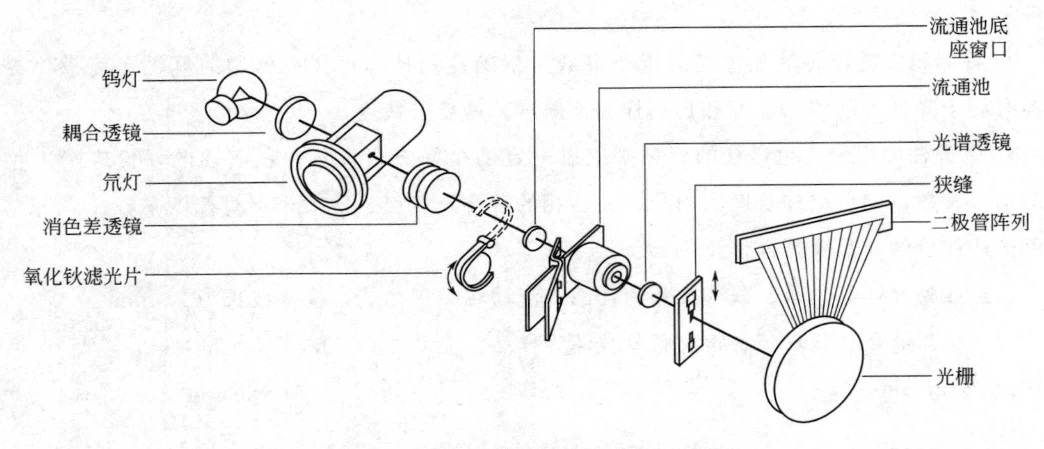

图 13-7 光电二极管阵列检测器光路示意图

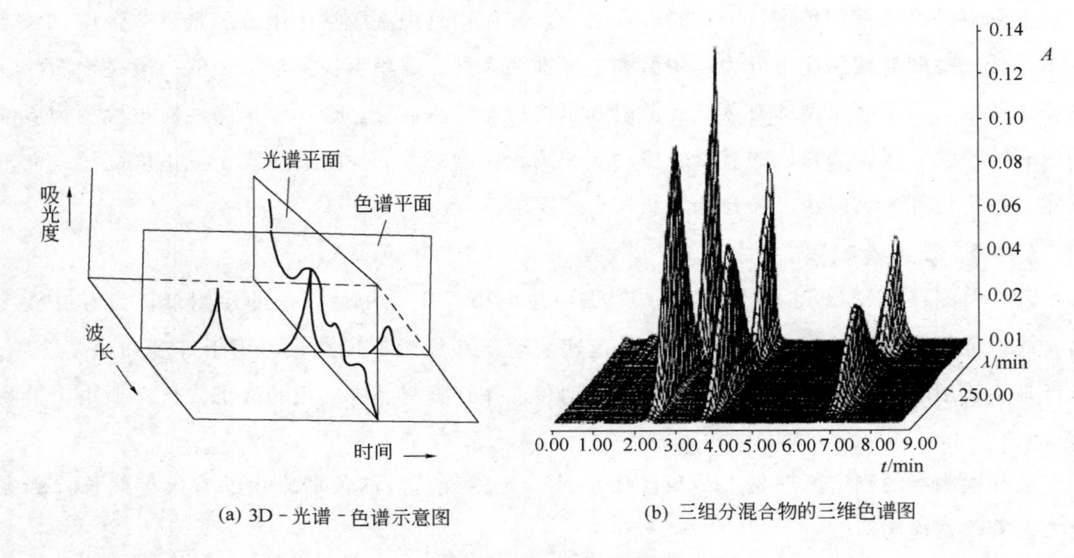

(a) 3D - 光谱 - 色谱示意图　　(b) 三组分混合物的三维色谱图

图 13-8 3D-光谱-色谱图

（二）蒸发光散射检测器

蒸发光散射检测器（evaporative light-scattering detector，ELSD）是 20 世纪 90 年代出现的通用型检测器。适用于挥发性低于流动相的组分的检测，主要用于检测糖类、高级脂肪酸、皂苷类等化合物，对各种物质几乎有相同的响应，但其对有紫外吸收的组分检测灵敏度较紫外检测器低约一个数量级。其检测原理是色谱柱后流出液在通向检测器的途中与高流速载气（常用高纯氮）混合，形成微小均匀的雾状液滴。液滴在加热的蒸发漂移管中，流动相蒸发而被除去，样品组分则形成不挥发的微小颗粒，被载气带入检测室，在强光或激光照射下产生光散射，散射光用光电二极管检测产生电信号，电信号的强度与组分颗粒的大小和数量有关。颗粒的数量取决于流动相的性质、载气和流动相的流速。当载气和流动相的流速恒定时，散射光的强度仅取决于被测组分的浓度。此检测器可用于梯度洗脱，但不宜采用非挥发性缓冲溶液为流动相。其结构原理见图 13-9。

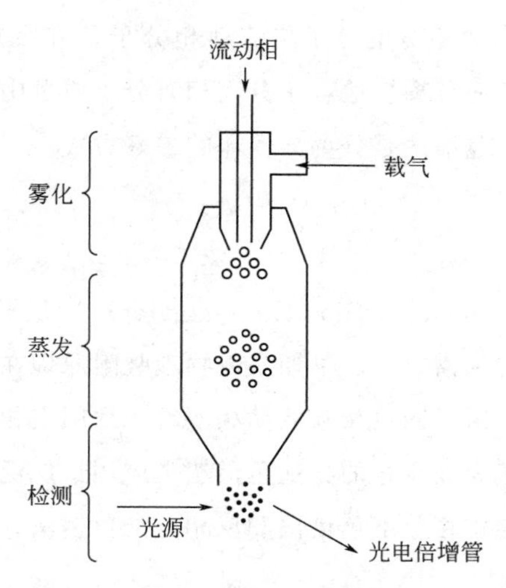

图 13-9　蒸发光散射检测器原理示意图

（三）荧光检测器

荧光检测器（fluorescence detector，FLD）是一种灵敏度高、选择性好的检测器。适用于在紫外光的激发下能产生荧光的化合物，或不产生荧光但能利用荧光试剂在柱前或柱后衍生转变成能发出荧光的物质。其检测的原理与荧光分析法相同。常用于酶、甾族化合物、维生素、氨基酸等成分的 HPLC 分析，是体内药物分析常用的检测器之一。

（四）其他检测器

示差折光检测器（refractive index detector，RID）、电化学检测器（electrochemical detector，ECD）、质谱检测器（mass spectrum detector，MS）等。

四、数据记录与处理系统

使用色谱工作站来记录和处理色谱分析的数据。色谱工作站是由一台计算机来实时控制色谱仪器，并进行数据采集和处理。它是由硬件和软件两个部分组成。硬件是一台计算机，加上色谱数据采集卡和色谱仪器控制卡。软件包括色谱仪实时控制程序，峰识别和峰面积积分程序，定量计算程序，报告打印程序等。色谱工作站在数据处理方面的功能有：色谱峰的识别、基线的校正、重叠峰和畸形峰的解析、计算峰参数（包括保留时间、峰高、峰面积、半峰宽等）、定量计算组分含量等。

第二节　高效液相色谱法的主要类型及其分离原理

根据组分在固定相与流动相之间的分离原理的不同，高效液相色谱法可分为吸附色谱法、液-液分配色谱法、离子交换色谱法、分子排阻色谱法、离子色谱法及离子对色谱法等。

一、吸附色谱法

吸附色谱法（adsorption chromatography）又称液-固吸附色谱法（liquid-solid adsorption

chromatography)，是根据被分离组分的分子与流动相分子争夺吸附剂表面活性中心，靠被分离组分之间的吸附系数的差别而分离。适合于分离相对分子质量中等的脂溶性组分，在常用的几种高效液相色谱法中，吸附色谱法是分离异构体的最好方式。

二、液-液分配色谱法

液-液分配色谱法（liquid-liquid partition chromatography）是根据被分离的组分在流动相和固定相中溶解度不同而分离的色谱方法。早期是以物理吸附原理在全多孔或薄壳型硅胶等载体表面上涂渍固定液为固定相，由于固定相被流动相溶解导致固定相流失等缺点，其发展和应用受到限制。而今以化学键合相为固定相的分配色谱法是应用最广泛的类型。分配色谱法按固定相和流动相的极性不同可分为正相分配色谱法和反相分配色谱法。

（一）正相分配色谱法

流动相极性小于固定相极性称为正相分配色谱法（normal phase partition chromatography)，常用于分离溶于有机溶剂的极性至中等极性的分子型化合物。分离机制是组分在两相间进行分配，极性小的组分的分配系数 K 小，保留时间短，反之，极性大的组分的分配系数 K 大，保留时间长。其固定相常采用氰基或氨基化学键合相；流动相常选用低极性溶剂（如正己烷)，加入适量极性溶剂（如三氯甲烷）以调节流动相的极性；流动相的极性增强，洗脱能力增强，使组分的分配系数 K 减小，保留时间变短。

（二）反相分配色谱法

流动相极性大于固定相极性称为反相分配色谱法（reversed phase partition chromatography)。适合于分离非极性至中等极性的分子型化合物。分离机制是组分在两相间进行分配，极性大的组分的分配系数 K 小，保留时间短，反之，极性小的组分的分配系数 K 大，保留时间长。其固定相常采用十八烷基（C_{18})、辛烷基（C_8）等化学键合相；流动相以水为基础溶剂再加入一定量与水混溶的有机极性溶剂（如甲醇、乙腈）以调节流动相的极性；流动相中有机溶剂的比例增大，组分的分配系数 K 减小，保留时间变短。

三、离子交换色谱法

离子交换色谱法（ion exchange chromatography，IEC）是以离子交换剂为固定相，用缓冲液为流动相，根据选择性差别而分离的方法。其固定相为化学键合离子交换剂，是以全多孔微粒硅胶为载体，表面经化学反应键合上各种离子交换基团，如磺酸基（称阳离子交换剂）或季氨基（阴离子交换剂）等。流动相是具有一定 pH 值和离子强度的缓冲溶液，或含有少量有机溶剂以提高选择性。

离子交换色谱法广泛应用在生物医学领域里，如氨基酸分析、肽和蛋白质的分离。也可作为有机和无机混合物的分离，还可作为对水、缓冲剂、尿、甲酰胺、丙烯酰胺的纯化手段，从有机物溶液中去除离子型杂质等。

四、分子排阻色谱法

分子排阻色谱法（size exclusion chromatography，SEC）是根据被分离样品中各组分分子大小的不同导致在固定相上渗透程度不同使组分分离。适合于分离大分子组分和组分的分子量

NOTE

的测定。目前使用的固定相有微孔硅胶、微孔聚合物等，常见的凝胶色谱固定相见表13-1。流动相是能够溶解样品、还必须能润湿固定相、黏度也低的溶剂。

表13-1　常用的凝胶色谱固定相

填料类型	粒度（μm）	平均孔径（Å）	相对分子质量排斥极限
聚乙烯-二乙烯基苯	10	10^2	700
		10^3	(0.1～20) $\times 10^4$
		10^4	(1～20) $\times 10^4$
		10^5	(1～20) $\times 10^5$
		10^6	(5～10) $\times 10^6$
硅胶	10	125	(0.2～5) $\times 10^4$
		300	(0.03～1) $\times 10^5$
		500	(0.05～5) $\times 10^5$
		1000	(5～20) $\times 10^5$

五、离子色谱法

一些常见的无机离子在紫外-可见光区没有吸收，因此不能用在高效液相色谱中广泛使用的紫外检测器进行检测。在20世纪70年代Small提出把电导检测器用于离子交换色谱，将离子交换色谱与电导检测器相结合用于分析离子的方法称为离子色谱法（ion chromatography，IC)。离子色谱法可以分析无机与有机阴、阳离子，还可以分析氨基酸、糖类或DNA、RNA的水解产物等。

离子色谱可分为抑制型离子色谱法（双柱型）和非抑制型离子色谱法（单柱型）两大类。以分析阳离子M^+为例，简要说明抑制型离子色谱法的检测原理。该法是用两根离子交换柱，一根为分离柱，填有低交换容量的H型阳离子交换剂；另一根为抑制柱，填有高交换容量的OH型阴离子交换剂，两根色谱柱串联，用稀酸溶液作为流动相。当样品经分离柱分离后，随流动相进入抑制柱。在两根柱上的反应如下：

分离柱：　交换反应　$R—H + MX \longrightarrow R—M + HX$

　　　　　洗脱反应　$R—M + HNO_3 \longrightarrow R—H + MNO_3$

抑制柱：　$R—OH + HNO_3 \longrightarrow R—NO_3 + H_2O$

　　　　　$R—OH + HX \longrightarrow R—X + H_2O$

　　　　　检测反应　$R—OH + MNO_3 \longrightarrow R—NO_3 + MOH$

由反应可知：经抑制柱后，一方面将大量酸转变为电导很小的水，消除了流动相本底电导的影响。同时，又将样品阳离子M^+转变成相应的碱，提高了所测阳离子电导的检测灵敏度。对于阴离子样品也有相似的作用机理。

在非抑制型离子色谱中，分离柱用低交换容量的离子交换剂，进入检测器的有洗脱液和被分离的组分，为了提高信噪比，常使用浓度很低、电导率很低的洗脱液。

六、离子对色谱法

离子对色谱法是把离子对试剂加入到流动相中，用于分离离子型或可离子化的化合物的方法（ion pair chromatography，IPC)，是由离子对萃取发展而成的一种分离分析方法。离子对

萃取是一种液-液分配分离离子型化合物的技术，是选择合适的反电荷离子加入到水相中，与被分离化合物的离子形成中性离子对，被萃取到有机相中。20 世纪 60 年代初期，Schill 等人系统地研究了离子对的分离现象，并把它引进到液相色谱中。离子对色谱法分为两类：正相离子对色谱法和反相离子对色谱法。现在最常用的是反相离子对色谱法。

（一）反相离子对色谱分离原理

反相色谱中常用的固定相如 ODS，把离子对试剂加入到极性的流动相中，被分析的组分离子进入色谱柱后，与离子对试剂的反离子（或对离子）生成中性离子对，按照它和固定相及流动相之间的作用力大小被流动相洗脱下来。如图 13-10。

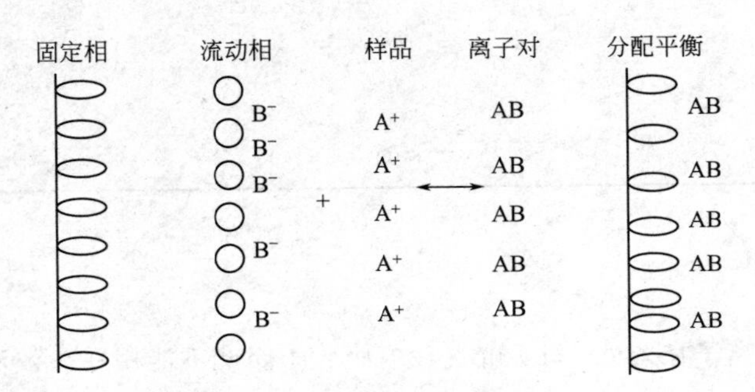

图 13-10　离子对色谱分离过程示意图

（二）影响离子对色谱分离选择性的因素

1. 流动相极性的影响　在反相离子对色谱中常用的流动相是甲醇 - 水和乙腈 - 水，增加甲醇或乙腈含量，使组分的 k 值减小。

2. 流动相的 pH 的影响　由于离子对的形成与样品组分的离解程度有关，当样品组分与离子对试剂完全离子化时，最有利于离子对的形成，组分的 k 值大。因此，流动相的 pH 对弱酸、弱碱的保留有很大影响，而对强酸、强碱的影响很小。

3. 离子对试剂的种类和浓度的影响　分析酸类或带负电荷的组分时，一般用季胺盐作离子对试剂；分析碱类或带正电荷的组分时，一般用烷基磺酸盐或硫酸盐作离子对试剂。离子对试剂碳链长度增加，组分的 k 相应增大。离子对试剂浓度增加，组分的 k 也相应增大，通常保持离子对试剂的浓度在 10^{-4}～10^{-2}mol/L 范围内。

反相离子对色谱在许多领域中都得到了应用，如生物碱、维生素、抗生素以及其他药物的分析。

第三节　固定相和流动相

固定相和流动相是液相色谱完成样品分离分析最关键的因素之一，为了能正确地选择色谱固定相和流动相，有必要对其进行详细介绍。

一、固定相

NOTE

色谱柱是高效液相色谱的心脏，其中的固定相（stationary phase 或称为填充剂、填料）是保证色谱柱高柱效和高分离度的关键。固定相的性能如载体的形状、粒径、孔径、表面积、键合基团的表面覆盖度、含碳量和键合类型将影响组分的保留行为和分离效果，孔径在15nm以下的填充剂适合分析分子量小于2000的化合物，分子量大于2000的化合物应选择孔径在30nm以上的填充剂。高效液相色谱的固定相主要有硅胶、化学键合相和凝胶等。

（一）硅胶

硅胶是液-固吸附色谱常用的固定相之一。分为表面多孔型硅胶、无定形全多孔硅胶、球形全多孔硅胶及堆积硅珠等类型（图13-11）。

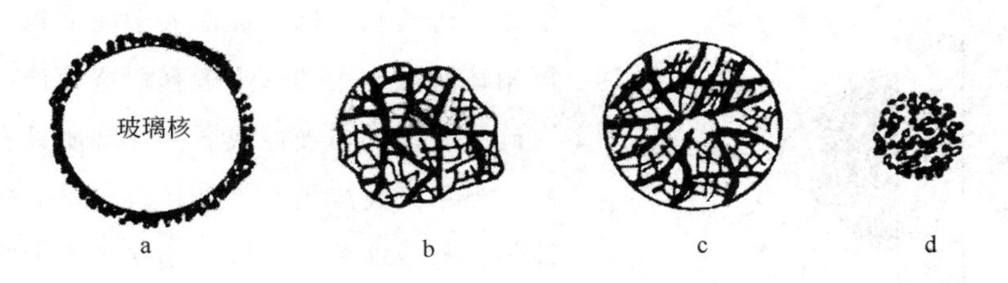

图13-11 各种类型硅胶示意图

a. 表面多孔型硅胶；b. 无定型全多孔硅胶；c. 球形全多孔硅胶；d. 堆积硅珠

表面多孔型硅胶粒度约为30μm，现已很少应用。无定形全多孔硅胶粒径一般为5～10μm，有载样量大、价格便宜的优点，涡流扩散项大及柱渗透性差是其缺点。球形全多孔硅胶粒径一般为3～10μm，这种硅胶除具有无定形全多孔硅胶的优点外，还具有涡流扩散项小及渗透性好等优点，是化学键合相理想的载体。堆积硅珠粒径一般为3～5μm，是一种较理想的高效填料。

硅胶的主要性能参数有：形状、粒度、粒度分布、比表面积及平均孔径等。

硅胶是应用很广的固定相，主要用于分离溶于有机溶剂的极性至弱极性的分子型化合物。也可用于分离某些几何异构体。

（二）化学键合相

用化学反应的方法将官能团键合在载体表面上所形成的填料称为化学键合相（chemically bonded phase)，简称键合相。化学键合相的优点是使用过程中无固定相流失，增加了色谱柱的稳定性和使用寿命；化学性能稳定；传质过程快，柱效高；载样量大；适于作梯度洗脱。

化学键合相的分类有多种，按键合相载体分，有硅胶和非硅胶载体；按键合的官能团分类，可分为非极性、弱极性、极性和离子交换键合相等。化学键合相的种类很多，有正相和反相色谱中的化学键合相，还有离子交换键合相、手性固定相及亲合色谱固定相等，其中反相化学键合相在HPLC中应用最广。

目前，化学键合相广泛采用硅胶为载体，由于键合基团的空间位阻使硅胶表面硅醇基不能全部参加键合反应，残存的硅醇基对极性组分产生吸附，因此，用硅胶为载体的化学键合相有一定的吸附作用，吸附作用的大小视键合基团的表面覆盖度（参加反应的硅醇基数目占硅胶表面硅醇基总数的比例）而定。为了减少残存的硅醇基，一般在键合反应后，要用三甲基氯硅烷等进行钝化处理，称为封尾，封尾后的键合相吸附作用降低，稳定性增加。

1. 非极性键合相 这类键合相表面基团为非极性烃基，如十八烷基、辛烷基、甲基与苯基等。十八烷基键合相（ODS或C_{18}）是最常用的非极性键合相，它是由十八烷基硅烷试剂与硅胶表面的硅醇基经多步反应生成的键合相。键合反应示意如下：

$$\equiv Si-OH+Cl-Si(R_2)-C_{18}H_{37}\xrightarrow{-HCl}\equiv Si-O-Si(R_2)-C_{18}H_{37}$$

若上式中 R_2 是两个甲基，则构成高碳 ODS 键合相；若 R_2 一个是甲基，一个是氯，则生成中碳 ODS 键合相；若 R_2 是二个氯，生成低碳 ODS 键合相。高碳 ODS 键合相载样量大，保留能力强。

非极性键合相上键合基团的链长对组分的保留、载样量、选择性有影响，长链烃基使组分的 k 值增大，载样量增大，分离选择性提高。

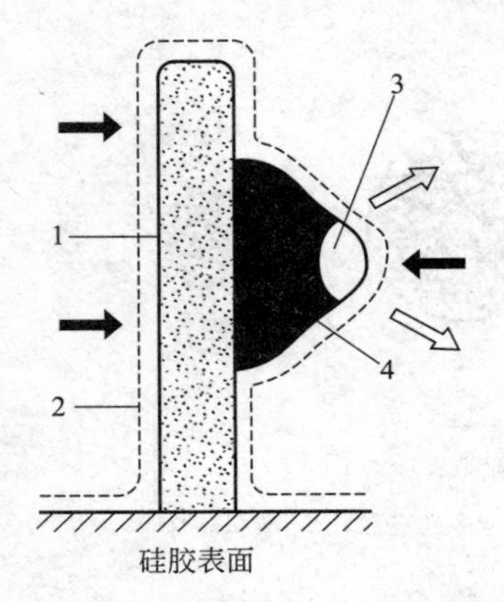

图 13-12　疏溶剂缔合作用示意图

➡表示疏溶剂作用，⇨表示极性溶剂的解缔作用

1. 烷基键合相；2. 溶剂膜；3. 组分分子极性部分；4. 组分分子非极性部分

用非极性键合相作为固定相时为反相键合相色谱法，流动相溶剂的极性大于固定相，其分离机理可用疏溶剂作用理论来解释。这种理论认为：键合在硅胶表面的非极性或弱极性基团具有较强的疏水性，当用极性溶剂作流动相时，组分分子中的非极性部分与极性溶剂相接触相互产生排斥力（疏溶剂斥力），促使组分分子与键合相的疏水基团产生疏水缔合作用，使其在固定相上产生保留作用；另一方面，当组分分子中有极性官能团时，极性部分受到极性溶剂的作用，促使它离开固定相，产生解缔作用并减小其保留作用，如图 13-12 所示。所以，不同结构的组分在键合固定相上的缔合和解缔能力不同，决定了不同组分分子在色谱分离过程中的迁移速度是不一致的，从而使得各种不同组分得到了分离。

烷基键合固定相对每种组分分子缔合作用和解缔作用能力之差，就决定了组分分子在色谱过程的保留值。每种组分的容量因子 k 与它和非极性烷基键合相缔合过程的总自由能的变化 ΔG 值相关，可表示为：

$$\ln k=\ln\frac{1}{\beta}-\frac{\Delta G}{RT},\quad \beta=\frac{V_m}{V_s} \tag{13-1}$$

式中，β 为相比；ΔG 与组分的分子结构、烷基固定相的特性和流动相的性质密切相关。

① 组分分子结构对保留值的影响：在反相键合相色谱中，组分的分离是以它们的疏水结构差异为依据的，组分的极性越弱，疏水性越强，保留值越大。根据疏溶剂理论，组分的保留值与其分子中非极性部分的总表面积有关，其与烷基键合固定相接触的面积越大，保留值也越大。

② 烷基键合固定相特性对保留值的影响：烷基键合固定相的作用在于提供非极性作用表面，因此键合到硅胶表面的烷基数量决定着组分 k 的大小。随碳链的加长，烷基的疏水特性增加，键合相的非极性作用的表面积增大，组分的保留值增加，其对组分分离的选择性也增大。

③ 流动相性质对保留值的影响：流动相的表面张力愈大、介电常数愈大，其极性愈强，此时组分与烷基键合相的缔合作用愈强，流动相的洗脱强度弱，组分的保留值越大。

2. 弱极性键合相　常见的有醚基和二醇基键合相。这种键合相可作正相或反相色谱的固定相，视流动相的极性而定。

3. 极性键合相　常用极性键合相为氨基键合相（强极性）、氰基键合相（中极性），是分别将氨丙硅烷基［$\equiv Si(CH_2)_3NH_2$］及氰乙硅烷基［$\equiv Si(CH_2)_2CN$］键合在硅胶上而制成。它们一般作正相色谱的固定相。

氨基键合相兼有氢键接受和给予两种性能，对多功能基化合物有很好的分离选择性，还是分析糖类最常用的固定相。氰基键合相的分离选择性与硅胶相似，对双键异构体有很好的分离选择性。

4. 离子交换键合相　最常见的离子交换键合相是以全多孔微粒硅胶为载体，其表面经化学键合上所需的各种离子交换基团。按键合离子交换基团可分为阳离子键合相［强酸性和弱酸性，常用强酸性磺酸基（$-SO_3H$）］和阴离子键合相［强碱性和弱碱性，常用强碱性季铵盐基（$-NR_3Cl$）］。

使用以硅胶为载体的化学键合相时要注意：流动相的 pH 应在 2～8，当 pH 大于 8 时，可使载体硅胶溶解；当 pH 小于 2 时，与硅胶相连的化学键易水解脱落。为此，人们一直在努力寻找性能更好的填料，如用二氧化钛、氧化铝、氧化锆等代替硅胶作载体，制成非硅胶填料和无机-有机复合型填料等。

（三）凝胶

1. 半硬质凝胶　使用最广泛的半硬质有机凝胶是具有较高交联度的苯乙烯和二乙烯苯球形共聚物，颗粒直径约 10～25μm，适用于以有机溶剂为流动相的凝胶渗透色谱（GPC）。

2. 硬质凝胶　高交联度的苯乙烯和二乙烯苯球形共聚物，为有机凝胶，颗粒直径约 10μm；多孔球形硅胶及可控孔径玻璃珠等，为无机材料凝胶。无机材料凝胶可用于以有机溶剂为流动相的 GPC，也可用于以水溶液为流动相的凝胶过滤色谱（GFC）。

3. 凝胶的特性参数　渗透极限：渗透极限系指凝胶可用来分离化合物（或组分）分子量的最大值，超过此极限，高分子量化合物（或组分）都从凝胶颗粒间的空隙体积（V_o）处流出，而无法分离。

分离范围：通常分离范围是指凝胶的分子量校正曲线的线性部分（见图 13-13），应根据其分离范围及样品的分子量分布范围来选择合适的凝胶固定相。

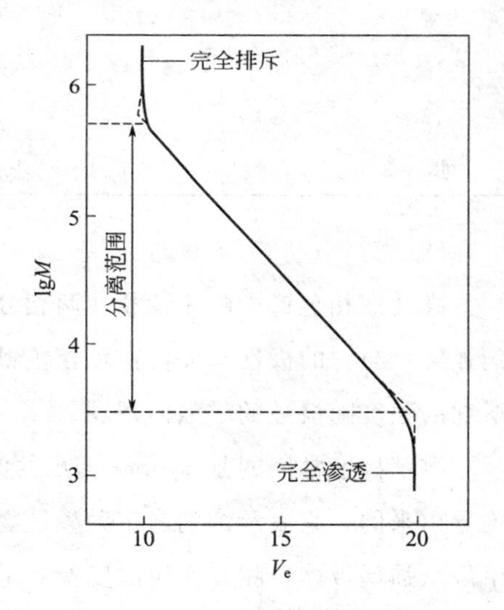

图 13-13　凝胶的分子量校正曲线

二、流动相

在高效液相色谱法中，流动相是液体，对组分有亲和力，并参与固定相对组分的竞争。因此，流动相溶剂的性质和组成对色谱柱效、分离选择性和组分的 k 值影响很大。改变流动相的性质和组成，是提高色谱系统分离度和分析速度的重要手段。

（一）对流动相的基本要求

1. 纯度高、化学惰性好。
2. 必须与检测器匹配。如用紫外吸收检测器，就不能用在检测波长处有紫外吸收的溶剂。
3. 对样品有适宜的溶解能力。要求 k 在 1～10 范围，最好在 2～5。
4. 有低的黏度和适当低的沸点。溶剂黏度低，可减小组分的传质阻力，利于提高柱效。

NOTE

另外从制备、纯化样品考虑，低沸点的溶剂易用蒸馏方法从柱后收集液中除去，利于样品的纯化。

5. 应使用低毒性的溶剂，以保证操作人员的安全。

现将能够满足这些要求的溶剂择要列于表 13-2 中。

表 13-2　高效液相色谱适用的溶剂

溶剂	UV 截止波长 (nm)	折光指数 (25℃)	沸点 (℃)	黏度 mPa·s (25℃)	P'	ε^{0*}	介电常数 (20℃)	选择性分组
正庚烷	195	1.385	98	0.40	0.2	0.01	1.92	
正己烷	190	1.372	69	0.30	0.1	0.01	1.88	
乙醚	218	1.350	35	0.24	2.8	0.38	4.3	Ⅰ
1-氯丁烷	220	1.400	78	0.42	1.0	0.26	7.4	Ⅵ
四氢呋喃	212	1.405	66	0.46	4.0	0.57	7.6	Ⅲ
丙胺		1.385	48	0.36	4.2		5.3	Ⅰ
乙酸乙酯	256	1.370	77	0.43	4.4	0.53	6.0	Ⅵ
三氯甲烷	245	1.443	61	0.53	4.1	0.40	4.8	Ⅷ
甲乙酮	329	1.376	80	0.38	4.7	0.51	18.5	Ⅵ
丙酮	330	1.356	56	0.3	5.1	0.56		Ⅵ
乙腈	190	1.341	82	0.34	5.8	0.65	37.8	Ⅵ
甲醇	205	1.326	65	0.54	5.1	0.95	32.7	Ⅱ
水		1.333	100	0.89	10.2		80	Ⅷ

（二）流动相溶剂的极性

高效液相色谱中的流动相在两相分配过程中起着重要作用，流动相溶剂的洗脱能力（即溶剂强度）与它的极性有关，在正相色谱中，溶剂的强度随极性的增强而增加；在反相色谱中，溶剂的强度随极性的增强而减弱。

溶剂极性常用的是 Synder 提出的溶剂极性参数 P'，它是根据 Rohrschneider 的溶解度数据推导出来的，它表示溶剂与三种极性物质乙醇（质子给予体）、二氧六环（质子受体）和硝基甲烷（强偶极体）相互作用的度量。Synder 将溶剂极性参数 P'定义为：

$$P' = \lg(K''_{g})_{\text{乙醇}} + \lg(K''_{g})_{\text{二氧六环}} + \lg(K''_{g})_{\text{硝基甲烷}} \tag{13-2}$$

K''_{g}为溶剂在乙醇、二氧六环、硝基甲烷中的极性分配系数。

表 13-2 中列出了常用溶剂的 P'，其中水的极性参数最大。在正相色谱中，P'越大，洗脱能力越强。选择适当的溶剂极性参数以调整 k 值在适宜范围是十分重要的。在色谱分析中流动相常常由两种或两种以上不同的溶剂组成，这种混合溶剂的极性是由它的各种组分根据其所占份额而贡献的极性之和构成，其极性参数可由下式计算：

$$P' = \sum_{i=1}^{n} \varphi_{i} P'_{i} \tag{13-3}$$

式中 φ_i 为溶剂 i 在混合溶剂中所占的体积分数，P'_i为溶剂 i 极性参数。

反相色谱的溶剂强度也常用另一个强度因子 S 表示，其意义与正相色谱的 P'相反。表 13-3 列出了常用溶剂的 S 值。比较表 13-2 和表 13-3，在正、反相色谱中，溶剂的洗脱能力相反。

NOTE

如水在正相洗脱时，洗脱能力最强（$P'=10.2$），而在反相洗脱时，洗脱能力最弱（$S=0$）。混合溶剂的强度因子可由下式计算：

$$S=\sum_{i=1}^{n}\varphi_i S_i \tag{13-4}$$

在吸附色谱中使用溶剂强度参数 ε^0 表示流动相溶剂极性。ε^0 值越大，洗脱能力越强。

表 13-3 反相色谱常用溶剂的强度因子（S）

溶剂	S	溶剂	S
水	0	二噁烷	3.5
甲醇	3.0	乙醇	3.6
乙腈	3.2	异丙醇	4.2
丙酮	3.4	四氢呋喃	4.5

（三）溶剂的选择性与分类

Synder 将溶剂和样品分子间的作用力作为溶剂选择性分类的依据，将选择性参数定义为：

$$X_e=\frac{\lg(K''_g)_{乙醇}}{P'},\ X_d=\frac{\lg(K''_g)_{二氧六环}}{P'},\ X_n=\frac{\lg(K''_g)_{硝基甲烷}}{P'} \tag{13-5}$$

X_e、X_d、X_n 分别表示溶剂的质子接受能力、质子给予能力和偶极作用力。

根据 X_e、X_d、X_n 的相似性，Synder 将常用溶剂分为 8 组，见表 13-4，并得到溶剂选择性分类三角形，如图 13-14。由图可知，Ⅰ组溶剂的 X_e 较大，属于质子接受体溶剂；Ⅴ组溶剂的 X_n 较大，属于偶极中性化合物；Ⅷ组溶剂的 X_d 较大，属于质子给予体溶剂。同一组中不同溶剂在分离中具有相似的选择性，不同组的溶剂，其选择性差别较大。因此，采用不同组的溶剂，可显著改变溶剂的选择性。

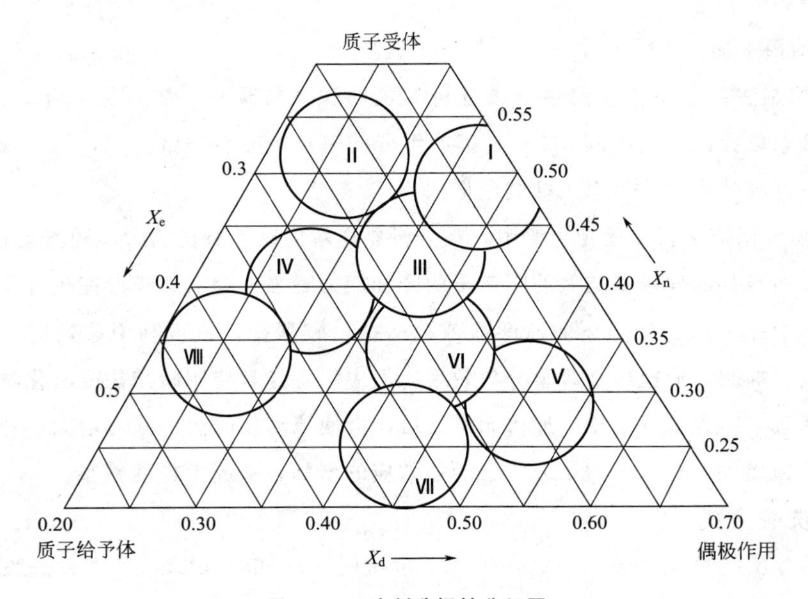

图 13-14 溶剂选择性分组图

NOTE

表 13-4　Synder 的部分溶剂选择性分组

组别	溶　剂
Ⅰ	脂肪醚、三烷基胺、四甲基胍、六甲基磷酰胺
Ⅱ	脂肪醇
Ⅲ	吡啶衍生物、四氢呋喃、酰胺（甲酰胺除外）、乙二醇醚、亚砜
Ⅳ	乙二醇、苄醇、乙酸、甲酰胺
Ⅴ	二氯甲烷、二氯乙烷
Ⅵ	①三甲苯基磷酸酯、脂肪族酮和酯、聚醚、二氧六环；②砜、腈、碳酸亚丙酯
Ⅶ	芳烃、卤代芳烃、硝基化合物、芳醚
Ⅷ	氟代醇、间苯甲酚、水、三氯甲烷

（四）改善分离度的方法

1. 调节流动相的极性和选择性　为使组分获得良好的分离，通常希望组分的容量因子 k 保持在 1～10 范围内，若组分的 k 值大于 10 或小于 1 时，可通过调节流动相的极性，来获取适用的 k 值。

在正相色谱中常采用饱和烷烃如正己烷作基础溶剂，加入具有不同选择性的溶剂如乙醚（Ⅰ组）、二氯甲烷（Ⅴ组）、三氯甲烷（Ⅷ组）等，来调节溶剂强度；在反相色谱中则常采用水为基础溶剂，加入甲醇（Ⅱ组）、乙腈（Ⅵ组）、四氢呋喃（Ⅲ组）等来调节溶剂强度，并获得不同的选择性。

当选择的二元混合溶剂对给定的分离有合适的溶剂强度，即被分离组分的 k 在 1～10 之间，但选择性不好时，为改善分离的选择性，欲用另一选择性组别的溶剂 B 代替 A，重新组成混合流动相，并保持极性参数 P' 不变。若二元溶剂不能达到良好的选择性还可采用多元溶剂系统来改善选择性。

2. 向流动相中加入改性剂

① 离子抑制法：在反相色谱中分离分析有机弱酸、弱碱时，常向含水流动相中加入酸、碱或缓冲溶液，以控制流动相的 pH 值，抑制组分的解离，减少谱带拖尾，改善峰形，提高分离的选择性。这种技术也称为离子抑制色谱法。

② 离子强度调节法：在反相色谱中，在分析易离解的碱性有机物时，随流动相 pH 值的增加，键合相表面残存的硅羟基与碱的阴离子的亲和能力增强，会引起峰形拖尾并干扰分离，此时若向流动相中加入 0.1%～1% 的乙酸盐或硫酸盐、硼酸盐，就可利用盐效应减弱残存硅羟基的干扰作用，抑制峰形拖尾并改善分离效果。但应注意经常使用磷酸盐或卤化物会引起硅烷化固定相的降解。向含水流动相中加入无机盐后，会使流动相的表面张力增大，对非离子型组分，会引起 k 值增加，对离子型组分，会随盐效应的增加，引起 k 值的减小。

（五）洗脱方式

HPLC 有等度洗脱（isocratic elution）和梯度洗脱（gradient elution）两种洗脱方式。

1. 等度洗脱　等度洗脱是指进行色谱分离时，流动相的极性、离子强度、pH 值等，在分离的全过程中皆保持不变的洗脱方式，适合于组分数目较少，性质差别不大的样品。

2. 梯度洗脱　梯度洗脱是指在洗脱过程中含两种或两种以上不同极性溶剂的流动相的组成会连续或间歇地改变，以调节流动相的极性、离子强度和 pH 值等，改善样品中各组分间的

NOTE

分离度。用于分析组分数目多、性质差异较大的复杂样品。

若试样中含有多个组分，其容量因子 k 值的分布范围很宽，如用低强度的流动相进行等度洗脱，此时 k 值小的组分会分离度较大，而 k 值大的组分保留值会很大，流出峰形很宽；如用高强度的流动相进行等度洗脱，虽然强保留组分可在适当的时间范围内作为窄峰被洗脱下来，但弱保留的组分就会在色谱图的起始部分挤在一起流出，而不能获得满意的分离。对上述等度洗脱时存在的问题，若改用梯度洗脱就可圆满地予以解决。

梯度洗脱可先用低强度流动相开始洗脱，待 k 值小的组分彼此分离后，逐渐增加流动相的洗脱强度，使 k 值大的强保留组分能在适当的保留时间内，也以满意的分离度从色谱柱中洗脱，从而获得满意的分析结果。高效液相色谱分析中的梯度洗脱和气相色谱分析中的程序升温相似。梯度洗脱一般是指流动相的组成随分析时间的延长呈现线性变化，即线性梯度洗脱，它可用于反相和正相 HPLC 及离子对色谱法。

梯度洗脱可以缩短分析时间，提高分离度，改善峰形，提高检测灵敏度，但是常常引起基线漂移和降低重现性。

第四节　高效液相色谱法分析条件的选择

高效液相色谱法分析条件的选择首先要考虑分析样品的性质，如样品是大分子还是小分子，分子量的范围，是离子状态还是非离子状态，是水溶性的还是非水溶性的等。根据样品的性质选择适当的分离模式，然后确定分离的色谱条件。不同分离模式的色谱条件各有特点，一般包括：色谱柱、流动相、洗脱方式（等度洗脱或梯度洗脱）、流动相流速、检测器种类等。色谱条件用理论板数、分离度、重复性和拖尾因子来评价。不同的样品分离方法的选择可参考图 13-15。

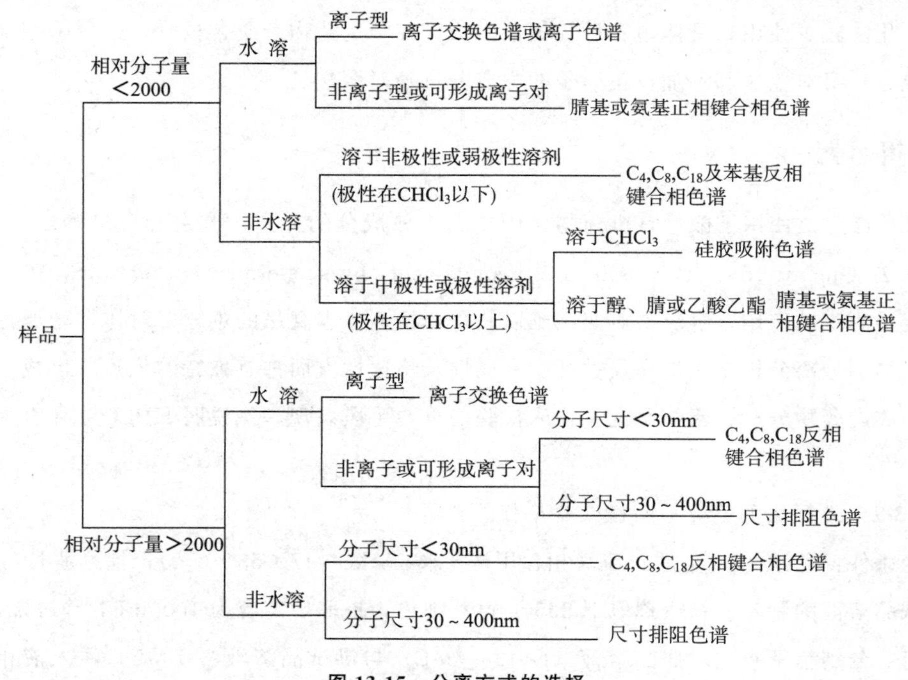

图 13-15　分离方式的选择

NOTE

第五节　定性与定量分析

一、定性分析

高效液相色谱法的定性分析方法可以分为色谱定性法和非色谱定性法，后者又分为化学定性法和两谱联用定性法。

（一）保留值定性

利用对照品和试样中色谱峰的保留时间或相对保留时间等保留值相同性进行定性分析，是色谱基本定性方法。该方法只能鉴定已知物，定性分析的依据与气相色谱法中的已知物对照法相同，具体内容见气相色谱法。

（二）化学定性法

利用专属性化学反应对分离后收集的组分进行定性，通常是收集色谱馏分，再用官能团鉴定试剂反应；该法只能鉴别组分属于哪一类化合物。

（三）色谱-光谱联用定性法

色谱-光谱联用可分为非在线联用和在线联用。非在线联用是用 HPLC 获得纯组分，用 IR、MS、NMR 等分析手段进行鉴定。在线联用是采用联用仪能同时获得定性、定量分析信息。重要的联用仪有 HPLC-FTIR、HPLC-MS 及 HPLC-NMR 等。

二、定量分析

液相色谱的定量方法基本上与气相色谱定量方法相同，常用外标法和内标法进行定量分析，归一化法较少使用，具体内容见气相色谱法。在测定药物杂质含量时，还可采用加校正因子的主成分自身对照法和不加校正因子的主成分自身对照法。

三、应用示例

HPLC 已广泛使用于微量有机药物及中草药有效成分的分离、鉴定和含量测定。近年来，一测多评法（quantitative analysis of multi-components by single-marker，QAMS）在中药多指标成分定量测定的应用，解决了对照品难以获得，检测成本高昂的难题。对体液中原形药物及其代谢产物的分离分析，无论在灵敏度、专属性及快速性方面都有独特的优点，已成为中药质量控制、体内药物分析、药物研究及临床检验的重要手段。现举例说明 HPLC 在中药研究中的应用。

例 13-1　外标法测定黄芩药材中黄芩苷的含量

测定条件：色谱柱：C_{18}柱；流动相：甲醇-水-磷酸（47∶53∶0.2）；检测波长：280nm。

供试品溶液的制备：精密称取 0.3360g 黄芩细粉，提取后定容为 1000mL，作样品溶液。

测定：分别精密吸取对照品溶液（C 40μg/mL）与供试品溶液各 10μL，注入液相色谱仪中，测得峰面积 $A_{标}=65355$，$A_{样}=60214$，计算药材中黄芩苷的含量。

NOTE

解： $\frac{m_i}{m_s}=\frac{A_i}{A_s}$　　　$m_i=CV$

$A_i=60214$　　　$A_s=65355$　　　$C_s=40\mu g/mL$

$$C_i=\frac{A_i}{A_s}\cdot C_s=\frac{60214}{65355}\times 0.04=0.0369mg/mL$$

$$x\%=\frac{m}{m_{总}}\times 100\%=\frac{0.0369mg/mL\times 1000mL}{336mg}\times 100\%=10.98\%$$

例 13-2　一测多评法测定丹参中丹参酮类的含量

色谱条件与系统适用性试验：以十八烷基硅烷键合硅胶为填充剂；以乙腈为流动相 A，以 0.02%磷酸溶液为流动相 B，梯度洗脱，0～6min：A 61%、B 39%，6～20min：A 61%→90%、B 39%→10%，20～20.5min：A 90%→61%、B 10→39%，20.5～25min：A 61%、B 39%；柱温为 20℃；检测波长为 270nm。理论板数按丹参酮 $Ⅱ_A$ 峰计算应不低于 60 000。

对照品溶液的制备：取丹参酮 $Ⅱ_A$ 对照品适量，精密称定，置棕色量瓶中，加甲醇制成每 1mL 含 20μg 的溶液，即得。

供试品溶液的制备：取本品粉末（过三号筛）约 0.3g，精密称定，置具塞锥形瓶中，精密加入甲醇 50mL，密塞，称定重量，超声处理（功率 140W，频率 42kHz）30 分钟，放冷，再称定重量，用甲醇补足减失的重量，摇匀，滤过，取续滤液，即得。

测定法：分别精密吸取对照品溶液与供试品溶液各 10μL，注入液相色谱仪，测定。以丹参酮 $Ⅱ_A$ 对照品为参照，以其相应的峰为 S 峰，计算隐丹参酮、丹参酮Ⅰ的相对保留时间，其相对保留时间应在规定值的±5%范围之内。相对保留时间及校正因子见下表：

表 13-5　待测成分（峰）相对保留时间及校正因子

待测成分（峰）	相对保留时间	校正因子
隐丹参酮	0.75	1.18
丹参酮Ⅰ	0.79	1.31
丹参酮 $Ⅱ_A$	1.00	1.00

以丹参酮 $Ⅱ_A$ 的峰面积为对照，分别乘以校正因子，计算隐丹参酮、丹参酮Ⅰ、丹参酮Ⅱ A 的含量。

本品按干燥品计算，含丹参酮 $Ⅱ_A$（$C_{19}H_{18}O_3$）、隐丹参酮（$C_{19}H_{20}O_3$）和丹参酮Ⅰ（$C_{18}H_{12}O_3$）的总量不得少于 0.25%。

第六节　液相色谱 - 质谱联用技术简介

高效液相色谱 - 质谱联用（high performance liquid chromatography-mass spectrometry，HPLC-MS）又称为液相色谱 - 质谱联用（Liquid chromatography-mass spectrometry，LC-MS），其研究开始于 20 世纪 70 年代。液相色谱具有分离能力，质谱具有鉴定和测定能力，通过接口将二者连接起来，将液相色谱的高分离能力与质谱的高灵敏度、高选择性及较强的结构解析能力结合起来，具有适用范围广、高灵敏度、能提供多种信息的特点，适用于 GC-MS 分析存在

一定困难的极性、热不稳定、难气化和大分子化合物的分析，在医药、生物、农业、化工等许多领域得到了广泛应用。

一、液相色谱-质谱联用的原理

LC-MS的工作原理与GC-MS类似，是以液相色谱作为分离系统，质谱作为检测系统，通过适当接口（interface）连接而成的仪器。接口的主要作用是去除溶剂并使组分离子化。样品通过液相色谱分离，而后进入接口，去除溶剂并离子化后进入质谱的质量分析器中，根据质荷比的大小对离子进行分离，检测器接收分离后的离子，并将离子信号转变为电信号放大后输出，输出的信号经过计算机采集和处理后，可以得到总离子流色谱图、质量色谱图、质谱图等。

二、液相色谱-质谱联用仪简介

液相色谱-质谱联用仪由液相色谱单元、接口、质谱单元三部分组成。

（一）色谱单元

在LC-MS联用中，LC必须与MS匹配。ESIMS的灵敏度很大程度上取决于色谱柱的内径、流动相的溶剂组成和流速。因此，色谱单元应满足以下要求：应控制流动相的流速在较低的范围，通常不能超过1mL/min；LC必须提供高精度的输液泵，以保证在低流速下输液的稳定性；使用可在较低流量下有效工作的微型LC柱，从根本上减轻LC-MS接口去除溶剂的负担。反相液相色谱（RPLC）与ESIMS联用是应用较广泛的LC-MS技术。

（二）接口

LC-MS联用的关键是LC和MS之间的接口。接口装置既要满足LC-MS在线联用的真空匹配的要求，又要实现被分析组分的离子化。早期使用过的接口装置如直接液体导入接口、移动带接口、热喷雾接口、粒子束接口等都存在一定缺陷，使其应用受到限制。20世纪80年代LC-MS联用仪大都使用大气压电离源作为接口装置。大气压电离源（atmosphere pressure ionization，API）包括电喷雾电离源（elsctrospray ionization，ESI）和大气压化学电离源（atmospheric pressure chemicel，APCI），其中电喷雾电离源应用最为广泛。

1. 电喷雾电离源接口 ESI是将溶液中样品离子转化为气相离子的一种接口（图13-16），是一种软电离方式。电喷雾离子化过程如下：样品溶液经LC分离后，被推送至加有2～8kV电压的毛细管顶端（喷嘴）喷射出去，在高压电场的作用下形成带电雾滴，在干燥气作用下，雾滴中的溶剂蒸发，表面电荷密度持续增加，当电荷间的斥力克服了表面张力时，雾滴破裂，这个过程反复进行，直到生成气相离子。在强电位差的作用下，离子流经取样孔进入质谱真空区，通过一个加热的金属毛细管进入第一个负压区，在毛细管的出口形成超声速喷射流，待测组分离子获得较大动能，通过低电位的锥形分离器的小孔进入第二个负压区，再经聚焦后进入质量分析器。

ESI常用于强极性、热不稳定及高分子化合物的测定，但是只能接受非常小的液体流量。这一缺点已被离子喷雾接口（ISP）所克服。离子喷雾接口是一种借助气动的电喷雾接口，它能够处理含水量高的流动相，并且可用梯度洗脱系统进行工作。

NOTE

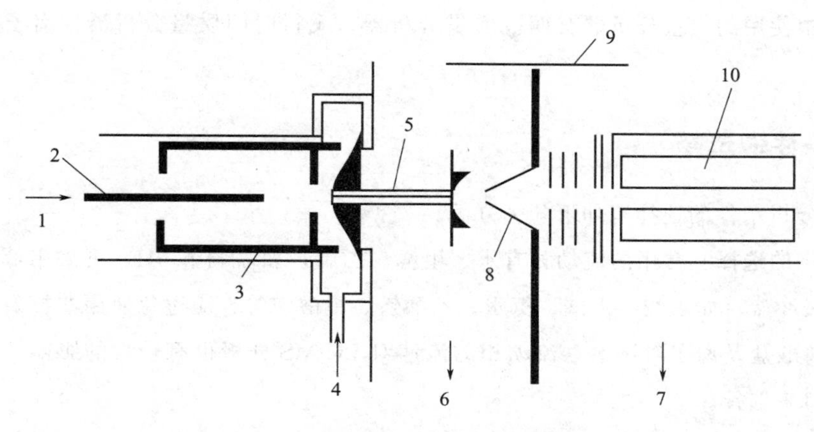

图 13-16　电喷雾电离源接口示意图

1. LC 柱后流出物；2. 毛细管喷嘴；3. 圆柱形电极；4. 干燥气；5. 金属毛细管；

6. 第一负压区；7. 第二负压区；8. 锥形分离器；9. 静电聚集；10. 质量分析器

2. 大气压化学电离源接口　APCI 是将溶液中组分的分子转化为气相离子的一种接口（图 13-17），其电离原理是 LC 柱后流出物进入具有雾化气套管的毛细管后，被氮气流雾化，在毛细管出口前被加热管气化进入 API 源，在加热管端口用电晕放电针进行电晕尖端放电，使溶剂分子电离，离子与组分气态分子发生离子-分子反应，使组分分子离子化，然后经筛选狭缝进入质谱仪。整个过程在大气压条件下完成。APCI 适用于小分子、极性较低的化合物的测定。它的主要优点是使 LC 与 MS 有很高的匹配度，可以使用高流速及高含水量的流动相。因此，APCI 和 ESI 是互补的。

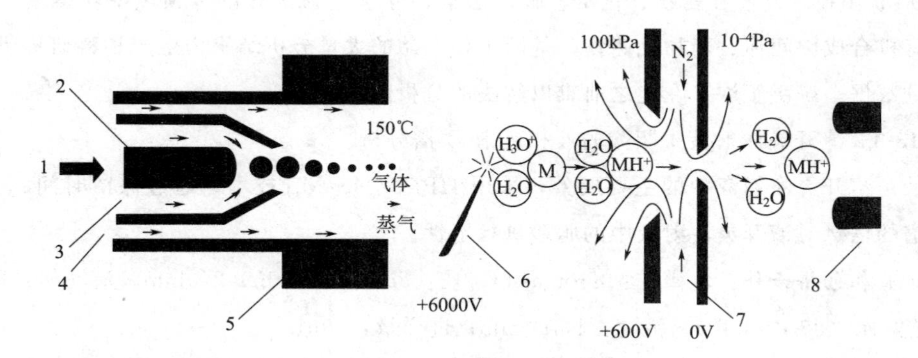

图 13-17　大气压化学电离源接口示意图

1. LC 柱后流出物；2. 毛细管喷嘴；3. 雾化气；4. 辅助气；5. 加热管；

6. 电晕放电针；7. 氮气；8. 质量分析器

（三）质谱单元

LC-MS 对质谱仪部分的要求：①质谱仪真空系统必须具备很高的效率、大的排空容量，以利于将溶剂气最大限度地抽出质谱仪，避免引入质量分析器，对待测组分的分析造成干扰；②应当有较宽的质量测定范围，利于大分子化合物的分析；③应匹配多种接口，利于互换，以适应不同的待测试样分析需求；④最好多级 MS 串联使用，以获得更丰富的结构信息。

LC-MS 中使用的质量分析器有四极质量分析器、飞行时间质量分析器、离子阱质量分析器等。

三、分析条件的选择

LC-MS 分析条件的选择有如下几个方面。

1. 流动相的选择　常用的流动相有水、甲醇、乙腈，如需调节 pH，可采用低浓度的挥发性酸、碱及缓冲盐，如乙酸、甲酸、氨水、乙酸铵、甲酸铵等，应避免使用非挥发性或挥发性的酸、碱、磷酸盐及离子对试剂，流动相的流速对 LC-MS 分析也有较大的影响，要根据色谱柱内径和接口来选择。

2. 接口的选择　不同的接口有不同的特点，实验中应根据实际情况选择适宜的接口，如电喷雾电离接口适用于强极性、热不稳定及高分子化合物的测定，不适用于非极性化合物的测定。

3. 离子测定模式的选择　一般仪器可选择正、负离子测定模式，碱性样品选择正离子测定模式，酸性样品选择负离子测定模式。

4. 温度的限制　接口的干燥气体温度会影响 APCI 和 ESI 接口仪器的分析效果。接口的干燥气体温度应高于待分析组分沸点 20℃左右，同时要考虑组分的热稳定性和流动相中有机溶剂的比例。

四、应用示例

液-质联用技术已经在药物、化工、临床医学、分子生物学等许多领域中获得了广泛的应用。对有机合成中间体、药物代谢物、基因工程产品的大量分析结果为生产和科研提供了许多有价值的数据，解决了许多在此之前难以解决的分析问题。

例 13-3　清开灵注射液中胆酸的液相色谱-质谱分析。

胆酸是清开灵注射液中的主要成分，采用 HPLC/MS/MS 技术，通过保留时间、分子量、二级质谱的信息对清开灵注射液中的胆酸进行定性。

（1）液相色谱条件：色谱柱：Kromasil C_{18} 柱，5μm，4.6mm×250mm；流动相：甲醇-乙腈-2%乙酸水（85：5：10）；流速：1mL/min；进样量：20μL。

（2）质谱条件：采用 ESI（电喷雾）离子源，电喷雾电压 −3800V，雾化气（N_2）0.87mL/min。

（3）液相色谱-质谱联用条件：离子源温度 300℃，分流比为 10：1，辅助气流 4mL/min。

（4）标准品溶液的配制：精密称取胆酸适量，用甲醇溶解后配制成浓度为 0.56mg/mL 的溶液。

（5）样品的制备：取清开灵注射液，用甲醇稀释 50000 倍。

（6）质谱分析方法：负离子扫描方式，选择胆酸负离子 m/z 407 进行监测，通过保留时间、分子量、二级质谱的信息可以对清开灵注射液中的胆酸进行定性鉴别，（图见 13-18）。

NOTE

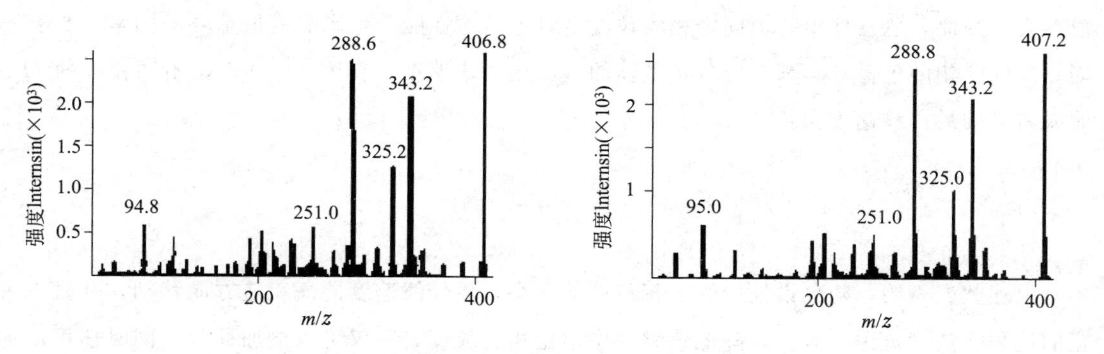

图 13-18　胆酸标准品（左）、样品（右）的离子质谱图

第七节　超高效液相色谱法简介

超高效液相色谱法（ultra performance liquid chromatography，UPLC）借助于 HPLC 的理论及原理，利用小颗粒固定相（1.7μm）非常低的系统体积及快速检测手段等全新技术，使分离度、分析速度、检测灵敏度及色谱峰容量等大大提高，从而全面提升了液相色谱的分离效能，使液相色谱在更高水平上实现了突破，大大拓宽了液相色谱的应用范围。

一、理论基础

在高效液相色谱的速率理论中，如果仅考虑固定相粒度 d_p 对板高 H 的影响，其简化方程式可表达为：

$$H=a(d_p)+\frac{b}{u}+c(d_p)^2u \tag{13-6}$$

所以，减小固定相粒度 d_p，可显著减小板高 H。不同粒度 d_p 的固定相的 H-u 曲线见图 13-19。

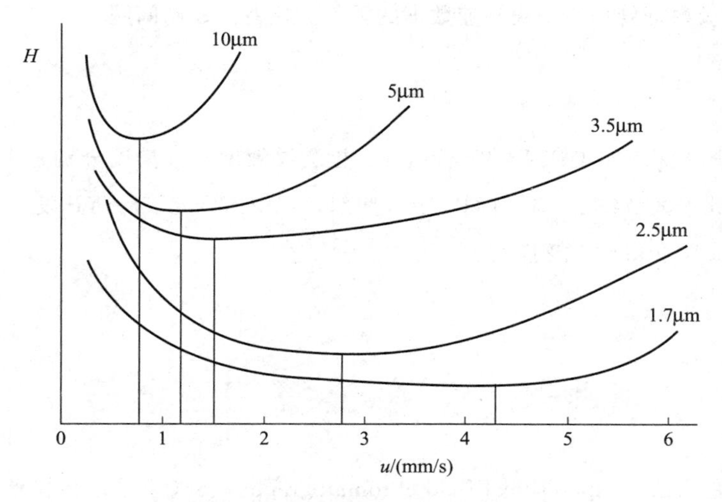

图 13-19　不同粒度 d_p 的 H-u 曲线

由式 13-6 可明显看出，随色谱柱中装填固定相粒度 d_p 的减小，色谱柱的 H 也愈小，柱效

也越高。因此，色谱柱中装填固定相的粒度是对色谱柱性能产生影响的最重要的因素。具有不同粒度固定相的色谱柱，都对应各自最佳的流动相的线速度，在图 13-19 中，不同粒度的 H-u 曲线对应的最佳线速度为：

d_p（μm）	10	5	3.5	2.5	1.7
u（mm/s）	0.79	1.20	1.47	2.78	4.32

上述数据表明，随色谱柱中固定相粒度的减小，最佳线速度向高流速方向移动，并且有更宽的优化线速度范围。因此，降低色谱柱中固定相的粒度，不仅可以增加柱效，同时还可增加分离速度。但是，在使用小颗粒的固定相时，会使 Δp 大大增加，使用更高的流速会受到固定相的机械强度和色谱仪系统耐压性能的限制。然而，只有当使用很小粒度的固定相，并达到最佳线速度时，它具有的高柱效和快速分离的特点才能显现出来。因此要实现超高效液相色谱分析，还必须提供高压溶剂输送单元、低死体积的色谱系统、快速的检测器、快速自动进样器，以及高速数据采集、控制系统等。上述这几个单独领域最新成果的组合，才促成超高效液相色谱的实现。

二、实现超高效液相色谱的必要条件

1. 解决小颗粒填料的耐压问题。

2. 解决小颗粒填料的装填问题，包括颗粒度的分布以及色谱柱的结构。

3. 高压溶剂输送单元。

4. 完善的系统整体性设计，降低整个系统的体积，特别是死体积。并解决超高压下的耐压及渗漏问题。

5. 快速自动进样器，降低进样的交叉污染。

6. 高速检测器、优化流动池以解决高速检测及扩散问题，由于出峰速度非常快，所以要使用高速检测器，保证数据采集频率满足要求。

7. 系统控制及数据管理，解决高速数据的采集、仪器的控制问题。

三、应用前景

与传统的 HPLC 相比，UPLC 的分析速度、检测灵敏度及分离度分别是 HPLC 的 9 倍、3 倍及 1.7 倍，因此大大节约了分析时间，节省溶剂，在中药研究、新药开发、蛋白质及多肽等高分子分析方面，将会得到广泛应用。

第八节　超临界流体色谱法

超临界流体色谱法（supercritical fluid chromatography，SFC）是用超临界流体作为流动相的色谱方法。所谓超临界流体是指高于临界压力和临界温度时的一种特殊物质状态。它的物理性质介于气体与液体之间。1981 年 Novotny 和 Lee 首次报道了毛细管 SFC，并对 SFC 的理论、技术作了系统的研究，1986 年美国的 Lee 科学公司推出第一台商品化 SFC 仪器。

NOTE

SFC是GC和LC的补充。SFC可以分析那些GC和LC难于分离、检测的物质。因为超临界流体的特性，SFC具有比LC更高的分离效率，色谱柱效是HPLC的5倍，峰宽比GC窄。同时SFC的使用温度较低，使它可用于GC不便分析和测定的热不稳定和高分子量化合物。SFC可以和大多数通用型、选择型的GC、HPLC检测器相匹配，所以常与MS和FTIR大型仪器联用，而用于定性定量分析。

一、基本原理

超临界流体是一种物质状态。某些纯物质具有三相点和临界点，纯物质的相图如图13-20。由图可以看出，物质在其三相点条件下气、液、固三态处于平衡态。而在超临界温度下，物质的气相和液相具有相同的密度。当处于临界温度以上，则不管施加多大压力，气体也不会液化。在临界温度和临界压力以上，这时的物质既非气体也非液体，而是以超临界流体（SFS）状态存在。临界点是物质保持为超临界流体状态的最低压力（临界压力，P_c）和最低温度（临界温度，T_c），临界温度和临界压力通常高于三相点。在超临界状态下，流体都有临界密度（d_c），随温度、压力的升降，密度会变化。所谓超临界流体，是指既不是气体也不是液体的一些物质，它们的物理性质介于气体和液体之间，临界温度通常高于物质的沸点和三相点。

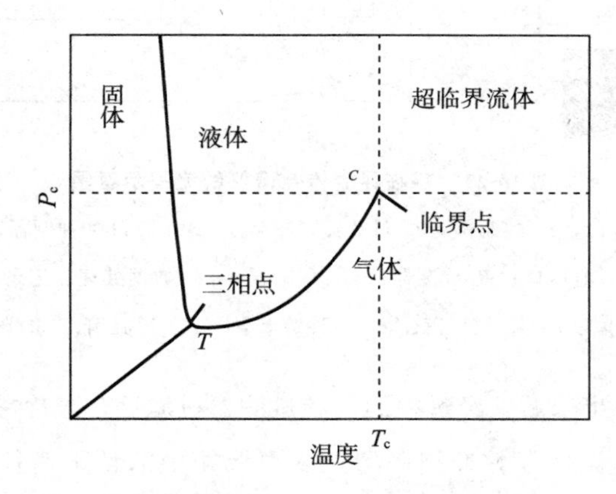

图13-20　纯物质的相图

超临界流体具有对于色谱分离极其有利的物理性质。它们的这些性质恰好介于气体和液体之间，使超临界流体色谱兼具气相色谱和液相色谱的特点。超临界流体的扩散系数和黏度接近于气体，因此溶质的传质阻力小，用作流动相可以获得快速高效分离。另一方面，超临界流体的密度与液体类似，具有较高的溶解能力，这样就便于在较低温度下分离难挥发、热不稳定性和相对分子质量大的物质。

超临界流体的物理性质和化学性质，如扩散、黏度和溶剂力等，都是密度的函数。因此，只要改变流体的密度，就可以改变流体的性质，从类似气体到类似液体，无需通过气液平衡曲线。通过调节温度、压力以改变流体的密度优化分离效果。精密控制流体的温度和压力，以保证在分离过程中流体一直处于稳定的状态，在进入检测器前可以转化为气体、液体或保持其超临界流体状态。

二、仪器

超临界流体色谱仪的很多部件类似于高效液相色谱仪，主要由三部分构成，即高压泵（又称流体传输单元）、分析单元和控制系统。高压泵系统要有高的精密度和稳定性，以获得无脉冲、流速精确稳定的超临界流体的输送。分析单元主要由进样阀、色谱柱、阻力器（又称限流器）、检测器构成。控制系统的作用是：控制高压泵保持柱温箱温度的稳定，实现数据处理及显示等。其流程图如图13-21所示。

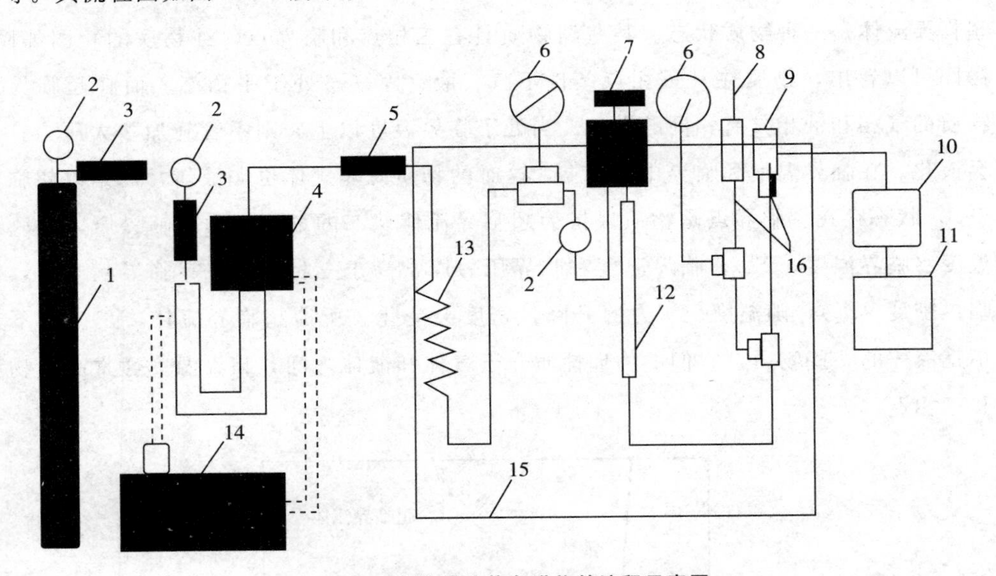

图13-21　超临界流体色谱仪的流程示意图

1. 超临界流体源；2. 控制阀；3. 过滤器；4. 高压泵；5. 脉冲抑制器；6. 压力表；7. 进样口；8. 泄压口；9. 检测器；10. 放大器；11. 数据处理、记录和显示装置；12. 色谱柱；13. 预平衡柱；14. 冷冻装置；15. 恒温箱；16. 限流器

超临界流体从流体源出来后，经过控制阀和过滤器过滤后，经冷冻装置预冷却成液体，进入高压泵，高压泵把液态流体经脉冲抑制器注入恒温箱中的预平衡柱，进行压力和温度的平衡，形成超临界状态流体，经过进样口，进入色谱柱。被分离的组分在检测器中被检测，分析信号被放大，进行数据处理、记录和显示。

（一）高压泵

SFC常用高压泵主要是两种，一种是螺旋注射泵，另一种是往复柱塞泵。一般泵的缸体要冷却至0～10℃，要求工作压力≥400×10^5 Pa，流量0.01～5.00mL/min范围内可调，并能快速程序升压或程序升密度，且重现性好，压力脉动尽可能小。此外，要求泵体耐腐蚀。过去多数SFC仅有一个泵，当使用二元或多元流动相时，使用预混合钢瓶，使流动相组成随压力降低而变化。现已有双泵SFC系统，一个泵引入CO_2或其他主流体，另一个泵引入单一或混合改性剂。通过控制泵速而改变混合流体体积比。

（二）进样系统

SFC一般采用HPLC手动进样或自动进样阀。对于填充柱，采用带试样管的Rheodyne型六通进样阀。对毛细管柱，采用类似GC的动态分流及微机控制开启进样阀时间的定时分流进样；亦可与SFC在线连用柱头进样等。进样重复性不仅与进样方式有关，而且与进样温度、

NOTE

压力有关，需要严格控制。

（三）色谱柱

常用色谱柱型主要有毛细管柱、开管柱和填充柱。开管柱为内径 50～100μm 石英厚壁毛细管，固定相液膜厚 0.25 到几个微米，壁厚≥200μm，可承受（400～600）$\times10^5$ Pa 的高压，柱长 10～20m。填充毛细管柱为内径 250～530μm 厚壁毛细管，填料粒径 3～10μm，长 20～100cm。填充柱填料粒径等与 HPLC 类似，柱内径 2～4.6mm，长10～20cm。

（四）限流器

限流器（restrictor）亦称为阻尼器，这是 SFC 中不可缺少的关键部件之一。为了使超临界流体在色谱柱内始终保持流体状态，需要在柱出口保持一定压力。所以，在柱后需要加一个限流器，对于破坏型检测器，限流器可接在检测器之前，对非破坏型检测器则接在其后。

限流器的结构是一段细内径毛细管、一个细口径喷嘴或一个烧结的微孔玻璃喷嘴。根据色谱柱的类型和结构，可改变限流器的管径、长度和喷嘴或微孔孔径以实现限流调节前后压差，实现相变、难挥发和极性试样组分转移。这种相变和转移能否成功则取决于限流器设计、流体压力和温度。超临界流体通过限流器的相变是个膨胀、吸热过程，因此限流器一般都保持在 250～450℃。

（五）检测器

各种 GC 和 HPLC 检测器均可用于 SFC。使用最多的是氢火焰离子化检测器（FID），限流器到 FID 喷嘴的最佳距离是 5～7mm。当流动相含有机改性剂时，不适用于 FID，因而采用蒸发光散射检测器作为通用检测器。紫外检测器是含有机改性剂流动相常用检测器，要求检测池必须耐高压。各种结构分析检测器，包括 MS、FTIR、NMR 均已用于 SFC。与 HPLC-NMR 联用技术相比，作为流动相的 CO_2 没有氢信号，因而不需要考虑水峰抑制问题。此外，能用于 SFC 的检测器还有氮磷检测器、等离子体发射光谱检测器、电导检测器、超声喷射检测器、荧光检测器等。

三、流动相和固定相

（一）流动相

在 SFC 中，流动相不仅是溶质在色谱柱中运行的载流体，而且也参与分配过程。CO_2 是 SFC 最常用的一种流动相，CO_2 无色、无味、无毒、易获取并且价廉，对各类有机分子溶解性好，是一种极好的溶剂；在紫外区是透明的，无吸收；临界温度 31℃，临界压力 7.38×10^6 Pa。在色谱分离中，CO_2 流体允许对温度、压力有宽的选择范围。当需要分析较强极性的物质时，可根据物质的极性在流体中引入一定量的极性改性剂，选择何种改性剂根据实验情况而定，最常用的改性剂是甲醇，改性剂的比例通常不超过 40%，如加入 1%～30%甲醇，以改进分离的选择因子 α 值。除甲醇之外，还有异丙醇、乙腈等。另外，可加入微量的添加剂，如三氟乙酸、乙酸、三乙胺和异丙醇胺等，起到改善色谱峰形和分离效果，提高流动相的洗脱/溶解能力的作用。加入改性剂或采用二元或多元流动相，是 SFC 色谱条件优化的重要方法之一。但改性剂的加入常有导致保留时间和选择性重复性差的缺点。通常作为超临界流体色谱流动相的一些物质，其物理性质列于表 13-6 中。

表 13-6 各种化学物质的临界压力、温度和密度

物质	分子质量 (g/mol)	临界温度 T_c (*K*)	临界压力 P_c (MPa，标准大气压)	临界密度 (g/cm^3)
二氧化碳	44.01	304.1	7.38 (72.8)	0.469
水	18.015	647.096	22.064 (217.755)	0.322
甲烷	16.04	190.4	4.60 (45.4)	0.162
乙烷	30.07	305.3	4.87 (48.1)	0.203
丙烷	44.09	369.8	4.25 (41.9)	0.217
乙烯	28.05	282.4	5.04 (49.7)	0.215
丙烯	42.08	364.9	4.60 (45.4)	0.232
甲醇	32.04	512.6	8.09 (79.8)	0.272
乙醇	46.07	513.9	6.14 (60.6)	0.276
丙酮	58.08	508.1	4.70 (46.4)	0.278

（二）固定相

SFC 可使用 HPLC 和 GC 中的各种固定相，依据待测物性质选择不同的固定相。填充柱微粒填料主要是硅胶化学键合固定相，包括 ODS 及辛基、苯基、氰基、氨基、全氟烷基、二醇基等，粒径 3～10μm。用填充柱分析极性试样时，大多需要在流动相中添加极性改性剂。开管柱固定相主要是聚甲基硅氧烷（SE-30、SE-33、SE-54、OV-1、SB-Phenyl-30 等）、苯基甲基聚硅氧烷、交联聚乙二醇等。为了能承受高压流动相冲洗，固定相大多数都需要交联固化。在手性分离中使用较多的是环糊精类固定相。

四、应用

因为 SFC 所用流动相的特殊性，SFC 与 GC 和 LC 相比具有许多独到之处。SFC 既可分析 GC 中不适用的高沸点、低挥发性样品和 HPLC 中缺少检测功能团的样品，又比 HPLC 有更高的柱效和更快的分析速度。广泛应用于天然物质、药物、表面活性剂、多聚物、高聚物、农药、炸药及火箭推动剂等物质的分离和分析。

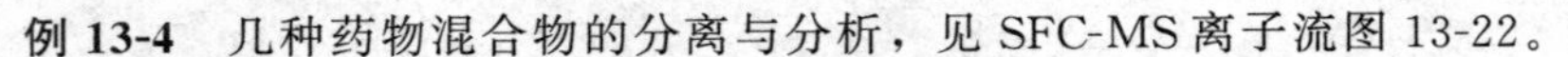

例 13-4 几种药物混合物的分离与分析，见 SFC-MS 离子流图 13-22。

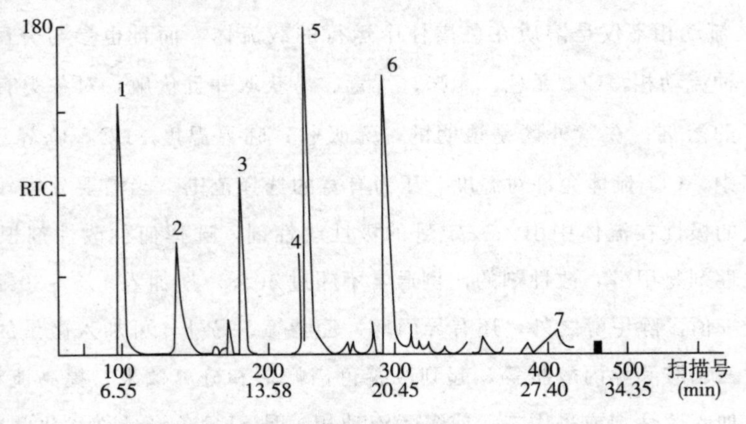

图 13-22 几种药物混合物的 SFC-MS 离子流图

1. 非那西丁；2. 酚诺巴比酮；3. 安眠酮；4. *N*-苯基胺；
5. 乙基可待因和盐酸海洛因；6. 罂粟碱和那可汀；7. 酚酞

条件：密度程序从 0.33 到 0.88g/mL，负的温度程序从 150℃到 50℃。

习　题

1. 高效液相色谱仪由哪几大系统组成？它与气相色谱仪有何异同之处？

2. 液相色谱中影响色谱峰展宽的因素有哪些？与气相色谱相比较，有哪些主要不同之处？

3. 何为化学键合相，有哪些类型？分别用于哪些液相色谱法中？

4. 高效液相色谱法中，对流动相有何要求？如何选择流动相？

5. 采用梯度洗脱的优点是什么？

6. 设 A、B 两组分在已知色谱柱上的调整保留时间分别为 13.56 分钟、14.23 分钟，死时间为 1.32 分钟，请计算 B 组分的容量因子。当色谱柱理论塔板数为 5062 时，计算 A、B 两物质的分离度。　　（B 物质的容量因子为 10.78，分离度为 0.76）

7. 将内标物 A 与组分 I 配成混合液，进行色谱分析，测得内标物 A 量为 0.43μg 时的峰面积为 4000，组分 I 量为 0.65μg 时的峰面积为 4500，求组分 I 以内标 A 为标准时的相对重量校正因子？　　（1.343）

8. 计算反相色谱中甲醇-水（70：30）的强度因子。如果想使组分的保留时间缩短，应怎样调整溶剂的比例？　　（2.1）

9. 用一根柱长为 25cm 的色谱柱分离含有 A、B、C、D 四个组分的混合物，它们的保留时间分别为 6.4 分钟、14.4 分钟、15.4 分钟和 20.7 分钟，其峰宽（W）分别为 0.45 分钟、1.07 分钟、1.16 分钟和 1.45 分钟。试计算：

（1）各色谱峰的理论塔板数；

（2）各色谱峰的塔板高度。

［（1）$n_A=3236$；$n_B=2898$；$n_C=2820$；$n_D=3261$。

（2）$H_A=0.077$mm；$H_B=0.086$mm；$H_C=0.089$mm；$H_D=0.077$mm）］

10. 已知物质 A 和 B 在水和正己烷中分配系数分别为 2.50 和 2.31，在一带水硅胶柱中分离，用正己烷为流动相。已知相比为 0.51。试计算：

（1）两物质的容量因子。

（2）选择因子。

（3）欲使 $R=1.5$ 时，需多少塔板数？

［（1）$k_A=4.90$，$k_B=4.53$；（2）$\alpha=1.08$；（3）$n=8.166\times10^4$ 块］

11. 称取决明子药材粉末 1.3017g，用甲醇提取，提取液转移至 25mL 容量瓶中，加甲醇定容至刻度，摇匀，作为样品溶液。分别吸取样品溶液和橙黄决明素标准品溶液（C：40μg/mL）各 10μL，注入液相色谱仪，测得 $A_{样}=2471$，$A_{标}=2845$。计算决明子中橙黄决明素的含量。　　（0.067%）

12. 量取标准品储备液（丹皮酚，浓度 0.5mg/mL）与内标溶液（醋酸地塞米松，浓度 1.0mg/mL）各 1mL，置 10mL 容量瓶中，摇匀，作为标准品溶液。另称取牡丹皮中粉 1.5g，提取分离后，定容为 50mL，滤过，精密量取续滤液 1mL，置 10mL 容量瓶中，加内标溶液

1mL，加甲醇稀释至刻度，摇匀，作为样品溶液。分别吸取标准品溶液和样品溶液各 10μL，注入液相色谱仪，测得标准品溶液中醋酸地塞米松和丹皮酚峰面积分别为 4500、4140，样品溶液中醋酸地塞米松和丹皮酚峰面积分别为 4350、3321。分别用内标对比法和校正因子法计算牡丹皮中丹皮酚的含量。（1.38%）

NOTE

附录一　主要基团的红外特征吸收峰

基　团	振动类型	波数（cm^{-1}）	波长（μm）	强　度	备　注
一、烷烃类	CH 伸	3000～2800	3.33～3.57	中、强	分为反对称与对称伸缩
	CH 弯（面内）	1490～1350	6.70～7.41	中、弱	
	C—C 伸（骨架振动）	1250～1140	8.00～8.77	中	不特征
					$(CH_3)_3$—C 及 $(CH_3)_2$C 有
1. $—CH_3$	CH 伸（反称）	2962±10	3.38±0.01	强	分裂为三个峰，此峰最有用
	CH 伸（对称）	2872±10	3.48±0.01	强	共振时，分裂为二个峰，此为平均值
	CH 弯（反称，面内）	1450±20	6.90±0.1	中	
	CH 弯（对称，面内）	1380～1365	7.25～7.33	强	
2. $—CH_2—$	CH 伸（反称）	2926±10	3.42±0.01	强	
	CH 伸（对称）	2853±10	3.51±0.01	强	
	CH 弯（面内）	1465±10	6.83±0.1	中	
3. —CH—（下接 |）	CH 伸	2890±10	3.46±0.01	弱	
	CH 弯（面内）	～1340	7.46	弱	
4. —$(CH_3)_3$	CH 弯（面内）	1395～1385	7.17～7.22	中	
	CH 弯	1370～1365	7.30～7.33	强	
	C—C 伸	1250±5	8.00±0.03	中	骨架振动
	C—C 伸	1250～1200	8.00～8.33	中	骨架振动
	可能为 CH 弯（面外）	～415	24.1	中	
二、烯烃类	CH 伸	3095～3000	3.23～3.33	中、弱	$\nu_{=C-H}$
	C=C 伸	1695～1540	5.90～6.50	变	C=C=C 则为 2000～1925cm^{-1}（5.0～5.2μm）
	*CH 弯（面内）	1430～1290	7.00～7.75	中	
	CH 弯（面外）	1010～667	9.90～15.0	强	中间有数段间隔
1. $\ce{C=C}$（两 H 同侧）（顺式）	CH 伸	3040～3010	3.29～3.32	中	
	CH 弯（面内）	1310～1295	7.63～7.72	中	
	CH 弯（面外）	770～665	12.99～15.04	强	
2. C=C（两 H 异侧）（反式）	CH 伸	3040～3010	3.29～3.32	中	
	CH 弯（面外）	970～960	10.31～10.42	强	

NOTE

续表

基　团	振动类型	波数（cm^{-1}）	波长（μm）	强　度	备　注
三、炔烃类	CH 伸	～3300	～3.03	中	
	C≡C 伸	2270～2100	4.41～4.76	中	
	CH 弯（面内）	1260～1245	5.94～8.03		由于此位置峰多，故无应用
	CH 弯（面外）	645～615	15.50～16.25	强	价值
1. R—C≡CH	CH 伸	3310～3300	3.02～3.03	中	有用
	C≡C 伸	2140～2100	4.67～4.76	特弱	可能看不见
2. R—C≡C—R	C≡C 伸	2260～2190	4.43～4.57	弱	
	① 与 C=C 共轭	2270～2220	4.41～4.51	中	
	② 与 C=O 共轭	～2250	～4.44	弱	
四、芳烃类					
1. 苯环	CH 伸	3125～3030	3.20～3.30	变	一般三、四个峰（苯环高
	泛频峰	2000～1667	5.00～6.00	弱	度特征峰）
	骨架振动（$\nu_{C=C}$）	1650～1430	6.06～6.99	中、强	确定苯环存在最重要峰之一
	CH 弯（面内）	1250～1000	8.00～10.0	弱	
	CH 弯（面外）	910～665	10.99～15.03	强	确定取代位置最重要吸收峰
	苯环的骨架振动	1600±20	6.25±0.08		
	（$\nu_{C=C}$）	1500±25	6.67±0.10		共轭环
		1580±10	6.33±0.04		
		1450±20	6.90±0.10		
（1）单取代	CH 弯（面外）	770～730	12.99～13.70	极强	五个相邻氢
		710～690	14.08～14.49	强	
（2）邻双取代	CH 弯（面外）	770～735	12.99～13.61	极强	四个相邻氢
（3）间双取代	CH 弯（面外）	810～750	12.35～13.33	极强	三个相邻氢
		725～680	13.79～14.71	中、强	三个相邻氢
		900～860	11.12～11.63	中	一个氢（次要）
（4）对双取代	CH 弯（面外）	860～790	11.63～12.66	极强	二个相邻氢
(5)1、2、3 三取代	CH 弯（面外）	780～760	12.82～13.16	强	三个相邻氢与间双易混，参考
		745～705	13.42～14.18	强	δ_{CH}及泛频峰
(6)1、3、5 三取代	CH 弯（面外）	865～810	11.56～12.35	强	
		730～675	13.70～14.81	强	
(7)1、2、4 三取代	CH 弯（面外）	900～860	11.11～11.63	中	一个氢
		860～800	11.63～12.50	强	二个相邻氢
*(8)1、2、3、4 四取代	CH 弯（面外）	860～800	11.63～12.50	强	二个相邻氢
*(9)1、2、4、5 四取代	CH 弯（面外）	870～855	11.49～11.70	强	一个氢
*(10)1、2、3、5 四取代	CH 弯（面外）	850～840	11.76～11.90	强	一个氢
*(11) 五取代	CH 弯（面外）	900～860	11.11～11.63	强	一个氢
2. 萘环	骨架振动（$\nu_{C=C}$）	1650～1600	6.06～6.25		
		1630～1575	6.14～6.35		相当于苯环的 1580cm^{-1}峰
		1525～1450	6.56～6.90		

NOTE

续表

基　团	振动类型	波数（cm^{-1}）	波长（μm）	强　度	备　注
五、醇类	OH 伸	3700～3200	2.70～3.13	变	
	OH 弯（面内）	1410～1260	7.09～7.93	弱	
	C—O 伸	1250～1000	8.00～10.00	强	
	O—H 弯（面外）	750～650	13.33～15.38	强	液态有此峰
1. OH 伸缩频率					
游离 OH	OH 伸	3650～3590	2.74～2.79	变	尖峰
分子间氢键	OH 伸（单桥）	3550～3450	2.82～2.90	变	尖峰 }稀释移动*
分子间氢键	OH 伸（多聚缔合）	3400～3200	2.94～3.12	强	宽峰 }
分子间氢键	OH 伸（单桥）	3570～3450	2.80～2.90	变	尖峰 }稀释无影响
分子间氢键	OH 伸（螯形化合物）	3200～2500	3.12～4.00	弱	很宽 }
2. OH 弯或 C—O 伸					
伯醇	OH 弯（面内）	1350～1260	7.41～7.93	强	
（$—CH_2OH$）	C—O 伸	～1050	～9.52	强	
仲醇	OH 弯（面内）	1350～1260	7.41～7.93	强	
（$\rangle$CHOH）	C—O 伸	～1110	～9.00	强	
叔醇	OH 弯（面内）	1410～1310	7.09～7.63	强	
	C—O 伸	～1150	～8.70	强	
（—C—OH）					
六、酚类	OH 伸	3705～3125	2.70～3.20	强	
	OH 弯（面内）	1390～1315	7.20～7.60	中	
	ϕ—O 伸	1335～1165	7.50～8.60	强	ϕ—O 伸即芳环上 ν_{C-O}
七、醚类					
1. 脂肪醚	C—O 伸	1210～1015	8.25～9.85	强	
（1）$RCH_2—O—CH_2R$	C—O 伸	～1110	～9.00	强	
（2）不饱和醚	C═C 伸	1640～1560	6.10～6.40	强	
（$H_2C═CH—O$）$_2$					
2. 脂环醚	C—O 伸	1250～909	8.00～11.0	中	
（1）四元环	C—O 伸	980～970	10.20～10.31	中	
（2）五元环	C—O 伸	1100～1075	9.09～9.30	中	
（3）环氧化物	C—O	～1250	～8.00	强	
		～890	～11.24		反式
		～830	12.05		顺式
3. 芳醚	ArC—O 伸	1270～1230	7.87～8.13	强	
	R—C—O—ϕ 伸	1055～1000	9.50～10.00	中	
	CH 伸	～2825	～3.53	弱	含$—CH_3$ 的芳醚
	ϕ—伸	1175～1110	8.50～9.00	中、强	（$O—CH_3$）在苯环上，三或三以上取代时特别强
八、醛类（—CHO）	CH 伸	2900～2700	3.45～3.70	弱	一般为两个谱带～2855cm^{-1}（3.5μm）及～2740cm^{-1}（3.65μm）
1. 饱和脂肪醛	C═O 伸	1755～1695	5.70～5.90	强	CH 伸、CH 弯同上

NOTE

续表

基　团	振动类型	波数（cm^{-1}）	波长（μm）	强　度	备　注
	其他振动	1440～1325	6.95～7.55	中	
2. α，β-不饱和醛	C═O 伸	1705～1680	5.86～5.95	强	CH 伸、CH 弯同上
3. 芳醛	C═O 伸	1725～1665	5.80～6.00	强	CH 伸、CH 弯同上
	其他振动	1415～1350	7.07～7.41	中	与芳环上的取代基有关
	其他振动	1320～1260	7.58～7.94	中	
	其他振动	1230～1160	8.13～8.62	中	
九、酮类	C═O 伸	1730～1540	5.78～6.49	极强	
（>C═O）	其他振动	1250～1030	8.00～9.70	弱	
1. 脂酮	泛频	3510～3390	2.85～2.95	很弱	
（1）饱和链状酮（—CH_2—CO—CH_2—）	C═O 伸	1725～1705	5.80～5.86	强	
（2）α、β 不饱和酮（—CH═CH—CO—）	C═O 伸	1685～1665	5.94～6.01	强	由于 C═O 与 C═C 共轭而降低 40cm^{-1}
（3）α 二酮（—CO—CO—）	C═O 伸	1730～1710	5.78～5.85	强	
（4）β 二酮（烯醇式）（—CO—CH_2—CO—）	C═O 伸	1640～1540	6.10～6.49	强	宽、共轭螯合作用非正常 C═O 峰
2. 芳酮类	C═O 伸	1700～1300	5.88～7.69	强	很宽的谱带可能是 $\nu_{C=O}$ 与其他部分振动的耦合
	其他振动	1320～1200	7.57～8.33		
（1）Ar—CO	C═O 伸	1700～1680	5.88～5.95	强	
（2）二芳基酮（Ar—CO—Ar）	C═O 伸	1670～1660	5.99～6.02	强	
（3）1-酮基-2-羟基或氨基芳酮	C═O 伸	1665～1635	6.01～6.12	强	（苯环）—CO，—OH(或)—NH_2
3. 脂环酮					
（1）六元、七元环酮	C═O 伸	1725～1705	5.80～5.86	强	
（2）五元环酮	C═O 伸	1750～1740	5.71～5.75	强	
十、羧酸类(—COOH)					
1. 脂肪酸	OH 伸	3335～2500	3.00～4.00	中	二聚体，宽
	C═O 伸	1740～1650	5.75～6.05	强	二聚体
	OH 弯（面内）	1450～1410	6.90～7.10	弱	二聚体或 1440～1395cm^{-1}
	C—O 伸	1266～1205	7.90～8.30	中	二聚体
	OH 弯（面外）	960～900	10.4～11.1	弱	
（1）R—COOH（饱和）	C═O 伸	1725～1700	5.80～5.88	强	
（2）α 卤代脂肪酸	C═O 伸	1740～1720	5.75～5.81	强	
（3）α,β 不饱和酸	C═O 伸	1715～1690	5.83～5.91	强	
2. 芳酸	OH 伸	3335～2500	3.00～4.00	弱、中	二聚体
	C═O 伸	1750～1680	5.70～5.95	强	二聚体
	OH 弯（面内）	1450～1410	6.90～7.10	弱	
	C═O 伸	1290～1205	7.75～8.30	中	
	OH 弯（面外）	950～870	10.5～11.5	弱	

续表

基　团	振动类型	波数（cm^{-1}）	波长（μm）	强　度	备　注
十一、酸酐					
1. 链酸酐	C═O 伸（反称）	1850～1800	5.41～5.56	强	共轭时每个谱带降 $20cm^{-1}$
	C═O 伸（对称）	1780～1740	5.62～5.75	强	
	C—O 伸	1170～1050	8.55～9.52	强	
2. 环酸酐（五元环）	C═O 伸（反称）	1870～1820	5.35～5.49	强	共轭时每个谱带降 $20cm^{-1}$
	C═O 伸（对称）	1800～1750	5.56～5.71	强	
	C—O 伸	1300～1200	7.69～8.33	强	
十二、酯类	C═O 伸（泛频）	～3450	～2.9	弱	
（—C(═O)—O—R—）	C═O 伸	1820～1650	5.50～6.06	强	
	C—O—C 伸	1300～1150	7.69～8.70	强	
1. C═O 伸缩振动					
（1）正常饱和酯类	C═O 伸	1750～1735	5.71～5.76	强	
（2）芳香酯及 α,β 不饱和酯类	C═O 伸	1730～1717	5.78～5.82	强	
（3）β 酮类的酯类（烯醇型）	C═O 伸	～1650	～6.06	强	
（4）δ-内酯	C═O 伸	1750～1735	5.71～5.76	强	
（5）γ-内酯(饱和)	C═O 伸	1780～1760	5.62～5.68	强	
（6）β-内酯	C═O 伸	～1820	～5.50	强	
2. C—O 伸缩振动					
（1）甲酸酯类	C—O 伸	1200～1180	8.33～8.48	强	
（2）乙酸酯类	C—O 伸	1250～1230	8.00～8.13	强	
（3）酚类乙酸脂	C—O 伸	～1250	～8.00	强	
十三、胺	NH 伸	3500～3300	2.86～3.03	中	
	NH 弯（面内）	1650～1550	6.06～6.45		伯胺强；仲胺极弱
	C—N 伸芳香	1360～1250	7.35～8.00	强	
	C—N 伸脂肪	1235～1065	8.10～9.40	中、弱	
	NH 弯（面外）	900～650	11.1～15.4		
1. 伯胺类	NH 伸	3500～3300	2.86～3.03	中	两个峰
（$C—NH_2$）	NH 弯（面内）	1650～1590	6.06～6.29	强、中	
	C—N 伸芳香	1340～1250	7.46～8.00	强	
	C—N 伸脂肪	1220～1020	8.20～9.80	中、弱	
2. 仲胺类	NH 伸	3500～3300	2.86～3.03	中	一个峰
	NH 弯（面内）	1650～1550	6.06～6.45	极弱	
（>C—NH—C<）	C—N 伸芳香	1350～1280	7.41～7.81	强	
	C—N 伸脂肪	1220～1020	8.20～9.80	中、弱	
3. 叔胺	C—N 芳香	1360～1310	7.35～7.63	强	
（C—N(C)C）	C—N 脂肪	1220～1020	8.20～9.80	中、弱	

NOTE

续表

基团	振动类型	波数（cm^{-1}）	波长（μm）	强度	备注
十四、不饱和含氮化合物 C≡N 伸缩振动					
（1）RCN	C≡N 伸	2260～2240	4.43～4.46	强	饱和，脂肪族
（2）α、β 芳香氰	C≡N 伸	2240～2220	4.46～4.51	强	
（3）α、β 不饱和脂肪族氰	C≡N 伸	2235～2215	4.47～4.52	强	
十五、杂环芳香族化合物					
1. 吡啶类（喹啉同吡啶）	CH 伸	～3030	6.00～7.00	弱	吡啶与苯环类似两个峰～1615、～1500，季铵移至 1625cm^{-1}
	环的骨架振动（$\nu_{C=C}$ 及 $\nu_{C=N}$）	1667～1430	8.50～10.0	中	
	CH 弯（面内）	1175～1000	11.0～15.0	弱	
	CH 弯（面外）	910～665		强	
	环上的 CH 面外弯				
	①普通取代基				
	α 取代	780～740	12.82～13.51	强	
	β 取代	805～780	12.42～12.82	强	
	γ 取代	830～790	12.05～12.66	强	
	②吸电子取代				
	α 取代	810～770	12.35～13.00	强	
	β 取代	820～800	12.20～12.50	强	
		730～690	13.70～14.49	强	
	γ 取代	860～830	11.63～12.05	强	
2. 嘧啶类	CH 伸	3060～3010	3.27～3.32	弱	
	环的骨架振动（$\nu_{C=C}$ 及 $\nu_{C=N}$）	1580～1520	6.33～6.58	中	
	环上的 CH 弯	1000～960	10.00～10.42	中	
	环上的 CH 弯	825～775	12.12～12.90	中	
十六、硝基化合物					
1. R—NO_2	NO_2 伸（反称）	1565～1543	6.39～6.47	强	
	NO_2 伸（对称）	1385～1360	7.22～7.35	强	
	C—N 伸	920～800	10.87～12.50	中	用途不大
2. Ar—NO_2	NO_2 伸（反称）	1550～1510	6.45～6.62	强	
	NO_2 伸（对称）	1365～1335	7.33～7.49	强	
	CN 伸	860～840	11.63～11.90	强	
	不明	～750	～13.33	强	

注：* 指数据的可靠性差。

“---”线以上为主要相关峰出现区间，线以下为具体基团主要振动形式出现的具体区间。

在醛、酮中与含羰基相连的碳，因受羰基影响而“活性化”，其 C—C 伸缩振动出现中、强度的吸收峰。

NOTE

附录二　甲基的化学位移

甲基类型	δ值（ppm）	甲基类型	δ值（ppm）
$CH_3-C{\lt}$	0.77～0.88	$CH_3-\overset{\vert}{C}=O$	1.95～2.68
$CH_3-\overset{\vert}{\underset{\vert}{C}}-C{\lt}$	0.79～1.10	$CH_3-\overset{O}{\overset{\Vert}{C}}-O-$	1.97～2.11
$CH_3-\overset{\vert}{\underset{\vert}{C}}-N{\lt}$	0.95～1.23	$CH_3-\overset{O}{\overset{\Vert}{C}}-C{\lt}$	1.95～2.41
$CH_3-\overset{\vert}{\underset{\vert}{C}}-\overset{\vert}{C}=O$	1.04～1.23	$CH_3-\overset{O}{\overset{\Vert}{C}}-\overset{\vert}{C}=\overset{\vert}{C}-$	2.06～2.31
$CH_3-\overset{\vert}{\underset{\vert}{C}}-\phi$	1.20～1.32	$CH_3-\overset{O}{\overset{\Vert}{C}}-\phi$	2.45～2.68
$CH_3-\overset{\vert}{\underset{\vert}{C}}-O-$	0.98～1.44	$CH_3-C\equiv$	1.83～2.12
$CH_3-\overset{\vert}{\underset{\vert}{C}}-S-$	1.23～1.53	CH_3-S-	2.02～2.58
$CH_3-\overset{\vert}{C}-X^*$	1.49～1.88	CH_3-Ar	2.14～2.76
$CH_3-\overset{\vert}{C}=C{\lt}$	1.59～2.14	$CH_3-\overset{\vert}{N}-C{\lt}$	2.12～2.34
$CH_3-\overset{\vert}{N}-\phi$	2.71～3.10	$CH_3-O-\phi$	3.61～3.86
$CH_3-\overset{\vert}{N}-\overset{\vert}{C}=O$	2.74～3.05	$CH_3-O-\overset{\vert}{C}=O$	3.57～3.96
$CH_3-O-C{\lt}$	3.24～3.47	CH_3X^*	2.16～4.26

注：＊X代表卤素。

NOTE

附录三 亚甲基和次甲基的化学位移

取代基	—CH_2R	—CHR_2	—C—CH_2R	—C—CHR_2
R—	1.3	1.4	1.3	1.4
—C═C—	1.9	2.2	1.3	1.5
—C≡C—	2.1	2.8	1.5	1.8
R_2N(C═O)—	2.2	2.4	1.5	1.8
RO(C═O)—	2.2	2.5	1.7	1.9
R(C═O)—	2.4	2.6	1.5	2.0
H(C═O)—	2.2	2.4	1.6	
N≡C—	2.4	2.9	1.6	2.0
I—	3.1	4.2	1.8	2.1
R_2N—	2.5	2.9	1.4	1.7
R—S—	2.5	3.0	1.6	1.9
ϕ—	2.9	2.9	1.5	1.8
ϕ—(C═O)	2.7	3.4	1.6	1.9
Br—	3.3	3.6	1.8	1.9
(C═O)—NH—R	3.2	3.8	1.5	1.8
ϕ—NH—	3.1	3.6	1.5	1.8
Cl	3.6	4.0	1.8	2.0
R—O—	3.4	3.6	1.5	1.7
H—O—	3.5	3.9	1.5	1.7
(C═O)—O—R	4.2	5.1	1.6	1.8
ϕ—O—	4.0	4.6	1.5	2.0
(C═O)—O—ϕ	4.3	5.2	1.7	1.8
F—	4.4	4.8	1.8	1.9
NO_2—	4.4	4.5	2.0	3.0

NOTE

附录四　有机化合物^{13}C化学位移

官能团		δ_C (ppm)
>C=O		
	酮	225～175
	α,β-不饱和酮	210～180
	α-卤代酮	200～160
H–C(=O)–		
	醛	205～175
	α,β-不饱和醛	195～175
	α-卤代醛	190～170
—COOH	羧酸	185～160
—COCl	酰氯	182～165
—CONHR	酰胺	180～160
$(\text{—CO})_2$NR	酰亚胺	180～165
—COOR	羧酸酯	175～155
$(\text{—CO})_2$O	酸酐	175～150
— $(R_2N)_2$CS	硫脲	185～165
$(R_2N)_2$CO	脲	170～150
>C=NOH	肟	165～155
$(RO)_2$CO	碳酸酯	160～150
>C=N—	甲亚胺	165～145
—$^{\oplus}$N≡C$l^{\ominus}$	异氰化物	150～130
—C≡N	氰化物	130～110
—N=C=S	异硫氰化物	140～120
—S—C≡N	硫氰化物	120～110
—N=C=O	异氰酸盐（酯）	135～115
—O—C≡N	氰酸盐（酯）	120～105
—X—C(=)<	杂芳环，α -C	155～135

NOTE

续表

官能团		δ_C (ppm)
>C=C<	杂芳环	140～115
>C=C<X	芳环 C（取代）	145～125
>C=C<	芳环	135～110
>C=C<	烯烃	150～110
—C≡C—	炔烃	100～70
—C—C—	烷烃	55～5
▷	环丙烷	5～－5
—C—C—	C（季碳）	70～35
—C—O		85～70
—C—N<		75～65
—C—S—		70～55
—C—X	卤素	Cl 75～35 I
>CH—C<	C（叔碳）	60～30
>CH—O—		75～60
>CH—N<		70～50
>CH—S—		55～40
>CH—X	卤素	Cl 65～30 I
$—CH_2—C$<	C（仲碳）	45～25
$—CH_2—O—$		70～40
$—CH_2—N$<		60～40
$—CH_2—S—$		45～25
$—CH_2—X$	卤素	Cl 45～－10 I
$H_3C—C$<	C（伯碳）	30～－20
$H_3C—O—$		60～40
$H_3C—N$<		45～20
$H_3C—S—$		30～10
$H_3C—X$	卤素	Cl 35～－35 I

NOTE

附录五　常见的碎片离子

m/z	离　子
14	CH_2
15	CH_3
16	O
17	OH
18	H_2O,HN_4
19	F
20	HF
26	$C\equiv N$,C_2H_2
27	C_2H_3
28	C_2H_4,CO,N_2(空气)，$CH=NH$
29	C_2H_5,CHO
30	CH_2NH_2,NO
31	CH_2OH,OCH_3
32	O_2(空气)
33	SH,CH_2F
34	H_2S
35	Cl
36	HCl
39	C_3H_3
40	$CH_2C=N$,Ar(空气）,C_3H_4
41	C_3H_5,$CH_2C=N+H$,C_2H_2NH
42	C_3H_6,C_2H_2O
43	C_3H_7,$CH_3O=O$,C_2H_5N
44	$CH_2C(H)=O+H$,CH_3CHNH_2,CO_2 ,C_3H_8 $NH_2C=O$,$(CH_3)_2N$
45	CH_3CHOH（CH_3 连于 CH）,CH_2CH_2OH,CH_2OCH_3 ，$C(=O)—OH$, $CH_3H—O+H$
46	NO_2
47	CH_2SH,CH_3S
48	CH_2S+H
49	CH_2Cl
51	CHF_2
53	C_4H_5
54	$CH_2CH_2C\equiv N$
55	C_4H_7,$CH_2=CHC=O$
56	C_4H_8
57	C_4H_9,$C_2H_5C=O$
58	$CH_3—C(=O)(—CH_2)+H$,$C_2H_5CHNH_2$,$(CH_3)_2NCH_2$
	$C_2H_5NHCH_2$,C_2H_2S
59	$(CH_3)_2COH$,$CH_2OC_2H_5$,$C(=O)—OCH_3$, $NH_2C(—CH_2)=O+H$,CH_3OCHCH_3,CH_3CHCH_2OH
60	$CH_2C(=O)(—OH)$ $+H$,CH_2ONO
61	$C(=O)—OCH_3+2H$,CH_2CH_2SH,CH_2SCH_3
65	$\equiv C_5H_5$
66	$\equiv C_5H_6$
67	C_5H_7
68	$CH_2CH_2CH_2C\equiv N$
69	C_5H_9,CF_3,$CH_3CH=CHC=O$
70	C_3H_{10}
71	C_5H_{12},$C_3H_7C=O$
72	$C_2H_5C(=O)(—CH_2)$ + H,$C_3H_7CHNH_2$ ， $(CH_3)_2N=C=O$,$C_2H_5NHCHCH_3$ 和异构体
73	59 的同系物 $COOC_2H_5$,$C_3H_7OCH_2$
74	$CH_2—C(=O)—OCH_3+H$

NOTE

续表

m/z	离　子	m/z	离　子
75	$\overset{O}{\overset{\Vert}{C}}-OC_2H_5+2H$，$CH_2SC_2H_5$，$(CH_3)_2CSH$，$(CH_3O)_2CH$	92	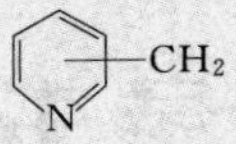 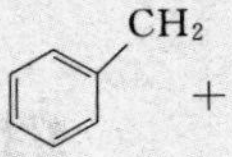 CH_2，CH_2 $+H$
77	C_6H_5	93	CH_2Br，OH，C_7H_9 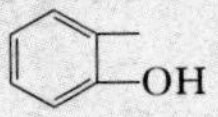
78	C_6H_5+H		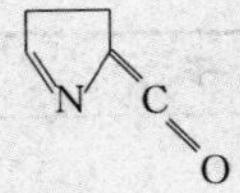 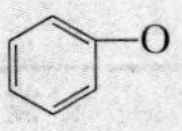 N，C，O，O，C_7H_9（萜类）
79	C_6H_5+2H，Br	94	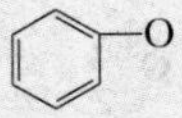 O $+H$，$C=O$ N H 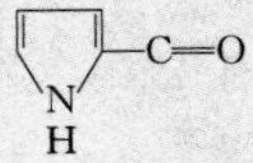
80	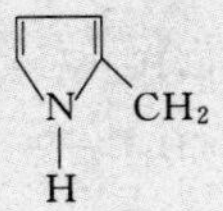 N H CH_2，CH_3SS+H，HBr	95	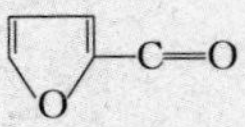 O $C=O$
81	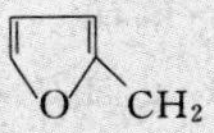 O CH_2，C_5H_9， 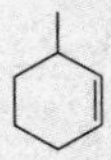	96	$CH_2CH_2CH_2CH_2CH_2C\equiv N$
82	$CH_2CH_2CH_2CH_2C\equiv N$，$CCl_2$，$C_6H_{10}$	97	C_7H_{13}，S CH_2 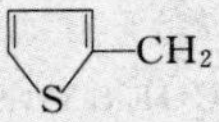
83	C_6H_{11}，$CHCl_2$，S 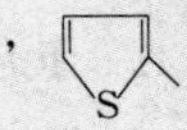	98	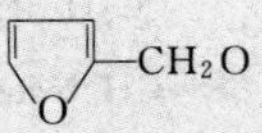 O CH_2O $+H$
85	C_6H_{13}，$C_4H_9C=O$，$CClF_2$	99	C_7H_{15}，$C_6H_{11}O$
86	$C_3H_7\overset{O}{\overset{\Vert}{C}}$ CH_2 $+H$，$C_4H_9CHNH_2$ 和异构体	100	$C_4H_9\overset{O}{\overset{\Vert}{C}}$ CH_3 $+H$，$C_5H_{11}CHNH_2$
87	$C_3H_7\overset{O}{\overset{\Vert}{C}}O$，73 的同系物，$CH_2CH_2\overset{O}{\overset{\Vert}{C}}OCH_3$	101	$\overset{O}{\overset{\Vert}{C}}-OC_4H_9$
88	$CH_2-\overset{O}{\overset{\Vert}{C}}-OC_2H_5+H$	102	$CH_2\overset{O}{\overset{\Vert}{C}}-OC_3H_7+H$
89	$\overset{O}{\overset{\Vert}{C}}-OC_3H_7+2H$，C 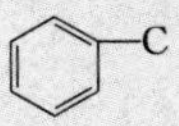	103	$\overset{O}{\overset{\Vert}{C}}-OC_4H_9+2H$，$C_5H_{11}S$，$CH(OCH_2CH_3)_2$
90	CH_3CHONO_2，CH 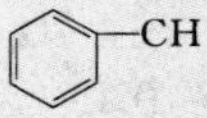	104	$C_2H_5CHONO_2$
91	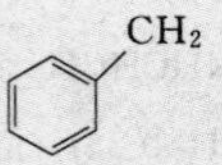 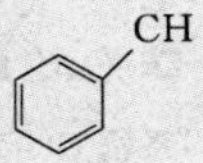 CH_2，CH $+H$，C $+2H$，$(CH_2)_4Cl$，N 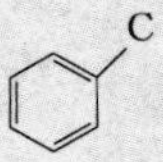	105	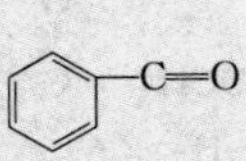 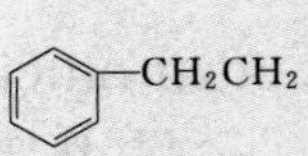 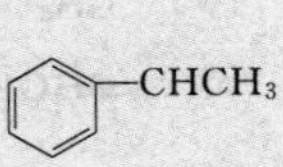 $C=O$，CH_2CH_2，$CHCH_3$
	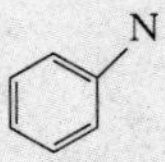	106	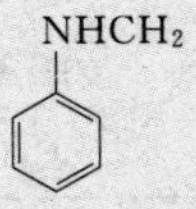 $NHCH_2$

续表

m/z	离 子	m/z	离 子
107	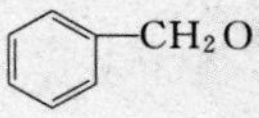 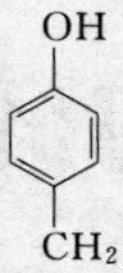 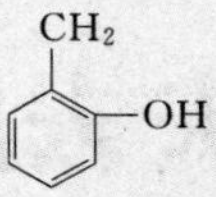 $C_6H_5CH_2O$，$HOC_6H_4CH_2$（对位），$CH_2C_6H_4OH$（邻位）	123	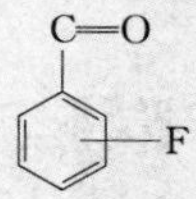 $FC_6H_4C{=}O$
		125	$C_6H_5S{-}O$
108	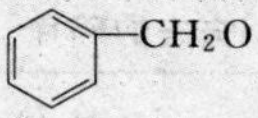 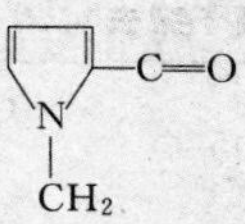 $C_6H_5CH_2O+H$，N-CH_2-吡咯-2-$C{=}O$	127	I
109	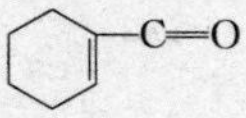 环己烯基-$C{=}O$	131	C_3F_5，$C_6H_5CH{=}CH{-}C{=}C$ 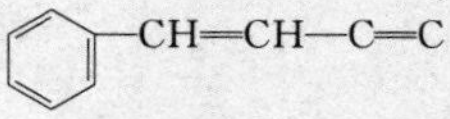
111	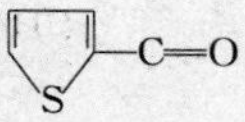 噻吩-2-$C{=}O$	135	$(CH_2)_4Br$
119	CF_3CF_2，$C_6H_5C(CH_3)_2$（C_6H_5-$C(CH_3)$-CH_3），$CH_3C_6H_4CH_2$（CH_3-C_6H_4-CH_3），$CH_3C_6H_4C{=}O$ 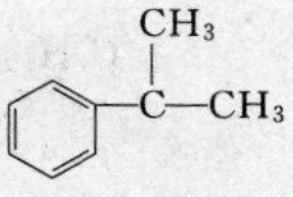 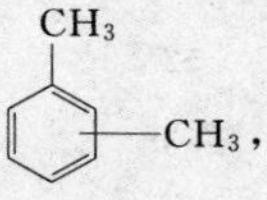 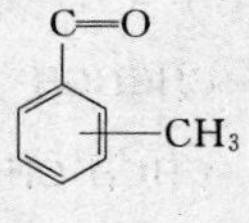	138	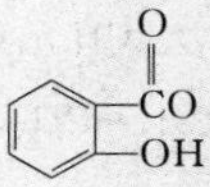 $HOC_6H_4CO_2+H$（邻羟基苯甲酰氧基 +H）
120	邻苯醌甲基酮（$O{=}C_6H_4{=}C{=}O$）	139	$C_6H_4(CC)C{=}O$
121	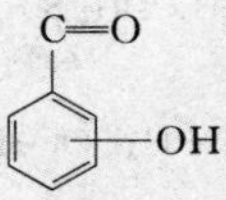 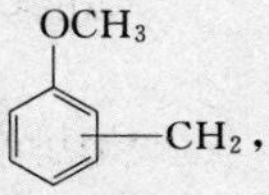 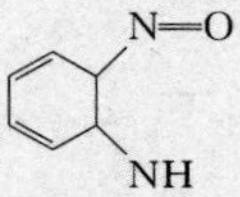 $HOC_6H_4C{=}O$，$CH_3OC_6H_4CH_2$，邻亚硝基苯胺（$N{=}O$，NH），C_9H_{13}（萜类）	149	邻苯二甲酸酐（$C_6H_4(CO)_2O$）+H
		154	$C_6H_5{-}C_6H_5$（联苯）

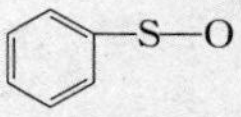

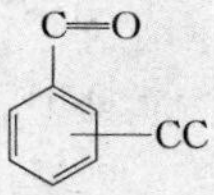

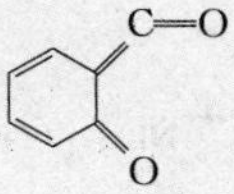

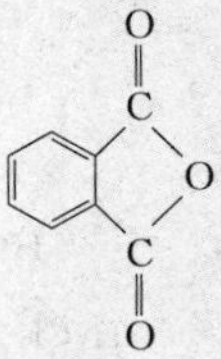

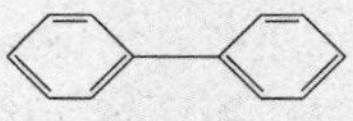

附录六　经常失去的碎片

分子离子减去	失去的碎片
1	$\cdot H$
15	$\cdot CH_3$
17	$\cdot HO$
18	H_2O
19	$\cdot F$
20	HF
26	$CH\equiv CH$，$\cdot C\equiv N$
27	$CH_2=CH\cdot$，$HC\equiv N$
28	$CH_2=CH_2$，CO，$(HCN+H)$
29	$CH_3CH_2\cdot$，$\cdot CHO$
30	$NH_2CH_2\cdot$，CH_2O，NO
31	$\cdot OCH_3$，CH_2OH，CH_3NH_2
32	CH_3OH，S
33	$HS\cdot$，$(\cdot CH_3$ 和 $H_2O)$
34	H_2S
35	$\cdot Cl$
36	HCl，$2H_2O$
37	H_2Cl，(或 $HCl+H$)
38	$\cdot C_3H_2$，C_2N，F_2
39	C_3H_3，HC_2N
40	$CH_3C\equiv CH$
41	$CH_2=CHCH_2\cdot$
42	$CH_2=CHCH_3$，$CH_2=C=O$，
43	环丙烷（H_2C—CH_2—CH_2 环），NCO，$NCNH_2$，$\cdot C_3H_7$，$CH_3C(=O)$，$CH_2=CH—O\cdot$，$[CH_3$ 和 $CH_2=CH_2]$，$HCNO$
44	$CH_2=CHOH$，CO_2，N_2O，$CONH_2$，$NHCH_2CH_3$
45	CH_3CHOH，$CH_3CH_2O\cdot$，CO_2H，$CH_3CH_2NH_2$
46	$[H_2O$ 和 $CH_2=CH_2]$，CH_3CH_2OH，$\cdot NO_2$
47	$CH_3S\cdot$
48	CH_3SH，SO，O_3
49	$\cdot CH_2Cl$
51	$\cdot CHF_2$
52	C_4H_4，C_2N_2
53	C_4H_5
54	$CH_2=CH—CH=CH_2$
55	$CH_2=CHCHCH_3\cdot$
56	$CH_2=CHCH_2CH_3$，$CH_3CH=CHCH_3$，$2CO$
57	$\cdot C_4H_9$
58	$\cdot NCS$，$(NO+CO)$，CH_3COCH_3
59	$CH_3OC(=O)$，$CH_3C(=O)NH_2$，（H—S 环）
60	C_3H_7OH，CH_3COOH
61	$CH_3CH_2S\cdot$
62	$[H_2S$ 和 $CH_2=CH_2]$
63	$\cdot CH_2CH_2Cl$
64	C_5H_4，S_2，SO_2
68	$CH_2=C(CH_3)—CH=CH_2$
69	$\cdot CF_3$，$\cdot C_5H_9$
71	$\cdot C_5H_{11}$
73	$CH_3CH_2OC(=O)\cdot$
74	C_4H_9OH
75	C_6H_3
76	C_6H_4，CS_2

续表

分子离子减去	失去的碎片	分子离子减去	失去的碎片
77	C_6H_5，CS_2H	100	$CF_2{=\!=}CF_2$
78	C_6H_6，CS_2H_2，C_5H_4N	119	CF_3-CF_2
79	$Br\cdot C_5H_5N$	122	C_6H_5COOH
80	HBr	127	I·
85	$\cdot CClF_2$	128	HI

NOTE

参考书目

1. 黄世德，梁生旺．分析化学．北京：中国中医药出版社，2005.

2. 李发美．分析化学．第6版．北京：人民卫生出版社，2008.

3. 华中师范大学，陕西师范大学，东北师范大学．仪器分析．第3版．北京：高等教育出版社，2001.

4. 孙毓庆，胡育筑，等．分析化学．第2版．北京：科学出版社，2006.

5. 曾泳淮．仪器分析．北京：高等教育出版社，2004.

6. 武汉大学．分析化学．第5版．北京：高等教育出版社．2007.

7. 苏立强．色谱分析法．北京：清华大学出版社．2009.

8. 北京大学化学系仪器分析教学组．仪器分析教程．北京：北京大学出版社．2007.

9. 盛龙生，苏焕华，等．色谱质谱联用技术．北京：化学工业出版社．2006.

10. 邹汉法，张玉奎，等．高效液相色谱法．北京：科学出版社．1998.

11. 刘密新，罗国安，张新荣，等．仪器分析．第2版．北京：清华大学出版社．2003.

12. 何金兰，杨克让，等．仪器分析原理．北京：科学出版社．2002.

13. 北京大学化学系，等译．最新仪器分析技术全书．北京：化学工业出版社．1990.

14. 戴树桂．仪器分析．北京：高等教育出版社．1996.

15. 武汉大学化学系．仪器分析．北京：高等教育出版社．2001.

16. 董慧茹．仪器分析．北京：化学工业出版社．2000.

17. 方慧群，于俊生，史坚．仪器分析．北京：科学出版社．2002.

18. 马广慈．药物分析方法与应用．北京：科学出版社．2000.

19. 安登魁，现代药物分析选论．北京：中国医药科技出版社．2000.

20. 安登魁．药物分析．济南：济南出版社．1992.

21. 肖树雄，林伟忠．中药现代检验新技术．广州：羊城晚报出版社．2003.

22. 梁生旺，刘伟．中药制剂定量分析．北京：中国中医药出版社．1997.

23. 梁生旺．中药制剂分析．北京：中国中医药出版社．2006.

24. 陈培榕．现代仪器分析实验与技术．北京：清华大学出版社．1999.

25. 肖崇厚．中药提取鉴定原理．上海：上海科学技术出版社．1983.

26. 陈国珍，黄贤智，刘文远，等．紫外-可见分光光度计．北京：原子能出版社．1983.

27. 黄量，于德泉．紫外光谱在有机化学中的应用．北京：科学出版社．1988.

28. 周名成，俞汝勤．紫外与可见分光光度计．北京：化学工业出版社．1986.

29. 罗庆光，邓延倬，蔡汝秀，等．分光光度分析．北京：科学出版社．1998.

30. 邓勃．原子吸收分光光度法．北京：清华大学出版社．1981.

31. 范健．原子吸收分光光度法．长沙：湖南科学技术出版社．1981.

NOTE

32. 赵天增．核磁共振碳谱．郑州：河南科学技术出版社．1993.

33. 陈耀祖，徐亚平．有机质谱原理及应用．北京：科学出版社．2001.

34. 伍越寰．有机结构解析．合肥：中国科学技术大学出版社．1993.

35. 沈淑娟．波谱分析法．上海：华东理工大学出版社．1992.

36. 孟令芝，何永炳．有机波谱分析．武汉：武汉大学出版社．1996.

37. 于世林．波谱分析法．重庆：重庆大学出版社．1994.

38. 洪山海．光谱解析法在有机化学中的应用．北京：科学技术出版社．1981.

39. 马礼敦．高等结构分析．上海：复旦大学出版社．2001.

40. 张寒琦，等译．光谱化学分析．长春：吉林大学出版社，1996.

41. 常建华，黄绮功．波谱原理及解析．北京：科学出版社．2001.

42. 苏克曼，潘铁英，张玉兰．波谱解析法．上海：华东理工大学出版社．2001.

43. 宁永成．有机化合物结构鉴定与有机波谱学．第 2 版．北京：科学出版社．2001.

44. 傅若农．色谱分析概论．北京：化学工业出版社．2000.

45. 何丽一．平面色谱方法及应用．北京：化学工业出版社．2000.

46. 孙毓庆．薄层扫描法及其在药物分析中的应用．北京：人民卫生出版社．1990.

47. 林启寿．纸上色谱及其在中草药成分分析中的应用．北京：科学出版社．1983.

48. 许金钩，王尊本，等．荧光分析法．第 3 版．北京：科学出版社，2006.

49. 达世禄．色谱法导论．武汉：武汉大学出版社．1999.

50. 卢佩章，戴朝政，张祥民．色谱理论基础．北京：科学出版社．1998.

51. 傅若农，顾峻岭．近代色谱分析．北京：国防工业出版社．1998.

52. 中国医学科学院药物研究所．薄层层离析及其在中草药中分析中的应用．北京：科学出版社．1982.

53. 章育中，郭希圣．薄层层析法和薄层扫描法．北京：中国医药科技出版社．1990.

54. 孙传经．气相色谱分析原理与技术．北京：化学工业出版社．1981.

55. 李浩春，卢佩章．气相色谱法．北京：科学出版社．1993.

56. 孙毓庆．现代色谱法及其在医药中的应用．北京：人民卫生出版社．2002.

57. 俞惟乐，欧庆瑜，等．毛细管气相色谱和分离分析新技术．北京：科学出版社．1992.

58. 周良模，等．气相色谱新技术．北京：科学出版社．1994.

59. 张晓彤，云自厚．液相色谱检测方法．北京：化学工业出版社．2000.

60. 王俊德，商振华，郁蕴璐．高效液相色谱法．北京：中国石化出版社．1992.

61. 于世林．高效液相色谱方法及应用．北京：化学工业出版社．2000.

62. 李卫民，金波，等．中药现代化与超临界流体萃取技术．北京：中国医药科技出版社．2002.

63. 陈义．毛细管电泳技术及应用．北京：化学工业出版社．2000.

64. Douglas A，Skoog. Principles of instrumental analysis. Fifth Edition. U. S. A：Harcourt Brace & company，1998.

65. Grob R L. Modern Practice of gas chromatography. 2nd. Ed. John，Willey & Sons，1985.

66. Niessen W M A. Liquid chromatography-mass spectromentry. Second Edition. New York：Marcel Dekker Inc，1999.